華潤史

第一卷
1938-2000

《華潤史》編委會

裝幀設計	涂　慧
排　　版	高向明
責任校對	趙會明
印　　務	龍寶祺

華潤史（第一卷）

作　者	《華潤史》編委會
出　版	商務印書館（香港）有限公司
	香港筲箕灣耀興道 3 號東滙廣場 8 樓
	http://www.commercialpress.com.hk
發　行	香港聯合書刊物流有限公司
	香港新界荃灣德士古道 220-248 號荃灣工業中心 16 樓
印　刷	中華商務彩色印刷有限公司
	香港新界大埔汀麗路 36 號中華商務印刷大廈 14 樓
版　次	2024 年 4 月第 1 版第 1 次印刷
	© 2024 商務印書館（香港）有限公司
	ISBN 978 962 07 6726 5（平裝）
	ISBN 978 962 07 6718 0（精裝）
	Printed in Hong Kong

目　錄

✳

代序

✳

傳承紅色基因　共創美好未來

王祥明董事長在紀念華潤創立 85 週年
暨華潤集團成立 40 週年紀念大會的講話（節選）

85 年前，民族危亡、戰火紛飛，華潤前身聯和行在香港創立。自誕生之日起，華潤就肩負着為國家和民族救亡圖存、振衰復興的歷史使命。與國家共命運，與時代共前行成為華潤人最鮮明的形象和姿態。

40 年前，改革開放之初，根據形勢要求，華潤果斷告別貿易總代理，建立現代企業制度，真正開始獨立經營、自主發展，以探索者的姿態架起香港與內地經濟交往的橋樑，最終奠定今天華潤民生類多元化業務的市場地位。

五年前，在華潤創立 80 週年之際，我們欣喜地收到習近平總書記的回信。總書記充分肯定了華潤過去取得的成績，讚許華潤人始終將企業命運與國家命運緊密相連，為新中國的建立

和發展作出獨特貢獻，勉勵華潤在新時期要立足香港、面向內地，打造具有全球競爭力的世界一流企業，為實現中華民族偉大復興的中國夢作出新的更大貢獻。這在華潤歷史上具有里程碑意義，充分體現了以習近平同志為核心的黨中央對華潤工作的高度重視和親切關懷，為華潤事業指明了發展方向，提供了根本遵循，注入了強大動力，讓全體華潤人深受鼓舞、倍感振奮。

作為中國共產黨親手創辦的機構，華潤的歷史，就是中國共產黨踐行初心和使命的歷史；華潤的故事，就是講述中國共產黨追尋革命理想的故事。85 年來，華潤人始終將個人和企業的命運與民族興亡緊緊相連，忠誠於黨的偉大事業。85 年來，華潤經歷了四次轉型、五個發展階段，進行的一切奮鬥、一切探索，歸結起來就是一個主題：**傳承紅色基因，賡續紅色血脈。**

1938 年，華潤誕生在香港中環的小閣樓裏，以「小商號」開啟第一個發展階段。 新民主主義革命時期，中華民族到了「最危險的時候」，中國共產黨一經誕生，就團結帶領人民走上了爭取民族獨立、人民解放的正確道路。作為那時黨在隱蔽戰線上的重要組織，華潤精神直接來源於「堅持真理、堅守理想，踐行初心、擔當使命，不怕犧牲、英勇鬥爭，對黨忠誠、不負人民」的偉人建黨精神。黨的初心和使命「為中國人民謀幸福，為中華民族謀復興」，就是華潤人的初心和使命，自誕生那刻起，就已經刻在了華潤的基因血脈中，成為華潤人用之不竭的精神之源。

這一階段，華潤歷經艱辛、破除萬難，肩負着地下交通站、參與募捐、購運急需物資、護送民主人士等特殊使命和重大任務，是民族救亡圖存的先鋒力量。華潤的紅色基因集中表現為

不怕犧牲、英勇鬥爭的革命意志和以身許國的奉獻精神。華潤創始人楊廉安先生捨生忘死，身穿特製馬甲，懷揣萬金而不取一文，穿越八千里戰火將經費交給組織的赤膽與忠誠，就是這一時期華潤精神最真實的寫照。

1952 年，華潤劃歸中央對外貿易部，進入貿易總代理發展階段。新中國建立後，國際國內形勢異常艱難複雜，中國共產黨開始探索適合中國國情的社會主義建設道路，面對西方列強的全面封鎖，中央對香港採取「長期打算，充分利用」的戰略方針。華潤立足香港，擁有特殊的地理位置和企業性質，成為新中國對外貿易的窗口，搭建起新中國和世界連接的橋樑。在長達 30 年的時間，華潤一直作為進出口貿易總代理，為新中國外貿體制的建立作出了重大貢獻，成為那一時期國家最大外匯來源渠道，為香港繁榮穩定、內地經濟發展、推動新中國對外建交作出了巨大貢獻。

這一階段，打破「封鎖」、反制「禁運」成了華潤最重要的使命任務。華潤的紅色基因集中表現為，在捍衛國家和民族利益中為黨分憂、為國擔責的堅守和篤定；表現為，任憑外部環境雲譎波詭，都要克服重重困難的決心和勇氣。為了讓艱難中的共和國度過一個溫暖的春節，華潤人與時間賽跑，在全球搶購糧食；為了開拓國際市場，華潤人發起並成功開創了有中國特色的對外貿易形式 ——「廣交會」；為了保障香港同胞基本生活物資供應，華潤想方設法運水供油，成為「香港人的菜籃子」，這些都成為這一時期華潤精神的最真實寫照。

1983 年，華潤告別貿易總代理，進入自營貿易實業化發展

階段。黨的十一屆三中全會把黨和國家工作中心轉移到經濟建設上來，實行改革開放政策，同時香港進入回歸祖國前的過渡期。面對整個國家經濟和外貿發展探索改革大局，華潤堅定表明了自己的態度：服從中央決定，不但服從，還要做好。自此，華潤建立起現代企業制度，開始積極謀求自營貿易和實業化發展，在香港投資經營基礎設施和公共事業，在內地發展貨源基地和實業項目，在海外設立貿易分支機構，促進了國家經濟建設，走出了一條適應時代的發展新路。

這一階段，把握時代機遇、勇做時代建設者成為華潤最重要的使命任務。華潤的紅色基因集中表現為敢闖敢試、敢為人先、永不言敗、擁抱市場的拼勁和激情。在香港，華潤超市、國際貨櫃碼頭、柴灣和青衣油庫、沙田冷倉、大老山隧道、三號快線、青馬大橋、上水屠房等等，這些如今仍很熟悉的名字，蘊含了華潤人扎根香港、與香港共發展的決心和信心。在內地，華潤人踏過深圳河，以首倡「三來一補」的創舉發出改革開放的先聲，以華潤創業開啟中資企業進軍國際資本市場的先河，1992年華潤超市進駐深圳，1993年收購瀋陽雪花啤酒，1994年參建彭城電廠，1995年籌建東莞華潤水泥，1996年華潤北京置地在港上市，以及投資的上百個項目，見證了華潤積極投身內地經濟建設、探索市場機制和利用國際資本市場的先行者姿態。這一時期，華潤成了香港和內地經濟發展的主力軍，是華潤精神的最真實寫照。

2000年前後，華潤全面結束貿易業務，進入多元化控股集團發展階段。進入新世紀，黨緊緊抓住重要戰略機遇期，推動我

國發展不斷邁上新台階，全面建成小康社會，實現了第一個百年奮鬥目標。這一階段，華潤由「立足香港、背靠內地」轉向「立足香港、面向內地」，從業務組合、組織架構、人才結構、管理模式等，積極探索向多元化控股實業集團轉型，在零售、食品、地產、水泥、電力、燃氣、醫藥、醫療等多個行業建立了領先地位。同時，華潤積極投入脫貧攻堅事業，大力提升在港影響力，勇做高質量發展的排頭兵。

這一階段，快速做大做強、提升綜合實力成為華潤最重要的使命任務。華潤的紅色基因集中表現出，以市場為導向、尊重市場規律、善用市場機制的市場化思維，具有強烈危機意識、發展意識、競爭意識的企業家精神。這一時期，華潤精神的最真實寫照，是面對集團業務龐雜無序擴張，華潤人大刀闊斧地清理整頓業務、精簡組織架構，創造性推出以 6S、5C 為核心的現代企業管理體系；是華潤置地在深圳「砸個大坑」為起點，成功打造出羅湖萬象城、南山萬象天地、深圳灣萬象城等為代表的三代都市綜合體；是華潤燃氣白手起家，憑着「用重兵、全方位、大掃盪、只爭朝夕」的闖勁和拼勁，從零經驗的「門外漢」成為行業領跑者；是華潤雪花通過「蘑菇戰略」快速併購擴張，「把 26 隻貓變成一隻老虎」統一全國品牌，贏得全球啤酒單品牌銷量之冠⋯⋯

2020 年前後，華潤以總書記重要回信精神為根本遵循，扎實推進「四個重塑」，瞄準世界一流、百年華潤建設，開啟向國有資本投資公司轉型的第五個發展階段。進入「十四五」，黨領導人民實現第一個百年奮鬥目標之後，乘勢而上開啟全面建設

社會主義現代化國家新征程、向第二個百年奮鬥目標進軍。立足兩個大局，心懷「國之大者」，華潤堅持以習近平新時代中國特色社會主義思想為指導，將習近平總書記重要指示批示和重要回信精神作為根本遵循，以實施「十四五」戰略為契機，重啟高層培訓，扎實推進價值、業務、組織和精神重塑，創造性提出建設華潤特色國有資本投資公司的「1246 模式」。

這一階段，堅持立足香港，發揮駐港央企使命職責；堅持「大國民生」「大國重器」業務方向，服務國家重大戰略；積極探索創新有效的國有資本投資運營模式，加快建設世界一流企業，成為華潤最重要的使命任務。華潤的紅色基因集中表現為主動聽從黨和人民召喚，切實扛起新征程賦予新使命新任務的責任和擔當。這一階段以來，我們圓滿完成國企改革三年行動，推動企業改革面貌一新。我們積極佈局戰略性新興產業，大力提升科創能力和數字化水平，推動業務發展面貌一新。我們積極投入抗疫保供、能源保障、鄉村振興、區域協調、綠色發展、支持香港繁榮穩定等重大任務，推動服務國家戰略面貌一新。我們堅持和加強黨的全面領導，全面從嚴治黨向縱深推進，推動黨的建設面貌一新。全體幹部職工起而行之、勇挑重擔，全力推動集團邁出新步伐、取得新成效，昰這一時期華潤精神的最真實寫照！

85 年前，華潤創始人楊廉安先生在熱血救國的抗日烽煙中創立了聯和行，投身於偉大的民族救亡事業中，也由此開啟了華潤波瀾壯闊的創業征程，紅色基因成了華潤精神的底色。40 年前，華潤先輩們順應時代潮流，積極擁抱市場化機制，率先開啟

傳統貿易公司轉型變革，為國有企業在新時代高質量發展探索出一條新路。今天，市場化程度高已經成為華潤鮮明的特徵，企業家精神已經成為華潤人突出的表現。在未來征途上，我們對華潤 8540 最好的紀念和禮讚，就是對紅色基因的傳承和對市場化機制的堅持。

一代代華潤人一路走來，飽含着成敗和得失，充滿着智慧和勇毅，共同鑄就了華潤獨特的氣質，也成就了華潤的獨特發展道路，發揮出獨特的貢獻和價值。華潤人或「又紅又專」的革命戰士，或精通生意的紅色商人，或敢闖敢試的創業者，或治企興企的生產經營骨幹，或建設世界一流企業的變革型領導者。華潤人始終以奮鬥定義自己，永遠奮進在時代前列，所歷經的每一次轉型、所扮演的每一次角色，無不是肩負黨的重託和國家最為迫切的需求，無不是履行歷史所賦予的使命和時代發展所需的必然之舉，無不在深刻踐行「何為華潤！」「何以華潤擔當！」

歷史川流不息，精神代代相傳。不管時代如何變遷，華潤的紅色基因歷久彌新、永不過時。奮進新征程，把紅色基因傳承好、發揚好，是我們這一代華潤人的歷史責任，也是以史鑒今、守正創新、開創未來的現實需要。當前，華潤必須進一步強化使命擔當，勇於創新突破，讓紅色基因煥發出集團高質量發展的磅礴力量。

春華秋實，歲物豐成。85 年來，華潤從藏身在閣樓中的一個小商號，成為如今擁有 37 萬員工、居世界 500 強第 74 位的大型產業集團。從肩負特殊使命，到貿易總代理，再到如今涵蓋六大業務領域，擁有眾多享譽全國的知名品牌。從地下交通站，

到率先建立現代企業制度，再到成為建設國有資本投資公司和創建世界一流示範企業的先行者。

回顧 85 年奮鬥歷程，我們深切地體會到，華潤能取得今天的成就，最根本的在於中國共產黨團結帶領中國人民開闢的偉大道路、創造的偉大事業，最根本的在於以習近平同志為核心的黨中央的親切關懷和堅強領導，離不開國務院國資委等上級單位和各級政府的關心，得到了商業夥伴的精誠合作和消費者的廣泛認可，得到了社會各界的共同關心支持。我們也深切體會到，華潤能取得今天的成就，凝聚着華潤先輩們、全體華潤人勇毅篤行、不斷精進的智慧和汗水。

行之力則知愈進，知之深則行愈達。紅色央企、香港中資企業、民生類業務、多元化產業、市場化程度高，形成了個性鮮明的華潤烙印，體現出華潤獨特的價值觀、行為規範和心智模式，凝練着華潤人彌足珍貴的智慧經驗和規律性認識。我們要用歷史映照現實、遠觀未來，看清楚過去華潤為甚麼行，想清楚未來華潤為甚麼能，從而倍加珍惜、長期堅持，在實踐中不斷豐富和發展。

堅持主動服務黨和國家工作大局，立足香港、面向內地，是華潤獨特的使命職責。華潤生於香港、壯大於香港，與香港風雨同舟、攜手共進。華潤 85 年的實踐啟示我們：扎根香港、服務香港，是華潤的根據地和與生俱來的職責。華潤必須做到守土有責、守土盡責，全面提升在香港引領力和影響力，促進香港與內地融合發展、實現長期繁榮穩定。同時，華潤要主動服務黨和國家工作大局，將服務國家戰略與企業經營發展緊密結合，

更好推動實現經濟效益、政治效益、社會效益相統一。

堅持市場化導向，弘揚企業家精神，推動改革創新，是華潤由小到大、由大及強的「不二法寶」。 40 年前，華潤人以「敢教日月換新天」的氣概，結束政策性貿易，踏上自主經營之路。華潤率先利用資本市場推動公司上市，藉助商業化手段開展併購整合，運用市場化機制改革創新。華潤 85 年的實踐啟示我們：堅持市場化原則、崇尚企業家精神，不斷推陳出新、開放包容，以商業邏輯進行產業整合、資源配置、組織管理、激勵用人，是華潤能在多個行業取得優勢的關鍵。華潤人要時刻牢記，作為充分競爭領域企業，一旦失去市場化，華潤將失去核心競爭力，甚至會快速衰亡。今天，我們紀念華潤集團成立 40 週年，就是要在新時期回味那段崢嶸歲月，再次點燃我們創業的激情，用好華潤的「不二法寶」。

堅持系統觀念，按照戰略、組織、文化一致性，深入推動「四個重塑」，是華潤打造學習型、變革型組織的管理思想和工作方法。 華潤堅持和運用系統思維，開展高層培訓，一體推進戰略組織文化適配，實現企業變革轉型。華潤 85 年的實踐啟示我們：系統觀念是科學的認識論和方法論，企業變革要從總體上實現功能優化，戰略、組織、文化三者缺一不可。我們必須更加自覺地運用系統觀念，用好用活高層培訓和行動學習工具，堅持統籌兼顧、綜合施策，以「四個重塑」推動企業靈捷變革、韌性成長，不斷適應環境變化和戰略轉型需要。

風好正是揚帆時，奮楫逐浪向未來。習近平總書記在黨的二十大上莊嚴宣告：從現在起，中國共產黨的中心任務就是團

結帶領全國各族人民全面建成社會主義現代化強國、實現第二個百年奮鬥目標，以中國式現代化全面推進中華民族偉大復興。總的戰略安排第一步，就是到 2035 年基本實現社會主義現代化。

2038 年，華潤將迎來百年華誕，建成具有全球競爭力的世界一流企業，華潤的發展與黨和國家工作大局再次緊密結合、同向而行。新時代新征程，中國式現代化新的歷史之棒，傳到我們這一代華潤人手中，我們必須以高度的政治責任感和歷史使命感，乘勢而上、接續奮鬥，在大局下謀劃、在大勢中推進、在大事上作為，為全面建成社會主義現代化國家作出新的更大貢獻。

邁上新征程，共創美好未來，我們必須牢牢把握高質量發展首要任務，統籌戰略性新興產業與傳統產業兩端發力，持續提升核心競爭力，堅定不移做強做優做大。我們要堅持「大國民生」「大國重器」業務，堅定創新驅動戰略、人才強企戰略，持續提升科技創新能力和價值創造能力，持續提升高端化智能化綠色化水平。要正確處理做大、做強和做優的關係，發揮好多元化產業優勢，不斷增加高附加值產業比重，不斷提高資產收益水平、勞動生產率，築牢高質量發展的堅實根基。

邁上新征程，共創美好未來，我們必須始終心懷「國之大者」，積極發揮核心功能，融入服務國家戰略，持續提升在香港影響力，促進香港融入國家發展大局。我們要立足兩個大局，以更高的政治站位、更有競爭力的綜合實力，聚焦民生業務領域，不斷滿足人民對美好生活的需要，更好履行戰略安全、產業引領、國計民生、公共服務等功能，實現經濟屬性、政治屬性和社會屬性的有機統一。我們要堅持「立足香港」，深耕在港業務，

積極參與重點民生項目建設，做好社會公益，加快科創產業發展和未來產業佈局，助力香港更好融入國家發展大局。

邁上新征程，共創美好未來，我們必須堅決錨定世界一流企業目標，加快建設華潤特色國有資本投資公司，打造引領現代新國企的新範式。中國式現代化展現了不同於西方現代化模式的新圖景，中國特色現代企業制度和商業模式是其題中之義，華潤必定要走在前、做示範。我們要不斷豐富完善「1246 模式」，成為既體現中國特色，又符合國際慣例、商業規律的新範式。要進一步高水平參與「一帶一路」國際合作，對標對表全球一流的企業管理、科技、市場等，提升全球知名度和品牌形象，打造真正具有全球競爭力的世界一流企業。

每個時代都有每個時代的際遇和節奏，那是歷史長河上泛起的陣陣水花，姿態各異、時緩時急，而藏在水花下的是河底的靜水流深、不聲不響，是它們連接了華潤的 85 年、華潤集團的 40 年，那就是紅色基因賦予華潤的初心和使命，是華潤人肩負起的精神和擔當。

今天，我們紀念華潤 8540，不僅是為記錄歷史、回憶歷史，更是為了把握今天、創造未來。讓華潤故事、華潤精神，激勵每一個華潤人，朝着世界一流企業奮勇前進，在中國式現代化新征程上作出更大成績。

2023 年 12 月 18 日

第一階段

從「聯和行」到「華潤公司」

二十世紀三十至四十年代，民族危亡，戰火紛飛，
華潤以貿易為掩護，展開了大量工作，
為民族獨立和新中國的成立作出了獨特貢獻。

1938年，出發

1938 年的夏天，陝北延安。

一名年輕的中央黨校教員被叫進了時任中共中央組織部長陳雲居住的窰洞，一番長談之後，這名教員脫下軍裝，離開延安，背負着一項在日後影響深遠的特殊任務，向着 2000 多公里外的香港出發。

此時，正是中華民族近代以來掙扎生存最緊迫的時刻。

日本全面侵華一年多來，近半國土落入敵手，發生在南京及周邊地區長時間的無差別大屠殺，更成為這個國家被侵略後最悲慘苦難的一幕。

困守武漢的蔣介石「以水代兵」，掘開黃河南岸花園口渡口後，肆虐的洪水並沒有真正擋住侵略者殘暴的軍隊，駐守陪都重慶的國民黨副總裁汪精衛卻等來了他精心謀劃後期待的消息。

7 月 12 日，日本五大臣會議正式批准「建立一個新的中國政府」的建議，決定立即着手「起用中國第一流人物」，而且這個「中國第一流人物」姓汪，不姓蔣。但五個月後，這位國民黨的二號人物就匆匆逃亡越南，謀求在日佔區成立新的綏靖政府。形式上統一中國十年的南京國民政府徹底分崩離析。

經濟上，抗戰中的中國，已經損失了 40% 的農業產值和 92% 的工業產值。以上海為例，淞滬會戰結束三個月內，上海工商業受損超過 9000 家，據上海社會局和日本大阪貿易調查所估計，損失超過 8 億法幣。[1] 而 1937 年整個中國的工業生產總值也不過 17.7 億法幣，中國本就少得可憐的工業生產因為日本侵略而元氣大傷。

風雨飄搖中的中國，此時有兩種思潮代表的力量正在激烈交鋒。高喊着「中國速勝論」的激進主戰派，經受了全面抗戰十餘月來的慘痛打擊，有些人已經漸漸動搖；本來人數不佔優勢、義理上也輸了半截的「中國必敗派」，隨着戰局的推進人數漸漸增多，底氣也足了起來，甚至繼「中國必敗」的聲音之後，又延展開來「敗了以後怎麼辦」的具體討論。

但是，還有一種新的聲音漸漸響了起來。

> 中國會亡嗎？不會亡，中國能夠速勝嗎？不能速勝，抗日戰爭是持久戰，最後勝利是中國的……因為這個戰爭是正義的，就能喚起全國的團結，激起敵國人民的同情，爭取世界多數國家的援助。

毛澤東長達 56000 多字的《論持久戰》據說是由周恩來帶到武漢分發的，國民黨內素有「小諸葛」之稱的白崇禧讀完之後拍案叫絕，他苦思冥想多日，把《論持久戰》的根本內涵歸納成兩句話：「積小勝為大勝，以空間換時間」，並在蔣介石的默許下，

由國民政府軍事委員會通令全國，作為抗日戰爭中的戰略指導思想。

1938 年，國共合作已重啟一年，八路軍、新四軍的敵後抗日運動正初步展開。擁有了國民政府新呼號和新軍服的八路軍三個主力師和新四軍，已經在太行山區、呂梁山區、太岳山區、皖南山區，由不足四萬人發展到 18 萬人的隊伍。[2] 但這樣巨量的人數增加，在國民政府的作戰序列裏，卻被選擇性忽視，給予八路軍和新四軍的軍費支出仍嚴苛地執行 1937 年的編制標準，導致的直接結果就是國共兩軍境遇相差巨大。國民黨軍隊師長級軍官每月能領到法幣 500-800 元，而八路軍的師長每月只有五元，即便如此低的薪餉還常常因為國民政府的拖欠而無法按時發放。伴隨着國民政府經濟體系的崩塌，結算薪餉的貨幣法幣出現了大幅度的貶值，購買力急劇下降。在日軍的分割包圍中，這些中華民族優秀的子孫，缺槍缺彈、缺吃缺穿、缺醫缺藥。

軍隊是窮苦的，從實質上支撐這些軍隊的根據地也是窮苦的。1938 年共產黨人依靠的任何一片根據地，哪怕是被歐洲記者稱為「紅色麥加」的延安，都不具備從根本上支撐起戰略作戰和戰略備戰的經濟力量。整個陝甘寧邊區的工業如同一張白紙，僅有的幾家棉紡織廠和印刷廠，所有的工人加起來不過 270 人，或許稱為作坊更為合適。[3] 這樣的生產規模要服務陝甘寧邊區二百萬人口，十餘萬部隊和不斷湧入的熱血青年，只能造成一個現實——「軍民的日用品幾乎百分之百依靠外界輸入」。[4]

毛澤東在《八路軍軍政》發刊詞中，針對經濟上的窘迫，寫下一段充滿憂慮的思考：長期抗戰中的最困難問題之一，將是財政經濟問題，這是全國抗戰的困難問題，也是八路軍的困難問題，應該提到認識的高度。

外無穩定的援助，內無可靠的生產，這般物資和經濟上的窘迫不止是在抗戰時，早在中國革命者的井岡山時期就已經成

為常態。當時為了從經濟上解答「紅旗能扛多久」的疑問，1927年11月，一個特殊的機構在遠離根據地的十里洋場上海成立，由周恩來直接領導，這就是歷史上著名的「中央特科」特一科，又稱總務科，它的重要的工作之一就是籌措經費和保管經費，一方面通過生產經營獲得一部分經費，一方面將蘇區打土豪分田地獲得的經費和共產國際提供的活動經費進行合法化的兌換。這些匯聚起來的經費形成了革命者的秘密金庫，由中共中央統一調配，用於營救被捕同志、印刷革命書報、購買根據地需要的一切物資，從槍支彈藥到醫療器械，從無線電台到印刷工具。

因為貨物、金錢和人員往來極其頻繁，能同時擁有這三項特質而不為人注意的商業機構，自然就成為最適宜的掩護選擇。

日後在中國共產黨黨史中留下身影的「福興字莊」，就是其中之一。它位於上海公共租界雲南中路447號「生黎醫院」的樓上、天蟾舞台的隔壁，經營湖南土布、土紗與木器生意。1928年11月，周恩來親自委派熊瑾玎、朱端綏夫婦「擔任」這家店舖的老闆與老闆娘，除了購買大量特殊物資外，從1928年11月到1931年4月，中共中央政治局大大小小的會議幾乎都選擇在這個小小的商行裏面召開。

在特一科的安排下，肩負着特殊使命的特殊經濟體，一家家地出現在上海的街頭巷尾。開設在北四川路老靶子路口的三民照相館，專門負責購買與儲藏武器；開設在威海衛路的達生醫院，周恩來、李立三、鄧小平曾經長期在這裏主持中共中央會議；開設在上海靜安寺明月坊的湘繡坊，表面上生意興隆，三層高樓氣派威武，實際上儲藏了大量機密文件，是黨中央最機密的中央文庫所在地。中央特科特一科開設的大量錢莊、酒店、印刷廠、絲綢廠、古玩店、電器行、布店、通訊社或代辦所等等商業機構搭建起一個秘密供給網絡，物資和經費通過羅霄山脈蜿蜒的小路運進井岡山，滋養了最初革命力量的生根發芽，滋養

着革命者隊伍走出井岡山，一步步發展壯大。

但在 1938 年，被日軍佔領的上海已無法繼續這樣的使命。1937 年 11 月 12 日，上海淪陷。三個多月的淞滬會戰，讓閘北淪為一片焦土，上百萬難民湧過蘇州河擠進公共租界，雖然租界當局與華人慈善機構大力賑濟，但依舊是杯水車薪。1938 年 1 月初，寒潮入襲上海，23 天內竟有萬餘人凍餓致死，報紙上滿是「孤島」變「死島」的悲觀言論。

面對着一時間無法恢復生氣的上海，面對着抗日根據地的艱難局面，再開拓一座能提供資金和物資資源的城市，成為黨中央的急迫目標。有着豐富敵後工作經驗的周恩來，想到了一座他在 1924 年就曾踏足的城市 —— 香港。

1924 年，歷經日本、英國、法國、德國、比利時遊學歸來的周恩來，帶着表面上的國民黨駐歐支部代理特派員和潛藏着的共產黨旅歐支部領導人雙重身份，啟程回國。因為漂洋過海的巨型客輪要在香港維多利亞港停泊，周恩來第一次踏上了香港的土地。

這一年的香港，不定期出版的《真善美》雜誌開始介紹馬克思主義的基本原則，香港第一次有了共產主義的聲音。

1925 年 6 月 19 日，為了支援上海人民五卅反帝愛國運動，省港大罷工爆發，這場持續了 16 個月的工人運動，沉重打擊了英國統治者的殖民統治，也讓廣大的香港市民和工商業人士了解了共產主義的精神和共產黨人的奮鬥方向。

1927 年 9 月，領導南昌起義一個月後，轉移到廣東的周恩來，由於勞累過度而得了嚴重的傷寒症，高燒昏迷。經黨中央決定，他和葉挺、聶榮臻一起輾轉前往香港治病，再一次踏上這片土地。

兩個月裏，這個居住在油麻地豪華別墅、據說來自上海的富商李老闆，帶着「隨從」們，在中環、上環、九龍等地都留下

足跡，初步領略了一個背靠內地、面向大海、航線四通八達、港英政府管治下的複雜城市。身臨廣袤的太平洋，往東北距離東京 1800 英里，往西南距離新加坡 1675 英里，香港以及它的港口所具有的地理優勢顯而易見。

從 1842 年第一任港督璞鼎查宣佈香港成為「不抽稅之埠，准各國貿易」的自由港起，這片島嶼和港灣就在日益喧囂的東西方貿易貨運中漸漸有了「東方直布羅陀」的美名。而二十世紀最初 30 年裏，因為大型海輪無法直接沿着珠江進入廣東及其他擁擠的港口，香港又成為珠江流域以南廣闊土地對外通商貿易的重要轉運港口，新的海上貿易線圍繞着它建立並運營。香港憑藉着「芳香的港口」，成為亞洲貿易的中心之一。根據《1924 年香港船政廳報關》，1924 年，進出香港的外貿船舶總噸位達到 35471671 噸，僅以數字而論，超過了英國和美國的商船總噸位之和，也超過了世界商船總噸位數的二分之一。

廣九鐵路，一條於清宣統三年（1911 年）就已經修通的鐵路上，客貨混運的列車往復奔跑，將廣東和香港更為緊密地連接在一起。

從 1931 起，這趟火車上拖家帶口來自內地的旅客漸漸多了起來，伴隨着中國內地抗戰烽火的愈燃愈烈，人流和財富開始湧入香港這片暫時和平的避風港。這樣的局面，在 1937 年 11 月上海淪陷後達到了一個新的高峯，難民通過上海到維多利亞港的輪船，或是輾轉廣東到九龍的火車，紛紛越過狹窄海峽抵達香港，形成了香港開埠之後最大規模的赴港潮。他們中的一部分選擇從香港前往世界各地，但更多的人暫時留在了這座避風港裏，等待戰火的平息。和人一起流動的，還有資金與財富。為了生計，這些有能力支付得起戰時昂貴旅費的難民，紛紛在新的土地上開啟新的歷程。很快，上海來的旗袍師傅成了華人大班府上的貴客，著名的桂園菜館也在油麻地掛出了新招牌，百貨商

店裏擺上了新近從倫敦、巴黎、紐約進口的高檔貨品，德輔道上，上海盛行的包洋車越來越多地奔跑在雙層巴士旁邊，成了香港島上的新氣象。據《1938 年香港立法會議報告》，僅 1937 年 7 月至 1938 年 7 月，整個香港的人口增加了 25 萬人，香港的工商業因為外來力量的湧入，得到了極大程度的推動。

至 1938 年，開埠近百年之後，香港，這片曾經滿清政府眼中的「山間不毛之地」，三次合約或割或租拼湊起來的 1000 多平方公里土地，漸漸開始成為遠東新的明珠。

但避風港並不是無風港，亂世中沒有一片土地是真正的歲月靜好，在種種耀目的光芒下，香港還湧動着波瀾壯闊的另一面。

一方面，按照當時英國對所謂「中日戰爭」的中立態度，在這座島嶼上發表各種言論都是自由的。1936 年來到香港開辦《生活日報》的鄒韜奮曾深有感觸地談論：「在香港，只要不直接觸犯英國人的利益，講抗敵救國是很有自由的」，而那時候在上海「為了睦鄰邦交」，只能把抗日救國或者抗敵救國寫成「抗 X 救國」，那麼「在香港，這個『抗』字下面的字倒可以明目張膽地寫出來，中國人在那裏發表抗日救國言論倒比在上海自由得多」。[5]

另一方面，這座在那個時代就擁有海陸空立體交通體系的樞紐城市，這座離戰場很近又能暫時保持距離的城市，因為它獨特的「體質」，已經成為了間諜往來、情報紛飛的「東方伊斯坦布爾」。那些從事着國際貿易，人員、物資、金錢頻繁往來的商行，或許都有着不為人知的特殊身份。例如秘密鼓動汪精衛叛逃的「日本問題研究所」，它在香港的名稱就叫做「宗記洋行」。

這樣的自由和開放，在 1938 年這個特殊時刻顯得格外珍貴，尤其當 1937 年聖誕節，日本人宣佈「除了香港、澳門和法國人租借的廣州灣（即湛江港）以外，中國船隻不得在長江下游和東南沿海航行」[6] 後，香港已經成為當時連接中國內地與世界的寶貴通道。

經濟的、政治的、文化的種種，在中國共產黨領導者的心中匯聚成漸趨清晰的思考：在抗戰的特殊時期，在得不到應有物資和資金的現狀下，香港值得擁有特殊的地位，就像建構起「井岡山——上海」、「瑞金——上海」連線那樣，建構出「延安——香港」連線。

　　在目前已經公佈的檔案裏，關於 1938 年周恩來佈局香港的內容少之又少，在《周恩來年譜》裏有這樣一段簡單的描述：1938 年，周恩來與英國駐華大使阿奇博爾德・克拉克・卡爾爵士協商，希望能在香港設立「八路軍駐香港辦事處」，得到卡爾爵士的認可。[7]

　　1938 年夏秋之交，或許是一輛緩緩駛入中環畢打街盡頭卜公碼頭的抵港客輪，又或許是一列鳴笛駛入九龍火車站的廣九列車，一個帶着金絲邊眼鏡、穿着老式三件套西裝的男子，提着皮箱，在其他旅客大包小包行李的掩映下，匆匆匯入湧進香港的人流。

　　他叫秦邦禮，離開延安時，他還是年輕的黨校教員，但從抵達香港那一刻起，他已經變成商人楊廉安，在和延安中央的秘密

秦邦禮，化名楊廉安，又名楊琳（華潤檔案館提供）

往來電報中，代號「楊琳」。在 60 餘年後解密出版的《八路軍新四軍駐各地辦事機構》一書中，他的名字列在廖承志、連貫和潘漢年之後，隸屬於「八路軍駐香港辦事處」。[8]

和那些如雷貫耳的名字不同，秦邦禮這個名字並不為人所熟知，知道他的人更多時候還是習慣性地稱他為「博古的弟弟」。這對兄弟僅僅相差一歲，卻有着完全不同的革命人生。當哥哥秦邦憲 —— 那時候還不叫博古 —— 在無錫開始編輯寫作《無錫評論》時，秦邦禮正在錢莊裏辛苦奔忙打工，資助哥哥的「革命事業」。當哥哥前往莫斯科中山大學學習並留校任教時，弟弟則以進步青年的身份參加了一場失敗的起義，不得已跑到上海一家米舖裏繼續自己的學徒生涯。這對兄弟革命生涯的第一次交匯發生在 1931 年，這一年的 4 月 25 日，中央特科第二號領導人顧順章在武漢被捕，隨即叛變，中央特科人員全部面臨着曝露的危險，周恩來被迫緊急撤離，接手特科的陳雲急需一批背景乾淨，又值得信任的年輕人接替撤退的中央特科人員的工作，博古推薦了自己的弟弟。於是在黨的地下工作最危險的時刻，還沒有入黨的秦邦禮，成為了中央特科特一科的編外成員。

秦邦禮接到的第一個任務，就是迅速開辦一家商舖作為新的聯絡點，陳雲代表黨中央提供了兩根金條作為整個任務的啟動資金。中國四大米市之首無錫的出身，又兼有長期在米舖打工熟悉行情的便利，秦邦禮的第一選擇就是開辦米舖。擁有着地利與人和的便利條件，秦邦禮的米舖生意紅火，很短時間內，他又接連開辦了傢具木器店、糖坊、南貨店、文具煙紙店，把店舖從一間擴大到六間。

由秦邦禮一個人開設如此多店舖有諸多考量：第一是在功能上，米舖可以短期僱傭大量夥計，又可以隨時解僱，人來人往也不為人起疑，而且米舖的倉儲功能強大，大型的米倉可以建密室藏人，米袋可夾運各類被查禁的緊缺物資；糖坊和米店類似，

同樣也可以短期僱傭大量夥計不為人注目，而且榨糖的原料和榨成的糖也都體量巨大，有強大的夾運物資的功能；南貨店可以以客人的名義購買、運輸大量根據地需要的物資；文具煙紙店人流少，營業時間從早到晚，適合警戒監視；傢具木器店最為特殊，一方面可以為幾間店舖提供內設夾層機關的桌椅板凳、牀榻鏡櫃，用於藏匿文件及特殊用品，一旦店舖被查出事，木器店又可以以回收木料的名義把沒有被破壞的特殊的桌椅板凳、牀榻鏡櫃回收，最大程度地保護文件及特殊用品不外流。這一系列帶有特殊功能的店舖組合，最終形成一個既能進行正常的商貿交易，又能完成秘密的物資運輸和人員往來，預防和善後功能齊備的「貿易交通站」序列。

　　第二是在單純的商貿功能上，從小在無錫錢莊裏經歷過六年嚴苛訓練的秦邦禮不僅熟諳低買高賣、打折促銷這些做生意的基本技法，還練就了一個絕活，就是有過目不忘的記憶力，尤其對數字格外敏感，據秦邦禮的兒子秦福銓回憶，那是「賬本燒了，立刻重新默寫出來」的神奇本領。

　　當時，對於擁有特殊商業才能、又有勤勉態度的秦邦禮而言，賺錢是必然結果。最終在上海灘的地下工作中形成了一個有趣的局面，很多單純的革命者開設的貿易站點紛紛賠錢賺吆喝，而秦邦禮開設的店舖生意興隆，財源廣進，短短一年時間內就把陳雲給的兩根金條翻成了八根。

　　多年研究中國共產黨地下工作，《中國秘密戰 ── 中共情報、保衛工作紀實》一書的作者郝在金，對秦邦禮的工作能力曾經有過既詼諧又精確的描述：「秦邦禮既能搞掩護，又能賺大錢，經濟工作和黨的秘密工作相結合，兩頭都有利」。1931 年底，秦邦禮因為出色且忠誠的表現，秘密加入中國共產黨，接受周恩來和陳雲的直接指揮。正因為這樣極度機密的身份，身處上海的他才得以在之後長達數年的腥風血雨中活了下來。

從 1931 年 1 月開始，按照王明左傾路線行進的紅軍選擇了奪取中心城市，與敵人正面對抗的革命方式，就連地下黨也遵循冒險主義的精神，不惜暴露自己以製造社會影響，四年之後，「紅軍和革命根據地損失了百分之九十，黨的白區組織幾乎喪失了百分之百」。[9] 白色恐怖之中，秦邦禮不但活了下來，還把生意從上海做到了汕頭。1935 年秋，在陳雲的指示下，上海六家店舖加上上海中法大藥行汕頭分行共同的老闆秦邦禮暫時結束了他的經商生涯，化名方一生，與陳雲、曾山、楊之華、陳潭秋等共同前往莫斯科，出席「青年共產國際第六次代表大會」，大會閉幕後進入列寧學院學習。

1937 年，經歷兩年學習的秦邦禮從莫斯科秘密潛回上海，準備繼續經營店舖，迎接共產國際的代表。但「八‧一三事變」的炮火，讓中央不得不重新審視這樣的安排。不久，秦邦禮抵達延安，在這裏，他成為了馬列學院的一名普通教員，因為有過留學蘇聯的經歷，他負責專門教授《蘇聯共產黨（布爾什維克）黨史》。

如果不是在陳雲窯洞裏的那次長談，這位有過傳奇經歷的共產黨員或許會永遠潛藏着自己過往的身份，成為一個優秀的革命理論研究者。很多年後，秦邦禮的女兒秦文在接受採訪時透露，當時窯洞裏和秦邦禮密談的人，不止陳雲，還有周恩來。或許正是在這兩位革命先驅的分析和鼓勵中，秦邦禮漸漸明白他即將前往的那片土地和上海的相似性，漸漸明白他的特殊能力將在那片土地上發揮怎樣的作用。

於是，30 歲的黨校教員，在他的而立之年，脫下暗灰色的土布軍裝，穿回深藏箱底的三件套西裝，擦亮已經黯淡的金絲眼鏡框，毅然走進了東方之珠的燈紅酒綠之中。

1938 年夏秋之交，一個叫「聯和行」的小招牌出現在香港中環干諾道鱗次櫛比的霓虹燈中。操着吳儂口音的老闆楊廉安，

帶着僅有的兩名員工，在不到十平方米的小屋裏，開始經營當時香港最流行的南北貨貿易。

聯和行，正是華潤的前身。在民族危難之際，在延安的共產黨人和黨領導的軍隊急需資金和物資之時，因一份特別的託付而生，因一項光榮的使命而來。這一刻起，就如同一顆種子，從此深深扎根於這片土地。

值得一提的是，秦邦禮前往香港之前，曾經輾轉抵達武漢八路軍辦事處領取經費，時任周恩來特別秘書的錢之光交給他八根金條，並告知這八根金條正是來自於其在上海經營商舖的利潤所得。

從上海灘的秦老闆，到獅子山下的楊老闆，一個人不同的兩段人生，卻因同一種心懷家國的使命，以這樣特別的方式完成了轉換，也完成了傳遞。

第二章

烽火聯和行

香港中環皇后大道 18 號，今日新世界大廈所在地，是香港繁華街景的尋常一隅。按照歷史書上的記載，這裏曾經是八路軍駐香港辦事處，是整個中國抗戰史上值得大書一筆的歷史地點。

如今，沒有舊樓，甚至都沒有在歷史上留下任何照片，只有一些知情人的記憶描繪出它隱約的模樣：臨街，兩層高，樓房有後門，樓下有商舖。

1938 年 1 月，八路軍駐香港辦事處正式啟用，並按照周恩來的指示，掛出了「粵華公司」的牌子，經營茶葉生意。門面裏展示架上也擺着來自內地的茶葉，但周恩來知會英國駐華大使在香港開辦八路軍辦事處的事實，以及老闆廖承志的大名，讓這裏發生的一切注定無法避開注視的目光。

500 米，是楊廉安的聯和行距離粵華公司的距離。

在這間位於干諾道馮氏大廈的南北貨貿易公司裏，日常的場景常常是兩個夥計忙着記賬，帶着圓片金絲眼鏡的老闆楊廉安陪着笑臉，向踱步進來的客人解釋小店人工稀少，目前已經忙不過來接不了別的活，時不時還得抽空子跟路過的鄰居家店舖老闆唱個喏。門口掛起的牌匾上，「聯和行」三個繁體字下面綴着「Liow&Co」的英文名，聽過楊老闆說話的人都會對這個名字不禁莞爾，「廉安，廉安」，按着無錫話的發音還真是「Liow，聯和」分不清楚，這位從中國內地躲避戰火來的楊老闆算是按照香港的習俗，給自己的小商行起了個中英文都找得到出處的好名字。

粵華公司和聯和行，同處中環相隔不遠的兩家公司，儼然是兩個世界裏的存在。這樣的安排背後，隱藏着擁有豐富敵後鬥爭經驗的革命者才能作出的深謀遠慮。

在香港，一個半公開的八路軍辦事處可以讓世界知曉中國共產黨的抗日熱情，擴大國際宣傳；可以更直接地聯繫愛國民主人士、港澳著名人士、愛國華僑領袖及國際友人，做好統一戰線工作，建立起一個更為廣泛的統戰組織，團結發揮他們的力量，為抗戰服務。父親廖仲愷、母親何香凝都是國民黨元老的廖承志擔任八路軍駐香港辦事處負責人，可以把這個影響力擴得更大，贏得更全面的支持。而「粵華公司」名號和它的茶業公司身份，則是黨中央尊重當時英國政府對所謂「中日戰爭」的中立態度，所採取的妥協方式。

但在顯眼的粵華公司背後，周恩來又佈置了一批並不顯眼的公司作為輔助力量和真正的執行者。在 1999 年解密出版的《八路軍新四軍駐各地辦事機構》一書中，詳細地列出了八路軍駐香港辦事處當時的工作人員名單，秦邦禮的名字位列第四，但實際上當時在香港，只有負責人廖承志、連貫和潘漢年知曉有這樣一個人存在，在內地，也只有周恩來、陳雲和極少數人知曉。很

多年後，長期跟隨周恩來、後來與楊廉安聯袂主持工作的錢之光回憶道：「這是我們設在香港的一個海外經濟聯絡點，知道的人很少」。[10]

1938 年 6 月 4 日，「保衛中國同盟」在香港干德道 11 號宋慶齡先生的宅邸裏宣告成立。宋慶齡的弟弟、曾經的國民政府行政院副院長和財政部部長、時任中國銀行董事會主任的宋子文出任會長，宋慶齡擔任主席，廖承志兼任秘書長。成立宣言中強調：「保盟目標有二：一、在現階段抗日戰爭中，鼓勵全世界所有愛好和平民主的人士進一步努力以醫藥、救濟物資供應中國內地；二、集中精力，密切配合，以加強此種努力所獲得的效果。」其主要任務是「成為需要者和資金、物資捐贈者之間的橋樑」，成立後將積極從事「國際範圍內籌募款項，進行醫藥工作、兒童保育工作與成立工業合作社等活動」。[11]

在這張匯聚保盟創始人的合影裏，最右側身材微胖的中年男子，就是八路軍駐香港辦事處、即「粵華公司」的負責人廖承志，他實際上也負責着保盟的具體工作。從策劃成立保盟伊始，中國共產黨就做了大量鋪墊工作，周恩來特意拜託《紅星照耀中

保盟全家福，左起：愛潑斯坦、鄧文釗、廖夢醒、宋慶齡、克拉克、法朗士、廖承志

國》作者埃德加・斯諾的好友、新西蘭記者貝特蘭做了一篇關於敵後根據地缺醫少藥的報道,專門前往香港送到宋慶齡先生手中。其中詳盡寫道:「八路軍、新四軍及邊區缺乏必要的外援,他們缺乏軍火彈藥,更缺乏醫藥及醫療器械,不要說施行外科手術所必須的器械和麻醉劑,就連最普通、最必須的酒精、碘片、凡士林、消炎藥等都成了稀有之物」。這是中國共產黨向宋慶齡先生傳遞請她幫助爭取國際援助、以支持在艱苦條件下堅持抗戰的人民軍隊的重要訊息。

保盟從初始就旗幟鮮明地全力支援中國共產黨與共產黨領導的抗日軍隊。在日後出版的講述保盟工作的書籍《我們的第一年》中,宋慶齡先生在前言裏明確宣告了她的選擇和堅持,宣告了保盟的立場和目標:「保盟不是中立的,它在各地都幫助中國內地的戰鬥,儘管它只能是純救濟性的,但它的救濟用於最能加強中國人民的鬥爭的地方」,中國抗戰正是在中國共產黨領導下的人民軍隊和抗日根據地表現得「最偉大和最有力量」,「他們的條件又是最為艱苦,因此他們正是最急需救濟的地方」。[12]

1938 年 7 月 7 日,為紀念七七事變一週年,香港各界舉行獻金活動,整個香港所有的酒樓茶館電影院捐贈一天的營業額,無數連店舖都沒有、只能在街頭叫賣的小商小販也都慷慨解囊。

一個月後,八一三紀念日前夕,香港再次舉行了一日義賣義演的活動,一次就募集資金上百萬,而當時港英政府整年財政總預算也不過 200 萬元。

日後被立為「華僑旗幟,民族光輝」的陳嘉庚,發起成立「馬來亞新加坡華僑籌賑祖國傷兵難民大會委員會」,號召南洋 800 萬華僑精誠團結,誓為祖國政府後盾,出錢出力。據郁達夫主編的《星洲日報》創刊十週年紀念刊《星洲十年》引用的資料顯示,從抗日戰爭開始到 1938 年末共 18 個月中,全馬來 210 萬華僑共購買抗戰公債和捐款的金額相當於平均每人捐出了三個月的

生活支出。

「抗戰一日不停，我們的月捐就不斷繳下去，直到民族得解放為止」，這是馬來西亞檳榔嶼華僑籌賑會在《勸募長期月捐宣言》中的號召，從新加坡到古巴、巴拿馬，愛國華僑們堅持每月捐出 10% 的收入，支撐起抗日捐款總數中的 80%。

混雜着各省口音的「賣花」聲，是此起彼伏迴蕩在新加坡街頭巷尾的特殊暗號，每買一枝花就可以為抗日將士捐出一顆子彈，一時間華人華僑人人以戴花為榮。

緬甸仰光女僑胞葉秋蓮，將其所有首飾及兩處家產的拍賣所得全部捐出，自己則入寺為尼。她說：「只要祖國戰勝，我自己餓死是無妨的。」半身癱瘓的印尼華僑馬細旦，每日以手代腳爬至市區中心，「乞錢為祖國難民請命」，所得金錢全都上交華僑慈善會。紐約 4000 餘名華人洗衣工，組成抗日救國的華僑衣館聯合會，一次集會就能募捐超過 1500 美元，而他們每天工作 18 個小時，一週的工資不過四美元。

據不完全統計，全面抗戰前三年，遍佈全球的近 4000 個抗日華僑社團匯回國的各種捐款就高達 20 億國幣，支撐着當時全國 85% 的抗戰軍費開支。從飛機大炮，到子彈炮彈，從藥品石油，到汽車電台，一衣帶水、血脈相連的全球華人華僑捐助的物資和金錢，支持着故土母國對抗侵略的力量和信心。

為吸引注意力，抗戰募捐活動通常聲勢浩大，但將募集來的資金和物資安全順利送達需要它的地方，卻需要一整套安全保密的保管和運送體系，不為人注目的聯和行就成為其中的重要一環。一方面它的老闆楊廉安「身家清白」，查不出和共產黨有甚麼聯繫，另一方面，保盟和聯和行的合作，是完全按照商業活動進行的，從合同上來說，聯和行是保盟資金和貨物運輸的服務提供商。

一開始，資金和物資的運送是相對順利的。募集來的資金

大部分先進入香港大英銀行，然後轉入聯和行的户頭，楊廉安完成統一匯兑後，隨身攜帶，親自跟隨押運物資的車隊，途徑廣州，前往西安、武漢和重慶，一路上憑藉宋慶齡或者宋子文寫的條子，稱得上是暢通無阻。1938 年 8 月 11 日《新華日報》上的一則消息，是那段還稱得上順暢的運送過程的真實見證：

> 「紐約華僑衣館聯合會」捐款購買的 2 輛救護車，從香港九龍出發，經廣州於 8 月 11 日抵達武漢。葉劍英、錢之光等代表我黨接受禮物。車是 1938 年最新的「雪佛蘭」，車內有供重傷員使用的牀位 3 個，座位 6 個，還有電扇。車壁上寫着「獻給第八路軍忠勇守土將士」。[13]

但這樣的順暢，在 1938 年 10 月 21 日戛然而止。

這一天，由田中久一率領的日本第 21 集團軍四萬餘人侵佔廣州，廣九鐵路的終點站落入敵手，意味着香港和內地之間這條最便捷的重要通道被切斷。

楊廉安沒有就此被局勢困住，俯瞰面前的地圖，目光沿着華南諸省的交通線一路西望，剛剛建立了八路軍辦事處的桂林進入他的眼簾。彼時的桂林，是中國西南抗戰的大後方重地，又是聯繫華南各省與海外的交通要道，東連湖廣，西接雲貴，又與越南直接接壤，防城港、欽州港和北海港的貨輪往來不輟，連接着來賓和合山的窄軌輕便鐵路即將竣工。從軍事勢力上來說，這片土地長期由李宗仁、白崇禧和黃旭初統治，一直與蔣介石有半公開化矛盾的他們，當時正熱心團結抗日，加之白崇禧跟周恩來又有不錯的私交，八路軍在桂林建立辦事處，就是白、周二人在撤離武漢的火車上達成的口頭協議。這樣一個在地理條件和局面形勢上都有利的區域，應當可以接棒香港至延安交通線的重任。

1938 年 12 月，楊廉安和聯和行的工作人員駕着小船，逆着中國第四大河流珠江西江東去的波濤，共同護送 130 箱藥品和醫療器械前往桂林，歷時兩個月抵達。[14]

1939 年 1 月 16 日，一份秘密的電報由暫駐桂林的中共中央南方局發至設在延安的中央書記處：「南方局於桂林設辦事處，聯絡湘、贛、粵、桂及香港運輸。」這標誌着一條從香港出發，經廣西桂林或走廣西梧州，經貴陽抵達重慶的交通線正式啟用。

但伴隨着日軍在華南區域的不斷施壓，多次調兵在深圳河以北演練，港英當局的態度開始由放任抗日自由向全面約束轉變。不久，一個突發消息傳來，震驚延安和重慶。1939 年 3 月 11 日，港英當局派出大批警察，查封了粵華公司，抓捕了包括連貫在內的五名人員，八路軍駐香港辦事處的工作頓時陷入停滯。

父母都是國民黨元老，又在國際社會有一定名望的廖承志有驚無險，在他 14 日和 16 日發給中共中央的密電中，詳細地分析了這個打上門來的突發事件：「(教訓) 此次最大教訓警惕性不夠，公開方面與秘密關係方面搞混，弄不清楚。正與(潘漢)年、梁(廣)會商改善中」。[15]

事件背後，是英國的退讓。這一年，英國先是承認「偽滿洲國」和日本在華北的特殊地位，隨後又連續與日本簽訂《英日海關協定》、《有田—克萊琪協定》等綏靖條約，幻想換取日本的止步，以「彌補其遠東防禦的空虛狀態，以達到保衛英國遠東利益的利己目的」，並作出了不支持中國抗日的承諾。[16]

香港，這個曾經抗日標語與口號齊飛、全世界捐助的抗日物資四海匯聚的城市，在英國人態度轉變後，雖然表面上保持平和，但實質上已經不再是平靜的港灣。

3 月 15 日，連貫等人獲釋，被搜走的文件亦同時歸還。事後，八路軍香港辦事處吸取教訓，不再設半公開的辦公場所，化整為零，轉入地下秘密狀態。新的辦事處和共產黨在香港唯

一一部秘密電台一同搬進了銅鑼灣耀華街一棟不起眼的民房內，活動全面轉入地下。而楊廉安的聯和行因為之前的隱蔽運行，得以繼續存在，接下來的歲月裏，他們將隨着局勢的日益緊迫而承擔起更多重要的職責。

首當其衝的任務，是重新建立更安全的交通路線。粵華公司被查禁的現實和英國政府的綏靖政策讓負責接受捐贈的廖承志與負責具體運送的楊廉安愈發清醒地思考夾縫中的生存環境，構思搭建一條更安全的交通線，尤其當運送的物品不止於簡單的捐贈物資，而是涉及到更重要更急需的藥品、電台、交通器材等關鍵軍需用品時。

1939 年，日後叱咤東南亞的越南共產黨領導人胡志明剛剛參加完共產國際的會議抵達中國，正用「胡光」的化名在桂林集聚力量，隨時準備回到法國人統治的越南打出一片新天地。負責八路軍駐桂林辦事處的李克農特意找到他，帶來了希望通過越南開闢一條新交通線的想法。在李克農、廖承志、胡志明的商議構想中，這將是一條從香港出發，輪船運抵越南海防港，再換陸路，沿新修建的滇越公路穿越邊境線進入廣西，最終抵達貴州貴陽的曲折路線。更為重要的是，這條路線上所有的重要節點，都將由共產黨員保駕護航，無論他們的黨籍是屬於中國，還是屬於越南。

1939 年 5 月，楊廉安的身影出現在越南的海防港，在那裏他以聯和行老闆的身份見到了提前在此佈置交通站的共產黨員羅理實和邱南章，見到了一支由押運副官、領隊司機和當地司機組成的精幹隊伍。

幾天後的深夜，楊廉安的身影又出現在聯和行租用的倉庫裏，他指揮着 20 餘名愛國青年和華僑把 X 光機拆成幾個部分，和同樣被拆散的顯微鏡、醫療器械、電台、發電機的部件一起，仔細地塞進捐贈的毛毯和被子裏捆綁扎實，易碎的藥水則塞進

襪子，一件件細心包好以免碎裂，然後所有東西分門別類地安放進木箱，蓋好蓋子敲上釘子，寫上毛毯棉服等字樣，再標識上代表人道主義捐贈物資的紅十字標記。做完這一切，這20餘名愛國青年和華僑擠上汽車，接下來的旅程中，他們中有些人的身份將是司機，另一些人則是押運員和搭車的難民。

這列車隊在香港碼頭換近海貨輪，行抵越南海防港，在那裏又裝上一桶桶的石油，最終形成一個多達50餘輛車的龐大車隊，沿着滇越公路向着中國內地進發。他們越過友誼關，越過桂林，越過河池，經過大後方貴陽，穿過戰時陪都重慶，從5月走到9月，最終在9月18日抵達了延安。

這一批運到的物資和人員包括：

車輛10輛，包括大道奇牌3輛，小道奇牌3輛，福特牌3輛，雪佛蘭牌1輛；
醫療器材，包括X光機、顯微鏡等；
無線電零件、電子管、電線、廣播器材、燈泡、發電機等；
藥品若干。

人員包括：

林榮耀、李興、耘田、梁阿應、何振邦、邱泉水等來自新加坡、馬來西亞、菲律賓、泰國華僑20餘人，其中女性4人。[17]

這是目前已經公開的史料中，關於抗戰時期物資秘密運輸為數不多的詳細描述。這次運輸的成功，標誌着一條基本上由共產黨員維護的交通線正式建立。10月，楊廉安又通過這條交

通線運回卡車 10 輛，小車 2 輛，藥品若干，華僑青年 22 人。[18]

但是，伴隨戰事的變化，新開闢運輸線路上的平靜並沒能維持多久。1939 年 11 月，這條線路上的重要節點廣西南寧被日軍佔領，大型車隊的運輸受到極大限制，運力急劇下降。幾個月後的歐洲戰場，法國被納粹德國擊敗，新成立的法國貝當政府宣佈接受日本的要求，禁止一切物資從越南運抵中國。1940 年 9 月 26 日，日軍又佔領了越南海防港，扣留大批滯留海防港的待運物資，行經越南的國際通道徹底中斷。

此時多一份物資就是多一分力量，少一瓶藥就意味着傷員可能失去一次生的機會，越南到中國的物資運輸路線被掐斷時，肩負千里之外延安的託付和戰士們的期盼，楊廉安和聯和行的車隊又輾轉繼續向南，在緬甸的仰光港複製了相似的運輸方式。

因抗戰搶修出來的著名的滇緬公路，每一公里都有血淚寫下的故事，是此時中國長江以南唯一的對外通道，它穿越六條大江、三座大山，綿延 1147.4 公里，在日本空軍的持續轟炸中，維護公路的 3000 多名養護工中，三分之一永遠留在了這片異國的土地上。這條時時被死亡危險籠罩的公路，楊廉安帶領着聯和行的車隊走了整整兩年，先後把 30 多輛滿載物資的卡車送往了昆明，送往了延安。

在一次次運輸中，藥品和醫療器材是其中重要的組成部分，但在楊廉安和聯和行接收到的任務裏，需要的藥品和醫療器材並不止於捐贈而來的民用品，更多更急需的是治療槍傷的藥品和手術器械。為了購買到這些在名單上被嚴格禁止輸入中國內地的特殊貨品，楊廉安通過一次次貿易往來成為香港新亞藥廠許經理的好友，隨後成為藥廠的董事，開始以新亞藥廠的名義大量購進根據地需要的關鍵藥品和醫療器械。之後楊廉安又在和燦華公司、怡和洋行的交往中重複了先做生意交朋友、再以朋友洋行身份購買大量「急需物資」的模式。

購買目標中還有更為引人注目的電訊器材。據不完全統計，延安通過八路軍駐香港辦事處購買的電訊器材，包括 160 部電台及備份器材、80 多部手搖發電機和電池若干，幫助神州大地上分散抗戰的八路軍、新四軍和游擊武裝得以擁有進行戰略協同的電子裝備。在八路軍駐香港辦事處轉入地下後，一部分原屬於它的任務也歸屬了聯和行。

《張聞天年譜》中記載了一則時任中共中央中宣部部長張聞天寫給廖承志的電報：「望即購英文康勃萊其近代史或其他資產階級學者關於歐美歷史的書，分批寄來，需款均要楊琳付。」因為擁有地利之便，聯和行可以購買印着新聞的報紙和西方的思想書籍夾帶在貨物中運回延安，那是被羣山和戰火阻隔的革命根據地同樣急切需要的。

大量捐贈和採購來的急需物資被源源不斷送往延安，但幾乎無人知曉，這個掌管着黨在香港大部分經費的楊老闆過着怎樣的生活。

1938 年楊廉安全家福（華潤檔案館提供）

這一張唯獨缺了楊廉安的全家福，1938年拍攝於灣仔某個不具名照相館，照片裏的老人是楊廉安的母親，旗袍女子是楊廉安的妻子王靜雅，左邊的男孩是博古的兒子秦剛，1933年博古抵達瑞金後，這個孩子就由他的弟弟撫養，另外兩個男孩分別叫秦福銓和秦銘，小女孩叫秦文。多年後，女兒秦文回憶：「1938年夏，安頓好的父親把一大家子人全部接到香港，住進了一間小小的兩居室裏，大牀睡了奶奶和秦剛，其他人都擠在一張沙發牀上，白天要推回去當沙發，晚上再拉開四個人擠，幾年都是如此。」這是關於當時運送過無數物資、經手過百萬經費、除了聯和行外還身兼幾家公司董事的楊老闆生活的僅有描述。

回憶中隻言片語的寥寥紀錄，檔案裏種種語焉不詳的購買和運輸經歷，共同構成了聯和行在那段歷史中的基本狀態。正如抗戰結束後，愛潑斯坦為八路軍駐香港辦事處寫下的這樣一段評論：「這是中國共產黨領導的抗日根據地衝破日本和國民黨的經濟封鎖，進行對外貿易的創始活動之一。」[19] 據各種資料裏的片段紀錄拼湊出的不完全統計，從1938年夏到1941年秋，通過聯和行運往內地抗日前線的物資包括藥品及醫療器械120多噸，捐款500萬美元，運送的愛國華僑及港澳同胞超過1000人。

1941年，抗戰已歷十年，局勢依然惡劣，勝利遙遙無期。8月1日，香港的報章紛紛刊出宋慶齡為「一碗飯運動」的題詞：「日寇所至，骨肉流離，凡我同胞，其速互助」。香港島上的英京酒家、樂仙酒家、小祇園等13家酒家響應號召，推出「多買一碗飯多救一個難民活動」，香港百姓紛紛掏出積蓄，以幾十倍幾百倍的價格競相買下這碗愛國炒飯，只為內地的難民能有口飯吃，戰士們能填飽肚子踏上戰場，捐贈極為熱烈。但戰火中暫時和平的維多利亞灣，已是風雨欲來。

1941年12月8日上午7時20分，偷襲珍珠港六個小時後，48架日軍轟炸機組成的編隊出現在香港啟德機場上空，對

啟德機場和港九各軍事要地展開猛烈轟炸，全城響起警報。

戰火中，八路軍駐香港辦事處那部僅存的秘密電台接到了周恩來的密電：

> 將困留在香港的愛國人士接至澳門轉廣州灣然後集中桂林。
>
> 派人幫助孫、廖兩位夫人（即宋慶齡和何香凝）和柳亞子、鄒韜奮、梁漱溟等離港。
>
> 存款全部取出，一切疏散和幫助朋友的費用均由你們開支。[20]

一場動員了中國共產黨在香港和廣東所有力量的大救援開始了，目標是此時在香港的愛國民主人士、文化界人士及其家屬，總數超過 800 人，可面對着鐵桶般圍着香港的日軍，手無縛雞之力的文人要逃離簡直難如登天。

作為一個共產黨員，楊廉安成為了最忙碌的人，他不但要不停計算、支出救援的經費，還要盤點清理「保盟」存放在聯和行內的捐贈物資和資金；同時，他也是一個父親，一個丈夫，但他根本無暇顧及自己的妻兒老小。妻子王靜雅只能一根扁擔挑起兩個籮筐，一頭裝着未滿一歲的兒子，一頭裝着僅有的家當，帶着年邁又失明的婆婆，領着一家老老小小七口人，在地下黨的安排下，和難民一起坐船逃離了香港，而楊廉安則暫時留在了香港。

18 天后的聖誕節，英軍投降，香港淪陷。

八路軍駐香港辦事處和廣東人民抗日遊擊隊的戰士們護送着名單上的著名人士，沿着多條秘密路線撤離香港，短短幾個月內，超過 800 名民主人士、文化界人士及其家屬，還有數百名回

國抗戰的愛國青年成功撤離。跟隨着護送撤退的八路軍駐香港辦事處工作人員，「難民」楊廉安也帶着「保衞中國同盟」存在聯和行內的捐款和黨的經費，一路撤退到廣州。

1942 年 2 月，完成使命的八路軍駐香港辦事處宣告關閉，所屬人員陸續秘密撤離到日本佔領下的廣州。三個月後，中共中央南方局的派出機關南工委委員、幹部部長郭潛被捕後叛變，潛伏的廖承志被國民黨政府在粵北樂昌秘密逮捕，整個中共中央南方局的地下網絡遭到嚴重破壞。

撤退到廣州的楊廉安煢煢孑立，逃離香港的妻子兒女下落不明、音訊全無，自己沒有可供聯繫的電台，沒有了夥伴，甚至連任務和指令也沒有了。

他沒有也不會選擇投降，雖然他所掌握的秘密足可以讓他在日偽政府裏謀求一個高位，且統治香港的日本軍政廳正需要這樣既懂經濟又懂香港的人才；他也可以選擇消失，在地下工作中這樣的消失並非沒有先例，消失的金錢也會被自然而然地計入戰爭帶來的損失。

面對抉擇，楊廉安的答案既簡單又艱難。

他脫下商人身份的西裝，將數額龐大的現金捲成一個個小卷，細細縫進特製的一件貼身衣衫裏，外面套上破舊的粗布衣衫，一身簡單的行囊，毅然走進了徒步向西的難民潮中。

他的目標，是戰時的陪都重慶，那裏有最大的八路軍辦事處。

兩地相距 2000 多公里，山高水遠，一路徒步向西的楊廉安從未回頭。在他的身後，那曾經為戰火中的中國內地提供寶貴支援的香港，那片聯和行以特殊的方式戰鬥過的地方，已漸漸隱入硝煙。

第三章

再赴香港

　　1946 年春節，神州大地上辭舊迎新的鞭炮聲分外熱烈。
1946 年，持續了 14 年的抗戰終於勝利，國共兩黨之間的雙十協
定也已經簽署，正式頒佈的停戰令讓人們彷彿看到期盼已久的
和平正追着春風，由南向北一路鋪開。

　　重慶曾家巖 50 號的八路軍辦事處裏，往來的軍官互致問
候，就連時常過來通報的美國軍官，也學會了用彆腳的重慶話說
一句「好吃的要莽起吃」。一片祥和歡樂的氣氛中，周恩來的特
別秘書袁超俊為自己出生不久的兒子起了個名字：袁明，願明
天更好。

　　但期望的明天，最終沒有如願到來。

　　1946 年 6 月 26 日，停戰有效期剛剛結束，國民黨 193 個
旅、158 萬兵力，就向各解放區發動了全面進攻，全面內戰爆

發。志得意滿的國民黨指揮官，喊出了 48 小時內全殲中原解放軍的口號。

這不是簡單的痴心妄想，一系列關於國共雙方實力對比的數字從數據層面支撐着國民黨的判斷。軍事力量上對比，國民黨擁有陸軍約 200 萬人，特種兵 36 萬人，空軍 16 萬人，海軍 3 萬人，此外還有非正規軍 74 萬人。中國共產黨的部隊約為 127 萬人，其中野戰軍 61 萬人，地方部隊及後方機關約 66 萬人，沒有空軍和海軍編制。國共軍隊人數對比約為 3.4:1，裝備上雙方差距極大，國民黨軍隊中有 22 個整編師為美式或半美式裝備，而解放軍的裝備以繳獲和自己生產的步槍、衝鋒槍、輕機槍為主。

經濟實力上差距則更為明顯。國民黨統治着全國超過四分之三的土地和人口，幾乎控制着所有的大中型城市，同時美國還提供着大量的資金和物資援助，據綜合數據統計，自日本投降日到 1946 年 10 月 31 日，美國提供給國民黨的物資已高達 7 億8000 多萬美元，接近整個抗戰期間美國援華資金的總額。[21] 而共產黨領導的解放區，面積不到全國的四分之一，人口約 1.3 億，只擁有一定數量的小城市，依靠的經濟來源主要是手工業和農業生產，基本上沒有近代工業，這些以地域命名的解放區還屬於各自為戰，尚未連成一片，缺乏戰略協同能力。

巨大的現實差距在戰場上以實實在在的勝負體現。到這一年的十月，國民黨已經攻佔了原屬於共產黨的張家口、長春、安東和蘇北、山東等大片土地，解放軍不得不進入全面戰略防禦階段。受到節節取勝鼓舞的蔣介石甚至不顧美國駐華使節的反對，堅持召開國民大會，並強行將 400 餘位民主黨派人士和中國共產黨排除在外。

1946 年 11 月 15 日，新一屆的國民大會在氣派的南京國民大會堂召開，出席大會的代表中，國民黨代表佔 85%，僅有依附於國民黨的青年黨、民主社會黨和若干「社會賢達」參加了大

會，一黨「國大」的實際召開，宣告了國共談判開始走向破裂。此時，距離國共和平談判簽署下「雙十協定」僅僅過去一年。

國民大會召開的第二天下午，南京梅園新村 30 號裏擠滿了中外記者，略顯憔悴的周恩來在一張被割裂的中國地圖前主持了他在這裏的最後一次新聞發佈會，《對國民黨召開國大嚴正聲明》的稿件從這裏傳向世界。

> ……我們中國共產黨人堅決不承認這個「國大」。和談之門已為國民黨政府當局一手關閉了……中間的道路是沒有的。進攻解放區的血戰方殷，美國政府援蔣內戰的政策依然未變，假和平假民主絕對騙不了人。我們中國共產黨願同中國人民及一切真正為和平民主而努力的黨派，為真和平真民主奮鬥到底。[22]

當天深夜兩點，匆匆從重慶輾轉上海趕到南京的袁超俊，被叫進周恩來的房間。他接到的任務言簡意賅：放棄剛剛升任的四川省委秘書長職務，立刻轉入地下，不與地方黨組織發生任何聯繫，只接受董必武直接領導，潛伏上海，靜候下一步指令。

曾經的烽火歲月裏，革命者的決絕是「一切行動聽黨指揮」的真實寫照。來南京之前，袁超俊剛剛經歷了一次骨肉離別，因兒子袁明身體不好，無法長時間坐飛機，他只能把不滿一歲的兒子留給親戚照顧，今天的人或許很難明白這樣的分別意味着甚麼，而對於長期從事地下工作的共產黨員來說，戰火中的骨肉相託，很多時候就意味着終生的離別。

脫下了軍裝，隱沒了身份，袁超俊就這樣在上海潛伏了下來。對於地下工作，袁超俊並不陌生，真名嚴金操的他，18 歲加入共產主義青年團，20 歲時就因為領導工人地下運動成為貴州共產主義青年同盟的領導人，1934 年和 1936 年他轉戰上海

袁超俊在武漢辦事處時任副官長（華潤檔案館提供）

從事地下工作，曾經兩次被投入上海的監獄，因為守口如瓶，兩次都倖免於難。

長期地下工作的歷練，還讓袁超俊成為了電子和機械方面的專家，他能熟練地組裝電台。據袁明回憶，袁超俊能將一台普通的收音機在某個特定的部位加上幾個小小的線圈，就變成一台能接收特殊電台的收報機。如果說曾經在蘇聯長期接受訓練的顧順章等人是科班特工，那麼袁超俊們則是中國共產黨在長期地下工作中通過實戰培養出來的特殊人才。

潛伏上海四個月後，袁超俊接到了新的命令。他的任務，與八年前秦邦禮在延安窯洞中接到的任務相同：前往香港。

按照中央的部署，一位與袁超俊有過一面之緣的人會在香港等着他。他們相識時，那個人叫做楊廉安，現在，他叫楊琳。

日曆翻回到 1942 年 10 月，在戰火中徒步走了近六個月的楊廉安終於從廣州一路走到了重慶，他把縫在衣服裏分文未動的現金和金條全部交給了時任周恩來特別秘書的袁超俊，之後按照周恩來的指示，又隻身返回廣東，繼續以商人的身份從事貿易工作。他做甚麼買賣，隨機應變，他在哪裏做買賣，隨機應變。這個身份絕密的共產黨員，成為了周恩來佈在兩廣地帶的一顆「閒子」。

在大量關於周恩來部署秘密戰線工作的回憶文章中，常常會提到佈置「閒子」這一奇妙的手段。這個源於圍棋世界的術語，意指一顆當時下在棋盤某個無關緊要位置的棋子，會隨着棋局的推移，或是從大格局上補厚了棋勢，或是改變了某條大龍的生死，總之曾經的看似不經意，會在日後衍生出意想不到的妙用。

重回廣東的楊廉安，就是周恩來在神州大地上、各行各業中佈下的眾多「閒子」中的一枚。

抵達廣東後，為了避免日本特務的追擊，更大程度上保證身份的隱秘，秦邦禮放棄了楊廉安這個名字，開始公開使用楊琳這個化名，從此這個名字伴隨他一生。

從 1943 年至 1946 年間，楊琳先後輾轉桂林、平樂、昭平、八步、梧州，經銷過輪胎，也辦過百貨公司，漫長的顛沛流離中，與家人失散杳無音訊的他，和燦華公司會計黃美嫻相遇相知。楊琳和黃美嫻不久後結婚，成為了眾多戰火中結合的革命伴侶中的一對。

黃美嫻的叔父此時正擔任國民黨廣西政府民政廳廳長，在他的幫助下，楊琳的生意越做越紅火，到抗戰結束時楊琳手上已經積累起一筆偌大的財富。在一封 1946 年 3 月 2 日發給周恩來的密報中，楊琳彙報公司已經擁有了 1000 萬的資產，很快，這1000 萬就成為「中央書記處特別會計科」的 1000 萬，成為他所屬組織的 1000 萬，實現着遠超表面價值的用途和意義。

1946 年 8 月 18 日，周恩來發出電報，將楊琳從「閒子」的狀態喚醒，此時距離他上一次接受指令已經過去了將近四年。

延轉港方林：
連貫莊振豐楊琳均盼來寧一行，一切面談。[23]

這封電報背後，是大戰來臨前的謀篇佈局。停戰有效期剛剛過去就開始響徹中原的槍聲，讓黨中央堅定了國共第二次合作必然會走向分裂的判斷，這樣的對立與對抗，1927 年會發生，1946 年依然會發生 —— 內戰已不可避免。

大戰即將到來，一個殘酷的事實擺到了黨中央面前，那就是涉及到數百萬軍隊正面作戰的戰略行動，拼的不僅是軍事實力，

還有物資保障和經濟實力。雙方變成敵我，在瘋狂進攻圍剿和全方位的封鎖下，資金與物資、特別是戰爭時期急需的物資從哪裏來？曾經的抗日戰爭中，共產黨面對過這樣的局面，當時依託海外華人華僑的不懈捐助，靠根據地捉襟見肘的生產支撐，靠靈活機動的遊擊巧奪，最終度過了難關。但如今是面對一場不知會持續多久的內戰，是在缺乏外部援助、物資採購和運輸都將會被扼制的現實面前，目光深遠的共產黨人必須未雨綢繆，要在黃土高原的窰洞中為神州大地上的這場戰爭謀劃好各種準備。

這一次，延安對數千里之外的香港依然寄予厚望。

此時的香港，往來於維多利亞灣的商船正將這座荒廢了三年零八個月的自由港拉回亞洲貿易的中心。為了躲避新的戰火，以百萬計的逃港人流裹挾着內地的巨額資產紛紛躲進這片重建中的避風港，據香港《遠東經濟評論》估計，內戰開始兩年裏，遷港的工業資金最少在兩億港元以上。僅上海就有 228 家企業移到香港註冊，涵蓋了紡織業、搪瓷業、絲綢業、印刷業等行業。

擺放在滙豐銀行門口石台上高傲地俯視過往路人的兩頭銅獅，在日本實力快被耗盡之際曾被運到日本，準備熔化之後製成子彈，還沒來得及動手，日本天皇便宣告投降，麥克阿瑟特意調運軍艦將這兩頭銅獅運回香港，並舉行了一個小小的儀式，向世界宣告：滙豐銀行門口的銅獅子回來了，香港回來了。

開放和包容，財富與機遇，依舊存在着，而 1938 年時不具備的工業生產能力，也日漸欣欣向榮。對於中國共產黨而言，更為可貴的是，港英政府依舊秉持着之前的中立態度，允許各種黨派以合法的方式進行活動。因此 1945 年 9 月，中共中央在制定未來戰略時，時任中共中央代理主席的劉少奇就對南方工委書記方方提出，南方黨組織要做好長期鬥爭的準備，準備堅持 10 年乃至 15 年，對於不能北撤的幹部，劉少奇明確指示：到香港、南洋、海外去活動，中央同意「必要時刻丟掉槍支保護幹部」。

1946 年 7 月，方方以養病為名，抵達香港，開始建立華南地區革命鬥爭的指揮中心。

因此，周恩來這一次部署，不是 1938 年時期任務的簡單複製和接續，楊琳等人的重返香港，是在新的歷史時期，在決定中華民族命運、決定解放全中國成敗的大戰即將到來之際，奔赴另一個戰場，在另一條戰線上，擔負起比之前更為複雜也更為重要的任務。

1946 年 8 月底，在南京周公館裏等了兩個星期的楊琳和連貫接到了周恩來親自佈置的任務。

周恩來交給楊琳的任務是：

1、打通海上運輸，發展國外貿易，交流國內外物資；

2、完成財政任務；

3、培養對外貿易幹部。針對這一點，周恩來特意交待楊琳說：最近還會有一批幹部去香港，上海和南京辦事處有 300 餘名幹部，一批回延安，一批去香港，身份沒有暴露的幹部可以幫你辦公司，其餘的，你要幫助他們尋找社會職業，能教書的教書，能辦報的辦報，想辦法在香港隱蔽下來。

周恩來交給連貫的任務是：

把滯留上海和重慶的文化界人士、民主人士護送到香港。今後公開活動的重點地區轉移到香港。[24]

10 月 29 日，周恩來致電中央並轉港澳工委，提出「目前香港已經成為南京、上海的二線，而且香港本身也要建立三線工作」。

於是在國共徹底撕破臉之前，一批肩負着特殊使命的共產黨幹部以各種方式奔赴香港。很快，以章漢夫、連貫為核心的港工委系統，以潘漢年為核心的情報系統紛紛成立，而負責商貿系統的赴港小分隊暫時只有楊琳一人孤身先行。

1946 年的深秋，香港德輔道中交易行大樓一間七、八平方

米的寫字樓格子間門口，掛出了一個小招牌──「聯和進出口公司」，此前的聯和行已算小有名氣，這樣的沿襲讓一切都更為自然。門口冷冷清清，偶爾有老友找上門來，恭賀舊店新開，曾經的楊老闆還得解釋一下自己因為躲避戰火改了名字，每每談至此處，大家都為劫後餘生感慨萬千。

四年之後重回香港開辦公司，楊琳面對的是亞洲轉口貿易港向着亞洲貿易中心蓬勃發展帶來的廣袤機遇，沒有了「保衛中國同盟」的業務，沒有了海外絡繹不絕的物資和資金捐助，他必須儘快為「發展國外貿易，交流國內外物資」這一明確的首要任務打開局面。在那個有貨就能有錢的戰爭年代，買與賣是最容易想到和最容易實現的賺錢方式，但楊琳面臨着一個做商貿最尷尬的難題──缺資金。

周恩來借款 3A 電報

這張用最高保密等級「AAA」做標記的電報，記載了一次黨中央向駐香港商貿系統支取經費的過程。電文中，「洋台」是香港秘密電台的代號；「虞」和「亥佳」代表日期；「楊林」的「林」

字應該是抄報員的筆誤。

1946 年 12 月，港澳工委的負責人方方和尹林平向黨中央發去了言辭急切的求救電報：

> 中央並周（恩來）、董（必武）、廖（承志）：
>
> 　此間經濟已至絕境，迭電請示均未見覆，如無法維持，各項工作必須停止，如何請急覆。
>
> 　　　　　　　　　　　　　　　　　　方林

周恩來和朱德的回覆幾乎同樣簡潔明了：「先向楊琳借款。」

由於後續相關電報的缺失，無法洞悉事情的進展，但顯然楊琳處當時已經是多方經費需求時的重要選項，可肩負「財政任務」的楊琳與聯和進出口公司自身都早已是捉襟見肘。

這棟位於九龍秀竹園 6 號的別墅，是黃美嫻的父親為黃美嫻和她的弟弟建造的，重回香港之後，楊琳和黃美嫻就住進了這裏。但表面的富麗堂皇背後，是為了支撐住聯和進出口公司的門面、不得不將別墅的一部分對外出租的窘迫。而且入住幾個月後，這棟別墅就抵價幾十萬港幣，除了楊琳和聯和進出口公司的周轉資金，或許其中很大一部分就換作了支撐華南地區的革命隊伍度過艱難時刻的物資和彈藥。

楊琳在香港苦苦等待着赴港分隊其他同伴和資金到來時，接到任務從上海出發的袁超俊正在國統區的白色恐怖中艱難輾轉。

此時的中原大地早已戰火瀰漫。梅園新村記者見面會的第二天，430 萬國民黨部隊開始對解放區發動全面進攻，短短四個月，黃河以南的解放區全部淪陷，一個巨大的封鎖圈正在逐步形成，未能在 48 小時之內殲滅中原解放軍的蔣介石政府，這一次將達成目標的時間表定在了六個月內。

1947 年 3 月 24 日，沒有等來資金的聯和進出口公司總經理

楊琳，卻從報紙上看到了一則讓他不安的消息。報紙上新聞照片的背景，是他擔任抗大馬列學院教員時曾無數次路過、到香港後無數次夢到過的熟悉的窰洞，但這一次，在窰洞前歡慶的部隊卻變換了身影。

在前一天，國民黨軍隊衝進了寶塔山下低矮的城門，衝進了楊家坪的窰洞，但他們沒有看到期待中的狼藉與屈服，而是幾眼打掃得乾乾淨淨的窰洞。護衛着延安的解放軍新五師用七天七夜的頑強阻擊，早已掩護着黨中央化整為零融入黃土高原的溝壑縱橫。

就在延安失守的當天夜晚，八匹駱駝的蹄聲踏破了黑夜的寂靜，突然，一根橫在路中間的粗大樹枝狠狠地打在為首的男子身上，差點將他掃進滾滾流淌的無定河。這名 40 多歲的中年人叫錢之光，他帶領着赴港小分隊用三天三夜不曾閉眼的疾馳狂奔，終於沖出了胡宗南用 26 萬中央軍壘出的層層包圍圈。

在包圍圈形成的三天前，周恩來委任錢之光擔任赴港小分隊三人領導小組的組長。這項委任或許是考慮錢之光從紅軍時

楊琳和黃美嫻在別墅前（華潤檔案館提供）

期開始已幹了 20 年籌措物資工作，而從錢之光時任中國共產黨南方局領導和財經委員會副主席的身份，也可以看出黨中央對這項特別任務和部署的重視。

在離延安 160 多公里外的清澗，錢之光接受了中央書記處書記任弼時代表中央傳達的具體任務：

1、出去發展海外經濟關係，並籌劃蔣管區黨費的接濟；

2、今後的工作由朱德總司令領導。[25]

以「出去發展海外經濟關係」為首要任務的小型團隊，組成成員除了錢之光，還有 1932 年參加革命的老紅軍、曾任冀魯豫軍區司令部參謀處處長的劉昂，曾任中共中央南方局財經委員會秘書長的劉恕和他的妻子魯映，曾任南京中共代表團辦公廳文書科長的王華生，曾任八路軍駐重慶辦事處總務科科長的牟愛牧，其他成員包括李澤純、董連芳等。

小分隊的目標是 2000 公里外南端的香港，但駝隊的足跡卻是一路向北，一行人的服飾看起來就像走西口的商人，行囊裏沒有電台，只有短槍和黃金。自 3 月 21 日出發，這支肩負着特殊

解放後，錢之光、劉昂攝於杭州（華潤檔案館提供）

使命的小隊日夜兼程，躲避着沿途的哨卡，兩渡黃河，跨越四個省，他們用 90 多個日夜在中原大地上畫出一道 2000 多公里的巨大弧線，終於在 6 月抵達煙台。按原定計劃，錢之光小分隊將從這裏坐船前往香港，但如今他們看到的是，國民黨的炮艦已經將南下的航道徹底封鎖，嚴控航運，攻打煙台的炮火日益猛烈，此時如果想憑一艘不易被察覺的小船跨越千里海面，難如登天。

遠在香港的楊琳，無法知曉錢之光等人的千里奔波和被困煙台，他只能從各種報道國民黨軍隊節節勝利的報紙中，拼湊着內地的局勢和黨中央的可能去向。沒有電台的他，已與「家裏」失去了聯繫，他只能每日在交易行大樓的小小格子間裏，焦急地等待着，等待同伴、資金或命令的到來。

1947 年 4 月 20 日，一陣敲門聲終於響起。一個高高瘦瘦戴着眼鏡的中年人走進了聯和進出口公司的辦公室，來人正是袁超俊。和楊琳相識時，他是周恩來的特別秘書，現在他是聯和進出口公司新的業務部主任。

袁超俊用口頭傳達的方式為楊琳帶來了周恩來在四個月前部署的命令：

1、李公樸、聞一多在昆明被國民黨暗殺，很多同情共產黨的民主人士和文藝界人士紛紛逃離內地，落腳香港，他們的生活需要經費，他們的工作也需要經費。

2、國共談判破裂，部分幹部隱蔽抵達香港，他們的生活和工作同樣需要經費。

3、解放區需要購買大量西藥、無線電器材、工業原料等必需卻無法生產的物資，不僅需要提供購買的經費，還需要提供長途運輸的幫助。[26]

經費、經費，依然是經費，一項項具體的任務，寫滿了對香港的期待，但香港暫時還給不了所期待的答案。從 1946 年 9 月開始，這個本應成為重要貿易樞紐前哨的聯和進出口公司，因為

資金匱乏、人員不足、信息中斷，實質上已經陷入半癱瘓，隻身前來的袁超俊也並未攜帶資金。一個個深夜裏，楊琳和袁超俊只能相對而坐，一邊等待一邊籌劃。

1947年8月7日，國民黨空軍「美齡號」專機在延安簡易機場緩緩降落，第二天，特意換上一身戎裝的蔣介石在隨從的簇擁下視察延安，他走過楊家嶺、王家坪，看着用木炭抹黑土牆當做黑板的抗大、一小塊一小塊零星分佈的山坡耕地，環顧着破窗土牆、木桌矮凳，他許久沒有說一句話。

此時，已經撤離延安五個月的毛澤東、周恩來、任弼時正帶領着部隊轉戰在300公里外的米脂、佳縣。按照西安綏靖公署主任胡宗南發給蔣介石的電報內容，「共軍已被壓縮在米脂縣以北、長城以南、黃河以西、無定河以東的中間地區」，圍殲似乎指日可待。

可蔣介石離開延安10天后，一直被追趕驅逐的解放軍突然回身反撲，彭德懷率領西北野戰軍設下埋伏，一天之內擊潰胡宗南最心愛的由美式裝備武裝起來的整編第三十六師，共斃傷、俘虜6000餘人。

「沙家店大捷」標誌着國民黨軍對陝北重點進攻的失敗，胡宗南軍全線退卻，「這一仗，不僅轉危為安，化險為夷，而且把整個陝北戰局完全扭轉了。」[27] 幾天後，毛澤東策馬揚鞭，巡視沙家店戰場，不禁大笑「用我們湖南話來說，打了這一仗，就過坳了」。

對於整個中國共產黨和它率領的軍隊而言，最艱難的歲月即將過去，不僅西北野戰軍進入反攻階段，全國戰場上，反攻都在如火如荼地展開。劉伯承、鄧小平率領大軍挺進大別山，陳毅、粟裕領導下的華東野戰軍挺進豫皖蘇，陳賡、謝富治兵團挺進豫西，三路大軍，互相策應，在黃河與長江之間的廣大地區形成了一個巨大的「品」字。

遍及中國內地各個戰場的戰略行動，讓整個戰爭格局正在發生着根本性的轉變。遠在香港的聯和進出口公司和那裏焦急等待的人們，始終與千里之外的故土生息相連，他們一邊在心中一遍遍為肩負的一個個任務構想籌劃着，一邊摩拳擦掌，等待着自己「過坳」的那一刻。

第四章

海上生命線

　　當香港的楊琳、袁超俊在焦急和忐忑中等待時，被困在煙台已近三個月的錢之光更是心急如焚，前線的戰事每天都在發生變化，中央交付的重要任務卻遲遲無法推進，他一次次徘徊在煙台碼頭，遠眺着茫茫大海，思考破解之路。

　　1947 年 8 月的一個深夜，夜幕掩護下，一艘 20 多米長的拖網漁船悄悄靠上煙台附近的石島碼頭，兩個身影迅速從岸邊閃進船裏。幾分鐘後，沒有升帆的漁船悄無聲息地繞過國民黨炮艇一道接一道掃過海面的探照燈，冒險駛向了大海深處，隱入了黎明前最深厚的黑暗。

　　當漁船還在大海上漂泊的時候，一封由錢之光起草的密電劃破夜空發往了陝北深山裏的黨中央：

中央周（恩來）、任（弼時）並董（必武）老

　　膠東形勢已進入戰爭狀態，主要港口被封鎖，今後聯繫海外較困難，如客觀條件可能時，請考慮我們是否轉入其他口岸。請速示。

遠眺着目光不能及的香港，困守在煙台的錢之光決定調整計劃，請示改道尋機南下，很快他等來了黨中央的回電。

華東局速轉煙台錢之光

　　申魚電悉，如交通得便，周（恩來）、任（弼時）和我同意你去港主持海外及內地經營，並籌劃今後蔣管區黨費接濟。

　　　　　　　　　　　　　　　　　　董必武申真

於是，錢之光帶領赴港小分隊的其他成員繼續踏上了漫漫路程，他們的計劃是先到威海，再北渡大連，然後再從那裏繞道前往香港。

大連，這座日本關東軍歷時 40 年傾力打造的東北亞航運中心，此時正由蘇聯軍隊和解放軍共同管理和建設。從踏上這座城市伊始，錢之光就感受到了一種全然不同。

中共關東公署直屬的關東實業公司把從日軍手裏接收的 65 個工廠，整合劃分為 10 個大型的企業單位，包括金州紡織廠、大連紡織廠、關東造船公司、裕民工業公司、華勝煙草公司、廣和鐵工廠、釀造總廠、金州礦廠、大連窯廠和廣源油脂工廠，這些企業生產的工業產品不但能滿足一個城市基本的衣食住行，還能提供大量包括皮草、豬鬃等物資進行貿易。

按照着「組織生產，發展貿易，支援前線，改善民生」十六

字方針運行的大連，[28] 此時已經不僅僅是中國共產黨唯一擁有的大型港口，同時也在成長為共產黨控制的規模最大、門類最齊全的工業基地。各個解放區都紛紛派人在大連開辦貿易商行，出售自己轄地的特產，換回資金和所需的貨品。在中央軍委發給劉伯承、聶榮臻的電報中，往來貿易的重要性清晰可見：「大連設廠是為長久計，你區來往也易。華中區一排人去設兵工廠和藥廠，亦願與各解放區合辦，均以營業性質出現，各區亦可訂貨，大連又是永久安全地，你仍應抽少量幹部與資本前去為宜。」[29]

看着大連城熱火朝天的生產場面，望着桅杆林立的大型港口，錢之光腦中閃現出聯通香港完成任務的另一種可能途徑，他的目光越過眼前的大連，望向背後的東北三省，那是一片幅員遼闊、一馬平川、物產豐沛的黑色沃土。

此時的東北，呈現着涇渭分明的對比局面。從日本宣佈投降伊始，絡繹不絕的國民黨士兵被美國的軍艦輸送入這片土地，到 1945 年底，國民黨軍隊已經控制了山海關、錦州、阜新等交通要地。1946 年 3 月以後，國民黨部隊又乘蘇聯軍隊撤退之機，先後佔領了瀋陽、四平、公主嶺、長春等重要城市，至 5 月末，國民黨已經建立起從山海關到松花江的城市連線。

而中共中央東北局和東北民主聯軍，執行着黨中央「放開大路，佔領兩廂」的方針，在東滿、北滿、西滿的廣大鄉村和距離國民黨佔領中心較遠的城市建立了根據地。到 1947 年，東北的局勢可以簡單地歸納為，國民黨控制着除哈爾濱外幾乎所有大中城市，而共產黨控制着城市外的絕大部分農村。剛剛建立起來的東北解放區在國民黨軍隊的進攻和封鎖下，向外貿易幾乎完全斷絕，一方面農民手中的餘糧沒有出路，只得爛掉或者當柴燒火，另一方面日用品奇缺，老百姓缺衣缺鹽，軍隊也缺少棉衣和必需的藥品，工業和鐵路交通也因缺乏物資、器材而難以恢復。

身處此種局面的共產黨人，必然要打開貿易途徑，用多餘的農產品換回戰爭與人民生活、生產所需的物資。除了最親近的蘇聯「老大哥」成為最直接的選擇外，時任東北財經委員會主任的陳雲率先向中央提出了要「設法打通對外貿易，擴大貿易對象」的構想。1947 年 5 月 24 日，在接連三次打退了胡宗南對延安的進攻後，中共中央致電東北局，回覆了陳雲的請求：「關於國際問題⋯⋯目前確需靠香港、上海、哈爾濱三處，東北局可在哈爾濱、大連建立對外聯繫，派專人進行組織。」[30]

作為赴港小分隊三人領導小組的組長，錢之光是陳雲首先想到的專門人選。很快，一番長談在陳雲、錢之光和時任東北財經委員會副主任的李富春之間展開，黑土地上的一組組數據堅定了彼此的判斷。此時東北解放區對糧食和豬鬃等土特產品執行的是統購統銷的政策，以特產大豆為例，東北局在 1947 年掌握的可輸出量為 200 萬噸，[31] 假如如此大量的黃豆通過香港輸往世界，產生的利潤將是充滿想像的。

經過一拍即合的長談，錢之光下定決心先留在大連，用另一種方式去完成自己要去香港履行的使命。

1947 年 9 月，大連火車站附近的居民發現，街角一棟三層樓的房子悄無聲息地掛上了「中華貿易公司」的匾額，大堂裏空空蕩蕩，只有一些精壯的小夥子來來往往。在黨中央的密電名單裏，這裏代號「錢之光同志處」。

近乎同時，2500 公里外的香港，楊琳和袁超俊看似沒有希望的等待，因為兩個人的突然到來變得充滿希望。

1947 年 8 月末，一個面色憔悴的中年商人出現在聯和進出口公司的辦公室，他就是赴港小分隊成員之一劉恕，他的妻子魯映此刻正在離德輔道不遠的一個街角放哨。二人冒險乘小漁船從煙台出發，沿着海岸線一路向南，為了躲避國民黨的炮艇，還要刻意選擇風高浪急的航線，一路上只以蘋果充飢。茫茫大海

上，70 噸重的拖網漁船宛如一片脆弱的落葉，載着夫妻倆顛簸了九天九夜才終於抵達了澳門。二人在澳門休整了三天，恢復了一點體力立刻來到香港，急切地叩開了聯和進出口公司的大門。

劉恕、魯映的到來，讓楊琳和袁超俊明晰了內地解放區的形勢，堅信了等待的意義，而港工委與他們的聯繫也日益密切，更讓這兩個等待了許久的革命者覺得，大事將要發生。

很快，港工委電台的負責人肖賢法帶來了給袁超俊的新任務：胡公（即周恩來）電告方方，為加強與解放區的電訊聯繫，在香港增設一部秘密電台，設在聯和公司，由袁超俊管理。幾天之後，香港的先施公司門口，肖賢法把年輕的報務員「小李」和一部小型發報機共同託付給了袁超俊。

有發報機卻沒有收報機的現實，難不倒長期從事地下工作的袁超俊，他用 500 元港幣買下一台全波段收音機，在某些特殊位置加裝上線圈，一個既能用收音機功能掩護，又具有收報功能的收報機就此誕生。

由於沒有最新的密碼本，這個電台還不能正常使用，但守在電台前的袁超俊始終堅信，屬於他們的呼叫，終會有一天響起。

1947 年 11 月 15 日清晨，一陣急促的敲門聲響起。一個臉上滿是煤灰的小夥子站在了楊琳的面前，他是蘇聯貨輪「阿爾丹號」的鍋爐工，另一個身份是赴港小分隊成員王華生。碼頭上，楊琳、袁超俊和劉恕興奮地看到了從東北為聯和進出口公司運輸來貨物的第一艘商船——經歷了七天的航行，滿載着 3000 噸糧食、黃鼠狼皮及中藥材的蘇聯貨輪「阿爾丹號」。

這是一趟很不平凡的遠航和運輸，為了突破國民黨在海上的重重

王華生
（華潤檔案館提供）

東北駐朝鮮辦事處

封鎖與巡查，錢之光和赴港小分隊成員為設計這條線路輾轉了三個國家，終於摸索出一條複雜卻行之有效的貿易路線。

赴港小分隊的第一站，是朝鮮的平壤。

當時的朝鮮，是解放軍在東北重要且安全的後方，東北局在平壤、羅津、南浦和新義州等多個城市和港口都開辦了辦事處，地處中朝交界的港口羅津，駐紮中共幹部百餘人，僱傭裝卸工500餘人。這些對外統一稱為「平壤利民公司」的特殊商業機構，成為打通東北到香港貿易通道的重要基礎。

錢之光的特別代表王華生，通過「平壤利民公司」的負責人朱理治與蘇聯駐朝鮮的大使取得聯繫，租下了載貨量高達 3000噸的蘇聯輪船「阿爾丹」號和「波德瓦爾」號，這已是當時蘇聯所能提供的最大級別遠洋貨輪。

與此同時，另一路小分隊成員祝華抵達哈爾濱，等待已久的陳雲批給他 1000 噸糧食，還有一批土特產和皮草，更為重要的是，陳雲還特批了一批黃金，用作聯和進出口公司的啟動資金和購買物資所用。

1947 年 11 月初，「中華貿易公司」第一批運往香港的糧食、皮草、土特產在哈爾濱集結，裝上火車先運輸到朝鮮平壤，再用

汽車和馬車運到羅津港，等候在那裏的「平壤利民公司」的員工們帶領裝卸工將各類物資裝上蘇聯貨輪「阿爾丹號」，啟航香港。

一路的輾轉，抹去了貨物身上的解放區印記，讓它成為了地地道道的外貿商品；貨輪上高懸的蘇聯國旗，可以在國民黨軍艦、飛機的偵查下暢通無阻。相距 2500 公里的香港與東北解放區，就這樣以一種奇特而曲折的方式建立起了聯繫。

「阿爾丹號」順利抵達香港的當天深夜，隨船押送貨物的王華生帶着楊琳和袁超俊又悄悄返回了「阿爾丹號」的船長室，在裝滿海圖的大木箱裏，他們用手感受到了這次航行更重要的一批貨物，那是縫在衣服裏沉甸甸的黃金和一個密碼本。

這天夜裏，一串電波劃破香港的夜空，飛向中原大地的深山，「東北與香港，航路已打通」。[32]

一年前周恩來親自向楊琳和赴港小分隊部署的任務之一 —— 打通海上運輸 —— 終於完成，這條穿越烽火和封鎖的海上運輸生命線，將在未來展現出它不平凡的意義，而楊琳和聯和進出口公司的同仁們也即將走進屬於他們的特別人生，那是「家裏」反覆強調的「發展國外貿易，交流國內外物資」、「完成財政任務」的特別囑託。

當「阿爾丹號」還在大海上劈波斬浪駛向香港時，錢之光就已開始籌劃第二次航行，他致電中共中央：「請速撥二千五百兩黃金作為繼續經營的資本。」

11 月 5 日，任弼時致電華東局：「請考慮撥出二千五百兩黃金交錢之光。」

11 月 8 日，華東局覆電：「我們已撥出二千五百兩黃金交錢之光。」[33]

這幾則簡單卻完整的電報往來，描摹了一個事實，錢之光和黨中央正在竭盡全力，讓遠在香港的聯和進出口公司發揮出它最大的力量。

跟隨第二艘蘇聯貨輪「波德瓦爾號」抵港的，除了同樣大量貨物，還有這批黃金，為這兩批黃金，楊琳特意前往滙豐銀行租下一個保險箱。

烽火歲月，雖然槍炮聲離自己很遠，但這些來自遙遠革命區的黃金有着怎樣的分量，意味着解放區多少人的付出與心血，又承載着「家裏」怎樣的寄望與信任，楊琳他們心中比誰都清楚，未來很多年，這些特殊的革命者將要在這片土地上用這些黃金完成一份同樣沉甸甸的特定使命和託付。此時，他們豪情滿懷，也迫不及待。

自東北運來的黃豆和土特產銷售一空，加上出售黃金的所得，楊琳、袁超俊、劉恕和員工們開始在香港市場大量購買東北局所需的物資：藥品、真空管、捲筒新聞紙、造紙濾網，還有恢復生產需要的棉紗、鐵釘、汽車零件、紡織機械、油漆……直到一個接一個印着各種外文標記的木箱子裝滿了蘇聯貨輪，才啟程回航。

「阿爾丹號」和「波德瓦爾號」運來的東北特產中，有兩樣貨物迅速受到香港市場的追捧。一個是質優價廉的東北黃豆，豆油不僅是重要的化工原料，豆粕更是牲畜養殖的高級飼料；另一個明星商品則是毫不起眼的豬鬃，無論是正經濟大發展的美國還是戰後正在恢復的歐洲，大量開建的房屋讓粉刷建築的刷子供不應求，製作刷子的豬鬃在那個化纖工業尚未成熟的年代，成為了緊俏貨。

能夠大量提供黃豆和豬鬃的消息，讓聯和進出口公司很快在市場上有了話語權，紛至沓來的商人幾乎要擠爆了交易行的這間小小辦公室，他們因自身的需求而來，又帶着聯和進出口公司的需求離開。

2500 公里航線上，高懸蘇聯國旗的兩艘 3000 噸級貨船「阿爾丹號」和「波德瓦爾號」，交替穿梭往來大連、香港和朝鮮羅

津港，將東北解放區、中原戰場、香港緊緊聯接在一起。

東北的黃豆、豬鬃、中藥和人參，通過香港的商人和貿易行大量轉口銷到英國、美國和東南亞地區，東北的豆餅全部銷往台灣，東北的煤炭不但在香港廣受歡迎，在東南亞地區更是供不應求。黑土地的特產換回的物資與資金，幫助東北解放區的經濟得以迅速恢復，農業、輕工業高速發展，東北解放區漸漸成為支援全國解放戰爭最重要的後方物資供應基地。

貨船的一來一往，猶如循環吐納，聯和進出口公司和解放區都在這一次次運轉中完成着自身的成長。

不滿足於車拉馬拽的發展速度，陳雲親自擔任鐵路總局黨委書記，要在東北漸漸連成片的解放區裏實現火車運送戰略物資的構想。很快，聯和進出口公司採購的英國出產的「284火車頭」就運進了東北，一趟以「毛澤東」命名的列車在東北大地上馳騁，火車運送着彈藥和棉服，運送着士兵千里馳騁，這是革命者們曾無數遍在夢裏渴盼過的驕傲場景。

「毛澤東號」滾滾向前的汽笛聲中，解放軍加緊了進軍全國的步伐。從1947年8月開始，頂住國民黨全面進攻和重點進攻後的各路野戰軍，展開全面反擊。四個月時間，國民黨損失兵力超過45個旅。1947年12月，解放軍攻佔石家莊，收穫了華北區域的第一座大型城市，晉察冀和晉冀魯豫兩大解放區得以連成一體。

接下來的戰爭必定將是一場拼兵力、拼資源的持久戰，藉助美國的飛機、輪船和火車，國民黨將戰備物資源源不斷地送上前線，而伴隨解放軍身後滾滾行進的大車、馬車、手推小輪車上，相當一部分物資都來自香港與東北之間這條寶貴的貿易通道。

從稀貴的藥品到普通的膠鞋，從形形色色的輪胎到標準統一的棉紗，從印刷廠的機器到新聞報紙的紙張，從通訊急需的器材到紡織機常備的配件……今天保存的零散的反映當時聯和進出口公司採購情況的材料中，記錄着林林總總的物資，品類繁多

的名錄只有一個準則:「家裏」需要甚麼就採購運回甚麼。

在眾多運往前線的物資中,盤尼西林廣受歡迎。這種防治傷口感染的藥物,被稱為改變二戰進程的神藥,在整個戰時都是被嚴格管控的稀缺貨。而這一次,那些在美國倉庫裏堆積的戰備針劑,在貿易的運作下登上了聯和進出口公司僱的商船,悄無聲息地運進了中國北方,運到了大山深處的解放軍的醫院裏,使得當時的傷員恢復率達到了 70%,這一曾經從未達到過的數據,為中國全面解放積蓄力量作出了特殊的貢獻。

至 1948 年 6 月,國民黨軍損失兵力 264.14 萬人,經過補充後恢復到 365 萬人。經歷了兩年內戰的解放軍雖然損失兵力 80 萬人,但新徵兵 110 萬,加上傷愈歸來的 45 萬傷員,俘虜改造的 80 萬新增,再加上國民黨起義和投降的部隊,使得解放軍總數達到 280 萬人。同期國共雙方的正規軍人數比例為 1.32:1,已接近持平。

1948 年 4 月 22 日,中國人民解放軍收復延安。「解放區的天是晴朗的天,解放區的人民好喜歡」,歡快的歌聲在延河畔、在寶塔下,此起彼伏地響起。

距離延安 750 公里外的河北省平山縣西柏坡村,中共中央在「解放全中國的最後一個農村指揮所」(周恩來語)裏,以一篇《目前的形勢和我們的任務》向各野戰軍發出了「全國範圍的大反攻『局面展開,勝利可期』」[34] 的號召。

此時距離中央從延安主動撤退,剛剛過去一年一個月零三天。

此時,遙遠的南京,剛剛贏得選舉的蔣介石周圍簇擁着他的幕僚,正在緊鑼密鼓準備就職儀式。

此時,在更遙遠的香港,羽翼日漸豐滿的聯和進出口公司,即將迎來自我升級的一個重要歷史時刻。打通海上運輸只是第一步,「發展國外貿易,交流國內外物資」、「完成財政任務」,更長、更難、也更重要的路,還在前方。

第五章

中華大地，雨露滋潤

　　1948 年 8 月，滿載着大豆、皮毛和豬鬃的蘇聯貨輪「波德瓦爾號」又一次駛進了維多利亞港，在接受完港英當局的例行檢查後，緩緩放下了舷梯。守候在岸邊的蘇聯駐香港辦事處人員和聯和進出口公司總經理楊琳緊緊盯着船上下來的工作人員，卻始終沒有發現那個熟悉的身影，直到一個渾身煤灰的鍋爐工走到身邊，把鴨舌帽往上抬了抬，露出了那張抹着煤灰的臉。

　　激動的心情被刻意壓抑着，但興奮情緒仍然在等候的人羣中傳遞。所有人在等待的，是曾經的南京八路軍辦事處處長、中國代表團辦公廳主任、周恩來親自委任的赴港小分隊隊長錢之光，那個想盡辦法設計並打通大連至香港海上運輸線的傳奇人物。從 1947 年 3 月奉命出發，在晚了 17 個月之後，他和赴港小分隊終於踏上了香港的土地。

錢之光（華潤檔案館提供）

化裝成鍋爐工的錢之光一身沾滿煤灰的工裝，步履穩健，和他一起的一行人，服裝更是五花八門，但腳步都是一樣的格外沉穩。旁觀的人並不知道，這一行人身上，都穿着一件特製的貼身馬甲，上面縫着三、四十個口袋，每個口袋裏都裝着一根半斤多重的金條。這是錢之光率領赴港小分隊從大連貼身運送過來的特別經費，而更多的經費還在前往香港的過程中，巨量黃金的匯聚，意味着一系列將對未來中國影響深遠的大事件進入了實際操作階段。

在暫居的銅鑼灣希雲街 27 號，錢之光向楊琳、袁超俊、劉恕等人部署了他來香港要完成的第一個任務：聯和進出口公司要升級。

此時憑藉着交替往來大連與香港之間的「阿爾丹號」和「波德瓦爾號」形成的大宗商品貿易，聯和進出口公司所從事的單純的買與賣已經轉變為大規模、公開的外貿進出口貿易，曾經簡單的市場採購、簡單的運貨北上，已經轉變為銷售與採購並重、出口與進口並重。相對曾經簡單的商貿機構定位，現在的聯和進出口公司已經因量變的積累發生着質變的飛躍。

接替錢之光打理「中華貿易總公司」的劉昂在後來一次接受採訪時，曾用驕傲的語氣表達了此時聯和進出口公司在香港的影響力：「（聯和進出口公司）在香港也算得上是貿易大户，只要我們的船一到，香港一些物資的價格就會受到波動」。[35]

日後被中共中央政治局常委、中共中央組織部部長宋平評價為「經濟大家」的錢之光，在那個年代就表現出了非比尋常的商業眼光和經商魄力，他提出，在香港辦商業就要辦大商業，要

在最繁華的地段打響招牌，吸引香港工商界的注意，提振往來合作客戶的信心。

今日的香港中環，是整個香港的商業中心，也是世界平均租金最高的都市地塊。在中環最繁華的皇后大道和畢打街交匯處，矗立着一棟有着漂亮圓拱廊柱的白色建築，這就是畢打行（Pedder Building），憑藉着自己不同尋常的歷史底蘊，以九層樓的高度傲視着周圍動輒三、四十層的摩天大樓。

畢打行

華潤公司註冊文件
（華潤檔案館提供）

它修建於 1924 年，由巴馬丹拿建築師行設計，採用新古典主義和裝飾藝術樣式的圓拱，是香港受殖民統治的歷史見證。作為二戰後難得倖存的戰前建築，這棟中環裏曾經最頂級的寫字樓，如今不僅是香港的二級古跡，也是國際頂級畫廊鍾愛的展覽聖地。

1948 年 12 月，聯和進出口公司租下了畢打行六樓的幾間大辦公室，躋身當時香港最頂級的商業中心。

變化的不止是公司辦公地點，聯和進出口公司的名號變更為一個響亮的名字 —— 華潤。

華潤公司印章（華潤檔案館提供）

12 月 18 日，華潤公司以私人合夥的無限公司名義正式在香港註冊成立，註冊資本 500 萬港元，地址設在畢打行六樓。

華潤二字寓意「中華大地，雨露滋潤」，英文名 CHINA RESOURCES。

今天的華潤檔案館中，一層顯眼的位置陳列着華潤公司最初的註冊文件和公司印章，充滿歲月感的兩件珍貴展品見證着華潤誕生一刻的榮光。關於「華潤」二字的確定，坊間有幾種說法，包括命名的方式和命名的時間，但唯一沒有爭論的是名稱背後的意義。當時，錢之光對起名的要求是「既要有意義，又不能太暴露」。[36] 有人建議叫「德潤」，「德」取自當時負責領導聯和進出口公司的朱德的名字，「潤」取自毛澤東的字「潤之」。[37] 後據楊尚昆同志回憶，朱德接到電報後說：「不行，怎麼能把我的名字排在主席前面呢？」再次議論時，楊琳提議改為「華潤」，楊琳說：「華」代表「中華」，「潤」是主席的表字，還代表雨露滋潤、資源豐富，合起來就是「中華大地，雨露滋潤」。在場的人紛紛表示同意。[38]

「華潤」二字的確立，標誌着這家取自「楊廉安」中「廉安」兩字無錫話發音的小商行，已經褪去個人商行的色彩，成長為心懷家國天下的大型商業貿易機構。

值得一提的是，英文註冊名 CHINA RESOURCES CO.（簡

稱 CRC），由楊琳的妻子、畢業於美國伊利諾伊大學的黃美嫻親自翻譯，與華潤的中文名稱一同沿用至今。

三批肩負着特殊使命的赴港者此時歡聚一堂，共同規劃描繪着華潤的初步藍圖。工作分工上，錢之光擔任董事長，此時還不能公開真實身份的他，為自己起名叫「簡之光」，公開場合所有人都稱他「簡老闆」；楊琳擔任總經理；袁超俊擔任華潤公司業務部主任，副主任為高士融、王兆勳；劉恕任會計主任；公司中的黨支部，即中央組織部、城市工作部「海外特別支部」，由袁超俊、林其英負責，袁超俊兼管理「華潤電台」。創建時候的工作人員還包括李應吉、吳震、徐景秋、郭里怡、鍾可玉、魯映、鄭育眉、毛修穎、錢生浩、唐淑琴、黃美嫻、潘夏山、于凡等，其中郭里怡負責密碼電報譯電，鍾可玉、魯映擔任傳遞情報的「交通」，祝華、王華生、徐德明等為常駐華潤公司的中華貿易總公司工作人員。

至此，這些來自天南海北、有着不同出身和相同理想信念的人，匯聚在獅子山下這間身負黨的囑託和特殊歷史使命的商貿機構裏，成為了第一代「華潤人」。

註冊時的 500 萬港幣資本，按當時港幣與美元的比價匡算，約合 90 萬美元，在那個時代的香港商界，稱得上一筆巨額的資本金，而且是實打實真金白銀的注資，如此大手筆的投入，讓華潤公司一下子聲名大振，成為了香港工商界舉足輕重的大公司。

除了實打實的 500 萬港幣資本金之外，按照黨中央的指令，煙台、大連還紛紛由專人將一些黃金帶到香港交給華潤公司，數額之大，已經不適宜在滙豐銀行儲存，只能將大部分藏在錢之光家中，由於重量太重，「連櫥櫃都被壓壞」。[39] 集各大解放區之力的大手筆投入，既為華潤公司進行大規模的進出口貿易保證充足的資金條件，也透露出對華潤一步步提升的信任和期許。

幾個月後，另一家成立於 1933 年、在上海和美國從事與華

潤公司相似工作的廣大華行，在周恩來的親自指示下帶着 200 萬美元巨額資產併入華潤，華潤公司的實力進一步加強。

閃亮登場的華潤公司，對於樸素的香港工商業從業者來說，既是一個強大的競爭對手，又是一個有力的合作夥伴，而對於隱約或明確知道它出身、了解它成長過程的那些人來說，這家公司如同一面令人欣賞並信任的旗幟。

對於旅居香港的民主人士和文藝界人士來說，華潤公司身後日益壯大的中國共產黨代表着一個國家新的希望，而中國共產黨在香港淪陷期間組織的那次大營救，已為他們眼中的華潤添加了可依靠可信賴的註腳。

對於旁觀着華潤從聯和行一路走來的英國殖民統治者來說，華潤公司背後旺盛的購買力代表着財富，也代表着機會。事實上，1947 年國民黨軍隊對解放區進行重點進攻時，英國就派出特使與周恩來進行了接觸，期待進行貿易及更廣泛的往來。有史可查的記載是，1947 年 9 月 25 日，周恩來與英國特使商談貿易事宜，之後中共中央致電方方、喬冠華和錢之光，由錢之光到港以解放區救濟總署的名義同英國方面進行非正式接觸，方針是：「贊成與英國進行商業往來，地區目前以華北（渤海及山東沿岸）為限，債務亦可商談；若對方確有通商誠意，可約進入華北解放區與華北政府直接談判。」[40]

而華潤恰好是扎根立足英國殖民管轄區域的一個合法守規、開展進出口貿易、並能帶來巨大經濟利益的商業機構。錢之光因循着中共中央的指示精神，與英方進行了遲到的非正式接觸，向英方傳遞了中國共產黨對發展中英經貿關係的肯定態度和建議。這是新中國建國之前，中共與英國就建立經濟貿易關係進行的早期接觸之一。

在熙熙攘攘的商人們和這塊土地的管理者們眼中，畢打行這間 60 平方米的寫字間裏，擁有着令人豔羨的財富，更創造着

無數擁抱財富的機會，它的擁有者們馳騁商海一諾千金、一擲萬金，也必定享受着此等財富帶來的風光和富足。的確，此時的華潤公司在香港貿易界的實力已經影響着眾多商家的興衰起落，它賬面上的資金一度高達黃金 20000 兩，按照當時的地價和樓價足以買下大半個銅鑼灣，但外人絕對無法想像，表面風光無限的背後，這些創造財富的人的真實生活是怎樣的。

烽火歲月的華潤人，身處在一種特殊的生存環境中，雖然每日穿梭在香港初現繁華的街市，徜徉於亮麗的商務場合，雖然支配着巨額資金、經手着龐大訂單，但華潤員工的生活卻是出乎他人意料的另一種景象。他們依然堅定地執行着和遙遠的解放區一樣的配給制，依照這套物質極度匱乏時為最大限度節約支出定製的規定，華潤公職人員每年可分得相當於小米 400 斤的收入，除了對外商務應酬最多的總經理楊琳每月可支取港幣 700 元外，剩下的人一視同仁。

為了保持必要的對外商務形象，楊琳和黃美嫻繼續住在自己九龍秀竹園的別墅裏，其他華潤員工則租下位於跑馬地成和道 16 號一個小樓的三層和四層作為宿舍。每層四個房間，三層住着林其英夫婦和兩個孩子、高士融夫婦、王兆勳夫婦，不久，李應吉和夫人徐景秋搬了進來，也住在三層。四層住着錢之光和姪子錢生浩、袁超俊夫婦和雙胞胎兒女、劉恕夫婦、郭里怡。這種香港私人蓋的小樓，一層正常就能住一家人，大房間是主臥，其他小房間只能住一個人，而華潤的員工，在每個房間都塞進一家人，沖涼和上洗手間都要排隊。

董事長和總經理都沒有小汽車，出門辦事全都要擠公交車或是走路，一直到 1949 年底，為了保證楊琳的人身安全，經陳雲特批，華潤公司才擁有了第一輛汽車。

餐桌上的菜，常常是油星全無，隨船運來的貨物中，破損的雞蛋和被水泡壞的黃豆已不能出售，為了不浪費同時節約支出，

幾乎成了早期華潤人餐桌上的主菜,從不用油炒出來的雞蛋沫裏用筷子挑揀碎蛋殼的經歷,讓很多華潤老員工終其一生都不願意再聞到雞蛋的味道。

　　為節約生活費用,大多數人都是自己動手買布縫製衣服。妻子不在身邊的錢之光,每年冬日將至就把舊毛衣託船員帶回大連,交給妻子劉昂,待劉昂幫他拆洗乾淨重新織好,又讓輪船押運員帶回香港,接下來的一整個冬天,錢之光就天天穿着那件淺灰色的毛衣。[41]

黃惠、唐淑平(林其英的夫人)、徐靜
(徐德明的夫人)(華潤檔案館提供)

于凡(華潤檔案館提供)

郭里怡、黃惠(右)(華潤檔案館提供)

1949 年，郭里怡和李應吉的孩子張靜於香港（華潤檔案館提供）

左起：呂虞堂、張文（李應吉之子）、郭里怡、巢永森（華潤檔案館提供）

當時，絲襪這個來自西方世界的時髦貨，是香港繁華都市上流社會女性社交、尤其是參加商務活動的必備。華潤的女員工們想辦法從僅有的補助裏省出一筆錢購買雙絲襪，每每從觥籌交錯的商務場合回到宿舍，她們都會小心翼翼地將尼龍絲襪脫下，再仔細地叠起收好，平日是捨不得穿的。

　　節約，已不僅是美德，而成為化入骨血的自覺和責任。因為時刻不忘身上擔負的任務，他們省出一分，就意味着身後那片故土上正在戰鬥的戰友、同志和同胞們能多一分力量。

　　出於安全的需要，華潤員工都儘量減少外出和不必要的外部接觸，每天除了繁忙的工作，大家少有的業餘活動就是散步和下棋。散步都是集體去僻靜的地方，以防一個人出現意外。下棋則是錢之光和楊琳的心頭好，一旦他倆下棋，所有人都來圍觀，每逢這個時刻，錢之光就會給圍觀的男士發駱駝牌香煙，招呼大家給他支招。

　　第一批華潤員工中，很多都是夫妻，經歷過烽火歲月的感情格外珍貴。曾經長期在海關中從事地下工作的高士融，來到香港終於能和妻子鄭育眉公開感情，兩個人總是形影不離，在公司吃午飯從來都是坐在一起，上下班手拉着手，坐車也老是靠在一塊兒。有一次搞聯歡表演節目，大家對着拉歌，高士融獨唱，結果跑調兒了，所有人笑成一團。高士融問：「笑甚麼，怎麼了？」鄭育眉第一個跳出來回答：「沒事，你唱得非常好。」聽她像哄小孩一樣哄高士融，大家笑得更厲害了。[42]

　　這一幕一幕單純、快樂的場景，是懷有共同理想、離別故土的人們集體生活的真實寫照，他們為物資緊缺焦急，看着滿船貨物離港而欣慰，聽到解放區不斷壯大而驕傲，他們一起歡笑，一起克難，一起為了崇高的理想而奮鬥。每個週六，黨組織的例會都會如期召開，這一刻所有人都是嚴肅的，他們聆聽着來自「家裏」的消息，輪流作報告，分析戰爭局勢，共同掰着手指頭計算

解放軍何時能打過長江，勝利何時能夠到來。

在華潤公司最早期的組織架構中，有一個特殊的部門——「華潤電台」，從它誕生的那刻起，就承擔着將華潤公司和解放區、黨中央緊緊聯繫在一起的重任。

當時，一個比較完備的地下電台必須由三部分組成：

> 機要員，他們掌握着最重要的「密電碼」，一般在首長身邊工作，負責把首長要發出的「文字」譯成「密碼」電報，或把接收到的密碼電文譯成文字。
>
> 報務員，負責發報，為了保證絕對安全，他不能了解密碼的含義。因為敵人跟蹤電波就能發現電台所在地，報務員很容易被捕，一旦被捕，就要把損失控制到最小的範圍。報務員不能認識機要員，更不能在一起工作。
>
> 交通員，負責在機要員和報務員之間傳遞文件，他們不能打開文件，不能詢問文件的內容。

三者環環相扣，構成一個隱秘而高效的系統。

從 1947 年 11 月 15 日「阿爾丹號」為當時的聯和進出口公司帶來第一個密碼本開始，專屬於華潤的電台就開始了工作，但這種使用着通用密碼的電台，保密等級並不算最高。1948 年初夏，一個人的到來，代表着華潤電台在整個中國共產黨地下工作中提高了一個等級。

照片上這個年輕姑娘，叫郭里怡，是華潤最早期的員工之一，那些關於第一代華潤人生活的點點滴

郭里怡（華潤檔案館提供）

滴，大多出自她後來的回憶。照片上的她，洋溢着時至今日都令人豔羨的青春活力，但很少有人知道，她所經歷的那些傳奇故事。

15 歲加入中國共產黨的郭里怡，一直從事地下工作，曾經在城市工作部 —— 專門負責在敵佔區展開地下工作的部門 —— 接受過周恩來的親自領導。1947 年，當國民黨對解放區發動重點進攻、所有八路軍辦事處都被驅逐的危難時刻，23 歲的郭里怡成為派往敵佔區的四位機要員之一，劉少奇親自為他們送行：「機要工作枯燥無味，但是，黨和人民需要你們幹這行，你們就要幹好。」她把密碼本縫進鞋底，輾轉抵達國民黨搜捕最為嚴密的重慶，讓那裏僅存的一部電台和中央恢復了聯繫。

1948 年初，重慶地下黨發生了叛變事件，郭里怡在城工部的安排下千里逃亡香港，成為華潤公司第一個機要員。伴隨着郭里怡的到來，華潤電台也進入了正軌，越來越多的電報往來於華潤公司、城工部、大連和黨中央之間。在郭里怡的記憶裏，朱德、陳雲和周恩來署名的電報最多，關於購買物資的電報最多。

郭里怡編完電報內容，就會轉交給交通員，華潤公司的第一批交通員是袁超俊的妻子鍾可玉和劉恕的妻子魯映。她們常常扮作買菜的家庭婦女模樣，往來傳遞情報。

性格活潑的郭里怡跟第一代華潤員工都是關係很好的朋友，但她唯獨沒見過一個人，就是華潤公司第一任報務員。這個被稱做「小李」的報務員曾經長期和袁超俊住在一起，為了有更好的接收和發射信號，後來袁超俊帶着小李，特意把家搬到了跑馬地東側的禮頓山上。

今日的禮頓山，因為身處銅鑼灣、灣仔和跑馬地的最高點，維多利亞灣最繁華的風景盡收眼底，也是名列全世界單價最高的豪宅所在地之一。但在 1947 年袁超俊找到這裏時，這裏處處是日軍轟炸後遺留的破屋殘垣，冷清偏僻。在其中一棟破舊的

二層小樓裏，每天凌晨的 2 點至 4 點，小李就會架起電台開始收報、發報，袁超俊會警惕地站在窗口，注意着周圍的風吹草動。一旦有異常的聲音在山道上響起，袁超俊就會發出信號讓小李立刻停止。很多次，港英當局拖着長長尾巴的電訊偵緝車就這樣一無所獲地在禮頓山道上盤旋着。[43]

長時間的後半夜工作，加上高度緊張和工作強度，小李的身體每況愈下，組織上決定送他回大連療養，從此他再也沒有回到香港。很多年後袁超俊才偶爾得知，小李回到大連後就因病去世了。難過的袁超俊打聽許久，也沒有人知道他的妻子和孩子的下落。

在戰火紛飛的歲月裏，別離常常就是永別，每個肩負特殊使命的革命者不會陌生這樣的境遇。袁超俊與自己的兒女就有過兩次迫不得已的骨肉分離，第一次是從重慶前往南京接受周恩來密令時，因為無法照顧體弱年幼的兒子袁明，只能託付給重慶的親友撫養，當一年後他在香港安頓好，把孩子接到香港時，他看到的是一個頭顱碩大、胳臂卻細得可憐、患有嚴重營養不良的病弱孩童。[44]

到了香港，從「阿爾丹號」靠岸那一天起，整個聯和進出口公司就開始了超負荷的運轉，袁超俊成了所有人裏睡得最少的那個人，白天他是繁忙的業務部主任，夜裏他又成了秘密電台的主管。繁忙的工作讓袁超俊夫婦根本無力照顧剛出生的第三個孩子，雙重身份的工作性質和微薄的補助又注定無法聘請保姆。1948 年 5 月的一個雨夜，袁超俊和妻子含淚將還在襁褓中的女兒送給他人撫養。很多年後，袁超俊為這個孩子寫下了這樣

1947年，袁超俊、鍾可玉
與孩子攝於香港
（華潤檔案館提供）

楊廉安（1908-1968）
原名秦邦禮，又名楊琳，
江蘇無錫人，聯和行創始
人，華潤公司首任總經理

袁超俊（1912-1999）
原名嚴金操，貴州桐梓
人，1948年任華潤公司
副總經理

錢之光（1900-1994）
浙江諸暨人，華潤公司首
任董事長

李應吉（1913-1969）
原名郎漢初，浙江海寧
人，1949年任華潤公司
總經理

張平（1912-2010）
原名張煥文，江蘇無錫
人，1952年任華潤公司
董事長兼總經理

一段話：「……爸爸就只有你一張照片，每天都想，你現在是甚
麼模樣了。前幾天爸爸在街上看到一個小姑娘，就走去說，我能
不能抱抱你。我知道那不是你，但我覺得，你就長那模樣……」。

這是超越今天很多人認知的堅持與犧牲，一種無法以價值
評判的付出和選擇。

恩愛的高士融、鄭育眉夫婦也別離了。鄭育眉在日復一日

的奔波中，患上了肺癆，高額的診療費用讓她思量再三後決定放棄治療，她用微薄的積蓄為自己買下了一塊墓地。和墓碑南向的通常習俗不同，她只有一個要求，墓碑要朝着北方。

因為，那是她來的方向。

今天的香港墓地山，有很多墓碑因為風吹雨打而模糊不清，他們中或許很多人都和第一代華潤員工一樣，生於戰火紛飛，死於籍籍無名。或許那些遠離家鄉的人，也曾這樣，面向北方，憑海遙望……

很多年過去了，當華潤歷史紀錄片《潤物耕心》攝製組尋找一些當事人的下落、尋找這些故事的後續時，他們得到的只有令人扼腕的答案。至今沒有人能說出報務員小李的名字，他只留下了一個姓氏；袁超俊在耄耋之年終於得到了小女兒的消息，此時距他們分別已近半個世紀；鄭育眉的墓地在解放後由華潤公司同事協助遷回內地，沒有人能說清具體位置；高士融在妻子鄭育眉離開後，特意改名高念眉，他本人在二十世紀六十年代後就沒了音訊。

這些在特殊歲月裏戰鬥過的人，就這樣消失在歷史之中。因為特殊使命的需要，第一代華潤員工大都為化名，他們中的很多人，真名迄今不為人知。

雖然許多人的真實姓名消散在歷史中，但這裏發生的奉獻、創造、堅守都是真實的，那些艱難、堅毅和堅韌都是真實的，他們為使命而來，在遠離故土的地方、在看不見硝煙的另一個戰場上，為任務而戰，這裏的神情，這裏的身影，這裏的音容笑貌全都是真實的，那是一個時代的真實，留給後來的一代又一代華潤人、一代又一代的中國人。

這些華潤歷史的創造者，烽火歲月中的創業者，也是一個新的國家創立者的一部分，他們在特殊的環境中，書寫下一代人永遠會為後人敬仰和懷念的人生景象。

第六章

廣大華行來了

1949 年春節，香港。

忽冷忽熱的天氣裏，彷彿有一種聲音在空氣中傳遞，這聲音裏有懷疑，有驚喜，有期待，但就如同香港冬天的太陽，光芒被包在了烏雲之中，引而不發。

春節後的某一天，五個身着西裝大衣、商人模樣打扮的人走進九龍塘羅福道 8 號的一棟小樓，五個人中年紀稍長的那個，閃進了樓梯深處，在不易察覺處觀察注視着路上的車來人往，其餘四人匆匆上樓，擠進了樓上的一間小屋。

這是華潤公司錢之光、袁超俊，與廣大華行舒自清、張平在香港的第一次正式見面。組織這次見面的，是時任中央城市工作部副部長、中共中央上海局書記的劉曉，樓下放哨的是剛

67

剛加入華潤公司的麥文瀾。

寒暄之後，一封電報放在五個人面前，在這封由周恩來、任弼時聯名從西柏坡發來的電報上寫着：

> 廣大華行保留香港、紐約、東京、漢口四個分支機構，其餘的機構一律結束，人員除舒自清、張平留在香港工作外，其餘人員回解放區分配任務，廣大華行與華潤公司合併，由錢之光統一領導。

沒有任何的討論，更不會有討價還價，幾雙有力的大手握在一起，華潤公司的第一次重要合併就這麼完成了。

華潤在 1948 年底註冊時的資本，不過約 90 萬美元，而這一次華潤合併的廣大華行，是一家攜帶 200 萬美元資產而來的大公司，它是 1949 年以前中國共產黨在敵後創辦發展起來的規模最大、經濟實力最強的商業機構，它的誕生比華潤的前身聯和行還要早五年。

1933 年的上海，「一‧二八淞滬抗戰」的硝煙剛剛散去，對民族未來的擔憂和抗日報國的激情彼此交融，「為中華做些甚麼，為未來做些甚麼」成為年輕人中最能引起共同情緒的話題。在上海天潼路怡如里的一個雙亭子間裏，五個參加過「社會童子軍團」、在烽火中服務過抗戰前線的進步青年聚到一起，商討後籌集了 300 元法幣，開辦起一家小小的醫藥商業公司 —— 廣大華行（The China Mutual Trading Co.）。這五個年輕人分別是盧緒章、楊延修、田鳴皋、張平和鄭棟林，平均年齡不過 20 出頭。

當時的中國，西醫西藥出於效果明顯而迅速，得到了部分國人迷戀般的信任，西藥行業蓬勃發展。上海作為亞洲經貿往來的中心，自然而然地成為了中國西藥貿易的中心，華商藥房和西藥行如雨後春筍，紛紛出現在十里洋場的大街小巷。[45]

廣大華行五位創始人，前排左起：盧緒章、田鳴皋、張平，
後排左起：楊延修、鄭棟林（華潤檔案館提供）

　　創辦廣大華行的五個年輕人，都接受過良好的教育，之所以選擇醫藥商業，是五人都在各大藥行有自己的本職工作。依託專業經驗和資源積累，三年時間他們就把廣大華行發展為擁有廣大華行、海思洋行、友寧行三個分支機構的西藥藥行，在上海的西藥界打出了自己的名聲。在發展壯大的過程中，他們繼續着自己的理想，用賺到的錢開辦學習班、讀書小組，吸引組織更多的青年共同學習馬克思哲學等西方哲學思想。1937 年，中共上海地下黨和上海文化界救亡協會聯合舉辦抗日救國幹部訓練班，培養各方面人才，擴大抗日救亡運動的隊伍，加入其中的廣大華行的年輕人們被列為重點考察對象。1938 年前後盧緒章、楊延修、張平相繼正式加入中國共產黨，廣大華行也隨之成為中共上海地下黨組織活動的一個重要據點。

　　此後數年，伴隨着抗日烽火的蔓延，西藥藥品供不應求，廣大華行的生意越做越大，業務重點伴隨戰事也轉向西南地區，在重慶、昆明都開辦了分公司，並拓展到運輸業，到 1940 年已經擁有資本法幣 20 萬元。作為商人，盧緒章、楊延修和張平是成功的，作為共產黨員，他們是默默無聞的。抗戰全面爆發後，盧緒章等人以飽滿的熱情投身抗日救亡運動，積極參加抗日宣傳、

募捐，並參加戰時服務團，救護傷民和難民，但並沒有接到黨組織委派的任何重要任務，就這樣一直默默潛伏着、等待着，也被黨組織觀察着。

1939 年 5 月，周恩來在重慶聽取中共江蘇省委劉曉、劉長勝彙報後，決定在上海物色幹部到大後方建立黨的「第三線」秘密機構，執行黨的交通、情報和經濟等任務。劉曉和劉長勝經慎重考慮，認為廣大華行不僅在上海有多年經營基礎和社會基礎，經營業績卓著，而且在西南大後方也有一定的經營實力和社會基礎，特別是盧緒章作風穩健，組織領導能力強，是適合擔當地下秘密機構的人選。

1940 年 5 月的一個深夜，重慶紅巖村周恩來的辦公室裏，來了一位穿着筆挺西裝的特殊客人。在時任中國共產黨江蘇省委書記劉曉的引薦下，盧緒章見到了剛剛撤退到重慶的周恩來。

此時抗戰烽火正烈，戰爭已經進入相持階段，但對於指揮着八路軍、新四軍在各個被分割的根據地艱苦作戰的共產黨來說，另外還有一種危險來自國民黨。1939 年底開始，國民黨接連發動了兩次反共浪潮，國統區內的黨組織接連遭到破壞。1940 年 5 月 4 日，毛澤東起草《放手發展抗日力量，抵抗反共頑固派的進攻》的指示，確立了共產黨在國統區的工作方針是「隱蔽精幹，長期埋伏，積蓄力量，以待時機，反對急性和暴露」。根據這一原則，從王明執行左傾冒險路線時就開始從事大量工作的地下黨員紛紛調離一線，讓國民黨的追蹤無跡可尋，而大批之前潛藏着的革命者被激活啟用，成為不為人知的新力量。經歷了相當一段時間考驗的盧緒章和他的廣大華行戰友們，迎來了入黨以後第一個真正意義上的重要任務。

從此以後廣大華行由南方局直接領導，廣大華行內的黨員由你盧緒章單線領導，不允許與重慶等地的地方黨組織發

生橫的關係。要求你和廣大華行其他黨員同志的一切活動必須做到社會化、職業化，這是很多同志以鮮血乃至生命換來的經驗教訓。我們過去有不少做地下工作的同志，就是因為沒有職業掩護，沒有社會地位，長年粥棚吃飯，客棧落宿，不僅容易暴露，而且一旦被捕，無法利用各種關係救援保釋，最後犧牲在敵人的獄中。你們廣大華行已經有了初步的社會地位，一定要做到不與左派人物來往，不再發展組織，即使在自己妻子面前也不許暴露身份。對外卻要廣交朋友，交各方面的，包括國民黨方面的朋友，參加社會上公開的社團活動，提高廣大華行和個人的社會地位。要充分利用各方面的關係作掩護，使這個機關長期保存下去，完成黨組織交給的各項任務。

這是一次發生在周恩來與盧緒章之間，被嚴格要求不能記錄的談話，但談話內容之重要，讓盧緒章把周恩來說的每句話、每個字，都深深地銘刻在心間，很多年後，他仍然能一字一句地背誦這段話語。[46]

趕在天亮之前，周恩來親自送盧緒章離開紅巖村，分別之際，周恩來用力握着盧緒章的手，又一次叮囑道：「盧緒章同志，工作環境險惡，你這個資本家一定要當得像，但你又要像八月風荷，出淤泥而不染，與各方面打交道、交朋友，一定要做到同流而不合污！」這段話語，從此成為了盧緒章乃至整個廣大華行的座右銘。

不久，陪都重慶的交際圈裏，多了一位新的風雲人物——廣大華行的大老闆盧緒章。他的客廳裏來往的賓客來自國民政府的各個關鍵部門，他們懷抱着舞女蹦跳，他們高舉着紅酒歡慶，祝願着大家共同的西藥生意再上一層樓。

時任國民政府軍事委員會委員長侍從室專員的施公猛，是

盧緒章的座上賓，每次到重慶，都會住在盧緒章的別墅裏，他在上海的家人和在重慶的女朋友，每個月都會收到廣大華行派人送來的鈔票和西藥。為了投桃報李，這位 CC 系 [47] 陳果夫最信任的親信，為盧緒章弄到了國軍第二十五集團軍少將參議的頭銜，還委託時任國民黨中央組織部部長吳開先介紹盧緒章加入國民黨。[48] 憑藉着少將參議的頭銜，和寫着入黨介紹人國民黨中央黨部組織部副部長吳開先的黨員證，盧緒章的運貨車隊在國統區可謂暢通無阻，從新疆的石河子，到貴州的貴陽，掛着廣大華行牌子的車隊載着滿滿的緊缺貨物南來北往，在那個有貨就有錢的年代，這樣的暢通意味着金錢的滾滾而來，而對於這家股東大部分是國民黨大員的親信或者親戚的公司來說，滾滾而來的金錢又意味着更龐大的權力資源，和更通暢的道路。

1945 年 4 月，張平要代表廣大華行去蘭州籌建分支機構。路途遙遠需要乘飛機前往，而戰爭年代，乘坐飛機意味着高級別的特權。盧緒章給施公猛打了個電話，第二個星期天，施公猛就派人送來了一張「第六戰區湘谷運輸處上校參謀張煥文（張平化名）」的委任狀。而楊延修也獲得了「軍委會化學防毒處上校參謀」的軍銜，憑此身份可以隨時搭乘飛機。藉助着金錢力量的託舉，盧緒章已經成為了國統區裏長袖善舞的知名商界人物，廣大華行也已經成長為國統區裏赫赫有名的醫藥貿易公司。

為擴大同各行各業的業務往來，增強廣大華行的經濟活力和企業聲譽，提高社會地位，也為黨的秘密工作創造更為有利的條件，經直接領導周恩來副主席認可，廣大華行進入金融業。1943 年，廣大華行與愛國實業家盧作孚的民生公司合作，成立民安保險股份有限公司，其中廣大華行佔 49%。這家公司的股東成員中，除了跟盧緒章一直保有良好關係的國民黨大員外，還有川滇的官員和軍方親信。在國民黨中央軍和地方軍閥的眼中，廣大華行成為了大家共同的搖錢樹。

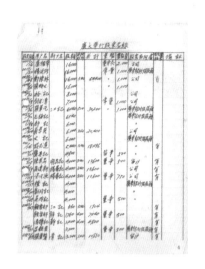

廣大華行股東名單（華潤檔案館提供）

1944 年，與民生公司共同投資一億元國幣經營進出口貿易、造紙、運銷藥材、運輸和代理買賣、經辦地產的民孚公司也宣告成立，繼續着國民黨大員也佔股的方式，一方面統購統銷出口西北出產的皮毛、腸衣、豬鬃等產品，一方面進口化工、五金類商品回國銷售，很快就成為當時舉足輕重的進出口貿易公司。

廣大華行、民安保險公司、民孚公司都在很短的時間迅速發展壯大，優秀的經營和管理能力，加上充分利用國民黨的關係，廣大華行不僅在中國內地，還與盟國甚至淪陷區做生意，運輸、經營各種緊缺物資，很快變成「資本充裕、後台強硬、商貿網絡四通八達」的知名國際貿易大公司。廣大華行也積累起了巨大的財富，1945 年度僅廣大華行總分行處合併實際賬面淨利約為 3.99 億元國幣，如按 1945 年 12 月 30 日銀行兌換美鈔牌價 1 美元等於法幣 1425 元計算，約合 28 萬美元，對當時正處在內憂外患中的中國內地而言，如此數目堪稱巨款。[49]

廣大華行的發展讓中央和周恩來都感到欣喜，生意越做越

大，隱蔽能力就越來越強。那些見諸賬面的和未曾見諸賬面的巨額財富，相當的一部分通過各種方式進入中央、進入根據地、成為那些艱難歲月裏敵後區經費的重要保障。

1941 年，在國民黨各種擠壓下，根據地進入最困難的時期，一個特殊的機構在延安成立，這個叫做「中央書記處特別會計科」（簡稱「特會科」）的機構，主要負責管理地下黨的活動經費、援外經費及中央會議所需的一切經費，「特會科」由精於經濟管理工作的賴祖烈擔任主任，由任弼時直接領導。在賴祖烈日後的回憶文章中，「特會科」的資金來源最重要的就是黨的秘密企業所賺的錢。

從 1942 年起，廣大華行就擔負起提供和調劑黨的活動經費的重要任務，特別是對重慶八路軍辦事處和南方局。無數個夜晚，盧緒章開着自己掛有特殊牌照的汽車在重慶的街頭穿行，車上的一個個大麻袋裏裝滿了廣大華行賺來的鈔票、黃金，有時加上幫助將海外援助的外幣、黃金兌換出的法幣，每個麻袋重達幾十公斤，他就這樣把錢一次次地交給了時任周恩來特別秘書袁超俊。[50] 事實上，抗戰時期很多「八路軍辦事處」房產的購入，都是由廣大華行提供的資金。

除了做好黨的「錢袋子」，廣大華行在展開進出口業務過程中，建立、維持了從上海到全國各地、乃至海外的秘密交通線，通過各條交通線，藥品、武器、通訊器材、鋼筆、手錶等等諸多根據地需要的物資，掛着廣大華行的標記，源源不斷地運到各地八路軍辦事處委託的機構、運往各大抗日根據地，品類五花八門，其中某次特別訂製的貨物裏還包括了劉伯承元帥的假眼睛。

1945 年，抗戰終於結束。8 月 28 日，毛澤東、周恩來等乘飛機抵達重慶九龍坡機場，重慶談判開啟。盧緒章也開始了焦急的等待，他和廣大華行裏的共產黨員們都有一個迫切的願望，離開這魚龍混雜的齷齪環境，離開「與狼共舞」、「與魔鬼打交道」

的生活，到根據地去，到人民的懷抱中去，在那裏放開手腳幹革命。

等待從夏末延續到了深秋，10 月 18 日深夜，盧緒章再次走進了周公館，這個剛剛得到毛澤東讚揚的地下工作者，向周恩來誠摯地表達了自己和廣大華行裏的黨員們希望結束「資本家」的身份，到延安工作的想法和決心。

在盧緒章的回憶裏，這不是一次愉快的談話，周恩來先是肯定了廣大華行的工作，然後對盧緒章進行了批評和說服。周恩來嚴肅地指出，廣大華行幾年來在為黨籌集調節經費、掩護黨的領導幹部、培養黨的財經骨幹、為延安提供醫藥用品等多方面都作出了成績；在廣交朋友、發展壯大企業、提高企業的社會地位和聲譽方面也是成功的。這不是去延安或解放區當一名普通幹部所能做到的，而且一旦盧緒章突然脫離廣大華行，也會引起敵人懷疑，留下的同志會暴露身份影響組織的隱蔽。組織上決定盧緒章還是留在廣大華行，繼續以「資本家」身份做地下工作。[51] 談話持續了整整一個晚上，在天亮之前的送別路上，周恩來再次要求盧緒章繼續扮演好「與魔鬼打交道的那個人」。

1946 年，上海大西路 153 號的花園洋房迎來了它的新主人 —— 自重慶遷回上海的廣大華行總行的大老闆盧緒章。此時廣大華行已恢復與各地分行的聯繫，積極開展進口西藥、化工原料、五金材料等業務，按上級指示還要進一步在全國設立分支機構，於是盧緒章坐鎮上海，策劃成立大規模的連鎖藥品商店廣大藥房。

上海歷來是西藥業產銷最集中的城市，也是歐美製藥廠商在遠東最大的市場。第二次世界大戰結束後，伴隨海運恢復，歐美藥廠和商行紛紛抵達上海力圖恢復其戰前原有的據點，擴展經營陣地，與此同時，美國在太平洋島嶼上積存的軍用醫療剩餘物資也大批湧進上海傾銷，上海西藥市場因此盛極一時，同業競

爭也十分激烈。1946 年 8 月 15 日，廣大藥房的第一家店在著名日本藥企重松藥房上海分部的舊址上揭幕，滬上青幫大佬黃金榮一早就到場坐在大堂迎客、直到把最後一位客人送走。這次隆重的開張儀式後，廣大華行扎扎實實地在上海扎下了根。

在周恩來的那一番談話後，盧緒章和廣大華行的共產黨員們更充分深刻地理解了自己任務的意義、在另一條戰線上戰鬥不可替代的重要作用，沉下心後有了更清晰高遠的目標。長期行走在官商兩界的盧緒章，敏銳地捕捉到二戰後外部局勢的變化，決心推動廣大華行事業再上層樓。

1946 年，廣大華行美國分行在紐約正式辦理登記，註冊資本為 10 萬美元，以醫藥進出口為核心業務，邀請美國當地名流擔任公司董事，舒自清任經理兼司庫，薛德成任副經理。[52] 這家中國醫藥商業企業在美國的第一家分公司，目標就是美國大醫藥企業在中國的代理權，美國歷史悠久的製藥廠施貴寶（Squibb）成為他們的首攻目標。

1946 年 3 月，上海著名的《申報》開始連續刊登廣大藥行的大幅廣告「本行受美國施貴寶大藥廠（E.R.Squibb&Sons Inc., New York）委託為全中國獨家經理，如何定購該廠出品，請駕臨敝行接洽為荷。」此時正值國共內戰愈演愈烈，治療槍傷的盤尼西林極為緊俏，普通一支十萬單位的盤尼西林，在美國的價錢不過美金四五角，而在上海賣價高到法幣一萬元以上，價格翻了幾乎十倍。廣大藥行能提供大量盤尼西林的消息震撼了上海的西藥市場，中間商紛紛湧入廣大藥行的辦公室，訂單如雪片般飛來。「6 月中旬，各客戶於 4 月份定購的八萬單位盤尼西林運到上海，並有施貴寶八萬單位、十萬單位、二十萬單位、三十萬單位各種盤尼西林及鈣片一批從美國運到上海，批發給各大藥房銷售。」[53] 在這些見諸報端的數字背後，沒有人能統計出究竟有多少盤尼西林輸入解放區，送進了治療着解放軍戰士的醫院。

與施貴寶的合作，讓美國的其他醫藥生產商認識到廣大華行在中國內地巨大的影響力，不久，那些時至今日都如雷貫耳的大藥廠紛紛與廣大華行簽訂代理協議，派德、禮來、雅培、默克、羅氏、美聯生產的藥品、滋補品、化妝品和醫療器械紛紛成為了廣大華行展示架上著名的貨品。

　　盧緒章牢記「廣交朋友」的囑託，繼續着自己的人脈擴張之道。他訂購的高檔滋補品和治療肺病的特效藥，一批批地送進了國民黨四大家族之一陳果夫的家中，美國剛剛推出的大冰箱亮相不久就擺進了陳果夫的客廳，這樣的盛情，讓謹慎多疑的陳果夫慢慢放鬆了警惕。

　　1947 年 4 月 12 日，由陳果夫親自擔任董事長、盧緒章擔任總經理的中心製藥廠股份有限公司 (英文名 Contral Pharmacentical Labs. Ltd) 在上海富麗堂皇的國際飯店舉行開業慶祝酒會，國民黨高層、中國企業界領袖、上海社會名流匯聚一堂，慶祝又一個國民黨重點黨產的華麗亮相。很多年之後，這一幕成為根據盧緒章和廣大華行真實故事改編拍攝的電影《與魔鬼打交道的人》的經典開篇。

　　為黨賺錢，是盧緒章和廣大華行的共產黨員們工作的信念和動力，在中國共產黨的領導下，廣大華行成為那個年代中國多元化企業集團中的領先者。

　　1947 年下半年，人民解放軍由戰略防禦轉入戰略進攻，強渡黃河、挺進大別山，戰場形勢一片大好。為維護統治，瘋狂反撲的國民黨加緊了上海的白色恐怖，欲將國統區的共產黨組織一網打盡。風頭正勁的廣大華行也遭到了猜疑和暗中調查，常被人上門盤查、扣押貨物，相關人員也經常被審訊，局勢變得越發緊張。敏銳的盧緒章等人着手將資金等向香港轉移，設立香港分行，並考慮將總行轉至香港。

　　1948 年 6 月，為躲避蔣經國率領青年團打擊「經濟大老虎」

1947 年，上海廣大華行總行西藥部歡迎美國施貴寶藥廠雷克麥先生，
中排右三為張平（華潤檔案館提供）

廣大華行駐紐約分公司（華潤檔案館提供）

鋒芒而暫居香港的盧緒章、張平收到了上海轉來的一封信，上
面寫着「趙兄病住院，趙嫂病危，患了不治之症。」[54] 依照地下工
作的密語規定，這意味着上海地下黨組織有一位姓趙的重要人
物被捕，他的妻子叛變。

　　叛變的人叫沙平，她的丈夫是專門負責和盧緒章聯繫的上
海地下黨負責人劉少文的秘書趙平。很快，上海的地下黨組織
遭遇了一輪又一輪破壞，很多人不幸被捕並再也沒有離開提籃
橋監獄。劉少文幸運逃脫，還有一部分上海的地下黨員緊急轉

移到香港，進入華潤工作，曾經擔任錢之光機要員的郭里怡就是其中之一。

盧緒章回不去上海了，張平、楊延修也回不去了。廣大華行緊急運轉起來，將能轉移和帶走的財富通過各種方式向香港匯聚。為了這筆巨額財富的轉移合乎港英政府的法律，也為了儘可能快速妥當、合法地接收安排廣大華行的地下黨員，周恩來親自下令，廣大華行和華潤公司合併。

合併的工作一直持續到上海解放之後。1949 年 8 月，留在華潤的張平回到上海，着手把上海廣大華行改為華潤公司辦事處。8 月 13 日，張平給華潤業務主管袁超俊和劉恕拍了一份電報。這份看似普通的業務電報，卻真切地記錄着廣大華行一切服從組織安排，黨性高於一切的無私形象。

> 港管委轉袁超俊、劉恕二同志並舒自清已與錢（之光）、盧（緒章）、吳（雪之）等商討決定
>
> （一）組織上照舊。
>
> （二）業務上，滬與盧（緒章）等、港與石（志昂）等密切聯繫合作。
>
> （三）對美、日業務加強，滬、津公司業務結束，改為代辦處。民安中心結束或改組。存貨可全部運滬、津。鹽盡力售出，港存貨全部要。輕柴油亦急要。請與石兄合作推銷報價，張（平）待初步完成滬業務部署後返（北）平轉港。
>
> 張平

沒有拖泥帶水，沒有討價還價，更沒有一聲置疑，關閉和合併進行得非常順利。從 1948 年至 1949 年，廣大華行共向黨組織上交美元 315 萬、港幣 20 萬、金條 70 根，法幣、物資不計

其數。完成非黨員股東退股後，廣大華行將 200 萬美元的剩餘資產全數投入華潤，不保留任何權益。一個叱咤風雲一個時代的廣大華行結束了，它與華潤因為相同的使命站在一起，合力開啟一個更為強大的華潤的篇章。

按照廣大華行與華潤公司合併時的政策，入股廣大華行的非黨員職工可以保留股份或退出股份換取相應現金。盧緒章的妻子毛梅影（非中共黨員）曾提出希望退還自己在廣大華行的股金，以補貼家用，但盧緒章認為，毛梅影作為自己的家屬，退還股金並不妥當，因而直接將自己和妻子在廣大華行的全部股金和紅利都作為黨費上繳給了黨組織。

最終，這位曾經叱咤政商兩界、鋒芒直抵紐約的「大資本家」只為自己的家庭留下 1000 元港幣，相當於當時香港普通文員幾個月的薪水。

也是直到這時，盧緒章的妻子和一直鄙視他唯利是圖的兒子，才知曉他共產黨員的真實身份。作為出色的「資本家」，盧緒章們做到了「同流不合污，出污泥而不染」；做為孤獨的「潛伏者」，儘管被親人朋友誤解而內心痛苦，他們做到了始終堅定自己的理想和信念。

1949 年 2 月，盧緒章抵達西柏坡，他終於穿上了他夢寐以求的解放軍軍裝，之後一直奮戰在外貿戰線上，1981 年 8 月出任外貿部常務副部長、黨組副書記；張平後來加入了華潤，1951 年 6 月出任華潤公司總經理，次年 6 月任華潤公司董事長；楊延修解放後返回上海，後來擔任上海市工商聯副主任、黨組書記；舒自清 1948 年底開始擔任廣大華行總經理，之後他回內地工作，1983 年再赴香港，出任光大實業公司副董事長。

廣大華行的呼號一直保留到二十世紀七十年代才正式取消。民安保險公司轉移到香港的業務，後來成為了太平保險的一部分。

1981 年，盧緒章與吳雪之聯合發表了自傳式回憶文章《與魔鬼打交道的廣大華行》，文中寫道：「總結廣大華行近 10 年鬥爭，其主要成果是『掩護了一些黨的領導幹部，培養了黨的一些經濟貿易幹部，發展了黨的企業，擴大了資金積累，為黨提供和調節了一些經費』。」極其克制的文字中，那些周旋敵後的隱忍和煎熬，那些與魔鬼打交道時的智勇與危險，那些服從大局的奉獻和犧牲，都被悄然隱去。

第七章

遠航與歸途

　　1948 年的金秋時節，又一艘聯和進出口公司僱傭的貨輪駛進了維多利亞灣。

　　剛剛加入華潤的朱仲平開始指揮着工人卸貨，他的目光緊緊地盯住這次額外運來的 1000 包東北出產的粉絲，不是因為粉絲易碎，而是領導特意交代，這批粉絲中有一部分包裝上做了記號，務必留意放好。整整一天這 1000 包每包足有 200 斤重的粉絲才被卸完，朱仲平從中挑出那 20 包，在倉庫裏找了乾燥僻靜的角落另外放好。這天夜裏，一輛汽車開進了倉庫，裝上這些粉絲消失在香港的黑夜裏。

　　年輕的朱仲平只是記下了這些細節，直到許多年後，他也沒有去問過這些粉絲裏究竟裝的是甚麼。這是身處那個特殊年代，曾經的聯和進出口公司和後來的華潤員工每個人都必須遵守的

準則：「囑咐你做的要做好，不該問的不要問」。

這些特殊粉絲包的出現，源於一封緊急的電報。

1948 年 9 月 20 日，當那趙錢之光搭乘的「波德瓦爾號」赴港返回還未抵達朝鮮羅津時，任弼時就致電中共中央華東局財經委員會主任曾山，為「波德瓦爾號」的下一次運輸預定了特殊的貨物：

> 到華東局後，即電告大連，將一萬二千兩黃金撥交錢之光之妻劉昂代收，速轉已去香港的錢之光，以備急需。[55]

那些特殊記號的粉絲包裹中掩護夾帶着的正是電文中提及的黃金，它們分批被運到香港，如此巨量的黃金，既表明着不斷取得勝利的解放軍的良好勢頭，也蘊含着有重要的任務或有大事需要提前準備。

此時的中華大地上烽火燎原，香港和東北間隔着一整塊戰火紛飛的大陸，貨物運輸只能依賴海上，而伴隨着解放軍的節節勝利，需要的物資越來越多，僅靠從蘇聯租用的兩艘 3000 噸級貨輪「阿爾丹號」和「波德瓦爾號」已經有些捉襟見肘，黨中央毅然決定，必須要建立一支屬於自己的海上運輸隊伍。身處亞洲轉口貿易中心的聯和進出口公司即稍後的華潤公司，成為了完成這一任務的必然人選。

錢之光和楊琳商量，從上海海關地下黨撤退到香港加入華潤的人員中挑選能人。在海關工作多年、熟悉海關業務、又有一大批航海業朋友的王兆勳成為那個值得託付的人。

因為海上運輸涉及到租船和買船，又有報關、清關業務，每一個環節都需要與港英政府直接打交道，為了讓這種接觸變得單純簡單些，這個新誕生的航運公司需要有一個既從屬於華潤、又相對獨立的身份。於是，經錢之光和楊琳批准，並上報中

央，「華夏企業有限公司」在香港註冊成立，英文名為：Far East Enterprising CO.Inc.，隸屬於華潤公司，由王兆勳擔任經理，嚴惟陵擔任副經理。嚴惟陵是一個僅存在於文件上的名字，它的實際主人是華潤公司業務部主任袁超俊。[56]

關於從零開始籌建一家航運公司，王兆勳的想法是清晰可行的「三步走」，第一步：建倉庫；第二步：找人；第三步：租船。這是多年和航海業人士打交道學到的經驗。

在當時還能看得到海的香港干諾道附近，王兆勳先租下一個倉庫，起名「華夏倉庫」，能儲存 1000 噸貨物，倉庫負責人叫黃作侖。這就是日後大家談論華夏公司時常說的「華夏公司，先有倉庫，後有輪船」的由來。[57]

擁有了自己的倉庫，不但運送特殊物資的存放問題迎刃而解，也可以儲存輪船出海需要的物資，遠洋航行就有了自己的給養基地，當時世界上大型的海運公司無不秉承着先持有碼頭或者倉庫作為出發陣地，而後建設船隊的經營模式。

王兆勳、毛修穎夫婦，王兆勳為華夏公司第一任經理（華潤檔案館提供）

倉庫整備的過程中，王兆勳開始着手尋找合適的海員。他想到的第一個人，就是時任中國共產黨廈門工委書記劉雙恩。

劉雙恩（華潤檔案館提供）

　　劉雙恩，又名劉錫恩、劉一平，1909 年出生，福建泉州人，1927 年畢業於集美高級水產航海學校，[58]1928 年至 1946 年擔任國民政府中國海關緝私艦駕駛員及海關分卡外勤，1946 年秘密加入共產黨，後回到集美水產航海學校教書，組織「讀書研究會」，暗中發展學生黨員。

　　1948 年 10 月，一場秘密會談在聯和進出口公司的辦公室裏進行，錢之光和楊琳向遠道而來的劉雙恩詳細地介紹了華潤公司對遠洋船隻和遠洋海員的迫切需求，哪怕是先湊出一艘船的工作人員，也要讓屬於中國共產黨的貨輪駛向遠洋。[59]

　　不久，劉雙恩秘密來到上海，在數百家大大小小的輪船公司裏，尋找潛伏着的中共地下黨員。他的行動隱秘而謹慎，但他說服人的理由簡單而直白：黨要在香港建自己的船隊，需要人。

　　許新識、陳嘉禧此時已經在上海擁有了自己的家庭，聽到劉雙恩的敍述，立刻搬家前往香港。

　　劉雙恩又把目光投向自己工作過的集美高級水產航海學校。這座由著名華僑領袖陳嘉庚為自己出生的家鄉廈門捐贈的學校，落成於 1920 年，是中國歷史最悠久的航海類高等院校，在那個普遍文化程度不高的年代，集美航校畢業的學員掌握着超越了傳統經驗的航海知識，一旦登船，就能很快成為遠洋輪船上的領導性角色，因此獲得了「中國航海家搖籃」的美譽。當時中國及整個東南亞航行的大型貨輪上幾乎都有集美航校畢業生的身影。

許新識（左一）、陳嘉禧（右一）　　　　左起：陳雙土、許新識、白山愚、周清東
　　（華潤檔案館提供）　　　　　　　　　　　（華潤檔案館提供）

很快，曾經的集美航校老師劉雙恩，在自己教過的學生中選拔出了一批忠誠而優秀的海員，他們分別是：白文爽、白金泉、白山愚（化名白立新）、白平民、陳雙土（化名陳湘陶）、黃國昌、陳源深、林忠敬、周清東（化名周士棟）、張祥霖等，他們通過各種路線陸續抵達香港。

在趕赴香港的集美航校人員中，還有一個人的身份極為特殊，他 1931 年畢業於集美航校，上船後歷任三副、二副、大副，一直做到船長，是中國當時少有的曾經駕駛遠洋貨輪抵達蘇聯海參崴的航運專家，抗戰開始，輪船停運，他回到母校任教。此時他已經是集美高級水產航海學校的校長，他叫劉松志。

即使把集美航校從校長到學生的精英隊伍都請到華夏公司，劉

劉松志（華潤檔案館提供）

雙恩還是覺得有所欠缺。打造一家以香港為大本營的航運公司，還需要極其了解香港航運業的專業人才。他利用集美航校的關係，開始在香港各大航運公司尋找人才，一場特殊的獵頭之旅開始了。

1948 年至 1949 年整個香港航運界最轟動的事件，莫過於被稱為「中國遠洋航行第一人」的董浩雲和他的「中國航運公司」將大本營從上海遷徙到維多利亞港畔。從抗戰勝利伊始，董浩雲藉助神州大地的百廢待舉，藉助整個亞洲的重建計劃，陸續購置了「慈航」、「慈雲」、「天龍」、「天平」、「天行」等十艘輪船，建立起中國最大的私人遠洋艦隊。1947 年，董浩雲派出「天龍」號由上海開往法國，創下完全由中國人獨立駕駛跨越大洋的壯舉，打破只有外國人才能領導中國巨輪漂洋過海的神話，震動了世界航運界。1948 年，由中國人駕駛的「通平」號又成功地由上海抵達舊金山，董浩雲和他的「中國航運公司」一時名揚中外，成為中國人的驕傲。劉雙恩希望的，就是從這支具有極高民族自豪感的航海隊伍中選出自己想要的人才。

剛剛在「中國航運公司」嶄露頭角、開始在遠洋貨輪上擔任二副和三副的劉辛南、周秉鈇進入了劉雙恩的視野。一番長談之後，這兩位年輕的航海專家放棄了「中國航運公司」800 元港幣的月薪，選擇加入華夏公司。在這裏，他們自願執行解放區的供給制，沒有薪水，每月只有津貼 50 元、父母撫養費 30 元。薪水十倍落差背後，是能為未來全新的中國開啟自己航運新歷史的雄心。

劉雙恩先後邀請來了 16 人，加上他本人和航海專業畢業的華潤員工于凡，一共 18 人，組成了華夏公司第一批航海人，被稱「十八羅漢」。

劉雙恩四處尋覓人才的時候，王兆勳開始了和愛國商人香港石油大王劉浩清的談判，最終他從劉浩清手中以極低廉的價

格購得一艘二手客貨兩用船，載重量 3500 噸，命名為「東方號」
（Oriental）。

於是，華夏公司——中國共產黨擁有的第一個遠洋航運公司——在 1948 年和 1949 年的新舊交替中，真正意義地建起來了。

公司經理：王兆勳

船長：劉雙恩

報務員：劉志偉

大副：劉辛南

二副：陳嘉禧

三副：許新識

華夏公司「東方號」上的第一批船員（華潤檔案館提供）

但當華夏公司的第一艘輪船「東方號」整裝待發時，一個尷尬的問題擺在了所有人面前。按照國際法的規定，輪船是一個國家移動的領土，它所懸掛的國旗，就是一個國家主權的象徵。而華夏公司，它所從屬的組織還沒有建立起被世界承認的政權，還沒有自己的國旗，那麼華夏公司擁有的，即將航向世界的「東方號」，該掛甚麼旗幟呢？

劉雙恩決定一切以最適合遠洋航行的宗旨為原則。這個深諳國際法和航運業狀況的航海專家，向華潤公司彙報，建議「東方號」註冊巴拿馬國籍，掛巴拿馬國旗。

建議的原因很簡單。巴拿馬，這個中美洲最南部的國家，以航海業為國民經濟支柱，邀請別國輪船註冊巴拿馬國籍、從中收取一定的代理費，是這個國家獲取經濟收入的重要方式。這是一個雖然簡明、但只有航海資深人士才能知曉的行業秘密。

劉雙恩的建議得到了華潤公司的同意，中國共產黨擁有的第一艘遠洋貨輪就這樣將以一種特殊的身份開始自己的航行。

這個帥氣的小夥身上那件更帥氣的制服，是華夏公司為了「東方號」的首航特意訂製的，和嶄新的制服一起到來的，還有嚴格的禮儀課程。除了船員的規範，王兆勳和劉雙恩等還肩負着建立一套完整的航運運營規範的重任。在以西方諸國為主導的航運世界裏，英語是通用語言，這就意味着華夏公司要制定的公司規則、合同範本、貨單將全部是英文、符合國際航海規則的。這些專業的航海專家用幾個月的摸索，制定出一整套包含合同文本、提貨單等在內的標準英文版航運文件，日後它們成

白開新身着華夏公司制服照片，拍攝於1949年（華潤檔案館提供）

為了新中國國際航運文件的範本，一直沿用到中國改革開放。

經過周密的準備，1949 年 2 月底，「東方號」迎來它的首航。

劉雙恩擔任船長，親自指揮。海員包括：白立新、白文爽、陳雙土、周清棟、白金泉、黃國昌，于凡等。3500 噸貨輪滿載，主要物資包括印鈔紙、桶裝汽油，還有一些雜貨。在白立新和白文爽共同的回憶裏，印鈔紙超過了一半，約有 2000 多噸，汽油有 1000 多噸；另外，40 個客艙位置全滿，很多是文化名人和歸國華僑。

開船前，船員們匯聚廊橋，等待目的地的揭秘。劉雙恩指向大海，說出了遠航的目的地 —— 日本。

但實際上這並不是「東方號」首航的最終目的地。沒有蘇聯國旗的護佑，「東方號」要時刻警惕國民黨炮艇的搜尋和檢查，在劉雙恩的指揮下，「東方號」先是繞道台灣海峽，然後朝着日本前進，快到時又轉身向西，沿朝鮮西海岸航行，到達朝鮮鎮南浦外海時正值午夜。「東方號」關閉了所有的船燈，在一片漆黑中默默駛向當時解放區最重要的港口 —— 大連。

捐資創辦集美航校的陳嘉庚特意等候在大連，等待着這批大多數由集美航校培養的航海健兒們完成這次特殊意義的航行。在歡迎的晚宴上，《集美校歌》響徹碼頭，為這充滿劃時代意義的首航喝彩。

幾天之後，「東方號」滿載 3000 噸東北特產的大豆返航，它先抵達朝鮮的鎮南浦完成自己的海關結關手續，用厚厚的文件證明着自己從鎮南浦港開到香港的「事實」。

此後，「東方號」和「阿爾丹號」、「波德瓦爾號」一起構成了華潤公司貿易支援前線的重要船隊，不斷航行在香港與大連、天津之間，為那些剛剛解放的城市提供恢復生產生活所需的物資，為前線將士們提供從藥品到膠鞋等急需品，同時又把解放區出產的物資運到香港，變成購買所需物資的巨額資金。

呂虞堂夫妻在「夢荻娜」號上合影（華潤檔案館提供）

「東方號」完成首航以後，華夏公司又購買了 Orbital 號，隨後，又在德國、美國、英國分別訂購了幾條大型貨輪，1949 年下半年，這些船先後註冊，分別命名為「奧彌託」、「碧藍普」、「港星」、「夢荻娜」、「夢荻莎」、「莫瑞拉」等，其中四艘為萬噸巨輪。之後，華東運通公司的幾艘小噸位船舶也併入華夏，一個頗具規模的船隊逐漸成型。

建國後，這支船隊被劃歸給中國外運，成為新中國航運業的奠基石和搖籃。

當華潤船隊在大海上劈波斬浪的同時，有一部分船員卻秘密潛回了東南沿海，到那裏他們將執行一項隱秘而重要的任務。

1949 年 4 月的上海，遠處的槍炮聲止不住地飄散入耳，十里洋場流傳着解放軍馬上要用大炮轟平外灘的消息。一天，位於上海外灘招商局的高級船員休息室裏，貼出了一張由京滬杭警備司令湯恩伯親自簽發的布告。這張名為《非常時期國營招商局實行軍事管理辦法》的布告上，清晰地寫着：「從即日起徵用招商局的船舶，搶運物資、撤退軍隊，船員不得擅自離船，違者以軍法論處」。

布告裏說到的招商局，正是 1872 年由北洋大臣、直隸總督

「海遼」輪照片

李鴻章為解決清政府漕糧運輸困難而設立的官督商辦企業輪船招商局。歷經 70 餘年發展，此時的招商局已經是全國最大的航運公司，共擁有商船 466 艘，總噸位達到 40 萬噸。

當華潤公司調度的各路商船運送着物資往來解放區與香港之間時，節節潰敗的國民黨政府也開始尋找大批運貨的商船，只不過他們的目的不是為了貿易，而是想在儘可能短的時間內把軍隊、人員、財富儘可能多地運往台灣，希望在那裏集聚起反攻的勇氣和力量。

淮海戰役、平津戰役接連潰敗後，1949 年 2 月，蔣介石在溪口秘密召見時任招商局副總經理胡時淵，談及把招商局一分為三，陸續向台灣和香港撤退。

臨別時蔣介石特意囑咐胡時淵，令其在短期內準備 42 艘商船用於撤退軍隊、搶運軍火，以「海遼」輪為首的 19 艘 3000 噸大湖級海輪位列其間。

但當時間到了，其他海輪紛紛起錨遠航時，「海遼」輪卻遲遲沒有動靜。船長方枕流以一紙急病需手術的診斷，解釋了不能動身的理由，但只有他自己明白，想方設法拖延時間目的只有一個，等一封信。

一個月後的深夜，等待的信終於通過陌生人送到了方枕流手中，信上只有八個字：隨船離滬，相機行動。信沒有落款，但方枕流能認出那熟悉的筆跡，寫信的人叫劉雙恩，此時已經是華潤公司旗下華夏公司「東方號」的船長。

劉雙恩和方枕流相識於抗日戰爭勝利的 1945 年。那時，劉雙恩是「峽光」號的船長，方枕流是大副，在一次次的促膝長談中，單純、熱血、充滿激情的方枕流漸漸贏得了劉雙恩的信任。在一次長途航行中，劉雙恩刻意把方枕流房間的電台頻率調到了解放區邯鄲人民廣播電台的頻率上，幾天之後，劉雙恩對着一有空就躲在房間裏抱着收音機偷聽解放區廣播的方枕流坦露了心跡。雙方一番長談後，一拍即合，一個尋機把國民黨的輪船開回人民懷抱的大膽想法如種子般深埋彼此心底。

三年之後的 1948 年，伴隨着國民黨的兵敗如山倒，港工委根據中央指示，開始對國民黨政府駐港的企業，開展統戰工作，香港招商局是工作的重中之重。此時已經進入華潤旗下華夏公司工作的劉雙恩，首先想到的，就是日日運送着國民黨軍隊和物資往返大陸與台灣的方枕流。幾番書信往來，劉雙恩和方枕流商定，一旦有機會就策動全船起義，把這艘三千噸級大船開往解放區。

1949 年 4 月 13 日，滿載國民黨軍傘兵和大批軍事裝備、器材的招商局「中 102」登陸艇駛出長江口，奉命開往福州。途中，「中 102」登陸艇船長和船員和國民黨傘兵第三團團長劉農畯共同宣佈海上起義，兩天后駛達連雲港解放區，這是招商局擺脫國民黨管制、奔向解放區的第一艘船。

「中 102」號艦的成功起義，極大鼓舞了劉雙恩和方枕流的信心，但也引起了國民黨軍隊的極大警惕，輸送船上以供航行的燃油被加以最嚴格的管制，只供單趟航行所需，絕不多給，每艘運輸輪船上還安排了荷槍實彈的軍隊進行監管。

一面是方枕流的心急如焚，一面是國民黨軍隊的嚴密監控，劉雙恩在多次請示港工委和華潤公司領導後，定下了「相機而動」的計劃，這也是方枕流收到的那封信的由來。

1949 年 5 月，當「海遼」輪遵從國民黨的指示、也按着劉雙恩「隨船離滬」的秘密指示，默默駛往台灣的航程中，解放軍進入了上海，駐留在上海的招商局機構連同外灘富麗堂皇的海員俱樂部，一起被解放軍接收。曾經在溪口接受蔣介石密令、把招商局所有的好船大船全部開往台灣的胡時淵，此時已經升任招商局總經理，他第一時間恢復了自己共產黨員的真實身份，與總船長黃慕宗共同起草了一份通電，發往航行在海上的招商局各海輪，號召他們起義歸來。電文如下：

> 上海解放後，軍紀嚴明，人心安定，市面穩定，你們的家人均告平安，盼望你迅速駕船回上海，與家人團聚，並盼將到滬的船期先行電告。

招商局海員的家屬們也紛紛組織起來，一起給身在海外的親眷同胞寫信，報告上海嶄新的生活狀況，動員他們早日回家。

但期盼的人們遲遲未等到第二艘招商局的船隻起義歸來。

劉雙恩得到的情報只顯示「海遼」輪已經抵達台灣基隆港，但他不知道的是，招商局的船隻在駛入台灣基隆港後都被命令原地拋錨，所有海員下船暫住。短短兩個月，基隆港裏就停進了 125 艘招商局的輪船，總噸位超過 35 萬噸。「海遼」輪被擠在一堆軍艦中隨波搖盪，歸心似箭的方枕流遠眺故土家園，不禁望洋興歎。一旦「海遼」輪被國民黨軍隊正式接收並進行軍艦式改造，他和這艘船再回歸的機會將更為渺茫。

在漫無目的的等待，和漫長等待中一次次彼此傾訴中，方枕流從一個個船員的眼神中發現了自己所期待的目光。他在船員

「海遼」輪報務主任馬駿（左）、船長方枕流（中）、大副席鳳儀（右）合影

中建立起一支由積極分子組成的精幹小隊，包括大副席鳳儀、二副魚瑞麟和報務主任馬駿。

等待在 8 月 20 日那天結束，「海遼」輪接到去廣州黃埔港接運軍隊到海南島榆林港的開航命令，方枕流欣喜萬分，只要允許出海就有了起義的機會。

9 月 4 日，原定開往黃埔港繼續運送國民黨軍隊的「海遼」輪向台北招商局總管理處發出了「軍差繁忙，動態難測」的電報，提出要進入香港加油。在未獲得批准的情況下，方枕流強行將船開進了維多利亞港，劉雙恩正滿懷期待地等在那裏。

在香港的一家酒樓裏，在旁人看去，是國民黨大輪船的船長和華夏公司船長敘舊，有華潤公司大老闆款待，還有華潤旗下華夏公司老闆作陪，實際上，方枕流、劉雙恩、王兆勳、楊琳，一

個進步船長和三個地下黨員四個人坐在一起，周密安排起義的細節。

首先是油的問題，華夏公司要想盡辦法，為「海遼」輪輸送遠超國民黨軍隊安排航程的燃油；其次華潤公司要提供儘可能多的食品，做好在海上漂流打遊擊的準備；最後，也是最重要的，港工委需要提供一部分防禦性武器，如果槍支不方便帶上船隻，那就準備儘可能多的刀和斧頭。

幾天後，台北招商局總管理處給「海遼」輪發來電報，催促它前往汕頭運兵。港工委緊急磋商後，決定在這趟航程進行中宣佈起義。劉雙恩帶領華夏公司的員工，疏通了港務局負責為船隻加油的負責人，為只需要航行 18 個小時就能抵達汕頭的「海遼」輪加入了足夠一個半月航行的燃油，準備了兩個月的糧食和淡水，貨艙裏也秘密放進了起義用的槍支和彈藥。

9 月 18 日深夜，劉雙恩偷偷潛上「海遼」輪，為方枕流送來了港工委的介紹信與華潤公司的介紹信。方枕流還給劉雙恩一封信，那是他和起義領導小組成員席鳳儀、馬駿、魚瑞麟四人的家庭住址和家屬名單。臨下船時，方枕流緊握着劉雙恩的手，久久沒有鬆開：「如果我犧牲了，請組織教育好我的三個孩子。」

1949 年 9 月 19 日晚，「海遼」輪離開維多利亞港，出發前往汕頭。劉雙恩站在尖沙咀碼頭，揮舞着手電筒，向遠去的「海遼」輪打出信號：「一路平安」。

20 時 10 分，「海遼」輪駛過香港鯉魚門信號台，就此消失在海天一色的夜幕裏。

20 日傍晚，汕頭招商局收到「海遼」輪發來的電報：「主機滑動氣門調解閥發生故障，在同安灣拋錨修理。」

22 日下午，汕頭招商局再次收到電報：「估計第二天可修妥。到港延期，甚歉。」

23 日上午，電告：「預計可修妥試車」。

24 日下午，再電：「經試車，主機仍不能正常運轉。」並電告主機在日夜搶修，預計次日可修好。同時詢問同安灣一帶是否安全。

24 日，又一封來自「海遼」輪的電報發到了汕頭招商局的電台上：「正在自製零件，爭取儘快修復續航。」

一封接一封的電報連起來描繪了這樣的狀況：「海遼」輪遭遇故障，日夜搶修，期待早日趕往目的地。

真實情況是，第一封發往汕頭招商局的電報，同時也發給了守在華夏公司「東方」號電台前的劉雙恩，按着他和方枕流的約定，「拋錨修理」就意味着「正式起義」。劉雙恩立刻通過華潤公司的電台報告正在北京開會的華潤公司董事長錢之光。在中央辦公廳的安排下，「海遼」輪真正的終點站大連，立刻開始忙碌起來，做好迎接他們歸來的準備。

依照商定的計劃，「海遼」輪在離開香港不久之後，就把航向向南偏移 113 度，穿過巴林塘海峽，進入太平洋，然後劃出一個巨大的弧線，遠離台灣東海岸，繞道北上，沿韓國西海岸北端駛入渤海，最後抵達大連，航程總長超過 2000 海里，預計需要九到十天。

1949 年 9 月 28 日清晨，在大連港一個不為人知的島礁高地上守候了整整一夜的華潤公司員工徐德明，從高倍望遠鏡裏看到了所有人期待已久、激動人心的一幕，「海遼」號的身影隱隱出現在了海平面的盡頭，不斷變大，不斷清晰。

28 日上午，國民黨空軍 B-24 轟炸機編隊飛抵大連港口附近，卻面對讓他們左右為難的奇特景象：化裝成巴拿馬籍貨船「安東尼亞」號的「海遼」輪靜靜地停在大連港的邊界線上，一半船身泊於蘇聯政府宣佈代管的大連港海域，一旦投彈，按照國際慣例相當於向蘇聯宣戰；一半船身還在不受管轄的公海，按照航海條例，這還不能確定蘇聯政府違反國際法接收叛逃船隻，進

行追索召回。這是深諳國際法和航海條例的華潤公司為迎接「海遼」輪歸來精心設計的法理難題。國民黨的轟炸機編隊在空中盤旋了一圈又一圈，最終無可奈何選擇了離開。

歡慶開始了，徐德明帶領着華潤公司、中華貿易總公司和大連港務局的歡迎團隊，登上了「海遼」輪，向方枕流、向這些用八天九夜完成 2000 多海里起義之路的英雄們表示祝賀、歡迎和感謝。

1949 年 10 月 1 日下午 2 時 57 分，一面嶄新的五星紅旗在海遼輪上冉冉升起，全體船員懷着激動的心情，向五星紅旗敬禮。幾乎同時，收音機裏傳來了毛澤東主席莊嚴宣告中華人民共和國成立的聲音，歡笑和淚水，共同盪漾在這些歷經生死的船員之間。

10 月 24 日，剛剛成立的中華人民共和國國家主席毛澤東發來賀電，向方枕流船長和全體船員表示慶賀：

> 「海遼」輪方枕流船長和全體船員同志們：
>
> 　　慶賀你們在海上起義，並將「海遼」輪駛達東北港口的成功。你們為着人民國家的利益，團結一致，戰勝困難，脫離反動派而站在人民方面，這種舉動，是全國人民所歡迎的，是還在國民黨反動派和官僚資本控制下的一切船長船員們所應當效法的。
>
> 　　　　　　　　　　　　　　　　　　毛澤東

身處香港，華潤長期跟航海界、航運界打交道，積累了良好口碑和廣泛人脈，天然具有和招商局、「中國航空股份有限公司」與「中央航空運輸股份有限公司」（即「兩航」公司）溝通的渠道和基礎。當劉雙恩與方枕流書信往來互訴心聲的時候，華潤公司的很多員工，採取認老鄉、交朋友的辦法，與招商局的海員、

兩航公司的飛行員密切接觸，通過各種方式巧妙地宣傳中國共產黨的政策。華潤公司所擔負的統戰工作，已經超越了民主黨派、愛國華僑和港澳同胞的圈層，開始深入到國民黨管控的經濟機構中。

1949 年 11 月 9 日中午 12 時 15 分，兩航公司總經理劉敬宜、陳卓林乘央航潘國定駕駛的 CV-240 型（空中行宮）XT-610 號飛機，緩緩降落北京。與此同時，兩航公司的 11 架飛機，由陳達禮領隊，降落天津機場。同日，香港中國航空公司、中央航空公司 2000 多名員工通電起義，史稱「兩航起義」。

1949年10月1日「海遼」輪與天安門同步升起的五星紅旗及毛主席嘉勉「海遼」輪的報紙

在時任華潤公司機要員徐立人的回憶中，從 1948 年底到 1949 年，幾乎每天都有電報從楊琳和李應吉[60]處發往中央機要局與葉劍英領導的華南局，之後接受中央的具體指示，其中很大一部分都事關招商局起義與兩航起義。

兩航公司在起義北飛成功後，立即通電國內外各辦事處、航站，電令保護好財產，號召尚待解放地區和海外員工策應來歸。中航澳門電訊課、工廠、材料庫員工積極響應，莊重簽名加入起義行列；央航昆明辦事處員工致函，絕對擁護起義；中航、央

航昆明辦事處員工，在中共地下黨領導下，秘密響應起義，進行護產鬥爭，迎接解放；台灣、海口的部分兩航員工聞訊後，衝破國民黨的阻撓，趕赴香港報到參加起義行列；中航曼谷、仰光、海防、加爾各答、舊金山等辦事處和航站員工，紛紛響應起義，相繼策應歸附人民祖國。

兩航起義留在香港的器材、汽油由香港的華潤公司和澳門的南光公司通過各種途徑運至北京、天津和太原，截至 1952 年底，共運回器材約 15000 箱（件）、汽油 3600 桶和其他物資設備，依託這批器材組建的太原飛機修理廠和天津電訊修理廠，奠定了新中國航空工業和電訊工業的物質技術基礎。

1950 年 1 月 10 日，華潤公司職員劉若明秘密進入香港招商局，與招商局經理湯傳篪等商定起義事宜。四天后的深夜，招商局起義領導小組收到了華潤公司送來的禮物 —— 一面面鮮豔的五星紅旗。[61]

1950 年 1 月 15 日早上 8 時，在香港招商局辦公大樓的樓頂、招商局的倉庫、碼頭上空，同時升起了五星紅旗。在「海康」、「海漢」、「海廈」、「鴻章」、「林森」、「教仁」、「蔡鍔」、「成功」、「鄧鏗」、「登禹」、「中 106」、「民 302」、「民 312」等 13 艘輪船的甲板上，各船長率領全體船員，莊嚴肅立，舉行了隆重的升旗儀式。隨着鐘聲，十幾面五星紅旗在香港上空同時升起，汽笛齊鳴，全港轟動。

兩航起義北飛的 12 架飛機和後來由兩航機務人員修復的國民黨遺留在大陸的 16 架（C-46 型 14 架、C-47 型 2 架）飛機構成了新中國民航初期的機羣主體。

招商局起義回歸新中國的 15 艘輪船共計 33700 載重噸，成為建國初期一支相當重要的水上運輸力量，起義歸來的 700 多名招商局船員，大多成為新中國航運事業的骨幹，為開創和發展新中國的航運事業作出不可磨滅的貢獻，而與此同時，中國現存

第二套人民幣五分錢

歷史最悠久的公司招商局，血脈得以傳承。

為紀念「海遼」輪起義成功，中國人民銀行經請示中央人民政府批准，在設計新中國紙幣時，將「海遼」輪的圖案放在了第二套人民幣五分紙幣正面的右邊。

這些被印上人民幣的圖案，承載了人民對於過往歷史的共同記憶。對多數人而言，見證歷史已是難得，親歷歷史更為不易，而創造歷史則意味着真正的榮光。在這裏的那榮光，屬於那些在驚濤駭浪前、在黑暗艱險中，敢擔起重任、能擔起重任，一同披荊斬棘一路向前的人們，他們無畏無私，不負使命，為後來者留下銘刻史冊的光榮印記。

第八章

永遠躍動的生命線

1948 年 10 月 13 日的《華商報》上，刊登了一則簡短的消息：「國民黨經濟機構派遣大批經濟特務到達香港」，用詞不多卻信息量極大。在戰場上節節退敗的國民黨已經通過各種途徑發現了從香港往解放區運送物資的事實，他們開始思考如何切斷這條通往解放區的生命線。華潤成為了重點目標。

袁超俊就在電梯裏「偶遇」了一個曾經抓過自己的國民黨特務，這本是一次你死我活的相遇，但身處這片當時對於國共雙方而言都屬於外國管轄的特殊地界，一切都不一樣了。電光火石之間，對方沒有輕舉妄動選擇攻擊，袁超俊也保持着冷靜，兩人就這麼肩並肩地站着，等着電梯一層層地下降，然後轉身向不同的方向混入人羣之中。

這是香港這片獨特土地上演的獨特一幕，這也是黨中央為

甚麼會堅定選擇在香港建立秘密機構和海外貿易樞紐的原因之一。不願意得罪國民黨、也不願意開罪共產黨的港英政府，秉持着這麼一條原則：一切依法辦事。港英當局嚴查秘密電台、電訊偵緝車日夜巡邏的背後，就是一種嚴格態度的表露。

為了儘量杜絕一切風險，華潤公司嚴格保持着與其他黨組織的距離，嚴格保持着商業公司的面貌，嚴格做好保密工作，不觸及港英當局法律的紅線。為了避免與外界過多的接觸，華潤公司嚴格規定：單個人不許上街，出門一定要兩人以上，臨行前要報告，無特殊任務晚上九時前要回宿舍。而國民黨特務也只能選擇嚴密監視華潤公司的採購和銷售活動，由於華潤公司所有的商業貿易都是正常的商業活動，加上近乎「堅壁清野」般的嚴守，他們始終沒有找到機會進行具體破壞行動。雙方始終保持着一種平衡和穩定，對於一直運轉的華潤公司而言，這樣的穩定就意味着勝利，而對於動用經濟特務破壞香港往解放區運送物資的國民黨而言，就如同他們試圖挽回敗局的種種舉措一樣，剛開始就結束了。

相比於國民黨的跟蹤與監視，華潤公司裏這些習慣了血雨腥風的特殊革命者們，更需要適應的是商業環境固有的圈套陷阱、爾虞我詐，需要在商海搏擊中不斷錘煉自己的另一種戰鬥本領。

對於絕大多數人來說，「針布」這個詞彙都是一個冷僻的知識盲區。華潤人第一次接觸這個詞彙時，所知的就是來自於提供需求的解放區告知的簡短介紹：針布，是紡織用的一種消耗性部件，裝在梳棉機上，表面有刺，用於梳理棉線。

負責採購的華潤員工經人介紹找到了香港的一家公司，向老闆討教。老闆熱情地介紹了針布的用法，分析市場行情，並主動提出為華潤進貨。當大批華潤採購的針布歷經車船輾轉抵達哈爾濱時，接收的紡織工人一眼看出了這些針布是使用過的，已是毫無價值的廢品。陳雲得知後大發雷霆，對華潤發出了嚴厲

的批評。華潤員工立即找尋那個香港老闆時，卻發現無論是老闆還是那家公司都已經徹底消失。時至今日，它依舊是華潤歷史上的一個懸案，沒有任何證據表明這是一次特務破壞，也沒有證據證明這只是一次單純的經濟詐騙。

從事了十餘年物資採購的楊琳極為痛心，他把「針布事件」視為自己人生的一個污點。在每週六舉行的黨支部會議上，華潤公司每個人都多次對自己展開了極其嚴厲的自我批評。[62]

這是身處複雜商業環境中的華潤人，在成長歷程中必然要交的學費，也是必然要經受的磨礪。在越來越多、越來越複雜的買與賣中，接受商業文明薰陶的華潤人，已經漸漸懂得了兩種身份交匯帶來的特殊要求，不但要絕對忠誠、絕對可靠，那些商業世界裏的法則規律，專業、敬業和職業，同樣缺一不可。特殊環境練就的特殊能力，成為了華潤在烽火歲月裏完成無數不可能任務的關鍵保證。

1948 年 11 月，剛剛結束遼瀋戰役的東北野戰軍揮師南下，周恩來致電華北局和華東局：「東北野戰軍近百萬大軍即將入關，華北及華東渤海區應準備相當一部分的糧食供應。」[63]此時，南京、上海還在國民黨的控制之下，鐵路幹線也在戰火中幾乎癱瘓，這給糧食調集工作造成極大困難。而且，全國大部分地區還沒有連成片的解放區，保證糧食自給自足都很困難。華潤公司的輪船迅速擔負起從東北運糧到關內的任務，他們從大連裝船，把支前的糧食分別運到秦皇島、煙台。這些糧食一部分緩解了當地百姓的吃糧問題，其餘絕大部分都被裝上了齊魯大地上行進的小輪車，推進了解放軍的軍營。

解放軍打到哪裏，華潤的物資就運到哪裏。一個個港口見證了華潤商船的到來，也見證了華潤的物資和商船跟隨着解放軍進軍的號角一路向南，陪伴着新中國建立的全過程：

1947 年 11 月到 1948 年 9 月，華潤的商船主要是停泊朝鮮

的羅津港；

1948 年 11 月遼瀋戰役後，華潤的商船更多地停泊大連港；

1949 年 1 月 15 日天津解放，天津港又成為了華潤船隊的停泊地；

幾乎與此同時，淮海戰役結束，華潤的船隊就開到了青島港。

當歷史讚歎「淮海戰役的勝利是小輪車推出來」時，很少有人知道，整場戰爭消耗的、可供一座中等人口城市吃上五年飽飯的 9.6 億斤糧食，很大一部分都是來自於華潤的商船。

在華夏公司員工周秉鈇的回憶裏，那是一段充滿激情的挺進：「解放軍沒有飛機，鐵路癱瘓，只好用船。我們一路一路運，把糧食送到新的解放區。[64]

在無數裝進輪船運往解放區的貨品中，有一樣貨品的作用最為特殊。

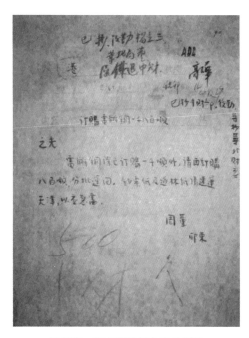

周恩來、董必武致錢之光的電報

這是一封 1949 年 4 月 1 日，周恩來、董必武發給華潤公司董事長錢之光的電報：

之光：

電解銅除已訂購一千噸外，請再訂購八百噸分批運回。鈔票紙及道林紙請速運天津，以應急需。

周（恩來）董（必武）

電報中的「電解銅」是做子彈引火帽或者電線的主要原料，道林紙是印刷報紙的主要材料，而鈔票紙，顧名思義就是印製鈔票的專用紙張。

解放戰爭開始以後，因為國共兩個陣營的截然對立，中國因此也存在兩種貨幣制度的截然對立。在國民黨控制的國統區內，流通的是國民黨政府統一發行的法幣紙鈔，在中國共產黨控制的解放區內，流通的是各邊區政府發行的各種紙鈔。

在國民黨全面進攻時期的戰火硝煙中，解放區擁有的土地實際是被切割被分離的，為了應對長期堅持的局面，各解放區都形成了相對獨立的軍政格局，財政經濟工作也相互獨立。在中共中央關於貨幣發行的「統一領導，分散發行」原則下，各解放區紛紛建立了自己獨立的銀行體系，各自發行僅限於在本解放區內流通的紙鈔或者銀行券。最頂峯時期，解放區能夠獨立發行紙幣的銀行達到十家，包括晉察冀解放區的晉察冀邊區銀行、晉冀魯豫解放區的冀南銀行、山東解放區的北海銀行、晉綏解放區的西北農民銀行、陝甘寧解放區的陝甘寧邊區銀行、東北解放區的東北銀行、中原解放區的中州農民銀行、華中解放區的華中銀行、內蒙古解放區的內蒙古人民銀行、冀察熱遼解放區的長城銀行（1948 年 2 月設立）。除此之外，還有一些流通範圍較小、種類繁多的區域性貨幣和地方流通券。

隨着人民解放軍進入戰略反攻階段，解放軍取得節節勝利，華北、西北、華東解放區逐步連成一片，曾經因分割而獨立的財經體系就面臨着新的挑戰。

1947 年 3 月 10 日，晉察冀、晉冀魯豫、華東、晉綏、陝甘寧五大解放區的財經代表向中央建議，希望中央成立一個能夠統一華北、華東各解放區的財政經濟工作的領導機構。中央很快採納了這一意見，決定成立「華北財經辦事處」（簡稱華北財經辦），由董必武任華北財經辦主任，負責統一領導華北各解放區的財政、經濟工作。

1947 年 12 月下旬，在河北省平山縣夾峪村的一家農家小院大門上掛出了「中國人民銀行籌備處」的牌子。當董必武走進晉察冀邊區印刷局，摸着略顯粗糙的晉察冀邊區票時，面色凝重。這裏所擁有的造紙技術、製版技術和印刷設備遠遠達不到印製一個將為數億人使用的貨幣的水平。

不久，全國各個解放區發行印製的貨幣，都堆到了中國人民銀行籌備處的桌子上，大家很快就從裏面挑出一種印製技術、紙張質量都遠超其他貨幣的紙鈔，它是由東北解放區下屬的東北銀行印製的東北幣。

面對着這張所有解放區印製貨幣中唯一能達到凹印標準的貨幣，董必武給陳雲發去了求助的電報，請其協助中國人民銀行籌備處代為設計印製一批人民幣。[65]

陳雲欣然同意，把刻板和印製的任務交給了位於佳木斯的東北銀行工業處印刷廠，購買鈔票紙的任務則交給了遠在香港的華潤。因為印刷東北幣所用的優質紙張，就是由華潤採買提供的。早在 1947 年 11 月打通大連至香港貿易線時，運回來的第一船物資裏就有印刷東北幣所需的進口印鈔紙。

大量的購買和運輸開始了。由於鈔票紙屬於特殊物資，購買記錄至今沒有解密，但從當時參與人員的採訪中可以看到草

蛇灰線。根據錢之光的機要員郭里怡回憶，陳雲發給華潤公司的電報中有大量內容是關於購買進口印鈔紙的。[66]

東北局印製的貨幣送到石家莊，1948 年 12 月 1 日，以華北銀行為基礎，合併北海銀行、西北農民銀行組建的中國人民銀行，在河北省石家莊宣佈成立。華北人民政府發出公告，由中國人民銀行發行的人民幣在華北、華東、西北三區統一流通，所有公私款項收付及一切交易，均以人民幣為本位貨幣。

當天上午十時，石家莊萬人空巷，幾乎所有人都匯聚在中國人民銀行的門口，等待着兌換新的貨幣。手捧着嶄新的人民幣，笑容在每個人臉上洋溢：「這下可快了，你看到中國人民銀行的票子沒有？快啦，快啦！全國快解放了！」[67]

人民政權發行的貨幣得到了人民的信任和追捧。1948 年 12 月 17 日，周恩來、董必武再次致電東北局陳云：「為滿足關內各地對人民銀行新幣的迫切需要，商定由東北加印人民銀行新幣五百億元。」三個月後，周恩來和中央再發指令：「3 月至 6 月加印 8000 令紙的人民幣供南下部隊及各地投資恢復生產使用。」[68]

這是不能單純用表面幣值來計算的需要。

華潤買空了整個香港市場上所有的印鈔紙，即使如此，還遠遠無法滿足一個正在推陳出新、涅槃新生的土地上對於穩定的貨幣的需求：「現貨不夠，華潤就買期貨；香港沒有，華潤就去東南亞買；東南亞也買空了，華潤就通過英國洋行公司從英國、美國進口。」[69]

為最大限度保證發行量，第一套人民幣共發行 62 個版別，伴隨着解放軍前行的腳步，人民幣從東北到南方、一直到達西藏，奠定了新政權經濟基礎的穩固。

在華潤無以計數的大批量採購行為的催動下，香港也收穫着自身的成長。

1948 年 11 月 4 日的香港報紙競相報道：「本港工業逐漸恢

復繁榮，工人缺乏，廠家急於招聘。」文中還指出，此前，本港織布廠同業會 322 家會員中，停工及倒閉的達 182 家之多，失業工人在 6000 名以上。但近月來，訂單增加，已有 60 家左右陸續開工。此外，鐵釘、油漆等也供不應求。整個香港的工業機器因為源自解放區強大的購買力而加速運轉。越來越多的香港商行「對解放區貿易熱切地注意，陸續北上的船隻也很多」。[70] 據當時中共香港組織的部分調查資料，「自備輪船」北上解放區進行換貨貿易的香港商行有義泰行、利源行、龍記行、寶生行、立暉行、宏記行、勝利公司、長發公司、三一公司等十餘家。這些目睹過國民黨「幣制改革」失敗、金圓券「上月買牛，下月買米」急劇貶值的商人們，對國民黨的統治已經徹底絕望，香港出口商會理事長張煥章在一次宴會上公開表示：「國民黨沒希望了，商界只有向中共合作並出來活動才是辦法。」香港福建同鄉會主席莊成宗公開表示要到解放區去，並「定於南京解放後請客」。美國華僑黨派致公黨領袖司徒美堂在離港返美時表示「將旅行全美國，號召華僑參加民主政治活動並準備將來回國投資。」[71] 香港工商界興起了同解放區通商貿易的熱潮，如香港工委財經委當時給中共中央的工作報告中所言：「設法與解放區通商成為今天香港一股巨流。」[72]

從 1949 年初開始，華潤公司開始秘密地在東南亞、美國、英國分批購買救生圈、膠鞋、軟木、划艇、廢舊輪胎等物品，購買量之大，讓整個東南亞市場上的存貨被一掃而空，這些物資的採購讓華潤人隱隱猜測到了甚麼。

謎底於這一年的 4 月 20 日晚揭開，在西起湖口、東至靖江的千里戰線上，穿着新膠鞋、背着救生圈，駕着舟船的百萬解放軍戰士強渡長江。三天之後，青天白日旗從南京總統府的樓頂落下，一個舊時代正在落幕。

修建於 1933 年的海珠橋，是將珠江南北兩岸的大街小巷連

成一個大廣州的樞紐，但國民黨埋下的 100 噸炸藥，讓它和橋上 400 名普通百姓的生命一同坍塌在解放的前夜。「總撤退、總罷工、總破壞」成為了國民黨軍隊撤退時堅決執行的真實口號。

大勢已去的國民黨在敗退時的各種破壞行徑，考驗着剛剛接手一座座城市的共產黨。要想恢復生活、生產的正常秩序，乾淨的水是關鍵的物資，也是老百姓日常生活的必需品。新成立的廣州人民政府莊嚴許諾，半年之內讓自來水通到千家萬户。當時整個廣州的自來水系統設備全部依賴進口，就連水管水龍頭都是英國人的工廠製造。華潤人立刻開始行動，進口了大量水管、水龍頭，運到廣州，並派人指揮安裝。[73] 1950 年，一條從珠江北岸一直通到珠江南岸的自來水管道架設成功，海珠區人民 45 年來第一次在自己家裏喝上了甘冽的自來水，為此，他們寫下一面寫着「飲水思源」的錦旗，敲鑼打鼓地送進了廣州政府。

1950 年，中國最西部的雪域高原西藏，迎來了它的解放。當解放軍的部隊開始向藏區深處進發時，華潤旗下國新公司的經理麥文瀾也開始收拾自己的行裝，他的目的地遠到要越過這個星球上最高的山脈喜馬拉雅山脈。

為了這條躍動的生命線日益生機勃勃，為了讓採購運輸故土和前線所需的物資更順暢快捷，華潤人的身影已經時常出現在了海外。1950 年 5 月，華潤公司旗下的貿易公司寶元通，在印度和巴基斯坦設立分處。印度加爾各答寶元通的負責人是麥文瀾，印度孟買寶元通的負責人是楊璐良，巴基斯坦卡拉奇寶元通的負責人是江國恩。

這是華潤第一批正式見諸文件的海外貿易處，也是剛剛誕生的中國政府擁有的第一個海外貿易點。這三個分別位於南亞三個重要港口的貿易處，以三足鼎立的姿態支撐起了對整個西藏的物資運輸，史稱「印巴三處」。從此，運往西藏的物資不再只能艱難穿行於青藏高原之上，華潤公司的商船通過海路就可

寶元通註冊文件（華潤檔案館提供）

寶元通公司負責人：陳國慶、麥文瀾、楊璐良
（華潤檔案館提供）

以便捷地抵達這三個港口城市，隨後通過西藏和印度錫金段的
乃堆拉山口邊貿通道，運進相對平緩的藏南地區，直至日喀則，
在那裏西藏人民政府派人接應，再用毛驢和牦牛馱往各個地區。
沿着這條穿越整個南亞大陸、迂迴連接起香港和西藏的貿易路

線，食品、食鹽、藥品、茶葉、布匹這些生活必需品源源不斷地運到了藏族人民手中，同時為修建青藏公路的隊伍運去推土機、麻袋、礦燈和鑽頭，而藏區出產的羊毛也通過這條貿易線路抵達香港，出口到美國和歐洲，換回寶貴的外匯。

從 1949 年開始，華潤人的身影，已經不僅僅局限在香港，這些在中西方文化交融中成長、經歷過商業文明薰陶的特殊革命者，已經把華潤貿易的旗幟插遍了神州大地，插到了遙遠的海外。巨大的貿易體量、優良的商譽口碑，以及對華潤身後若隱若現的真正身影的強烈興趣與信心，吸引英國相關代表主動聯絡華潤，與華潤並通過華潤洽商雙方貿易合作。

在華潤檔案館裏保存着這樣一份文件：

2月6日羅邁（李維漢）致董：

楊琳劉恕 1 月 29 日來電如下，

1、經委會與英商銀行團（包括保守黨國會議員及戰時供應部負責人）初步接觸，彼方積極與我交換物資。

2、彼方認為此種交換系商業性質，以不違犯國際公法不裝運軍火為原則，並將取得英政府默契，英方表示不願中國交易為美國獨佔。

3、交換範圍以我方農、礦產品交換英方工業、日用等產品。

4、交換地區在我控制區之港口，可停千噸大船，有港務船務設備者，船由英方供應，並負責運輸船只，在我方港口安全卸載之時限，須提供充分保證，損失須（我方）賠償。

5、英方提議要求我方能具體和詳細說明雙方之交換物質量及種類，提供交換地名、港口、船務貨艙等

設備之詳情，雙方商量機構，擬設在星加坡（新加坡）。
船掛工業旗。

　　6、英方計劃及目的甚龐大。

　　7、我等另提出一大規模軍用運輸，由我方負責以
二千噸船之物質，至英方指定港口交換，詳另電。

　　這封時任中共中央統戰部部長李維漢發給中共中央財經部
長董必武的電報中，有幾行字格外引人注目，一是「以我方農礦
產品交換英方工業、日用等產品」，表明了以物易物的性質；二
是「不願中國交易為美國獨佔」，闡明了英國人希望達成交易的
迫切；三是「交易地點擬設在新加坡」，這意味着華潤將在新加
坡設置它的海外貿易點。

　　華潤公司貿易的觸角逐漸伸展到了英國、美國、日本和新加
坡，這是它到達的一個新的高度。雖然多年後華潤在自己的
簡介中，將這段烽火歲月裏創業、奮鬥歷史的諸多貢獻濃縮為
簡單的四個字「貿易支前」，但事實上，那是無數個以犧牲、奉
獻和無比忠誠書寫下的日日夜夜，是篳路藍縷、披荊斬棘走出
的八百里路雲和月。這家從干諾道十平方米格子間起家的貿易
公司，沒有一刻忘記所負使命與任務，沒有一刻讓那條寄託期望
與囑託的生命線停止躍動。無論身在何處，無論出發何方，華潤
人總是習慣將那片故土稱作「家」，「家裏需要啥」，就是那個時
代華潤人最樸素、最深沉的牽掛。

　　所有的牽掛，所有的努力，即將迎來一個新時代的到來。

第九章

為了一個國家的新生

　　中國共產黨和他所領導的開拓者，從中國最偏僻的山溝裏出發，他們在延安最貧瘠的黃土溝壑中孕育了未來的理想。從出生，到成長，到壯大，他們遠離中國所有的都市。

　　但隨着全國解放的臨近，從山野裏出發的革命者必然要面對城市、大城市、中心城市，必須要面對那裏的商業、銀行等等複雜的經濟關係和社會關係。在國內外的質疑聲中，他們的視野裏依然有那個遙遠的城市 —— 香港，那裏有一個他們在 1938 年延安窯洞裏就已佈局的貿易機構。

　　1949 年 3 月 5 日的西柏坡，迎來了一個暖和的豔陽天，也迎來了一個個操着各方口音，穿着或是灰藍或是深灰色樸素軍裝的人。

　　這一天，34 名中央委員、19 名候補中央委員齊聚西柏坡，

出席了一次對中國未來命運影響深遠的會議。為這屆會議拍攝紀錄片的蘇河，很多年後都清晰地記得：會場位於中央大院西北角，是臨時搭建的中央大夥房。土坯壘的牆，檁條搭的頂，沒有椽子，新紮的葦簾就是直接搭在檁上，上面抹上灰泥就算封頂了。這間土房除了寬敞，啥也沒有，連電燈都沒拉線，只能藉着自然光進行拍攝。

開會時，委員們誰也沒有固定的座位，除了主席和幾位書記坐沙發外，大部分同志都是自帶椅子、凳子，有的還搬來了躺椅，散會後，再一個個自己搬回去。

沒有擴音設備，每一個發言的人，只能站在主席台的右邊提高了嗓門大聲講話。

這次被歷史標定為「中國共產黨七屆二中全會」的會議，批准了由中國共產黨發起召開並協同各民主黨派、人民團體及民主人士，召開沒有反動分子參加的新的政治協商會議及成立民主聯合政府的建議。同時還決定將黨的工作重心由鄉村轉到城市。

會議結束後不久，毛澤東召集中直機關各部、委、辦的負責人，語重心長地說道：「我們要準備進北平了，希望大家一定要做好準備。我說的準備不是收拾盆盆罐罐，是思想準備。要告訴每一個幹部和戰士，我們進北京不是去享福，決不可像李自成進北京。」

300 年前，農民起義出身的闖王李自成殺進北京，因為沒有戒驕戒躁，將領們腐化墮落，內部發生鬥爭，迅速面臨失敗，留下一句被民間譏笑百年的俗語：「南征北戰 18 年，進了北京 18 天！」

1949 年 3 月 23 日，是出發前往北京的日子。在衛士李銀橋眼中，毛澤東精神抖擻，笑着跟周圍的人開玩笑：「今天是進京『趕考』嘛」。周恩來笑着回答：「我們應當都能考試及格，不要退回來。」毛澤東突然臉色變得鄭重起來：「退回來就失敗了。

我們決不當李自成。」

對於絕不允許失敗、也無法承受失敗的中國革命者來說，「趕考」的準備其實早就開始了。

1948 年，香港「榮記行」的老闆萬景光和他的妻子馮修蕙收到了華潤公司託人秘密送來的一個旅行袋，裏面裝了滿滿一包錢，老萬沒有解釋原因，妻子馮修蕙沒有多問，就開始默默數錢，一直數了很久。[74]

萬景光和馮修蕙赴港前在上海的合影（華潤檔案館提供）

一年前出現在香港的「榮記行」不是一間簡單的小商行，它的老闆萬景光也不是普通的商人，他和妻子受中共中央委派抵達香港，就是要用商行作掩護，開辦幹部培訓班。當時的香港，是靠近中國內地最近的、國民黨勢力難以達到的海外城市；是一座在二戰結束後飛速發展，已經漸漸成為亞洲貿易中心的城市；是生活着無數商業和文化精英的城市。正因為這些扎扎實實的原因，當遠離所有城市成長起來的中國共產黨，即將面對的不再是槍炮火線、但比戰爭更具有挑戰考驗的國家治理發展時，早早意識到相關各類幹部培養、儲備的重要性，決定挑選黨員進行專門的培訓學習，提高他們的思想水平和工作能力，並特意把被稱為城市管理幹部培訓班的培訓地點選在了香港。

1948 年 2 月，第一屆城市管理幹部培訓班開班。

萬景光和後來前來領導幹部培訓工作的錢瑛、李應吉一起，為這些山溝裏來的「土幹部」們精心準備了「洋味十足」的培訓科目，同情共產黨的經濟學家講授「宏觀經濟」和「馬爾薩斯陷阱」，痛恨國民黨的社會學家來講「唯物主義」和「社會進化論」，香港工委的領導、華潤公司的第一任董事長錢之光日後也成為了課堂上的老師。

但培訓幹部的速度根本趕不上人員抽調的速度。

1948 年 11 月 2 日，站在瀋陽城下的陳雲感慨萬千，他面前這座聳立的城市，經歷了東北軍閥、日本關東軍、偽滿政府和國民政府長達半個世紀的精心建設，即使飽經戰火，人口仍高達 117 萬，是中國東北最大的城市和工商業中心，機械工業、冶金、電力、化工和食品工業堪稱中國領先。在陳雲看來，「把瀋陽的接管工作做好，使城市不受破壞，迅速恢復生產，可以有力支援全國的解放戰爭，並可為接管關內即將解放的各大城市提供經驗。接好管好瀋陽，對建設東北，支援全國，都具有重要意義。」[75]

陳雲從整個東北解放區選拔了 4000 多名幹部，組成了軍事管制委員會，準備接收這座龐大的城市。入城第二天，市內供水、供電全面恢復，公共交通系統、電話、電報陸續恢復；第三天，《瀋陽時報》發行，新華廣播開通，黨的接收政策響徹街頭，人心逐漸穩定；十天之後，礦山、鐵路、郵政、銀行、醫療機構、商店和其他企業，統統接收完畢；與此同時，百萬市民糧食供應充足，物價穩定；失業工人領到了糧食和生活費，工人、職員、技師拿到了當月工資，全市大、中、小學復課。到 1949 年 1 月，瀋陽全部接管工作順利成功，城市功能恢復迅速，城市管理運轉自如。

在進入瀋陽的第 26 天，陳雲撰寫了《接收瀋陽的經驗》報

告，上報東北局並轉報中共中央。中共中央把這一報告作為成功經驗批轉給各中央局和各前委，成為全黨做好城市接管工作的指導方針。報告中重點提到了接收幹部的重要性，這種重要不僅是質量上的重要，首先是數量上的重要。

於是，新生的華潤被賦予了一個重要的任務——聯絡萬景光，在香港舉辦更大規模的城市管理幹部培訓班。於是很快，一家整合了「榮記行」的新公司成立，名為「國新公司」（英文名稱：China Enterprising CO.），「國新」二字，言簡意賅。

麥文瀾（華潤檔案館提供）

麥文瀾和余秉熹擔任國新公司經理，員工有柳立堅、萬景光，還有青年工人李威林加一個練習生。國新公司公開的業務是進口純鹼、化工原料，但簡單的生意掩護下，是大規模的管理幹部培訓。

一批又一批的幹部化妝成商人、船工，坐着華潤公司的商船從解放區抵達香港，輪流接受培訓之後又繼續喬裝打扮坐着華潤公司的商船返回解放區。

雖然身處遠比瀋陽繁華得多的香港，但學員的生活十分艱苦，由於來的人數太多，大家常常都要打地鋪，沒有被褥，枕頭就是一叠報紙。而且為了躲避港英政府的偵緝和國民黨特務的破壞，培訓班常常是打一槍換一個地方，屢屢搬家，居無定所加上水土不服，很多人就一直生病。但即使身處如此困難的環境，所有人都擠出一切時間抓緊學習和感受，因為這裏學習的一切，跟他們過往的經驗相比，都很新鮮。

到 1948 年 12 月，在旺角一處不具名的小樓裏，正在舉行第 12 期城市管理幹部培訓班。這一期的主題非常明確，就是準備接收上海，所有的學員都是因為這個目的經過精心篩選而來，俞敦華、程文魁、周德明、呂虞堂四人位列其中。

解放初期的國新公司，後排左一麥文瀾，左二柳立堅，左四丁培舉（余秉熹的妻子），右四李威林（華潤檔案館提供）

前排左二李威林，左三陳百廉，後排左二馮修蕙，左四柳立堅，右二麥文瀾，右三余秉熹，右四丁培舉（華潤檔案館提供）

　　四位年輕人曾經都在上海工作，俞敦華、程文魁服務於廣大華行，周德明、呂虞堂是在工廠工作。1948 年 6 月發生在上海的地下黨員沙平叛變事件，讓同為地下黨員的他們不得不拋家捨業，背井離鄉，輾轉抵達香港。進入學習班的那一刻，曾經

周德明
（華潤檔案館提供）

呂虞堂
（華潤檔案館提供）

素不相識的他們有了一種共同的期待：早日返回上海，人民當家作主。

很多年後，周德明都清晰記得自己所學的科目，「第一個是學政策，特別是解放上海以後，如何接收城市，當然還有一些黨的政策，黨的素質這些，總之為了就是接收上海這樣的大城市，大城市進去以後有些甚麼需要注意的事項。最後我們每個人還要寫個東西」。[76]

四個月緊張的學習結束了，除了他們四個，所有人都接到了返回上海的命令，而他們卻被華潤選中，成為這個日益壯大的公司的一員。70 年之後，周德明用了一長串的遺憾來形容接到命令時的心情，但在那個時代，命令就是命令，他們留了下來，用學到的知識在香港這片土地上完成着新的使命。周德明說，除了服從命令，還因為無論身在何處，一切的努力，都是為了建設那個新的國家。

從 1948 年 2 月到 1949 年春，城市管理幹部培訓班在香港的各個角落先後舉辦了 13 期。在上海檔案館裏，珍藏着一份資料，詳細記錄着這 13 期人員的名單。[77]

第一期：1948 年 2 月 8 日——4 月 20 日；地址：灣仔渣菲道。

江浩然、佟子君、夏明芳、沈默、陳瑛、程振魁、安中堅、戚懷瓊、沈涵、柯哲之、吳滌蒼、鄧裕民、羅炳權等。（江浩然負責）

第二期：1948 年 3 月；地址：灣仔學士台。

馬純古、朱俊欣、沈翔聲、丁步雲、歐陽祖潤、韓武成、紀康等。（馬純古負責）

第三期：1948 年 4 月——5 月；地址：灣仔渣菲道。

梅洛、胡沛然、鄭仲芳、曹懋慶、徐尚炯、邵健、劉豐、張汝霖等。（梅洛負責）

第四期：1948 年 5 月——6 月；地址：灣仔永豐街。

陳修良領導，南京地下黨市委幹部：陳慎言、高駿、葉再生、曾羣（文委）、王明遠、歐陽儀（女）、顏次青、翁禮巽、胡立峯、李照定（學委）、陸少華（商場）、潘家珍（小教）、王嘉漢（公務員）等。

第五期：1948 年 7 月——9 月；地址：灣仔永豐街。

錢瑛領導，武漢地下黨市委幹部：馬識途、曾惇、王錦雯、朱語今、王漢斌、袁永熙、張文澄、林瑜等。

第六期：1948 年 9 月；地址：西環石塘咀。

劉曉領導，台灣幹部十餘人。（名單略）

第七期：1948 年 9 月：地址：灣仔學士台。

馬小弟、吳良傑、陳春寶、陳洪良、楊秉儒、陸象賢等。（馬純古負責）

第八期：1948 年 10 月——1949 年 1 月；地址：灣仔學士台。

上海地下黨市委、工委、職委、學委幹部：張祺、陳公琪、陸志仁、周炳坤、吳康、吳學謙、陳育辛、朱啟鑾、吳增亮、雷樹萱、施惠珍、費瑛、鮑奕珊、方茂金、陸文才、施文、陳光漢、范富芳、張本、梅洛等。

第九期：1948 年 11 月——12 月，地點不詳。

上海東方公司幹部：謝壽天、梅達君、楊宛青、方行、王辛南等。

第十期時間不詳；地址：灣仔永豐街。

錢瑛領導，西南地區幹部：孫耀華、杜子才、劉淑文、肖秀楷、朱虎慶、黃森、俞乃森、余秉熹、顧劍平、甘學標等。

第十一期：1948 年 12 月，地點不詳。

錢瑛領導，機關女同志學習班：王曦（張執一愛人）、丘一涵（袁國平愛人）、鄭惠英（李正文愛人）、陳蕙英（朱志良愛人）、繆希霞（何康愛人）、胡璇（蔡承祖愛人）、馮修蕙（萬景光愛人）、吳滌蒼、柯哲之等。（王曦負責）

第十二期：1948 年 12 月——1949 年 3 月；地址：九龍上海街。

俞敦華、華士德、貝樹森、程文魁、周德明、呂虞堂、羅炳權等。（羅炳權、程文魁負責）

第十三期：1949 年 1 月；地址：灣仔學士台。

沈涵、徐周良、許炳庚、何馥麟、王克順、楊余根、陸象賢等。（沈涵負責）

十三期培訓班結業的學員大多回到中國內地，成為新中國城市管理和國家建設的中堅力量：

第一期學員夏明芳，日後創辦了上海石化總廠。

第二期學員馬純古，日後出任全國總工會副主席。

第四期學員王嘉謨，後來成為了我國著名的經濟學家。

第五期學員錢瑛，1927 年參加革命，長期從事地下工作，在培訓班中她既是領導也是學生，建國後她擔任中央紀委副書記、首任監察部部長。

第五期學員馬識途，解放後為四川軍管會委員、川西區黨委委員兼組織部副部長，日後寫出了膾炙人口的小說集《夜譚十記》。電影《讓子彈飛》就是改編自其中一篇小說。

第五期學員王漢斌，建國後曾擔任全國人大黨組副書記。

第八期學員吳學謙，1982 年 11 月出任中華人民共和國外交部部長，1988 年 4 月任國務院副總理，是中國外交戰線傑出的領導人。

第九期學員謝壽天，日後被稱為「中國現代保險之父」，參與創辦了中國人民保險公司。

……

運輸買賣物資支援解放戰爭的，是華潤；負責解決黨的一些機構和事項經費需要的，是華潤；承辦着城市管理幹部培訓班的，也是華潤。在那個特殊年代，華潤的許多工作和任務，遠超一家貿易機構所承載的內涵範疇，它的所有付出和努力，都只為一個目標 —— 出色完成黨交付的每一項任務。

在華潤集團的檔案館裏珍藏着這樣一份預算報告，記錄了華潤公司 1948 年 12 月至 1949 年 5 月半年的開支計劃。

電報是 1948 年 11 月 10 日錢之光等上報中央的，呈毛澤東、劉少奇、朱德、周恩來、任弼時、彭德懷、楊尚昆閱。

毛劉朱周任彭楊閱

經費類 1948 年 11 月 10 日

半年經費預算數字

　　港分局、工委及有關各單位每月經費預算若依現狀而言，最近半年（從今年戌月至明年五月）的數字如下。分局一千五百元，文委一千二百元，羣委一千元，經委一千三百元，羣眾三千元，國新社二百元，勞協一千元，外委三千三百元，新華社三千元，華商五千元，統委二千五百元，小開三千元，錢、漢（西南）五千元，醫藥一千元，臨時費三千元，電台（現有預備台二個，現用台二個，機要處三處）四千元。

　　此次尚有二筆新增經費。

　　（1）兒女教育費，以前組織並未負擔此項支出；但各人又不能不使子女入學，頗困難，故至酉月份起，每人（從六歲至十二歲）每月津貼二十元學費，全體大約一千元。

　　（2）經委、外委、文委之研究室以前皆無經費，由各負責人自籌，近為加強收集材料，決給予經費，使工作能更發展，此項經費主要用於建立滬、寧、穗之調查通訊網及託人從紐約、倫敦剪的材料，各需七八百元，三處每月二千元。

　　以上各項每月合共港幣四萬二千元。請中央批准。

周恩來和任弼時的回電如下：

　　你們所提預算可以同意，惟華商報已撥五百兩金子，小開處經費已由中情部送去，不應包括在此預算之

內，故每月經費應為三萬四千港幣，望之光照此數撥發。

周、任

在這份珍貴的電文存檔中，華潤公司當時承擔的工作可見一斑。

第一，電文中說到「錢、漢五千元」，「錢」指錢瑛，她此時正在管理幹部培訓。「漢」字不明其意。「西南」指的是第十期培訓班，學員來自西南地區。

第二，回電中「小開」就是潘漢年，港工委情報系統的重要負責人，此時化名肖愷，他此前在香港的經費時常由華潤公司承擔。[78]

第三，電文中還提到研究室「收集材料」的費用。這項秘密工作也是當時華潤公司的重要工作之一。對於從山溝出發、正在走向城市，即將成為執政黨的革命者來說，了解世界、掌握之前並不熟悉的經濟資料，也是學習管理一個國家的關鍵。

1948 年 6 月 11 日，周恩來就曾致電香港工委：

> 我們需要全國資源、銀行、工廠、礦產、交通、貿易、農林畜牧及財政收支、官僚資本活動等等有系統的調查統計資料……指定若干有興趣的同志長期做研究工作，暫時不做政治活動，保證材料不受損失。[79]

身為中國共產黨設立在商業世界前沿香港的商業機構，華潤公司此時自然責無旁貸，他們抽調出專門人員從事經濟信息和研究工作，日後影響深遠的華潤研究所自此成立，為祖國提供經濟信息的工作一直延續到 2007 年。較早的研究人員包括：高平叔、楊西孟、姚念慶等，他們全都是留美學子。廣州解放前，

僅研究廣州資料的研究人員就多達 53 人，對接收廣州起到了重要作用。[80]

華潤研究所有非常系統的研究計劃和主攻課題，研究人員大都畢業於高等學府，所學專業以經濟、政治為主。後來開辦《商情彙報》雜誌，有大量地下工作經驗的張敏思、周德明加入，華南局的楊文炎由組織調配加入華潤研究部。這個解放之前中國共產黨擁有的唯一專門研究經濟的機構，解放後被外貿部接管，很多研究員日後都成為了中國外貿系統的著名研究學者，中國大部分的外貿學院也都留下他們的學術足跡。

1949 年 5 月 27 日，中國人民解放軍解放上海。

上海解放的第二天，一份以「解放」為名的報紙創刊，在它的發刊詞中驕傲地寫道：

> ……人民解放戰爭發展到大上海的解放，這乃是二十世紀中葉震動全世界、全人類的偉大歷史事件。在今後的世紀中，偉大的中國人民將以他的智慧和勞動來建設獨立的、自由的、繁榮的新中國，來推進全世界的和平民主事業。我們當着大上海解放的日子，站在這中國歷史轉變關頭，我們應該慶祝，應該快樂，應該揚眉吐氣。看吧！一個被侵略、被損害的古舊的中國的歷史，已經完結；一個獨立的、自由的新中國的歷史，已經開端。[81]

上海舉城慶祝解放的鑼鼓聲剛剛平息，就爆發了一場震驚中外的商業戰爭。

此時的上海是主要的工業中心、紡織業中心，它的紡織廠佔全中國紡織業半壁江山，工業用電佔據全國發電量四分之一，整個上海 540 萬人口每天需要輸入近 400 萬斤大米才能滿足基本的生活需要。於是，新政權的挑釁者們，有心或習慣地又上演

了趁火打劫、大發「亂世財」的套路，將棉紗、煤炭、大米作為囤積居奇的主戰場，這就是所謂的「兩白一黑」。一時間幾乎所有的商品都在漲價，倉庫裏貨積如山，市面上紛紛惜售，主要物價一個月翻了一倍，所有的紡織廠、電廠都紛紛告急，面臨斷炊之危。

戰爭年代，無論是北洋時期還是國民黨統治時期，以大規模囤積居奇為手段，上海的資本家集團鮮有失敗之例。但這次，他們低估了新政權傑出的組織能力，也忽略了遠在香港一家叫做華潤的貿易公司。

7月16日，當時還身在東北的陳雲立刻致電時任東北局副書記的李富春、東北局財政部和商業部部長葉季壯：「上海煤糧兩荒，請研究可否擠出糧食15萬至20萬斤，支援上海。」[82] 東北局立刻開始籌糧，而華潤公司則以最快的速度，組織大量輪船進行運輸。幾天之後，華潤公司驅使的萬噸輪就開始陸續從大連港抵達上海，船上裝滿了黑土地出產的大米與小麥。

7月19日，也就是打出催要糧食電話三天之後，陳雲帶領一支特殊的隊伍奔赴上海，隨行的人員中包括已跟隨一眾民主人士回到內地的華潤公司董事長錢之光、華潤公司副書記林其英。

7月27日至8月15日，陳雲主持召開了華東、華北、華中、東北、西北五個大區的財經會議，商討解決上海和全國面臨的嚴峻經濟形勢。會上，陳雲提出，解決上海問題和穩定全國物價的關鍵，是抓住「兩白一黑」。「兩白一黑」中的關鍵又是大米和紗布，「我掌握多少，即是控制市場力量的大小」，「人心亂不亂，在城市中心是糧食，在農村主要靠紗布。」會議進行的過程中，陳雲對錢之光下了死命令，要求華潤公司火速調集相關物資運抵上海平抑物價。

留在香港的楊琳帶領華潤員工迅速策應，不到十天，華潤公司從香港市場購買的十萬噸棉花就送進了上海的倉庫。之後的

三個月，以華潤為首的貿易企業與投機商們展開白熱化的「兩白一黑」之戰。投機商傾其所有，甚至大規模舉債購買，囤積市場上出現的任何米棉煤，但更多的米棉煤卻通過開足馬力的華潤商船源源不斷地運達上海。

三個月內，調往上海的糧食超過 50 億斤，足夠支持五場淮海戰役，與此同時，運往國營中紡公司的棉紗和棉布達到了當時全國產量的一半。

11 月 25 日，全國各大城市的國營貿易公司開始同時拋售紗布，並不斷地調低價格。同時，中央公佈三條緊急政策：

第一，所有國營企業的錢一律存入銀行，不向私營銀行和資本家企業貸款。

第二，規定私營工廠不准關門，而且要照發工人工資。

第三，加緊徵稅，還規定稅金不能遲繳，遲繳一天，就得罰應稅金額的 3%。

銀根被最大程度地壓縮了，物資被最大程度地集中了。絕望的投機商不得不拋售自己手中的米、棉、煤，以期償還到期的借貸和補繳稅金。拋風一起，價格應聲而跌，上海期貨市場上的米、棉、煤價格如雪崩一般一瀉而下。紗布價格一天之內下降超過 50%，投機商血本無歸，大量私人錢莊倒閉，「兩白一黑」投機生意就此崩盤。

失去資本的大資本家們無盡感慨：「6 月的銀元風潮，中共是用政治力量壓下去的，此次則僅用經濟力量就能穩住，實乃上海工商界所料不及。」

用經濟的規則和方式，打贏經濟的戰爭，這是中國共產黨在新領域的新勝利。很多年後，曾以中國人民銀行首任行長業務秘書身份直接參與建國初期穩定財經工作，後來成為中國著名經濟及金融學家的楊培新訪問美國，現代貨幣主義理論創始人、1976 年諾貝爾經濟學獎獲得者弗里德曼（Milton Friedman）當

面對他表示:「倘若誰能解釋中國在建國初期治理通貨膨脹的成就,就足以獲得諾貝爾經濟學獎」。[83]

迎接一個擁有四萬萬人口國家的新生,實在是無法用言語盡敍的複雜工作。

1948 年錢之光來到香港時,他身上帶着兩項重要任務,其一,是通過與東北局的貿易活動,支援內地的解放戰爭;其二,則是一項極端機密且需要精心策劃的特殊任務。

1948 年 5 月 1 日,當解放軍完成戰略反攻並已集結起優勢兵力準備奪取全國勝利時,身處河北的《晉察冀日報》和身處香港的《華商報》共同刊登了一篇文章,文中記錄了中國共產黨頒佈的「五一」勞動節口號,號召「各民主黨派、各人民團體、各社會賢達迅速召開新的政治協商會議,討論並實現召集人民代表大會,成立民主聯合政府!」。

四天之後,客居香港的各界民主黨派代表李濟深、何香凝、沈鈞儒、章伯鈞、馬敍倫、王紹鏊、陳其尤、彭澤民、李章達、蔡廷鍇、譚平山,以及無黨派民主人士郭沫若等,聯名致電毛澤東,熱烈響應黨中央的號召,並同時發表通電,號召國內外各界暨海外同胞「共同策進,完成大業」。

1948 年的香港,是極其開放和包容的,為了吸引廉價的勞動力和內地資本,港英政府刻意放寬邊境管理,從 1945 年秋到 1947 年底,短短兩年時間裏,香港的人口就從 50 萬激增到 180 萬。內地大批的政治精英和文化精英也因為躲避戰火紛紛聚集在香港,一邊將這裏當作暫時的避風港,一邊觀察着故土上戰爭和政治局勢變化。在和平的環境下,政治精英和文化精英日漸恢復了旺盛的表達和參與。

那些日後影響深遠的報紙、雜誌紛紛創刊或復刊:《正報》、《華商報》、《願望》週刊、《羣眾》週刊、《經濟導報》、《光明報》、《人民報》、《文匯報》、《週末報》、《自由世界》等陸續面世;新

民主出版社、大千出版社、有利印務公司、南國書店、人間書屋、中國出版社為代表的出版社如雨後春筍般出現；以虹虹歌詠團、中原劇藝社、中國歌舞劇藝社、人間繪畫、香港新音樂社、秋風歌詠團、南國影業公司、華南文工團為代表的演出團體羣芳爭豔。

依託着如此眾多的表現舞台，那些曾在內地被國民黨一黨獨大壓制的民主黨派，除九三學社繼續留在內地外，其他七個——民革、民盟、民建、民促、台盟、農工黨、致公黨——都在香港打出了一片新天地。

1948 年 8 月 1 日，毛主席覆電身在香港的民主人士，對他們贊同召開新的政治協商會議並熱心促其實現表示欽佩，並提出「關於召集此項會議的時機、地點、何人召集、參加會議者的範圍及會議討論的問題等項，希望諸先生及全國各界人士共同商討，並以卓見見示。」

毛澤東覆電的第二天，周恩來就秘密致電當時在大連組織發港貨物的錢之光：

> 以解放區救濟總署特派員名義前往香港，會同方方、章漢夫、潘漢年、連貫、夏衍等，接送在港民主人士進入解放區參加籌備新政協。[84]

運送在港民主人士的任務，自此開始。

1948 年 8 月，抵達香港的錢之光，立刻就會同楊琳、劉恕、袁超俊等人和香港地下黨組織「港工委」一起着手登記在香港的民主人士名單，並詳細籌劃運送路線。

對於華潤公司而言，他們擁有一條已經平安運轉了九個月的成熟線路，那就是從香港北上，經台灣海峽，至朝鮮的羅津，再到哈爾濱的海上運輸線，所乘的船就是那兩艘久經考驗的蘇

聯商船「阿爾丹」號和「波德瓦爾」號。方案報至中共中央，8月30日得到周恩來、任弼時、李維漢聯名回電，方案獲得批准：

> 同意組織一批民主人士搭乘華潤所租的蘇聯貨船前往朝鮮，但須注意絕對秘密。[85]

可幾天之後從蘇聯傳來的消息，讓這個已經成熟的方案迅速擱淺。

1948年9月5日，蘇聯《紅星報》最後一版不顯眼處，刊登了一條塔斯社的快訊，標題為《「勝利」號輪船發生不幸》：

> 傲德薩9月4日電：八月初，「勝利」號輪船從紐約啟航，駛往傲德薩……因處置不慎，致使電影膠片着火，船在途中發生火災。有人員傷亡，死者中有馮玉祥元帥和他的女兒。該船已被帶至傲德薩。調查仍在進行中。

時至今日，「勝利」號上的那場大火依舊是一個懸案。出資為馮玉祥包下豪華客艙的華潤公司重新審視自己的方案，所有人一致認為：不能讓眾多民主人士同乘一條船，要改為分批回去。9月7日，周恩來代表中共中央致電：

> 民主人士乘蘇輪北上事，望慎重處理。不宜乘一輪，應改為分批前來，此次愈少愈好。[86]

錢之光、楊琳和大家經過反覆協商，最終決定，第一批先走四位 —— 沈鈞儒、譚平山、蔡廷鍇、章伯鈞，由港工委的章漢夫護送。

按照計劃，華潤公司的「波德瓦爾」號上將裝滿了貨物，五

位特殊人物每人都拿好一份貨物清單，扮作貨物押運員。但四位民主人士年紀偏大，又不會說粵語，像大老闆多過像常出海的貨物押運員，必須給他們配以可靠的助手，才能應付一路上的各種盤查。

9月，正是香港各大學的開學季，正準備去上大學的秦福銓被父親楊琳匆匆攔下。因為華潤的員工很多都在國民黨的監視之下，而且貿易支前有很多專業的工作實在騰不開人手，為了護送民主人士安全到達解放區，楊琳思量再三，只能找到了自己的兒子和博古的兒子隨船一路護送。在交待秘密任務的囑託中，楊琳還交給秦福銓一封要由陳雲親啟的信，很多年後，再也沒有回過香港的秦福銓輾轉得知了那封信上的內容。信中，父親給老戰友陳雲寫道：

> 幹革命已經快20年了，很多身邊的人都犧牲在走向勝利的路上，現在不用擔心沒有人了，因為下一代，已經來接班了。[87]

1948年9月13日清晨，「波德瓦爾」號駛出了香港鯉魚門信號台，香港海關人員上船檢查，在仔細核對報關單、貨單、保險單等合法手續後，對年長的老闆和年輕的助手熟視無睹，選擇揮手放行。運送民主人士的第一趟旅程，就此啟航。

駛離香港後，當一些人衝上甲板上貪婪地呼吸着新鮮空氣時，華潤公司的職員祝華和徐德明兩個人在角落輕輕掩上了房門，他們是這艘船上真正的貨物押運員，他們單獨起居，表面上不跟民主人士發生任何聯繫，但他們接到任務是，在最危急的時刻出手保護，哪怕需要犧牲。

提防着的危機一直沒有發生，前四天唯一稱得上有風險的時刻，是一架美國飛機的抵近偵察和9月18日夜裏的一場颱風，

它們成了通往黎明前最後的黑暗。

「波德瓦爾」號終於有驚無險駛出颱風風暴區時，9 月 18 日的西柏坡，中共中央致電東北局：「派人到羅津港迎接」。此時中秋節剛過，正好能補一頓團圓飯。

9 月 18 日的香港，華潤公司裏一片歡騰，錢之光和楊琳共同決定，晚餐給大夥兒加一份紅燒肉。

9 月 21 日，「波德瓦爾」號抵達朝鮮羅津港，之後一行民主人士轉乘火車抵達哈爾濱，高崗、陳雲等在火車站迎接。10 月 3 日，毛澤東、朱德、周恩來從西柏坡聯名致電表示歡迎。

電文寫道：

> 諸先生平安抵哈，極為欣慰。弟等正在邀請內地及海外華僑、各民主黨黨派、各人民團體及無黨派民主人士的代表人物來解放區，準備在明年適當時機舉行政治協商會議。尚希隨時指教，使會議準備工作臻於完善。

第一批運送順利成功，華潤公司很快為第二批民主人士定好了啟程的日子，但原定搭乘的「波德瓦爾」號卻發生了與他船相撞的意外。面對「阿爾丹」號還在茫茫海上的現實，面對着運送第二批民主人士的緊迫，錢之光和楊琳緊急決定，在香港就地租一條船。

11 月 23 日，第二批民主人士搭乘華潤公司僱傭的「華中」號客輪啟程北歸，人員中包括：郭沫若、翦伯贊、許廣平和兒子周海嬰、馬敍倫、陳其尤、沈志遠、丘哲、朱明生、許寶駒、侯外廬、曹孟君、韓煉成、馮裕芳等。由華潤公司職員王華生負責陪同。

船至半途，收音機裏傳來了新華社播發的瀋陽解放的消息。所有人興奮異常，開了一個熱烈的慶祝會，大家載歌載舞，歡笑

聲伴着貨船劈波斬浪開往集結點。

第二批民主人士離開香港後，情勢陡然緊張。不僅國民黨特務有所察覺，港英政府也有所察覺，他們特意調派官員以洽談業務為名，來華潤打聽情況。

為了保證第三批運送工作順利進行，華潤公司和港工委決定：利用聖誕節香港公眾假日這一天啟航。這次護送的民主人士有李濟深、朱蘊山、梅龔彬、鄧初民、章乃器、施復亮、彭澤民、茅盾、王紹鏊、柳亞子、馬寅初、洪深、孫起孟、吳茂蓀、李民欣。[88]

因為國民黨革命委員會主席李濟深位列其中，所以這一次的運送，注定分外艱難。

此時的李濟深，雖然身在香港，但實際上處於各派政治勢力拉攏角逐的漩渦中心，港英當局與他常有聯繫；美國駐香港的領事館也在頻繁地與他接觸，希望通過他扶植除國民黨和共產黨以外的「第三種勢力」；國民黨特務恨不得對他貼身緊逼；白崇禧親筆給他寫信，希望與他合作，共創「桂系」軍閥與共產黨隔江而治的局面。

華潤公司要保證的，是李濟深安全地離開香港。

雖然香港不是昆明，不會有槍手如同擊殺李公樸、聞一多般當街行兇，但曾經的一樁舊案，提示着香港有着同樣的威脅：1946 年 11 月，中國勞動協會主席朱學範決心脫離國民黨控制，輾轉抵達香港與港工委取得聯繫。11 月 25 日，朱學範見完港工委負責人方方幾分鐘之後，就被一輛失控的轎車直接撞飛。

1948 年 12 月 26 日聖誕節當天上午，錢之光、楊琳和港工委安排李濟深接受「合眾社」記者採訪。[89]

記者問：聽說明春將召開新政治協商會議，屆時李將軍將前往參加否？

李答：新政協現在積極籌備中，明春正式召開時，我是可能

前往參加的。

這是一場謀劃已久的公開採訪，一切都為了向所有注視者展示：當事人還在香港，還在接受採訪。

當晚，李濟深在中環半山羅便臣道的家裏與家人共進聖誕晚餐，家裏的窗簾故意拉開，衣架上李濟深的外套格外顯眼。此時，港英政府在對面樓裏已經租了整整一層，24 小時有特工監視，美其名曰「貼身保護」。聖誕大餐吃到一半，李濟深起身去洗手間，他沒有拿外套，轉身就出了後門，一輛小汽車恰好趕到，李濟深閃進車內，揚長而去，只留下衣架上那件外套繼續接受着對面特工的注視。

十幾分鐘後李濟深就到了堅尼地道 126 號，這是華潤公司總經理楊琳的好朋友、時任《華商報》董事長鄧文釗的家。何香凝在這裏舉行晚宴，一派歌舞升平。晚宴進行的過程中，陸續有車來接人去銅鑼灣乘遊艇，據說是去油麻地遊覽夜景，半夜時分，李濟深從鄧家出來，也登上遊艇，在海上遊覽維多利亞夜景繼續歡飲達旦。

遊艇漸漸靠近停泊在港灣裏的「阿爾丹」號，夜幕的掩護下，李濟深悄然登船，遊艇載着其他人繼續歡飲暢游。

12 月 27 日上午，「阿爾丹」號駛離香港，船長室裏多了一個微胖的貨物押運員，香港少了一個李濟深。

這一整套華潤公司配合港工委完成的脫逃工作如此成功，幾天之內，無論是港英政府，還是國民黨情報人員，都沒有發現李濟深已經離開了香港。五天之後，1949 年元旦，心知大勢已去的蔣介石發佈文告要求和談，勝券在握的毛澤東則發表文章〈將革命進行到底〉，記者們雲集到李濟深香港的寓所門口等待他的評點，謎底才揭開。

香港《大公報》1949 年 1 月 4 日登出消息：「美聯社香港 3 日訊，據可靠人士告本報記者，李濟深已離港赴華北中共區。據

說⋯⋯經北韓赴哈爾濱。這是以前北上開新政協的其他民主人士所採取的途徑。」[90]

出航 12 天后，「阿爾丹號」終於抵達大連。碼頭上，中共東北局負責人李富春、張聞天及有關民主人士隆重迎接。當這些從南方出發的民主人士走出船艙時，他們看到的是滴水成冰的大連碼頭上，手舉着皮大衣、皮帽子和皮靴前來迎接的工作人員，這是周恩來特意安排的迎接方式，穿越着 40 度的溫差，跨越 2000 公里的緯度，曾被國民黨圍困的進步團體終於與中國共產黨站到了一起。

1949 年 1 月 14 日，李濟深率領民革中央部分人士抵達瀋陽，毛澤東、朱德、周恩來聯名致電表示歡迎：聞公抵瀋，敬表歡迎。[91]

第四批民主人士於 1949 年 3 月 14 日起航，此時平津戰役已經結束，黃炎培、盛丕華及兒子盛康年、俞震寰等民主人士，

1948 年，李濟深等人在阿爾丹號上的簽名

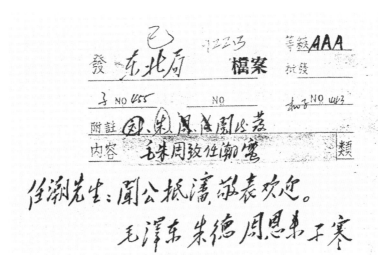

1949年1月12日，毛澤東、朱德、周恩來發電報給李濟深，歡迎抵達東北解放區參與新政協的籌建

還有 20 幾位文化界名人如葉聖陶、鄭振鐸、曹禺等，在華潤公司財務經理劉恕陪同下，搭乘租用的挪威輪船「Davikon」號，直駛天津。這是香港與天津在戰後第一次通航，華夏公司經理王兆勳以輪船買辦的名義在船上指揮，熟悉華北航道的「東方」號船長劉雙恩，作為普通船員與挪威船長一道負責輪船航行工作。

　　1949 年 3 月 24 日，第四批民主人士抵達天津，25 日到達北平。[92]

　　華潤公司旗下華夏公司的「東方」號等貨輪此後又多次滿載着愛國華僑、文化界名人駛向大連或天津。第五批運送人數達250 餘人，包括許多電影演員和作家。黃藥眠、鍾敬文等 100 餘人為第七批。

　　歷時六個月，華潤公司分七批秘密護送了 350 多位民主人士、700 多位愛國華僑安全回歸。1949 年 9 月 21 日，中國人民政治協商會議第一屆全體協商會議順利在北京中南海懷仁堂召

開，9 月 30 日順利閉幕，會議選出 63 人組成中央人民政府委員會。至此，各民主黨派和進步人士應中共中央邀請參加新政協、共同組建中央人民政府委員會的歷史進程終於勝利結束。坐在剛剛加蓋了屋頂的懷仁堂裏，無人知曉他們和為了他們安全抵達這裏的人們經歷了怎樣的艱辛和危險。

在久久不息的熱烈掌聲中，所有的中國人即將迎來一個國家的新生。

1949 年 10 月 1 日，已回到內地的錢之光受邀登上天安門城樓，見證着那莊嚴的宣佈和滿目的紅旗招展。

那一天，廣州郊區戰壕裏，楊琳聽着廣播，難掩興奮地與身邊人擁抱相慶，他的身後，大批的部隊正在集結，準備向廣州城發起最後的衝鋒。

那一天，香港華潤公司辦公室裏，員工們在袁超俊的帶領下圍坐在收音機旁，緊張而興奮地傾聽着來自北京的聲音。

「中華人民共和國中央人民政府今天成立了」，伴隨激昂的

1949 年初，奔赴解放區的部分民主人士在華中輪上合影

宣告聲，此時因特殊原因還不能掛起五星紅旗的華潤公司的員工們，激動地奔向香港街頭，一邊跑一邊數着街面上掛出來的五星紅旗，他們就這麼一條街一條街地跑着，一條街一條街地數着……

助力一個國家的新生，這是特殊歲月下鐫刻的特殊榮光。華潤和華潤人，是不同凡響的另一羣特殊的戰士，他們以一家香港公司的名義，以不可替代的功能，陪伴了身後一場壯烈社會巨變全過程。即便在未來，他們成長為一家真正的大公司，那段創業之初、僅僅以公司的名義承擔着的特殊奮鬥史，已孕育了華潤人的精神基因，奠基了華潤人的胸懷境界，「家國」二字對他們有着不同尋常的意義。

這家公司的誕生是以超越公司的使命開始，它是中國共產黨領導事業特殊的一部分，是從延安窰洞裏起步、歷盡人間艱辛的新中國的誕生史的一部分，這是一縷剪不斷的歷史血脈。

因此，它以一家公司的名義存在，卻從來不是一家公司的眼界。

1　陳真、姚洛編:《中國近代工業史資料》第一輯,三聯書店,1957 年,第 78 頁。

2　數字來源於《抗日戰爭時期中國共產黨領導的人民軍隊兵力逐年增長統計》,根據葉劍英參謀長 1944 年與中外記者西北參觀團談話時公佈的數字,另加上 1945 年材料整理。

3　王光榮、李鑫:〈抗戰時期延安的工業發展〉,《廣東黨史》2005 年第一期,第 15 頁。

4　李奕霏:《中國共產黨延安時期局部執政的人民利益觀研究》,西北大學,2011 年。

5　鄒韜奮:《經歷》,生活・讀書・新知三聯書店,1958 年 6 月,第 133、144 頁。

6　劉家泉:《宋慶齡在香港》,中央黨校出版社,1997 年。

7　中共中央文獻研究室編:《周恩來年譜》,中央文獻出版社,1998 年。

8　《八路軍新四軍駐各地辦事機構 (4)》,解放軍出版社,1999 年,第 865 頁。

9　《中國近代史綱要》,高等教育出版社,2013 年。

10　王烈:《錢之光傳》,中國文聯出版社,1993 年,第 143 頁。

11　劉家泉:《宋慶齡在香港》,中共中央黨校出版社,1997 年。

12　宋慶齡:《宋慶齡選集》上卷,人民出版社,1992 年,第 382 頁。

13　《新華日報》,1938 年 8 月 11 日刊。

14　《八路軍新四軍駐各地辦事機構 (4)》,解放軍出版社,1999 年,第 846 頁。

15　《八路軍新四軍駐各地辦事機構 (4)》,解放軍出版社,1999 年,第 734 頁。

16　莫世祥:〈盟友和對手 - 香港對日作戰中的中英關係〉,《近代史研究》,1996 年第四期。

17　《八路軍新四軍駐各地辦事機構 (4)》,解放軍出版社,1999 年,第 392 頁。

18　《八路軍新四軍駐各地辦事機構 (4)》,解放軍出版社,1999 年,第 850 頁。

19　《八路軍新四軍駐各地辦事機構 (4)》,解放軍出版社,1999 年,第 814 頁。

20　中共中央文獻研究室:《周恩來年譜 1898-1949 (修訂本)》,中央文獻出版社,1998 年,第 536 頁。

21　《中美關係彙編 - 第一輯》,世界知識出版社,1957 年,第 598 頁。

22　《新華日報》,1948 年 11 月 17 日刊。

23　《周恩來年譜》,中央文獻出版社,1998 年。

24　《周恩來年譜》,中央文獻出版社,1998 年,第 712 頁。

25 王烈：《錢之光傳》，中國文聯出版社，1993 年，第 231 頁。

26 袁超俊：〈華潤 —— 在大決戰中創業〉，《紅巖春秋》，1998 年第二期。

27 中共中央黨史研究室：《習仲勳文集（上）》，中共黨史出版社，2013 年，第 63、593 頁。

28 〈中共旅大地委關於今後經濟工作的決定〉，《城市的接管與改造（大連卷）》，大連出版社，1998 年，第 523 頁。

29 《中央軍委致黎張薄張鄧聶的電報》，中央檔案館，1946 年 11 月 13 日。

30 《陳雲年譜》，中央文獻出版社，2000 年。

31 《陳雲年譜》，中央文獻出版社，2000 年，第 485 頁。

32 袁超俊：〈華潤 —— 在大決戰中創業〉，《紅巖春秋》，1998 年第二期。

33 《任弼時年譜》，中央文獻出版社，2004 年，第 561 頁。

34 毛澤東：〈目前的形勢和我們的任務〉，1947 年 11 月。

35 王烈：《錢之光傳》，中共黨史出版社，2011 年，第 287 頁。

36 王烈：《錢之光傳》，中共黨史出版社，2011 年，第 291 頁。

37 袁超俊：〈華潤 —— 在大決戰中創業〉，《紅巖春秋》，1998 年第二期。

38 根據楊琳之子秦福銓採訪記錄。

39 根據郭里怡採訪記錄。

40 王烈：《錢之光傳》，中共黨史出版社，2011 年，第 290 頁。

41 根據郭里怡採訪記錄。

42 根據郭里怡採訪記錄。

43 袁超俊：〈華潤 —— 在大決戰中創業〉，《紅巖春秋》，1998 年第二期。

44 袁超俊：〈華潤 —— 在大決戰中創業〉，《紅巖春秋》，1998 年第二期。

45 上海市醫藥公司等編著：《上海近代西藥行業史》，上海社會科學院出版社，1988 年，第 12-14 頁。

46 王元周編著：《盧緒章與廣大華行》，中國對外經濟貿易出版社，1999 年，第 65 頁。

47 中央俱樂部（The Central Club）又稱 CC 系，是一個政治派系，主要分佈在國民黨中央黨務部門，尤其是組織部、中統、地方各級黨部和教育系統（尤其是大學）。

48 鐵竹偉：〈與魔鬼打交道的那個人 ——「百萬富翁」盧緒章〉，《文匯月刊》，1986 年第 3 期。

49 王元周編著：《盧緒章與廣大華行》，中國對外經濟貿易出版社，1999 年，第 136 頁。

50 〈談貴陽交通站和南方局的秘密交通與特別會計工作 —— 袁超俊同志在西南四省區黨史資料徵集工作會議南方局小組重慶會議上的發言〉,《重慶黨史研究資料》, 1983 年第 9 期。

51 王元周編著:《盧緒章與廣大華行》, 中國對外經濟貿易出版社, 1999 年, 第 143 頁。

52 Organization Mutual Trading Co. , 1947 年 11 月 31 日, 上海市檔案館藏, Q77-58。

53 《申報》, 1946 年 6 月 14 日、6 月 22 日刊。

54 王元周編著:《盧緒章與廣大華行》, 中國對外經濟貿易出版社, 1999 年, 第 271 頁。

55 《任弼時年譜》, 中央文獻出版社, 2004 年, 第 583 頁。

56 根據袁超俊之子袁明採訪記錄。

57 根據呂虞堂採訪記錄。

58 今集美大學航海學院的前身, 由被毛澤東讚譽為「華僑旗幟, 民族光輝」的陳嘉庚先生於 1920 年創辦, 是國內歷史最悠久的航海類教育高等院校。

59 《風雨鷺江》, 中央文獻出版社, 2000 年, 第 346 頁。

60 李應吉(1914-1969), 原名郎漢初, 浙江海寧斜橋人。1931 年參加中國共產黨, 曾經先後擔任董必武秘書, 中共重慶川東特委組織部長, 1948 年因躲避追捕抵達香港加入華潤公司, 擔任華夏公司經理, 後出任華潤公司第二任總經理。

61 胡政:《招商局畫史》, 上海社會科學院出版社, 2007 年。

62 袁超俊:〈華潤 —— 在大決戰中創業〉,《紅巖春秋》, 1998 年第二期。

63 《周恩來年譜》, 中央文獻出版社, 1998 年, 第 819 頁。

64 根據周秉鈇採訪記錄。

65 左保昌、吳開泰:〈回顧第一套人民幣印製發行〉,《中國錢幣》, 1985 年 9 月第三期。

66 根據郭里怡採訪記錄。

67 〈中國人民銀行的成立與第一套人民幣的發行 —— 原中國人民銀行籌建處秘書石雷訪談錄〉,《炎黃春秋》, 2010 年第 10 期。

68 中共中央文獻研究室編:《周恩來年譜》, 中央文獻出版社, 1998 年, 第 823、832 頁。

69 王華生回憶文章, 華潤檔案館。

70 〈香港工商界對解放區貿易的意見〉, 載《廣東革命歷史文件匯集》甲 58, 1949 年。

71 〈香港工商界對解放區貿易的意見〉，載《廣東革命歷史文件匯集》甲 58，1949 年。

72 〈中共香港工委財經委半年工作報告〉，載《中共中央香港分局文件匯集（1947. 5-1949. 3)》，1949 年。

73 根據韋志超採訪記錄。

74 根據馮修蕙採訪記錄。

75 《陳雲年譜》，中央文獻出版社，2000 年，第 533-534 頁。

76 根據周德明採訪記錄。

77 由於許多人用的是化名，以致統計不夠精確。馮修蕙：〈關於中共中央上海局駐港聯絡點的若干情況〉，《上海黨史》資料通訊，1989 年。

78 根據劉恕採訪記錄。

79 《周恩來年譜》，中央文獻出版社，1998 年，第 795 頁。

80 〈解放戰爭時期中國共產黨在香港的財經工作〉，《中共黨史資料》，第 54 輯。

81 《解放日報》，1949 年 5 月 28 日刊。

82 《陳雲年譜》，中央文獻出版社，2000 年，第 570 頁。

83 詳見〈楊斌：不唯洋的「老海歸」〉，《中國城鄉金融報》，2006 年 3 月 17 日。

84 中共中央文獻研究室編：《周恩來年譜》，中央文獻出版社，1998 年，第 801 頁。

85 中共中央文獻研究室編：《周恩來年譜》，中央文獻出版社，1998 年，第 804 頁。

86 中共中央文獻研究室編：《周恩來年譜》，中央文獻出版社，1998 年，第 804 頁。

87 根據秦福銓採訪記錄。

88 楊奇：《風雨同舟》，香港各界文化促進會，2004 年，第 38 頁。

89 《華商報》，1948 年 12 月 27 日刊。

90 《錢之光傳》，中共黨史出版社，2011 年，第 305 頁。

91 王烈：《錢之光傳》，中國文聯出版社，1993 年，第 245 頁。

92 《周恩來年譜》，中央文獻出版社，1998 年，第 835 頁。

1952

貿易總代理

從1952年起，
華潤成為中國進出口貿易公司在香港及東南亞的總代理，
架起了新中國與世界貿易溝通的第一座橋樑，
代理貿易高峯期達到全國外貿總額的三分之一，
為計劃經濟年代中國的外貿事業作出了重大貢獻，
同時也體現了對香港繁榮穩定的擔當。

1983

第十章

新的出發，新的使命

　　1949 年 10 月 20 日的早晨，一張叫做《正報》的報紙成為香港華潤公司辦公室裏人人爭搶的「寶貝」，拿到手的人緊緊攥着，一句一頓地大聲讀着報紙上的內容，搶不到的人拼命踮起腳尖，即便耳朵裏就能聽着報紙上的內容，但就是想把報紙上的字再真真切切地看一遍。

　　報紙上寫着：

　　1949 年 10 月 19 日下午 4 時 25 分，由粵贛湘邊縱隊寶深軍管會主任劉汝琛率領接管人員百餘人從布吉開進深圳。7 時 30 分，深圳各界人士在民樂戲院舉行盛大歡迎會。劉汝深在會上莊嚴宣佈：深圳鎮正式解放。

關口兩側，對峙的新舊勢力劍拔弩張，各種情緒肆意奔湧。

關口北側，換上「警察」服裝，帶上「政工隊」袖標的四野部隊摩拳擦掌，請戰的報告一級級遞到了首長那裏。從東北一路打到深圳的戰士們心中有一個篤定的信念，只要再來一個衝鋒，就能把香港奪回來。

關口南側，彈藥一箱箱地搬進工事，軍艦也加滿了油，港督葛量洪手握四個旅約 10000 多人的英國軍隊，面對河對面一路揮師南下、鋒芒正盛的解放軍四野七縱的 50000 餘人。

老百姓們有的慌張，有的期待，有的在別人的描述中左右搖擺。

而在華潤公司的辦公室裏，只有一種情緒，那就是終於等到了這一刻，勝利在望，會師在即。

解放軍平靜地在關口巡邏，一點也沒有準備進攻的跡象。而在香港，「解放」會不會發生，成為所有人共同關心的話題。

遙遠的北京，同樣的爭論也在進行，尤其在已經回到人民政府各部門工作的老華潤人之間，爭論更加激烈。到了 11 月，小道消息漸漸傳開，據說是廖承志和一些長期在香港戰鬥的同志向中央做了彙報，中央已經決定暫時不解放香港。但是嚴格的保密紀律，讓這些長期在地下戰線戰鬥的戰士們從不會主動去追問，即使這個消息關乎他們無比牽掛的華潤。

猜而不問，同樣成為香港華潤公司辦公室裏濃得化不開的情緒。此時，袁超俊、鍾可玉、舒自清三人已經於 11 月被調回北京，之後又陸續有人接到了返回內地的調令，手頭的工作也暫時停止了，華潤公司出現了數年來難得的清冷。剩下的人每天聽着收音機裏傳來的戰火繼續向西的消息，一個個數着還有哪些城市沒有被解放，同樣也數着還有誰沒有接到調令。一連串的問題在所有人心底默默炸響：曾經的任務已經完成了，華潤公司接下來怎麼辦？是撤是留？撤是如何撤？留又如何留？

1949年8月，華潤部分幹部調回中國內地，途經大連。照片人員有高士融、黃惠、李文山、吳震、徐靜、李澤純（李克農的弟弟）、徐德明、唐淑平和兒子（大頭）（華潤檔案館提供）

在袁超俊的回憶文章中，1949 年的 12 月，對於華潤公司意義非凡。這個月的 2 號，袁超俊和舒自清被請進了時任中國人民解放軍總司令朱德的辦公室，朱德讚揚了華潤公司在「對外貿易」和「籌備政協會議」方面功不可沒，還親自把「中國人民政治協商會議第一次全體會議證章」和「政協會議紀念冊」遞到倆人手中。朱總司令沒有多說甚麼，但走出辦公室的袁超俊和舒自清相視而笑，心情激盪不已，他們不約而同地感覺到，華潤又要有新的任務了。

19 天之後，12 月 21 日，袁超俊和舒自清又一次接到了到中南海開會的通知，等到了會場，他們驚喜地發現，曾經並肩戰鬥過的楊琳、李應吉、張平也身處其中，而後走進會場的人更讓他們驚喜不已，那是時任中央人民政府副主席、中國人民解

放軍總司令朱德，時任政務院第一任總理周恩來，時任中共中央副秘書長、中央辦公廳主任、同時兼任中央軍委秘書長、中直機關黨委書記楊尚昆。

這次被稱為「北京聯席會議」的會議紀要，一直珍藏在中央檔案館的深處。

組織機構：

新組建的華潤公司，組織系統屬於中共中央辦公廳。

1、在北京設立委員會：

主任委員：楊尚昆

委員錢之光、葉季壯、賴祖烈、鄧潔、鄧典桃、袁超俊、劉昂、劉恕。

2、委員會下設立北京辦事處（同時又是香港管理委員會駐京辦事處），劉恕為辦事處主任。

3、香港設立管理委員會（簡稱「港管委」）：

委員：楊琳（主任）、舒自清（業務）、張平（財物）、李應吉（審核）、徐德明（業務副）。

4、港管委管轄機構：華潤公司、華潤駐京辦事處、華夏航運公司、天隆行、穗勵興公司、廣大華行、紐約分公司、東京分公司、天津廣大華行、國新公司。

5、大連站[1]撤銷，不設立機構（採取船運交貨辦法），香港華潤公司、廣大華行等，組織形式不變，實際統一，由香港管委統一領導。

6、大連電台及機要報務人員，借給東北輸出公司使用，保留調動權。

這次會議還對華潤今後的工作作出了明確規定。

一、任務：

1、幫助國家發展對資本主義國家的貿易，完成政府委託的經濟任務，在此任務下同時完成一定的財政任務。

2、蒐集國家貿易所需之資料，提供對國家貿易的意見與情報（香港原有之研究室應保留並加以充實）。

3、精通國際貿易業務，培養幹部。

（一）業務方針：

1、代辦；

2、自營。

（二）業務範圍：

1、進出口；

2、航運；

3、其他。

（三）制度：

1、香港管委或北京辦事處與各方來往貿易均按正常商業方式簽訂合同。

2、各方如須委託香港管委撥款或代辦事項或代購貨物等，均須先經楊琳主任批准執行，否則港管委或來電請示，或拒絕。

3、凡有關政策性、政治性、原則性及某些大的事項，港管委均須事前請示及事後報告，至於業務計劃、佈置、進行及港管委資金調動、人事配備，港管委全權處理。

4、港管委財務賬目及資產、負債、損益，每年度總結一次，每半年度小結一次，並須列表造冊，向委員會報告，必要時委員會指定人員審核之。

二、關於人事變動：

大連徐德明、徐靜調香港。

徐景秋（李應吉妻）原則同意調回學習或工作。

郭里怡調回童小鵬處。

黃惠（于凡妻）如身體許可，送學校學習，將來送回香港。

吳震調香港。

魯映到學校學習。

高士融調海關總署（已調）。

袁超俊、李丹、王華生、李澤純等調紡織部，天津代辦處王應麟暫不調動。

中共中央辦公廳

1949 年 12 月 21 日

這是新中國成立之後，關於華潤公司的第一份完整會議紀要。從這個紀要中可以清晰地看出：

其一，當時的華潤還是「黨產」，隸屬於中央辦公廳，接受中央辦公廳主任直接領導。時任中央辦公廳主任楊尚昆是華潤公司在建國後的第一位直屬領導。

其二、華潤公司的情況非常特殊，作為一個公開經營的公司，它的管理機構由北京委員會和香港管理委員會組成，北京委員會主要管理重大決策，香港管理委員會負責所有的執行，其中香港管理委員會對外稱為「華潤公司董事會」。這種格局在 1952 年華潤變成國營公司以後依然存在。

其三、華潤的任務包括對外貿易、財政任務、經濟資料蒐集、培養幹部。

其四、華潤的業務性質包括代理和自營。此後在相當長一

段時間裏，華潤的代理業務遠超過自營業務，這也是它日後成為「外貿總代理」的政策與業務基礎。

其五、貿易活動開始正規化，簽訂合同這種商業規範的標準工具被認可。

其六、華潤駐京辦事處正式建立，成為華潤公司在香港之外最大的辦事機構。

會議散場，曾經在華潤戰鬥過的人們站起身來，爭着擁抱袁超俊，用泪水和掌聲送別這位並肩戰鬥多年、華潤最初輝煌開創者之一的戰友。[2]

「北京聯席會議」結束後不久，「港管委」的第一次工作會議在北京召開，實際上這是華潤公司第一屆董事會的第一次會議。除了董事會成員楊琳、舒自清、張平、李應吉、徐德明外，朱德、周恩來、陳雲、楊尚昆等中央領導也出席了會議。

望着主席台上熟悉的身影，楊琳無限感慨，20 餘年來，無論是他個人，還是華潤公司，都曾接受這四位中國革命歷程上赫赫有名的人物直接或間接的領導。

1931 至 1938 年，陳雲是楊琳的直接上級，也是楊琳開始以商人身份從事地下工作的領路人，「兩根金條」的故事就發生在這個階段。

1938 年至 1946 年抗日戰爭時期，周恩來通過中共中央南方局指揮楊琳及其創辦的聯和行。

1947 年至 1949 年解放戰爭時期，朱德以中央書記處書記的身份分管華潤，在朱德、周恩來、任弼時等中央領導的統一指揮下，華潤公司與陳雲等領導的東北局密切配合，打通了著名的「香港 —— 大連航線」，譜寫了中國共產黨對外貿易史上的嶄新篇章。

而從這一刻開始，中央辦公廳主任楊尚昆將直接領導華潤。39 年後的 1998 年，已經從中華人民共和國國家主席領導崗位

上退下來的楊尚昆在第一次踏上香港土地時，曾興奮地指着矗立在灣仔的華潤大廈，對身邊工作人員說道：「這個公司，我管過的。」

周恩來、朱德、陳雲、楊尚昆認真聽取了楊琳的彙報，而後周恩來、朱德、陳雲分別作出了具體指示。

周恩來總理提出：「對香港，要長期打算，充分利用。」

朱德同志提出：「在香港，你們要遠攻近交。在美國和台灣封鎖的情況下，在香港多交朋友。」[3]

陳雲同志提出：「對香港，要出出進進，來來往往。就是說，商品有進有出，人員有來有往，不能關起門來。」[4]

幾位中央領導樸素的話語中奠定了華潤公司日後的行動方針，以此後數十年的成就回溯，華潤沒有辜負他們和中央的期望。

「北京聯席會議」和華潤公司第一屆董事會，明確了華潤公司的組織機構和幹部分工，確定了公司的任務和業務範圍，制定了新形勢下的公司制度。這次機構調整，從制度上對華潤公司的發展提出了明確要求，也提供了堅實的組織保障。自此，華潤步入新時代的面貌、使命和任務，漸漸清晰。

更為重要的是，這兩次會議上，中國政府對香港的態度和政策日益明確。來自華潤公司數年不曾間斷的香港情況彙報，加上廖承志及一些長期在香港戰鬥的同志的彙報，多方訊息匯總，幫助中央領導對英國政府在香港問題和中國問題上的態度有了相對明晰的判斷：一方面，香港在華有超過三億英鎊的貿易利益，絕大多數通過香港這個口岸獲得，而過往百餘年的統治和經營，英國已經在香港投入了超過 1.56 億英鎊的資金，維護好這個當時世界上最大轉口貿易港的繁榮穩定，有助於繼續利用這種獨一無二的優勢擴大貿易額，並保障英國的經濟利益；另一方面英國政府內部已經達成共識，不追隨美國對新中國的全面

封鎖政策，以免「遭到中國共產黨以香港為遠東第一個戰場的全面報復」。[5] 正因於此，對於香港的「長期打算、充分利用」的政策應運而生，以避免與英國之間的直接對抗，維繫英國政府與新中國發展政治經貿關係的動力和熱情，為新生的中國贏得復甦建設的時間。之後無論是反封鎖、反禁運，還是五十年代初英國在西方國家中率先承認中華人民共和國、在美國佈下的全面封鎖圈中劃開一個重要的缺口，都驗證了黨中央沒有派遣解放軍越過深圳河的深謀遠慮。

共和國的創立者以他們特殊的智慧，保留了香港這塊風景不同的中華之地，成為在被西方世界封鎖、警惕下，一個新生國家連通外部世界的重要窗口之一。而扎根香港十餘年、已在商界頗有口碑和建樹的華潤，自然而然成為新生的國家經略香港的重要工作抓手。當黨和國家在新的歷史時期有着新的目標和需要時，華潤再次扛起屬於它的特別重任，也是屬於它的那份特殊信任，並將長久地立身其中。

會議結束後，錢之光留在中央辦公廳，在新組建的「香港委員會」裏繼續分管華潤工作到 1952 年 10 月，同時他還擔任紡織工業部副部長；袁超俊之後出任紡織部辦公廳主任，王華生任紡織部財務司負責人。這些當初連「針布」都不認識的華潤人，開始推動新中國的第一工業大部紡織部的運轉，為全國的六億人口解決「溫飽」中的第一個大問題。也因為如此，此後在進口紡織設備、引進先進的紡織技術、普及質檢標準等過程中，華潤公司與紡織部門一直保持了極其良好的合作關係，紡織也在相當長的時間裏成為華潤最重要的商品和產業門類。

回到新中國土地上的華潤人，只有少數人會留下，更多人需要返回香港。他們並不知道「長期」將會是多長，也不確定這一次再赴香港何時才能再回來，在離開北京重返香港之前，這些將又一次離開故土的人們，特意相約遊覽新中國的首都。相比於

故宮、頤和園這些向人民開放的皇家園林，他們對那些正在開工建設的工廠更有興趣。他們撫摸着那些嶄新的工業機器，猜測着哪些可能是華潤的船隊運回內地的，他們遙望着暫時空空落落卻已經寫滿規劃的土地，設想着華潤還能為那裏運來些甚麼。他們小聲議論，大聲歡笑，略帶貪婪地呼吸着一個新生的國家朝氣蓬勃的嶄新氣息。

關於華潤未來的消息，在 1950 年新年到來之前傳到了香港。

很快，等待中的華潤公司又恢復了之前忙碌的運轉。人越來越多，畢打行的辦公室已經坐不下了，不久，華潤又租下了渣甸行的整整一層樓，華潤公司、廣大華行、國新公司等部門合併辦公。楊琳等「董事會」成員根據中央指示精神，向所轄機構的經理們傳達了未來的任務和工作方向。

主要工作包括：

1、出口貿易：保證香港市場的副食品供應，並努力開拓海外市場。

2、進口貿易：為國家購買工業化建設所需物資。

3、協助中共中央清理並接收國民黨機構留在香港的產業，如國民黨資源委員會、國民黨海關等等。

4、開闢新的貿易口岸，為西藏和平解放作準備。

5、團結港澳同胞和愛國華僑，擴大經銷商隊伍。

之後，運到香港出售的物資從大東北特產變成了天南地北的出產，過去支前的物資換成了更多樣的生產和建設急需，華潤在香港和東南亞地區的進出口貿易額迅速提高。

在一批送往內地的貨物中，有一件獨特的貨物，那是為天安門維修和改建工程精心準備的一部小型電梯。1952 年，新中國成立後天安門經歷第一次大修，在西北角城台入口加裝了這部電梯。從此以後每逢國慶，毛主席和中央首長以及蘇聯等國家的海外來賓都能乘坐電梯直達天安門城樓，檢閱遊行方隊。也

正是從這一年開始，華潤公司每年都會組織港澳同胞代表回國觀光，其中的一個重要項目，就是乘坐這部電梯登上天安門城樓，領略新中國首都的風貌。

1951 年，曾在華潤工作的五位女員工收到了新成立的中國人民大學的邀請，她們將成為這所以人民為名的大學第一批大學生，在日後被譽為「人民共和國建設者搖籃」的學校裏，學習如何建設一個擁有龐大領土和巨量人口的國家。

她們是：郭里怡，就讀計劃經濟系；徐景秋，就讀貿易系，她文化水平原本較高，入學一年後轉為助教，開始給新生上課；黃慧，就讀統計系，她原本就是上海交大數學系學生，一年後也開始授課；唐淑平，早年畢業於上海護士學校，兩年後開始授課；魯映，先上速成中學，後進入人大外語系，即外交學院的前身。

這張華潤第一批女大學生的合影照片裏，其實還缺了一個她們當時的「小跟班」——秦文。身為楊琳的女兒，目睹着哥哥

後排：柳立堅（麥文瀾夫人）、魯映（劉恕夫人）、徐景秋（李應吉夫人），前排：鍾可玉（袁超俊夫人）、謝淑貞（賴祖烈夫人）、黃惠（于凡夫人）、郭里怡（華潤檔案館提供）

們紛紛投身革命，她偷偷離開香港，輾轉加入了陳賡的部隊，一路跟着打到了海南島，而那一年她才 16 歲。得知詳情的陳賡既佩服，又哭笑不得，經過和楊琳商量後，陳賡把秦文送到北京補念高中，之後她也考入中國人民大學，成為幾個年輕「阿姨」的小師妹。

之後數年裏，每到週末，這六個出自華潤的女大學生都會來到華潤駐北京的辦事處 —— 起初在舊刑部街，後來搬到崇文門外上頭條。在這裏當辦事處主任的劉恕，總是張羅着給她們煮碗麵條、下個雞蛋，算是改善生活，返校時再炒點鹹菜讓她們帶回學校。對於所有華潤人而言，這裏是他們在香港之外的又一個家，一個永遠讓他們感到踏實、溫暖的家。

一個舊的時代結束，一個新的時代開啟。在這個影響世界的重大變局中，身在香港的華潤人踏實地背靠着那片遼闊的國土，那裏是一個嶄新的國家，是所有革命者的家園。雖然這個新生的國家從誕生之日起，就在複雜的國際環境中踏上與它的革命同樣艱難的歷程，但使命依舊特殊、處境依然特別的華潤，必將不負所望，與蹣跚起步的新生國家一同，一路前行。

第十一章

孤舟破冰

　　1950 年 7 月，香港港口，貨輪進進出出川流不息的繁忙忽然變得寂靜蕭索。

　　不到一個月前，朝鮮戰爭爆發，6 月 27 日，美國總統杜魯門宣佈：美國將武裝援助南朝鮮，並以武力阻止中國解放台灣。隨即，美國派出第七艦隊開進台灣海峽，並繞道香港停泊修整。

　　此時華潤公司及下屬幾家公司的辦公室所在地告士打道就位於維多利亞港畔，遙望着美國軍艦緩緩駛入維多利亞灣，楊琳預見到了問題的嚴重性。在召集港管委的同志進行多場秘密會商後，他啟程返回北京，詳細彙報了港管委的預判和籌備中的應對方案。當楊琳還在返回香港的火車上時，一份電報已經到達了香港的華潤公司。

北京劉恕轉港管委：

（一）對日貿易決定由你處掌握。

（二）對私商貿易亦由你處掌握。

（三）前已訂購之貨，務須盡一切力量按照原定時間完成任務。

1、儘可能爭取從購買國家直接運至中國內地口岸交貨，避免在香港交貨。

2、中國內地交貨口岸在青島、天津、大連任何一處均可。

3、因變更交貨口岸而須增加之一切費用，均歸我負擔。

（四）請抓緊時機，購入碳焦與口袋……[6]

（五）出口期貨停止售出，新的出進口計劃由楊琳回港傳達。

王張楊

8 月 31 日

電報中不曾出現卻又無處不在的「急迫」二字，訴說着新生的政權對於危險的警惕，一條條電文內容也讓經驗豐富的華潤人敏感地從中嗅到了一絲暗藏的危機。事實上，當中國的領袖們從延安、西柏坡一路走進中南海，帶領一個新興的政權以共產主義陣營新生代表的身份站到全世界面前時，他們早已做好了應對全面敵對的國際環境的準備。

新中國剛剛成立 54 天，在巴黎，美國駐法國的大使館裏，美國、英國、法國、意大利、比利時、荷蘭六個國家聯手宣佈成立「輸出管制統籌委員會」(Coordinating Committee for Multilateral Export Controls)，因總部設在巴黎，所以通常被稱為

「巴黎統籌委員會」，簡稱「巴統」，其宗旨是限制成員國向社會主義國家出口戰略物資和高新技術，被列入禁運清單的包括軍事武器裝備、尖端技術產品和稀有物資等三大類，而被列為禁運對象的不僅有社會主義國家，還包括一些民族主義國家，總數共約 30 個。

　　此時的中國內地，戰爭的炮火硝煙雖然散去，但新政權面對的國家卻是滿目瘡痍、百廢待興。這個擁有超過五億人口的東方大國，人均 GDP 僅有 23 美元，還不到西歐 12 國人均 GDP 的十分之一。發展經濟、鞏固新生的社會主義政權，成為首要任務，面對禁運，北京的目光一路向南，再一次落在了香港。

　　管轄着香港的英國，雖然表面上已經加入對社會主義國家禁運的「巴統」，但對華貿易的巨額順差讓它並不願意關閉掉貿易的通道，香港漸漸成為了英國和中國之間「永不沉沒的貨艙」。英國的態度，某種程度上也是「巴統」組織中除美國之外，其他國家內心的真實寫照，它們紛紛通過香港與新中國進行不公開的商品貿易，於是自由的香港，再一次成為中國內地連接世界的重要橋樑。

　　從抗日戰爭，到解放戰爭，一直熟諳這種貿易方式的華潤，再一次被賦予了重任。但中美兩方緊張的對立狀態，讓久經考驗的華潤人也感到了前所未有的壓力，世界新霸主的重錘一定會迫使所有的西方國家跟緊它的腳步，更大範圍更嚴苛的禁運必然到來。

　　於是，那封來自中央的電報，鳴響了華潤人與時間賽跑的發令槍。

　　不止在香港而是在整個東南亞，不止在英國而是在大半個歐洲，華潤派出的採購小組以各種方式搶購着能買到手的生產資料、生活資料、戰略物資。時任華潤公司儲運部副經理韋志超回憶：「剛禁運的時候，我們就制定了一個搶購計劃，目的就

1955年華潤公司進口部同仁合影（華潤檔案館提供）

是要把華潤公司的外匯存款全部花掉。」

　　新聞紙、自行車、香煙紙、手錶、藥品，華潤的採購小組幾乎買空了香港；橡膠、輪胎、化工原料，整個東南亞市場上的現貨也幾乎被華潤買光。韋志超每天晚上都會召集大家彙報，檢查採購計劃的落實情況，他的開場白永遠就一個問題：「錢花完了沒有？」

　　當時華潤進口部共有約 20 餘人，其中包括：徐鵬飛、董繼舒、楊升業、吳欣之、韋志超、林如雲、汪乾惠、方正、梅英俊、馬景洪、董恆濤、趙光禹、凌香圖等。

　　「搶購」的同時，儲運部和華夏公司開足了馬力開始了不停歇的「搶運」，白天買到的物資，連夜裝上火車，運回深圳，裝上輪船，直達廣州、天津、青島……華潤的老員工何忠祺回憶：「當時我們都很小，不到 20 歲。為了搶運，我們不分晝夜，沒有節假日。當時我在儲運部，每天收貨、提貨，晚上安排裝船、裝

1952年華潤公司儲運部員工合影（華潤檔案館提供）

火車。裝船經常到後半夜，為的是
天亮以後就可以報關、檢驗、啟航。
大家基本上都是一個星期不回家。」

　　為了運回物資，報關是極重要
的環節，華潤成立了超過 30 人的龐
大的秘書處。秘書處由巢永森負責，
員工還包括：李紀揚、張祥霖、鄭
文欽、吳海琴、葉應麟、陳慶滄、
王春生、陳涵、呂曾訓、李然、謝

巢永森
（華潤檔案館提供）

惠卿、馮海、郭傳興等。以英國著名商人威廉‧渣甸命名的渣
甸行，是當時香港最高檔的洋行寫字樓，也是華潤旗下多間公司
的所在地，從 1950 年起，伴隨着通宵達旦的燈光，大樓裏持續
不斷的打字機打印報關單的聲音，多年後依然迴蕩在奮鬥在那
個年代的華潤員工的記憶中。

　　這是一場從未有過的與時間賽跑、與可能到來的更嚴酷的
封鎖比速度的特殊採購，雖然看不見硝煙，聽不到槍炮聲，但它

卻無疑是另一場戰爭。

1950 年 9 月，華潤華夏公司旗下輪船「Orbital」號繼續着自己每半個月一次的日本—天津往返，這一趟它是要把從天津港裝船的動物骨灰運送到日本鹿兒島，然後從八番港裝上鋼材返回天津。9 月 14 日深夜，從日本返航的「Orbital」號駛過毗鄰仁川附近的海面時，所有的船員都被眼前的一幕驚呆了，百餘艘關閉了大部分舷燈的大型軍艦，如同一座座行走的大山般壓了過來，排水量 2000 噸的「Orbital」號在它們面前猶如浴缸裏的玩具。幾艘小的巡邏艇迅速把「Orbital」號圍在中間，檢查完貨運單後才予以放行。

脫離險境的「Orbital」號在夜色中一路加速，軍艦從視野裏消失的時候，電報稿已經放到了楊琳的書桌上。楊琳立即回電讓船北上開往大連，同時迅速向中央彙報了我輪船與美國軍艦在朝鮮附近相遇的情況。

1954年華潤公司秘書處合影（華潤檔案館提供）

1950 年 9 月 15 日早上 6 時 30 分，硝煙籠罩了仁川，美軍在仁川的登陸，迅速改變了朝鮮戰爭的局勢，不到一個月，平壤就被佔領，戰火迅速蔓延到鴨綠江邊。

中國政府應朝鮮政府的請求，作出「抗美援朝、保家衞國」的決策，中國人民志願軍「雄赳赳，氣昂昂，跨過鴨綠江」，抗美援朝戰爭就此打響。

遠在巴黎的「巴統」，迅速召開擴大會議，盧森堡、挪威、丹麥、加拿大、西德、葡萄牙、日本、希臘、土耳其先後加入，一個專門以遏制中國為目的的「中國委員會」宣告成立。本已經冗長的禁運清單裏特意加入了一個「中國禁單」的目錄，這份針對中國的特別清單，所包括的項目比蘇聯和東歐國家所適用的國際禁單項目多了 500 餘種，加上之前的禁運類別，被禁止運往中國的物品多達 1700 餘種，從軍火到橡膠，從石油到藥品，幾乎涵蓋了一切國民生產和自我武裝的必須物資。這也意味着，對中國的全面禁運到達了前所未有的頂峯，大量正將運往中國的物資設備被強迫卸貨，資金被凍結，戰後剛剛復甦的中國經濟建設又一次在戰火中面臨寒冬。

剛剛摸索出搶購搶運工作經驗的華潤，與時間賽跑的腳步必須邁得再快一些、再大一些，因為內地的生產生活等不了，遠方的戰場更不能等。

100 萬雙軍鞋的任務下到了華潤，但整個香港市場上才能買到五萬雙，華潤立刻找到相熟的廠家進行秘密訂做。沒有樣板，華潤就買來類似的球鞋一步步教廠家如何改進，「鞋幫的皮子要加高一寸，膠鞋最好能當雨鞋用」，韋志超很多年後都記得改造球鞋的過程。也就是從這次成功改造開始，銘刻在幾代中國人記憶裏的「解放鞋」經由華潤人的設計，奠定了基本的款式。[7]

手錶是當時中國人心目中絕對的奢侈品，但對於要求分秒精準的現代戰爭而言，又是保證行動一致的必需品。華潤從整個

東南亞收購了數万隻手錶，就是為了滿足國家下達的指令——保證志願軍排長以上軍官都能配備手錶。由於當時所有的表都是機械上弦，華潤負責買表的同事對每一塊表都要上弦進行走時檢查，很多人的大拇指和食指內側因此磨出了厚厚的老繭。

戰備醫藥品是採購的重中之重，也是採購量最大的物資。華潤秘密聯繫之前合作多年的渠道商，幾乎買遍了全世界所有知名的大藥廠，盤尼西林、消炎藥粉、藥棉，通過歷經抗日戰爭、解放戰爭多年錘煉的航線，又一次送進了華潤的倉庫，輾轉送往前線。

相比於華潤採購藥品的運籌帷幄，汽油的採購則頗有些愚公移山的無奈。由於港英政府嚴格管制汽油的銷售和使用，華潤只能以公司旗下交通艇加油的名義向港英政府申請汽油配額，時任華夏公司的經理鄭熾南多年以後仍記得每天一早去海事處排隊的經歷：「我每天早上第一個去海事處排隊領油，就怕去晚了就沒了」。除此之外，華潤還想盡辦法從民眾手中收購散裝的汽油，從商家手中秘密購買成桶的汽油，這些珍貴的燃料最終涓流成川，匯入駛向朝鮮半島的鋼鐵洪流。

由於所有貨物都需要使用外匯購買，華潤在進行緊張的搶購搶運同時，還需要用持續的出口來換取更多的外匯。剛剛才吃飽飯的中國人省下大米和白麵，省下自己都捨不得吃的雞鴨魚豬，加上各省出產的土特產、油脂、礦產、豬鬃，裝上輪船和火車，源源不斷地運往香港出售，然後換成海外採購的物資返回中國內地。

解放之後才成立的華潤公司出口部，同樣成為最忙碌的部門之一。華潤副總經理浦亮疇兼任出口部經理，副經理呂虞堂，還有孫用致、何祖霖、施日駒、方匡正、楊明潔、鄭根源、徐輔治、鄭百濤等 20 餘個員工，每天尋找經銷商，接待大量客戶，有些客戶現金不夠，還要放賬、借貸登記，以及催款、收款。

會計處（對內稱財會科）負責平衡外匯收支，每天同樣忙得團團轉，華潤老員工總是戲稱那時候是「算盤聲、打字機聲，聲聲悅耳」。

那時的財會科人員包括：黃美嫻、譚志遠、孫瓊英、黃士嫻、葉紹璧、嚴鎮文、陸為立、于本中、胡世英、沈爾元、王寄安、陳志光、陸宗棋等。

華潤研究部忙着向中國內地報價，跟進外匯牌價。那時通訊設備落後，沒有傳真機，也沒有複印機，數以千記貨物的每日價格全靠手抄，十幾個人的工作量可想而知。

而看得見的忙碌背後，有些人的忙碌至今不為人所知。

掛着手槍的電台發報室，是屬於華潤的特殊記憶。1950 年，由華潤公司總經理楊琳和時任廣東省委書記葉劍英共同商議決定，華潤公司電台從香港遷至深圳，搬入軍管會內的一棟二層木製小樓，這部伴隨着華潤人走過烽火歲月的傳奇電台，依舊在華潤公司最神秘的機要股手中延續着自己的傳奇。

當時的報務員是李文山、楊銘，後又增加了劉沖、蘇平。機要員開始有兩個：一個是徐立人，另一個是劉振之。後來又

劉沖在深圳電台發報（華潤檔案館提供）

50年代初於深圳，
周德明（後排中）與陳建邦夫婦（後排左一右一）、
前排劉沖（左）、蘇平（右）（華潤檔案館提供）

田野（左）、徐立人（華潤檔案館提供）

退休後的潭沛（華潤檔案館提供）

加入了華東局的田野，中央又派來了于引（原名沈遠蹤）、楊蘭敏、王守江，技術員為陳建邦。田野為第一任機要股股長，後來田野調回北京，徐立人任股長。朝鮮戰爭爆發後，為了加強機要工作，中央機要局又派王慶邦帶領張耕平、邢秀琴、李小寶前來。

關於機要股的工作，王慶邦回憶道：「我們那時的電報主要包括，採購抗美援朝所需物資；在廢墟上建設新中國所需物資；對愛國華僑的統戰工作；準外交工作。譯電密碼半年一換。」

由於電台從香港搬到了深圳，一支新的隊伍在華潤內部建立，他們有着一個帶有強烈革命色彩的名字 —— 交通員，他們包括譚沛、陳親爽、朱仲平、王漢根、鄧強、蘇少生、麥海，還有一位女士，被叫做小李。由於是保密工作，加上經常輪換，名單難以完整呈現。

交通員的工作，從字面上表述非常簡單，他們懷揣着抄好的電報，獨自上路，往來於香港、廣州、深圳之間，電報的內容中一部分為中央的指令，還有華潤的總結、報告，還有一些外匯牌價方面的商業信息，以及外國報紙摘要。

但事實上，很多抄好的電報，都是由專人以特別細小的字體寫在特別的紙上，而且內容全部是密碼。而寫得小的原因，是為

了一旦遇到搜查，可以以最快的速度將紙條吞下。當時，華潤內部負責撰寫這部分內容的，是港管委機要處負責人巢永森，專門負責抄寫的是機要秘書張祥霖。

如今在華潤檔案館的最深處，還珍藏着一大批特殊的文件，它們統一分為左右兩份，中間用膠條連着，形成一份完整的文件。這樣的特殊設計，是那個年代的無奈，也彰顯着華潤人的智慧。為了保證絕密文件的絕對安全，文件會被切成左右兩份，由兩個交通員分別傳遞，這樣即便一旦出現其中一個被捕或犧牲的狀況，文件也不會全部泄露。如此的精心設計，源自特殊戰線的特殊要求，也源自一次次血的教訓。

神杖輪事件，是刻在老一輩華潤人內心深處一個令人心痛的名詞。

1950 年初，一份運輸合同擺在華潤旗下華夏輪船公司面前，貨物是中國內地急需的白糖 2000 噸，但發貨的地址卻是台灣。以裝貨地論，當時的局勢下這顯然是一趟高度危險的運輸任務，但白糖緊俏的現實下以祖國的需要論，這一任務必須完成，沒有猶豫和退縮。在運輸船安排、身份掩蔽等等方面都有

年輕時的周秉鈇

169

所設計後，臨行的碼頭上，年輕的二副周秉鈇，這個辭去「海王星」號 800 元月薪的高薪工作，為了理想毅然加入華夏公司只領津貼的共產黨員，依舊留給未婚妻一張紙條，上面只有短短的一句話：「我準備犧牲了，你如果等不到我，就不要等了。」[8]

這一年的 2 月 16 日，恰逢乙丑年的除夕，終於順利裝完貨的神杖輪早早做好了從台灣啟航返回香港的準備，但約定的台灣領航員遲遲沒有上船，周秉鈇和船員們一等再等，等來的卻是荷槍實彈的國民黨軍隊。除夕的煙花絢爛中，周秉鈇和華夏公司的船員們被槍指着後背，一步步走下了舷梯。

審訊是以兩個逼問開始的：「船是誰的？你是不是共產黨？」周秉鈇咬着牙堅持自己是香港海員工會會員，是工會派他上船的，其他一概不知。審訊從黑夜持續到了白天，在周秉鈇的記憶裏，他是在一個木頭籠子裏迎來大年初一的黃昏。

神杖輪被扣押的消息很快傳到了華潤，時任華潤公司副總經理浦亮疇第一時間聯絡相識的記者。第二天，英國廣播電台 BBC 就報道了此事，標題是「抗議台灣無理扣留英國輪船」。與此同時，華潤公司邀請香港海員工會出面幫助，強調神杖輪只是一艘普通的貿易貨船，並沒有政治目的。

在華潤的不懈營救下，八個月後，周秉鈇終於得到了可以離開台灣的消息，當骨瘦如柴的他和其他船員相互攙扶走上神杖輪時，他發現有一些夥伴並沒有上船。很多年後他才知道，早在 1950 年的 7 月 24 日，神杖輪的船主應燕銘就被秘密執行槍決，罪名是「為叛徒載運物資未遂」；水手長王利生被判處一年徒刑，理貨部的七名船員則被判以十年徒刑。[9]

這是華潤從事貨物籌措和秘密運輸以來最殘酷的一次失敗，血的教訓讓華潤人清醒地意識到，隨着新中國的誕生，香港已經從「敵後」變為激烈交鋒的「前線」，華潤公司必然不僅要更無畏，還需要更智慧，去完成它必須要完成的重任。

1950 年 12 月 10 日，《大公報》上刊登了這樣一條消息：「麥克·阿瑟限制日貨輸中國，日鋼鐵生產將停頓，中國產的煤、鐵、油脂等生產物資，日本今後無法直接向中國購得。」駐日盟軍最高司令的一聲令下，當時實質上完全由美國控制的日本，瞬間斬斷了與中國民間的商貿往來。

幾個月後，巴拿馬政府通過決議，所有在巴拿馬註冊，懸掛巴拿馬國旗的輪船禁止駛向中國，而此之前，提供輪船船籍掛靠一直是巴拿馬政府財政收入的重要來源，華潤旗下華夏公司幾乎所有的輪船都在交納巨額掛靠費後懸掛着巴拿馬國旗。美國政府精心設計的釜底抽薪，讓華潤的商船頓時失去了縱橫海上的身份保護。

華潤的反應和應對，既迅速又有效。

華夏公司的劉松志、陳嘉禧立刻遠赴同為社會主義國家的波蘭，尋求輪船重新註冊的機會。作為社會主義陣營成員國之一的波蘭，地處東歐，靠近蘇聯，有很長的海岸線，格丁尼亞被稱為波蘭「通往世界的窗口」，也是整個東歐當時重要的港口。不到一個月後的 1951 年 6 月 15 日，中國政府與波蘭政府達成協議，各出三艘輪船組建中波輪船公司，公司由兩國政府直接領導，對外以波蘭遠洋公司的名義運營，懸掛波蘭旗幟，事實上這也是新中國第一家中外合資企業。將近 70 年後，擔任中波公司分公司波方經理的理查德·格雷茨奈爾在接受中央電視台採訪時講述了當時合作的模式：「為了能在中國和歐洲之間航行，公司所有的文件都進行了『偽裝』，對外以波蘭遠洋公司名義運營，懸掛波蘭旗幟，就是為了避免挑釁和困難。甚至連提單上也是波蘭遠洋公司的名字，但實際上是中波輪船公司。」

中國提供的三條輪船由華夏公司派出。華潤公司劃撥了剛剛購買的三艘萬噸輪，分別是「夢荻娜」、「夢荻莎」、「莫瑞拉」，三艘船上的船長、大副、二副、報務員、船員等都隨船前往波蘭。

夢荻娜（Mondena）掛波蘭國旗後改名為「希望」號（Przyszkosc），大副肖炳章，二副李嘉寅，三副白開新，報務員劉志偉，水手魏炳，實習生楊元道、葛昌武等。

夢荻莎（Montesa）改名為「兄弟」號（Brotherstwo），大副陳嘉禧，二副許新芳，三副白平民，實習生陳雙土、周士棟、白金泉等。

莫瑞拉（Morella）改名為「團結」號（Jednose），大副吳士忠，二副林忠敬，三副李煌明，還有幾位實習生，姓名不詳。

他們將執行的是一條幾乎穿越了地球東半區的漫長航線：中國湛江廣州灣 ── 經南海到馬六甲海峽 ── 經阿拉伯海到紅海 ── 經蘇伊士運河到地中海 ── 經直布羅陀海峽到大西洋 ── 北上過英吉利海峽到北海 ── 最終進入波羅的海。整個航程大約需要 50 天左右。

為了方便船隻的補給，華潤在這條航線上又先後建立了多個「代表處」，包括錫蘭（今斯里蘭卡）、印度、摩洛哥、法國、英國、荷蘭、德國、丹麥、芬蘭等國。派駐波蘭格丁尼亞港的華潤公司員工包括劉若明、馮舒之、梁萬程、倪克功、許新識、俞穀風、淡蔚雲。

為做好各種防範，中波公司為六條船上的船員制定了一些特殊規定，比如：從波蘭駛往中國，在新加坡附近最後一次向總公司報告行程，過新加坡後停止電台工作，以防美蔣軍艦破譯電台密碼，對輪船實行攔截。對於這條規定，波蘭船員不以為然，他們習慣於每天給家裏人拍電報彙報平安。為此，華潤派出的海員只能以一個理由說服他們：「萬一被美國軍艦扣住，你們很快就能得到自由，可是中國海員就會獻出生命」。在第二次世界大戰中經歷過硝煙的波蘭海員被說動了，他們決定和華潤人一起打好這場「海上遊擊戰」。

這條華潤公司通過多方斡旋和巧妙設計打通的曲折航線效

1951 年 2 月 23 日，TANENA 油輪船員於錫蘭植物園門前合影

果是顯著的，據資料記載，僅僅一年多的時間，為新中國運回的
工廠設備就達 52 座之多。

但相對於巴拿馬船籍身份的自由，掛上社會主義國家國旗，
就意味着很難停靠西方國家的港口，而且華潤採購的很多重要
物資，都來自於當時發達的西方國家。

為了改變這一局面，華潤公司經過彙報，決定把分公司直接
開到海外，以正當身份避開美國的封鎖圍困。

1951 年 1 月，進口部英語流利的徐鵬飛被派往英國，一邊
採購，一邊註冊公司，爭取在倫敦建立起一個可靠的海外據點；
一個月後，另一位英語流利的華潤員工張雲嘯抵達瑞士，他在這
裏的身份是一名與華潤毫無關係的香港商人。

幾乎與此同時，一大批帶有特殊使命的新公司開始在香港

各個地方出現。華達運輸公司、信豐貨艙公司、華安貨艙公司、伊息凡船務公司……這些名字裏帶着強烈香港本土氣息的公司，往往規模很小，一個辦公室、幾張辦公桌、幾個辦事員就是它的全部，但常常會承攬下一個或幾個金額特別大的運輸生意，生意做成功後，公司就偃旗息鼓，悄悄歇業，這些小公司背後的指揮棒其實都是華潤。

華夏公司的老前輩鄭熾南曾經在其中數家公司擔任過經理，他回憶道：「我在華夏下面的華達運輸公司工作過，當時的工作主要是運化肥，從比利時和英國進口，還有染料、藥品。在香港西營盤有個天隆行，專門存放輪船用的儀器、零件，我在天隆行也工作過。」

由於這類公司的特殊作用，只有華潤總經理、分管該業務的副總經理和執行任務的當事人知道其中的秘密，所以，當這些老前輩離世後，這些秘密也隨之煙消雲散，以至於華潤當時旗下的公司數量至今無法準確統計。

在那些以各種名義駛向新中國的航船中，有一艘船的故事格外傳奇，那就是著名的「南星摩羅」號。

譚廷棟（華潤檔案館提供）

曾經的東江縱隊負責人譚廷棟，[10] 是華潤即將出發的第三批海外公司負責人。臨走之前，董事長楊琳和總經理李應吉親自向他交待任務：以華商身份去新加坡，聯絡愛國華僑，採購橡膠。

1951 年，奔波在華僑人數佔比超過八成的新加坡，譚廷棟很快就談妥了用 1800 萬美元購買 3700 噸橡膠的生意，但當橡膠陸續裝船時，他收到了來自香港的緊急消息：「美國即將在聯合國大會上通過決議，對中國進行全面的禁航禁運」。

等，或許有時間能在船隻租賃等事務上多繞幾個圈子，即使貨物被扣下，也能保護所有人的身份安全；運，意味着倉促出發，很有可能暴露所有人的身份，但如果將橡膠趕在全面禁航禁運前運抵廣州，祖國人民縮衣節食省出來的 1800 萬美金就不會遭受損失。等還是運，成為擺在華潤人面前的難題。經過向組織彙報，所有人達成一致 —— 運。

隨着「南星摩羅」號駛離新加坡，譚廷棟與妻子迅速將部分有用的商業文件寄回香港，然後守着其他文件燃燒的火苗，一邊等待貨輪劈波斬浪的消息。然而，原本 2700 公里一站直達的航程，伴隨着世界風雲變幻、各國對中國禁運的加劇，變得曲轉迴折。

5 月 14 日，「南星摩羅」號的目的地是中國廣州灣；5 月 16 日，巴基斯坦加入對華禁運，「南星摩羅」號改航天津港；5 月 18 日，印尼宣佈對華禁運；5 月 19 日，英國宣佈對華禁運並將在五天后實施，「南星摩羅」號改航海口。

5 月 23 日，苦苦等待了 12 天的譚廷棟等來了「南星摩羅」號靠岸的消息，只是它駛進的，是新加坡的港口，押運着它返回的，是英國的軍艦。3700 噸橡膠被就地拍賣，伴隨一連串壞消息而來的，是馬來西亞政治部的便衣。

譚廷棟和家人、出售橡膠的昆興公司老闆和家人，所有和這件事情有關的人都被投進了監獄，審訊的目標只有一個，深挖

這批橡膠和中國之間的關係。但呈現在馬來西亞政治部面前的，是明明白白寫在合同上的現實：這批貨物的買主是香港一家叫做華潤的公司，註冊地在香港，報關單也符合標準，運送的船隻屬於英國，租用它的船務公司也是一家香港公司，一切試圖引向新中國的線索在香港就都被截斷了。

六個月後，這些歷經嚴酷審訊卻沒有吐露任何信息的人們被驅逐出境，很多人終其一生都沒有再踏上新加坡的土地。中國接納了所有人並為他們全部安排了新的工作。

「南星摩羅」號最終沒有衝破西方世界的封鎖，但它留下的經驗和教訓，傳承的勇氣和擔當，鼓舞着華潤人驅動更多的船隻衝破層層的封鎖，孤舟破冰的寂寥身後，是壯麗的百舸爭流。

伴隨着全面禁運的持續加碼，一系列華潤人從未遭遇的新問題也陸續出現。以「禁運」為名，西方商業文明中那些被奉之為圭臬的「合同」、「信用」被統統拋至腦後。世界各地的很多奸商利用「禁運」的機會，抓緊時間與華潤簽合同，收到華潤付款後，又改口「沒收到錢」或者「我的貨被美國扣住了」等等藉口，企圖利用禁運行詐騙之實。

1951 年夏，華潤跟卜內門分公司簽訂了一大批栲膠[11]的購買合同，產地是南美洲，信用證開到了紐約。當栲膠運到香港時，卜內門公司拒絕交貨，理由是沒收到錢。華潤公司領導經過多次商議，判斷其中存在着兩種可能性，一是真的沒收到錢，錢被美國扣留了，但這在當時無法查證；第二個可能性就是故意賴賬。因為當時中國內地急需此類商品，於是決定再付卜內門同樣數額現金，以現貨交易的形式買這船貨。結果出乎預料，華潤人的誠意遭到拒絕，對方竟然提出加價銷售。

於是，華潤公司的代表只能和卜內門公司的代表坐到了談判桌前，雙方你來我往，氣氛非常緊張。關鍵時刻，有着多年進出口經驗的韋志超用幾句話讓對方冷靜了下來：「你說你沒拿到

錢，你為甚麼把信用證交給銀行了？我寫好了訴訟文件，打算去法院告你們。」原指望華潤因為身份顧慮可能選擇私了的卜內門公司沒有想到華潤竟然願意對簿公堂，自知理虧的他們很快選擇了和解，不但把已經運到香港的現貨以之前商議好的價格平價賣予華潤，後來又分四次將華潤之前支付的第一筆款項退了回來。

這一次的不戰屈人之兵，讓華潤意識到一個曾被忽視的武器，華潤公司是獨立在香港註冊的合法公司，華潤的經營活動受香港法律的約束和保護。身處香港不僅要利用地域、環境及財富流轉的便利，面對紛繁複雜的國際風雲，香港的法律也應當好好利用起來。

不久，華潤從美國進口的硫膠由美國總統輪船公司運抵香港，在卸入香港公倉後，美方卻拒絕交貨。這一次華潤直接提起訴訟，美方總統輪船公司敗訴，只能選擇交貨。

之後，華比銀行美國分行凍結華潤旗下廣大華行在美國的存款 270 萬美元，華潤再次走上法庭，聘請的香港大律師陳丕士、羅文錦在訴狀中陳述：華比銀行是在香港註冊的比利時銀行，香港作為自由外匯市場，有權保護客戶的利益，凍結華潤所屬公司廣大華行的存款違反了香港法律。華潤再次勝訴，順利拿回存款。

勝利接踵而至，讓華潤堅定了以法律力量維護自身利益的選擇。在華潤檔案館裏珍藏着幾十本厚厚的卷宗，裏面全部都是這一時期關於華潤及下屬公司進口商品被美國「凍結」的記錄和相關的「索賠」情況記錄。

1951 年 4 月 11 日：《美國禁運情況資料》
1951 年 6 月 30 日：《華潤公司被扣貨、被凍結資

金統計表》(此類卷宗共9卷)

1951年1-6月:《合眾公司貨物被凍結材料》(此類卷宗共9卷)

1951年4月5日:《合眾公司購90部卡車被凍結事》

1951年3-4月:《合眾公司與大通銀行關於資金索賠的訴訟文件》(1-2卷)

1951年4月30日:《合眾公司與法國洋行關於貨物索賠經濟糾紛往來函件》

1951年5月9日:《250噸鐵管索賠文件材料》

1951年:《南新公司與華比銀行打官司的材料》(此類卷宗共21卷)

1951年3月19日:《廣大華行與華比銀行糾紛材料》

1951年6月1日:《廣大華行貨物被凍結事》(此類卷宗共26卷)

1953年3月17日:《南新公司貨物被扣舊金山及貨物被拍賣材料》

1953年3月16日:《廣大華行貨物在奧克蘭被扣及貨物被拍賣材料》

1953年1月8日:《合眾公司關於 President Fillmore 號貨物索賠事》(1-2卷)

1953年3月24日:《廣大華行關於 Steel Rover 號貨物索賠事》

1953年3月18日:《華潤公司關於 President Harding 被扣三藩市索賠事》

1953年7月3日:《華潤公司關於「東方號」貨物(揚聲器)被扣及索賠案材料》

其中僅 1953 年華潤通過法律程序辦理的索賠事務涉及總額就達 2937000 港元，收回其中的 2075000 港元。

華潤內部主要負責索賠工作的是韋志超、趙非洛。由於索賠案例越來越多，華潤聘請了幾位香港著名的大律師，曾出任國民政府立法院顧問兼立法院院長孫科私人秘書的大律師陳丕士，就在這一時期與華潤有了友好而頻繁的合作，後來他長期擔任華潤公司的法律顧問。香港新華社和香港中國銀行的負責人黃作梅、項克方、吳荻舟等同志也曾為索賠工作出謀劃策。

這些屢屢獲勝的索賠案件，不但為華潤、為它背後的新中國挽回了巨量的損失，更為重要的是形成了一種依法力爭的示範。由於英美法系採用「判例法」，以過往同類案件的判例為參考，以體現法律的連續性和一貫性，因此華潤利用香港法律打贏美國官司的例子很快成為了其他公司效仿的榜樣，紛紛走上法庭對美國禁運中的無理和違法行為進行索賠，一股反封鎖的力量以一種誰也沒有料到的方式迅速形成。

張平（左一）、陳丕士（右一，50 年代華潤法律顧問）（華潤檔案館提供）

到了 1953 年，美國意圖打造的全面而堅固的封鎖線實質上已經名存實亡，加入「巴統」的西方國家和沒有加入「巴統」的其他國家，紛紛利用民間貿易的方式實質上與新生的中國交易着各種產品，因為那裏是一個他們未曾親見卻充滿想像的巨大

179

市場。

華潤公司內一份寫於抗美援朝戰爭最激烈的 1952 年的報告，記載了這樣的數據：

1952 年，華潤進口的重要物資計有：鋼鐵 12.7 萬噸，銅 2000 噸，鋁 3300 噸，橡膠 3.47 萬噸，肥田粉 24.8 萬噸，燒鹼與純鹼 14.7 萬噸，棉花 7.7 萬噸等；

1952 年出口物資主要包括：生仁 3 船、大豆 1 船，煤 8 萬噸、桐油 3000 噸、菜籽 2 船、芝麻 1 船、豆油 4000 噸等；對丹麥成交大豆 12000 公噸；向英國出口芝麻數千噸和大量冰蛋，與西德成交菜油百餘噸，對意大利出口一批芝麻……

1953 年 1 月 25 日，剛成立半年的中央人民政府外貿部和此時已從中央辦公廳劃歸外貿部領導的華潤公司，向政務院總理周恩來彙報工作，除介紹外貿工作外，還介紹了西方部分國家當時的對華貿易態度。

文件記載：

各國情況如下：

英國盡力向我推銷紡織品與一般化工品，以解除其本身困難，不干涉西歐對我轉口，恢復由英直航我國口岸的貨輪，默認錫蘭與我國之間的橡膠和大米的交易。

法國對我貿易的態度較為明朗積極，對我易貨允許有 50% 的五金、鋼材、機器等，我進口貨中有鋼板、鋼管、矽鋼片等重要物資。

比利時 1952 年轉口售我的鋼材數萬噸。

荷蘭需要我國大豆與花生，荷廠商到柏林接洽者亦多。

意大利最近紡織界擬組代表團訪問我國。

瑞士可供應鐘錶及精製工具、儀器等。

芬蘭 1952 年簽訂的中蘇芬三角貿易，3400 萬盧布，經濟意義雖不顯著，但政治影響很大。

瑞典由於中蘇芬三角貿易協定的影響，瑞典表示可供我滾珠軸承、鋼材等，同時要求以鋼鐵交換我鎢砂。

西德廠商對中國貿易具有極大興趣，較大廠商、銀行都已與我柏林代表處建立了直接聯繫，其中有高級無線電設備。1953 年對我輸出品中包括鋼鐵、機器、金屬製品、電氣材料、化工產品、化學儀器等，要求我輸出者主要為大豆、油籽、蛋品、鎢、紡織原料等。

日本，中日貿易協議對日本中小廠商的號召力極大。

東南亞國家：

錫蘭需要我國煤與絲綢，可以供我椰子油與香料（轉口蘇聯）。

印度希望我今年能繼續供給大米 50 萬噸，並擬供我紡織品及糖。

巴基斯坦去年我購買巴棉 7 萬噸，巴向我購煤共 46 萬噸，今年重點放在向巴售煤。

緬甸，最近有緬商售我橡膠 1000 噸，已簽合同。

印尼最近才完成 3000 噸橡膠合同。這是我與印尼的首次成交。

在聽取外貿部和華潤的彙報後，中央政府作出如下決定：

1953 年對資本主義國家貿易擬採如下的方針：在「擴大對外貿易為經濟建設服務」的總方針下，在「繼續擴展對蘇聯和新民主主義國家貿易」的基礎上，以經濟為主配合政治、外交政策，積極展開對資本主義國家的貿易。

伴隨着華潤公司運送貨物的船隻往來中國內地、香港與世界之間，華潤已經同錫蘭（今天的斯里蘭卡）、芬蘭、印度等國家建立了正式貿易關係，與英國、法國、西德、日本、荷蘭、瑞士等國家的廠商進行了眾多非官方的民間貿易活動。

另一方面，封鎖與禁運在一定程度上也加深了香港副食品市場對中國內地的依賴。當時，停泊在台灣海峽的美國第七艦隊，嚴重影響了東南沿海一帶正常的貿易航運，大量農副食品便只能通過與中國內地有着親密關係的華潤來保障供應。據不完全統計，僅 1954 年經華潤出口到香港的鮮活食品：活豬 522896 頭，蔬菜 1.3 億公斤，水果 8872 萬公斤，家禽 1041 万隻，魚 1852 萬公斤。這也為延續至今的供港食品鏈打下了模式上的基礎。

搶購、搶運工作進行到最緊張的時候，董事長楊琳、總經理李應吉、副總經理（當時稱為「協理」）浦亮疇等公司領導決定給大夥兒發一點加班費，可是所有人的回答都是「不要」，反而大家提出要為抗美援朝「捐獻工資」，並提出「三年不要加薪」的口號。從這一年開始，華潤所有員工，從董事長到新加入的普通香港職員，堅持三年未曾加薪。華潤人用節省出的每一分外匯，搶購着祖國急需的物資，支援着抗美援朝前線，支援着國家的工業化建設。

1953 年 7 月 27 日，《關於朝鮮軍事停戰的協定》正式簽署。對新中國來說，抗美援朝戰爭的結束，意味着這個新生的國家終於可以休生養息、將重心轉向國家建設與經濟發展。但對於華潤來說，它還需要在反封鎖反禁運的路上繼續用勤奮和智慧去劃破黑暗，用一趟趟穿越封鎖線的航行，為故土家園送去指令清單裏需要的種種，耐心等待西方世界對於中國封鎖的雪化冰消。

反封鎖反禁運是另一種無聲的戰鬥，茫茫大海上的條條航路是華潤人特殊的戰場。1954 年 5 月 13 日，華潤公司租用的「哥德瓦爾」號行駛到琉球羣島附近時，被聲稱演習的美國艦隊

攔截，連船帶人押到高雄。1955 年 10 月，船上三副周士棟被殺害，年僅 27 歲。

1956 年，華夏報務員劉志偉在長期的航行過程中患上嚴重的腎炎，由於船上條件有限無法醫治，以致轉為慢性腎炎，抵達天津港後，於 1956 年 6 月 20 日因病去世，時年 33 歲。

這是華潤公司在反禁運過程中最後犧牲的兩位同志。

與之對應的，是僅在 1953 年，華潤人爭分奪秒將禁運前中國對外貿易的 90% 的外匯和物資成功運抵中國內地，價值達 2.2 億美元，這一數字相當於當年中國原油產值的 40 倍。

從 1950 年到 1954 年，在為期五年的反禁運期間，華潤採購的物資從新聞紙、自行車、香煙紙、膠鞋、藥品，到軍用手錶、橡膠、輪胎、化工原料……以及各種生產生活物資，它們是一個國家建設和運轉的潤滑劑。

那些風雨如磐的歲月裏，華潤員工像戰爭中的士兵一樣，幾乎不眠不休地奔波在他們的硝煙中。包玉剛、董浩雲、霍英東、劉浩清等許多香港愛國商人與華潤合作，冒着一旦被港英當局查獲將面臨監禁 10 年和罰款 10 萬港元的風險，讓一批批汽油、鋼材、藥品、橡膠等急需的貨物輾轉澳門到達內地。

它幫助處於最嚴酷封鎖下的中國維持了城市和工業建設的繼續發展，而更為重要的是，它為新中國即將開始的新時代奠定了扎實的基礎。

而在 1955 年發生的特殊一幕，更為這樣的成果注入了新的意義。

1955 年 10 月 8 日，維多利亞港船來船往，一如平常。幾乎無人注意到，一艘小遊艇靠向從美國開來等待進港的「克利夫蘭總統」號郵輪，接下一行人後悄然離去。幾個小時後，在港島尖沙咀碼頭等候多時的新聞記者們紛紛騷動，他們等到了遠渡重洋的郵輪，卻沒有等到郵輪上最重要的乘客——錢學森，一個

被美國海軍部副部長丹尼爾‧金貝爾稱為「抵得上五個海軍陸戰師，寧可槍斃，也不能放回中國」的空氣動力學專家。

導演這一幕的，正是華潤公司和港中旅。

1955 年，歷經中美多輪大使級會談的激辯，美國政府終於撤銷了錢學森前往中國的禁令，但回家的漫漫長路注定不是坦途，尤其是終點 —— 香港 —— 更是龍蛇混雜，危機四伏。為了保證絕對的安全，當錢學森登上郵輪三天后，對外貿易部辦公廳機要處就收到了總理辦公室轉來的密件，交辦協助錢學森回國事宜。當密件遞到時任副部長李強手中時，他立刻想到了千里之外的華潤公司：「指定可靠同志，會同蔡福就、方遠謀接送錢學森等人，經費由張平撥付。」[12] 其中提到的張平，是時任華潤公司董事長及總經理。

華潤迅速和港中旅的蔡福就、方遠謀取得聯繫，經過多次秘密磋商，最終確定了一套縝密的接應計劃。由華潤公司利用在香港的船運業、港英當局海關和移民部門中的關係，設法在錢學森一行乘坐的郵輪靠岸前，登船同錢學森取得聯繫，隨後港中旅的同志上船接應，換乘到華潤公司事先準備好的小遊艇上，避開郵輪將要停靠的尖沙咀碼頭，前往隔海相望的九龍碼頭。在那裏，華潤將會準備好從九龍前往深圳的火車票。

於是，當記者和可能的威脅在碼頭苦苦等候的時候，錢學森一家和同行的 22 位留學美國的中國科學家已經登上了 11 時 25 分出發的火車。這天下午他們走出深圳火車站時，也預示着一個國家的國防工業和航天領域即將開啟翻天覆地的變化。

這是華潤人在特殊歲月裏親歷的又一段歷史，與以往的無數次一樣，他們再一次完美地完成了交託的使命，讓歷史朝着祖國和人民期待的方向微微偏轉了角度。

第十二章

駐香港外貿總代理

　　1952 年秋，羅湖海關旁邊的一棟小樓，掛出了一個新招牌「南洋貿易公司」，這是華潤在深圳設立的辦事處，員工多達 120 人，華潤公司董事長楊琳親自兼任總經理。之所以如此興師動眾，原因之一，就是小樓裏其中一個房間擺放着一部直通外貿部的紅色電話。從這一刻開始，建立於 1947 年的那部華潤電台，歷經六年的風雨歷程，在輾轉香港、深圳、珠海三地後，完成了它的歷史使命。新與舊的交替，總會被賦予特殊的意義，這一次也不例外。

　　在 1952 年，一場日後影響深遠的政府機構改革在距離香港遙遠的北京進行，一個特殊的部門 —— 國家計劃委員會 —— 在千呼萬喚中應運而生，自此，這個龐大國家上發生的一切都將有計劃可循。兩年後頒佈的新中國第一部憲法，在第 15 條寫道：

「國家用經濟計劃指導國民經濟的發展和改造，使生產力不斷提高，以改進人民的物質生活和文化生活，鞏固國家的獨立和安全。」更是以國家最高法律的名義，明確了「計劃經濟」將是當時中國經濟唯一的運行方式。

為了加強商業工作和使國內貿易與對外貿易更好地為即將開始的第一個五年計劃經濟建設服務，中央人民政府貿易部按照所分管的「外貿」和「內貿」被一分為二。1952年8月，中央人民政府委員會第十七次會議決定，撤銷貿易部，分別成立中央人民政府對外貿易部和商業部，任命葉季壯為中央人民政府對外貿易部部長，雷任民、徐雪寒、李強任副部長。

外貿部下設：

1、進口局（機械進口科、五金進口科、雜品進口科）；

2、出口局（農產品出口科、畜產品出口科、礦產品出口科、工業品出口科）；

3、一局（主要負責對蘇聯、朝鮮、內蒙、越南進出口）；

4、二局（主要負責對東歐各新民主主義國家進出口）；

5、三局（負責對資本主義國家進出口）；

6、貿管局（研究方針、法規）；

7、商價局；

8、財會局；

9、人事局；

10、監察局；

11、辦公廳；

12、機要處；

13、總務處等。

同樣在這一年，經毛澤東主席提議，中國共產黨和中國各民主黨派不再保留自己的「黨產」，全部歸國家和人民所有。[13] 經中央決定，從 1952 年 10 月起，華潤公司不再隸屬於中央辦公廳，改為劃歸中央人民政府對外貿易部領導。從八根金條起步的華潤公司自此結束了它 14 年功業彪炳的黨產歷史，跟隨新中國的發展脈動，邁進了新的征程。

1952 年 10 月 24 日，華潤公司正式進入資產移交階段，為了移交工作方便，清理工作就放在華潤新成立的深圳南洋貿易公司（簡稱「南貿」）進行。

中央決定：

澳門南光公司交給南貿。[14]
各省市所屬的「港澳機構」全部交給南貿，對外取消原名稱。
勵興公司改為華潤駐廣州辦事處。
華南財委所屬的德信行交給南貿。

其中的勵興公司是由楊琳於 1949 年秋秘密潛回廣州成立的，主要任務是協助中國人民解放軍做好解放廣州的工作。廣州解放後，勵興公司又和華潤旗下新成立的「香港國蘭船務公司」合作，購買軍艦上使用的儀器設備，還有登陸艇，充實到新成立的中國人民解放軍海軍部隊，備戰解放台灣。

德信行則是成立於 1946 年，隸屬於華南財委，在香港註冊，註冊資金 50 萬港幣。

1951 年 10 月，華南財委在廣南運輸公司的基礎上成立了五豐行，註冊資本 170 萬港幣，五豐行後於 1954 年也劃歸華潤公司管理。

　　1952 年 10 月 24 日統計的清單，記載了華潤公司當時的資金狀況：

　　1、華潤公司自有資金總額 114372796.63 元港幣。

　　2、撥交「新華潤」資金 10000000 元港幣。

　　3、撥交華夏公司資金 10000000 元港幣。

　　4、提出清理費用 10000000 元港幣。

　　5、淨餘資金應上繳數 84372796.63 元港幣。中國貿易部欠華潤款兩項計港幣 2167193.54 元，轉與對外貿易部結算。

　　華潤公司就清理工作上報中央，並列清「清理費」的使用範圍。

　　清理損益的範圍及解釋：

　　一、凡原屬港管委機構在 1952 年 7 月 1 日以後發生之清理損益屬之，其項目如下：

　　1、付給香港稅局的 1952 年 6 月底之前的利得稅、代銷稅等稅款。

　　2、屬於 1952 年 6 月底以前的呆賬損失。

　　3、1952 年 6 月底以前的損益之調整。

　　4、原港管委機構對外投資的損益。

　　5、固定資產的清理損益。

　　6、其他不屬於新華潤之清理損益。

　　二、凡 7 月 1 日以後發生之新業務損益及經營新

業務的機構之開支等應屬新華潤之損益，不得以清理損益處理。

三、鑒於賬面交接係按 1952 年 6 月底之會計決算報告，而實際交接系在 10 月下旬，故 7 至 10 月中所發生之損益，有難於分別新舊之情況，在以後之清理中，亦可能有同樣情形，故如金額不大可根據具體情況變通處理。

總賬上設「清理資金」及「清理費用」兩科目，「清理資金」科目記載外貿部所撥清理資金港幣 1000 萬元。「清理費用」科目統馭屬清理損益性質之各子細目。

1952 年 10 月機構調整合併之後，中央對華潤幹部也進行了重大調整：

辦公廳「香港管理委員會」撤銷。

原華潤公司董事長錢之光此後不再管理華潤工作。

華潤公司董事長楊琳調回外貿部，任計劃局局長。

華潤公司北京辦事處主任劉恕調到外貿部，任黨組秘書。

華潤公司總經理李應吉兼任南洋貿易公司總經理（年底機構改革結束後調回北京，任外貿部財會局局長）。

張敏思調外貿部，任部長秘書。

王兆勳派駐印度大使館，任商務專員。

黃美嫻（楊琳妻子）調外貿部，從事外匯工作。

汪乾基調中國進出口公司，任財會科科長（當時沒有處級，級別為部、局、科）。

劉若明（原名：蘇世德）、馮舒之、梁萬程、倪克功、許新識、俞穀風、淡蔚雲等調波蘭格丹尼亞港口代表處工作。

華夏公司劉辛南、白平民、白愚山、黃國昌等調回北京，協助劉雙恩籌建中國海外運輸總公司。

總計 41 人調回北京。至此，創辦華潤的第一批元老幾乎全部離開了華潤，奔赴新的重要崗位。

調整之後的華潤公司機構如下：

經理：張平（原名：張煥文）；

副經理：何平、浦亮疇、劉靖（原名：趙敬三）；[15]

經理室 6 人，分管秘書科和機要交通；

進口科 20 人，徐鵬飛、董繼舒為正副科長；

出口科 16 人，浦亮疇兼科長，呂虞堂為副科長；

計劃科 15 人，劉朝縉、楊文炎為正副科長；

儲運科 20 人，翁覺深、何忠祺為正副科長；

財會科 15 人，譚志遠為科長；

秘書科 34 人，巢永森、李紀揚為正副科長；

廣州辦事處 16 人，楊荃、喬中平為正副科長；

「印巴三處」34 人，麥文瀾負責；

清理處 20 人，徐鵬飛、楊文炎兼任負責人；

華夏公司總經理：劉松志。

此處所記的員工人數指有編制的正式員工，不包括練習生和青年工人，實際上華潤公司當時工作的員工人數遠遠多於這些數字。

孫瓊英（左，張平夫人）、黃美嫻
（楊琳夫人）（華潤檔案館提供）

麥文瀾、張雲嘯、余秉熹、浦亮疇、俞敦華
夫婦等（華潤檔案館提供）

　　在這次大調整、大騰挪之後，在華潤旗下保留下來的香港公
司主要有：華夏公司、五豐行（1954年劃歸）、德信行、寶元通。

　　另外還有三家公司，雖然停止運行，但名稱一直保留着：廣
大華行、合眾公司、南新公司。因為這三家公司在封鎖禁運期
間，都有商品和資金被美國扣留和凍結，保留公司為的是通過法
律手段繼續索賠。

　　下圖這棟被風雨鐫刻上歷史滄桑的樓宇，曾是香港著名的
地標建築，1952年，這座以香港「中國銀行大廈」命名的13層
大樓落成時，一舉榮登香港最高建築的寶座。華潤成為它第一
個租客，新華潤公司總部設在第9至12層，13層是公用的餐廳
和會議室，公司運營部門及分公司租用了剩下的近一半樓層。

　　從1938年馮氏大廈二樓的一間辦公室，到1946年的太子

1952-1979 年，華潤公司的辦公地點位於中環中國銀行大廈第 9 至 12 層
（華潤檔案館提供）

行的一間辦公室，從 1948 年畢打行六樓的整整一層樓，到 1950
年租下渣甸行的一層作為補充，再到中國銀行大廈，華潤 14 年
間的一次次搬遷，見證了自己的一步步壯大。

華潤搬入後，當時由中國共產黨領導的金融和貿易機構基
本上也都搬進了這裏。之後，無論中國內地工作人員往來香港、
或經香港出國，都會選擇走進這棟大樓休整落腳；港澳愛國商
人也習慣常來這裏聊天座談，互通有無；海外僑胞回到香港的
時候，總喜歡到這裏看看，買些華潤銷售的國貨，當他們在海外
受到排擠時也會來到這裏尋求保護。13 層的中國銀行大廈，自
此成為了香港之後數十年最重要的「紅色」建築。

1953 年 7 月 27 日，中國、朝鮮和聯合國的代表，在板門店
那張著名的長桌上莊重地簽下各自名字，一個戰火紛飛的舊時

代在這片土地上結束。而對於中國，對於世界，一個彼此好奇、彼此試探，在一次次碰觸中不斷修正相處方式的新時代開始了。

此時的中國內地是這樣一種場景：各地零散的剿匪已經接近尾聲，加上抗美援朝停戰條約簽署，一個相對和平的環境終於到來。《關於實於糧食的計劃收購與計劃供應的決議》和《關於在全國實行計劃收購油料的決定》接連通過，用行政手段加強了國家對物資的整體調配，有利於一個處於極度緊缺的國家儘快恢復生機，但長期戰爭帶來的物資短缺依舊無處不在。

新中國需要大量必要物資，需要大量進口物資的外匯，這一進一出的進出口貿易，華潤很熟悉，但對於一個百廢待興中蹣跚起步的國家而言，農業生產剛剛初入正軌，工業生產還在混亂中摸索，更勿論整肅規範貿易的秩序。華潤回顧戰爭時期一切「以快為宗旨」的貿易方式，在寫給中央的報告中詳細描述了它所目睹和經歷的怪現狀：「由於搶購，計劃不完整，工作顯得忙亂。進口商品項目中，尤其是西藥，大部分是不熟悉的，邊學邊做，邊翻書邊找貨論價。臨時性任務多，計劃變動性太大。1953年田料調撥不斷更改，電報電話通知十餘次，書信通知亦為八次。業務人員疲於奔命，買賣上非常被動。出口缺少固定的經營商品，到處亂抓……」如今硝煙散去，但貿易的亂象並未消散。除了計劃、指令的問題，外貿部部長葉季壯在1953年發表的一次講話中指出：「私營進出口商約有2500多户，一萬多從業人員，一萬多億資金，[16] 與國外關係較多，影響很大。」除了私營貿易公司，大量隸屬於國家各部門和地方政府的國營貿易公司也如雨後春筍般出現，就地掌握貨源，就近口岸輸出，各種出口商品從不同渠道湧向香港。混亂的價格，迥異的質量，停止不住的胡亂傾銷，讓整個出口貿易局面呈現失序態勢。

在1953年華潤寫給外貿部的報告中對進出口貿易現存的一些問題進行了反映：

第一、價格問題是關鍵問題：

1、我國商品的價格不能夠隨行就市，限價太死，常常背離國際價。此問題頗為嚴重。大宗商品如桐油、蛋品、豬鬃、腸衣等，東歐售價較低，我未能適當調整，造成滯銷。反之，我個別商品跌勢超過國際，如豆油、生油、菜籽、芝麻等，亦影響外銷。我常因價格上百分之一二之差而失卻成交機會，使目前處於被動地位的出口業務更為被動。

2、易貨出口的商品有傾銷現象，低價急售，破壞市場。易貨出口急售勢必造成低售，一時間雖能推出一定量的出口商品，但對長遠出口市場必有破壞，使出口貨價經常越出常軌無法再控制，反過來影響出口。

第二、業務計劃性不強：

我經常處於「求銷不成」與「有需要而無供應」的矛盾中。對海外需求，我常不知向何處要貨。

第三、某些合同條款還不成熟，強制推行不利於擴大貿易夥伴。中國內地要求我方爭取堅持以我國商檢為憑的「裝船品質」與「裝船重量」，這個條款常被外商拒絕，失卻成交機會。

　　……

在本就物資短缺的窘迫中儘量擠出的出口物資，卻因愈演愈烈的亂象難以發揮出最大價值，這個現實問題擺在外貿工作管理者們面前，如何管、如何發展好剛起步的新中國的外貿，有人提出目前的現實國情也可考慮參照中國內地物資統購統銷的手段進行「統起來」管理。

事實上，新中國成立初期，國家的管理者們已經做過相應的嘗試。在華潤檔案館裏，珍藏着一份 1949 年 10 月 31 日中央統戰部發給時任華潤公司董事長楊琳的電報。

一、東北大豆上半年出口價內定每噸美金一百二十六元至一百三十元，為取得價格及行動一致，你處及廣大（華行）售交日本大豆不要低於此價。

二、東方輪抵（大）連即裝豆，餘豆請電告劉徐，在連接受。

葉張

文中提到的「劉徐」，根據時間分析，應該是當時在大連中華貿易公司工作的劉昂、徐德明。發電報的「葉」，大致是葉季壯，「張」姓指代不詳。

1949 年 10 月 19 日，新成立的「中央財經委員會」開始對經濟工作行使領導職責，華潤檔案館中有一封 1949 年 12 月 2 日中財委發給楊琳的電報，提到統價統銷。

香港楊琳

一、豬鬃擬全國實行統銷。

二、決定國營貿易機關出口豬鬃，對外統一按下列價格：東北改良五五鬃，每磅美金七元一角，天津七元，山東六元九角五分，漢口十七號鬃四元九角，重慶二十七號鬃二元四角，上海十七號（四十分）二元六角。以上報價各地均於十二月二日開始執行。

三、與四川畜產公司商定，該公司在港豬鬃自十二月二日起亦按上述價格報價。

四、與四川畜產公司商定，委託該公司出口豬鬃一律按佣金百分之二，委託其他私商出口時也不要高於此數。

中財委

從兩份電報可以清晰看出，「統購統銷」已經用於類似「豬鬃」這種中國當時最為炙手可熱的出口商品。

1950 年 1 月，建國剛剛三個月，政務院就主持召開了全國豬鬃會議、皮毛會議，研究出口工作。1 月 12 日，在致電毛澤東並中共中央的會議綜合報告中，時任政務院副總理兼財政經濟委員會主任陳雲寫道：「豬鬃收購任務如能完成並全部輸出，可換匯四千八百三十萬美元。戰前我國豬鬃出口佔世界市場總量的 70%，能左右世界市場，因此決定由政府統銷。」[17] 陳雲的建議得到了黨中央的批准，會議進程中，全國性的豬鬃、皮毛、油脂專業公司便宣告成立，同時規定在各地設立分支機構，統一由貿易部領導。這是新中國提出的最早的一項具有全國性質的外貿政策，中國豬鬃公司等幾家公司也因此成為我國第一批具有外貿總公司性質的專業進出口公司。

1953 年，隨着進出口產品數量種類的大幅增加，原有的中國豬鬃公司等國家外貿公司進一步細化調整，組建了 14 家專業外貿公司 以及 2 家負責海陸運輸的專業外貿公司，形成了由外貿部統一領導、統一管理，各外貿專業總公司統一經營的外貿體制。

除這些國家級的外貿專業總公司外，還在一些重要的口岸設有分公司，直接經營一部分進出口業務，約佔全國貿易額的 40%。對這些分公司實行總公司和地方政府的雙重領導。

在外貿領域「統一貨源」漸漸形成，那麼如何來加強「統一銷售」，尤其是在寶貴的對外窗口香港，是成立一個新的整體對外銷售機構？還是從現有長期從事海外貿易的機構中選擇一些？

華潤，立足香港 15 年，擁有香港合法的公司身份和成熟的組織機構與隊伍，進出口貿易經驗成熟，更了解國際交易規則；

歷經抗日戰爭、解放戰爭錘煉，已在香港建立起一個龐大經銷網絡，團結了超過 2000 個進步商社，在香港政商界都已具有良好口碑和很大影響力；在全世界十餘個國家建立辦事處，擁有成熟遠洋運輸公司……從任何一個角度，華潤經營進出口貿易的優勢都顯而易見。於是，華潤主動向中央、向外貿部也提出了自己的建議。

在一份華潤給外貿部的文件中，華潤寫道：

> 1、關於出口商品今後應有分工，大宗者應集中「國營」掌握，零星商品可全部劃歸私商。
>
> 2、各口岸和各專業公司業務應有分工，應各做重點商品，以免同時對外洽售，造成自己競爭，為人鑽空子。
>
> 3、總公司對我採取實盤制，使我一定時間內機動掌握。
>
> 4、與各出口公司訂立「代理協定」，確定具體外銷任務，以便聯繫密切。
>
> 5、每季由我草擬可銷出口計劃，呈你參考再核定正式計劃，提高計劃的現實性。
>
> 6、經常由港派主辦業務人員赴京反映海外情況，了解中國內地政策及要求，以便內外情況交流，開展出口業務。

面對着紛亂的出口形勢，華潤人主動擔起責任，自信、勇敢地提出了由華潤公司作為大宗出口的「代理商」，與各出口公司訂立「代理協定」，其中對於華潤代理的中國內地出口商品，依據不同時期世界市場的變化，由華潤建議、協商統一定價後經香港出口到世界市場。這種方式，也是在中國內地計劃經濟與

外部隨行就市的市場經濟之間尋找一種平衡兼顧，儘量減少對接時產生的困擾。

1954 年初，外貿部用一份《全國各口岸對資本主義國家出口商品之統一計劃安排及出口商品分工掌握的指示》文件確定了「統一計劃、統一領導」指導方針。

文件中寫道：

> 我們要「依照平等互利的原則積極開展與資本主義國家的貿易。但必須明確，對資本主義國家貿易是一個極端尖銳複雜的經濟鬥爭，必須提高警惕，防止政治上與經濟上遭到損失」。
>
> 領導上必須集中、步調上必須一致，經營方式上必須機動靈活，全國各口岸之間，中央國營與地方國營之間、地方國營與私營之間的出口計劃要銜接，價格統一。如此才能避免由於出口計劃銜接不好，口岸分工不明，各口岸之間配合上不夠協調，價格上不夠一致，以及違反商品自然流轉規律，爭相越區採購等缺點。
>
> 為了克服過去存在的缺點，今後對資本主義國家的出口工作，必須由中央統一計劃、統一領導，各口岸分工負責，步調一致，協同動作，加強對資本主義國家出口計劃的統一安排。

這份文件明確了中央統一計劃、統一領導，強調「口岸」之間分工與協同，步調一致，加強統一安排，但具體如何落地操作，尚未有明確具體的答案。

但一些過往已經在長期合作中與華潤建立起協作默契和相互信任的大型外貿總公司率先作出了自己的選擇。

在浩繁的外貿部檔案中，有兩份對華潤後來成為外貿出口

公司駐香港總代理地位有着特殊意義的報告。

一份是 1954 年 10 月中國畜產公司提交給外貿部和港澳辦的報告。

關於 1955 年對港澳市場供應畜產品的草案

香港、澳門是我國領土的一部分。為貫徹中央關於支持港澳市場供應的方針，我們將對港澳市場畜產品的供應問題與滿足中國內地市場需要同樣看待。茲將我公司 1955 年對該兩市場的供應計劃及經營意見分述於後，在做法上，我公司意見，主要通過香港華潤公司進行業務，使其在港、澳市場上經營中國畜產品起領導作用。

華潤公司之代理佣金，一般商品仍照中央規定，給 1% 佣金（毛皮類、地毯類、腸衣類、獸毛類、制革原料類）。新商品給 2% 佣金（皮件類、刷子類及筆料毛）。佣金由外幣中扣除。

對該兩市場的調查研究，我公司意見由香港華潤公司就近進行，隨時向我公司介紹。

中國畜產公司

一九五四年十月六日

另一份是同時期中國礦產公司提交給外貿部的報告。

中國礦產公司 1955 年對港澳出口經營草案

為了進一步擴大對港澳、東南亞及資本主義國家的出口，爭取創造更多的外匯易回國家工業化所需要的建設器材，根據中央對外貿易部關於擴大港澳市場

並利用其開展遠洋貿易的決定，結合礦產品對港澳市場的輸出情況提出經營意見如下：

為了集中掌握資本主義市場情況，應統一步調，避免多頭報價，統一由總公司直接洽銷或委託香港華潤公司洽銷，成交後由有關口岸公司辦理具體交貨工作。各口岸公司及地方國營或私營不對外洽銷。

……

調派幹部三人至五人到香港，在華潤公司領導下，辦理礦產業務工作。

中國礦產公司

一九五四年十月

這兩家已經將各自行業出口貿易「統起來」的總公司，率先選擇了委託香港華潤公司作為自己出口港澳市場和通過港澳輸出他國業務的統一代理。

同樣的信任和委託接踵而來，到了 1955 年，中國內地 14 家外貿專業總公司中已有 13 家與華潤公司簽署了代理合同，這 13 家公司是：中國進出口公司、中國食品出口公司、中國糧穀油脂出口公司、中國茶葉出口公司、中國機械進口公司、中國五金進口公司、中國土產出口公司、中國雜品出口公司、中國畜產出口公司、中國礦產公司、中國儀器進口公司、中國絲綢公司、中國運輸機械進口公司，未簽署代理合同的是以「技術」為主要貿易對象的中國技術進出口公司。從代理規模上，華潤已經成為其他公司難以望其項背的外貿代理公司。

此處補充一個閒筆，在其他公司嘗試外貿代理過程中，他們發現了一個無論如何也繞不開的難題，當時與中國建交的國家很少，出國簽證極其難辦，特別是資本主義國家。但

香港華潤的員工憑藉香港身份可以便捷地辦理相關國家簽證手續，以至於之後很長一段時間裏，中國內地外貿人員需要出國時，很多就借用華潤的身份和名義。

從一份 1956 年初外貿部轉發華潤公司的《統一由華潤公司採購現貨貨單》中，可一窺當時香港華潤代理進出口業務的品類和規模。

　　……

代理中國進出口公司採購：

化工類商品：黃血鹽鉀、黃血鹽鈉、促進劑、各種染料、硫酸銨等數十種；

西藥原料類十幾種；

成藥類數十種。

代理中國儀器進口公司採購：攝影及照相器材、電工器材、精密儀錶、部分電子儀器、濾紙、光學器材等。

代理中國機械進口公司採購：柴油機、柴油發電機、各種軸承、手用工具等。

代理中國運輸機械進口公司採購：各種汽車。

代理中國雜品出口公司採購：棉紗、紙張、棉布、毛紗、麻布、手錶、呢絨等。

代理中國土產出口公司採購：南藥、牛角、香料等。

　　……

1956 年 2 月對外貿易部的一份文件進一步明確了華潤公司外貿代理的地位和責任。

對外貿易部關於調整香港華潤公司和柏林中進出（中進

出為中國進出口公司的簡稱）代表處機構的決定

　　根據我對資貿易開展的需要，決定對香港華潤公司和柏林代表處的組織作出如下調整：

　　1、柏林代表處撤銷。

　　2、香港華潤公司對外名義不變。

　　3、香港華潤公司在組織上直接屬對外貿易部……業務上接受中國內地各公司委託代購代銷業務。

　　4、香港華潤公司和各公司在業務上均為委託代購代銷關係，一切委託業務均收取佣金和手續費。

　　……

對外貿易部

1956 年 2 月 12 日

　　作為外貿代理，華潤公司與內地各家委託方的合作模式主要是代為銷貨購貨，根據不同商品和業務收取千分之二至百分之二的手續費、佣金等，此外，華潤的服務還包括辦理商標註冊、商業信息、人員培訓等等。下面這份華潤公司與中國畜產公司簽署的代理協議，如今看頗顯簡單，但可以看出雙方合作的基本面貌。

中國畜產公司（以下簡稱甲方）
華潤公司（以下簡稱乙方）之業務代理協議。

　　茲由甲方委託乙方為其在香港之業務代理。有關甲方之經營商品，乙方均有優先採購或代購之權利。乙方須經常向甲方反映香港及其他海外市場價格情況，供求趨勢。在相互合作之基礎上，共謀業務之發展。特共同議定雙方遵守之各項條款如下：

甲、進口。

（一）乙方代甲方購買貨物，由甲方按貨價給予乙方手續費，按不同商品、不同額度自千分之二至百分之二。

（二）乙方負責將代購貨物交至中國口岸。貨物未到達前之一切責任由乙方自理，與甲方無涉。

（三）乙方向外訂購貨物，一切債權債務概由乙方負責自理。

乙、出口。

（四）乙方如須採購甲方之出口商品，可向甲方問盤，甲方優先發給，成交簽約後，有關貨、款之交收均按照購貨合同辦理，一切盈虧各自負責。

（五）甲方之出口商品，為了推廣出路打開市場，可委託乙方辦理商標註冊事宜，乙方須全力保障甲方商標權益，使不受到損害。

（六）出口商品之運輸短缺或殘損之索賠，須按照一般商業習慣處理。

丙、代理出口。

（七）如甲方有某些新小商品，需委託乙方在港代銷者，在徵得乙方同意後方可發貨，乙方有權按照市場價格出售，出售所得扣除一切費用、佣金及應付稅金後，全部匯向甲方。

丁、其他。

（八）甲方所屬各口岸分公司與乙方業務往來，均按此協議辦理。

（九）本協議自一九五六年一月起實行，雙方如須修改或撤銷協議必須一個月前通知，通知前之一切成

交，均照常執行。本協議有效期三年，得雙方同意後可予以延長。

（十）本協議由甲乙雙方各執一份存據。

甲方：中國畜產公司

乙方：香港華潤公司

1955.12 於北京

1956 年，在總結前幾年工作經驗的基礎上，外貿部下發了 (56) 0066 號文件，對華潤公司的任務做了明確的指示，成為整個計劃經濟時期華潤開展工作的重要指導性文件，也從規則層面明確了華潤是中國駐香港的貿易總代理身份。

該文件的主要內容是：

華潤負責對香港及東南亞的貿易，接受各專業公司委託的代購代銷業務，根據中央對資及亞非政策開展對香港及未建交國家的政府商務人員和工商界人士活動，努力打開和建立同該地區的貿易關係，收集調查有關商品市場行情。結合業務，配合統戰部門對港商及東南亞僑商的統戰工作，對內地各專業公司駐港分支機構或代表 在業務上督促檢查，政治上領導。

關於同內地各專業公司的關係，外貿部規定：

專業總公司的業務、計劃可直接佈置給華潤公司有關業務部組及各業務公司。他們是總公司代表機構，業務上接受總公司直接領導，華潤負責督促、檢查。華潤系統根據總公司指示，可接受口岸公司的任務。華潤的盈虧向外貿部實報實銷，業務公司向總公司報銷，對外談判由華潤公司負責全面掌握。各業務部、組及駐港公司服從華潤統一領導。

這一份份具有標誌性意義的文件與合同，標誌着新中國外貿工作進入了一個全新的階段，一個由華潤公司擔負起大多數

外貿代理的階段。「(貨源地收購)省市分公司 ── 總公司 ──
海關 ── 華潤公司 (市場銷售)」,這樣一條完整的外貿鏈條已
經全面形成。通過代理貿易收取手續費和佣金的「代理」模式,
和直接銷售部分產品盈利的「自營」模式,將在之後漫長的數十
年裏成為華潤最重要且是唯一的盈利手段。

為了做好外貿代理的工作,華潤公司的進口部進一步擴大,
且被細分成組:包括棉花、羊毛、五金、西藥、機械儀器、化
工原料等,根據需求狀況隨時調整;出口部也對應擴大了規模,
分成八個組:土產、礦產、食品、什品、絲綢、茶葉、糧油、
畜產。每個組都有專業的業務人員分管並負責,華潤之後數十
年的組織結構就此確定了大致面貌。

這種特殊的貿易運行方式,經由香港這個特殊的窗口,將新
中國蹣跚起步的外貿事業得以與廣袤的國際市場連接起來,將
計劃經濟的中國與自由市場經濟的外部世界連接起來,華潤也
成為新中國自由外匯的主要創收來源。

從 1950 年協助東北貿易部向怡和洋行出售 100 萬噸大豆,
到 1979 年影響中國外貿格局發展的「50 號文件」下發,新中國
成立後的前 30 年裏,華潤的進出口貿易額從不到一億美元一路
攀升至 1978 年的 30.5 億美元,甚至在中國外貿發展中書寫下代
理的進出口總額一度佔比高達全國三分之一的傳奇。

從以聯和行的身份為保盟運送物資起步,到以華潤公司的
名號成為新中國連通世界的窗口,再到成為中國駐香港的外貿
總代理,華潤的身份榮耀,來自於一個尋求新生國家的外貿現
實,來自於一代又一代華潤人在開拓探索中積累的能力經驗,來
自於一代又一代華潤人在艱苦卓絕工作中贏得的絕對信任,來
自於一代又一代華潤人在時代變遷中堅持的使命初心。

雖然歷史慷慨地賦予了華潤「駐香港外貿總代理」的榮耀稱
謂,但有一個重要且不為人所知的事實,那就是並沒有任何一個

文件具體而明確地標註了華潤公司就是中國駐香港的外貿總代理。華潤的「駐香港外貿總代理」身份，其實是來自於中國外貿的業務事實和它實際的業內地位與作用，來自於一代又一代華潤人在開拓探索中積累的能力，來自於一代又一代華潤人在艱苦卓絕工作贏得的信任，來自於一代又一代華潤人自信勇敢地勇擔重任。

當香港身後的中國內地，史無前例的偉大事業進入了一個新階段，當數億人口構成的新世界、新社會推動着壯闊的社會理想實踐，面對國家與時代的需要，身在香港的華潤，責無旁貸地擔起了這份重任，也幾乎理所當然地承擔起了這樣一份新事業，這是一個新生的國家交給一羣特殊的人、一個特殊機構的一個特殊的新使命。

第十三章

啟蒙年代

　　1953 年元旦，香港的《文匯報》頭版刊登了一則來自華潤公司的新年問候，這也是目前能查證到的華潤公司在香港媒體刊登的第一份廣告。這家已經在香港立足 15 年的公司，第一次用這樣正式而高調的方式向香港市民和世界市場送上了新年的祝福。

　　此時，已經對接 13 家中國內地專業貿易總公司、擁有 124 種商品出口總代理權的華潤公司，作為中國對外貿易的「第一總代理」，它將以香港這個自由港為母港，揚帆駛向世界經濟的大海，代表新生的中華人民共和國與世界開展貿易。

　　此時華潤代理的 124 種產品，無一不是中國內地精挑細選、具有良好口碑的傳統出口商品。包括：油糧類 17 種，副食品 31 種，京果什貨 22 種，土產類 35 種，輕工業品 9 種，其他單列商品 10 種（如：煤、石膏、鹽等）。其中松香、桂皮、八角、陶

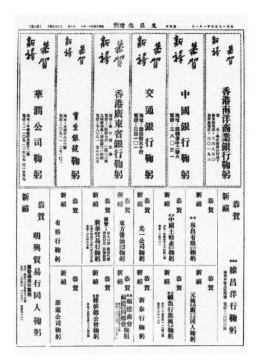

1953 年元旦香港《文匯報》增刊刊登華潤公司廣告

器、藤竹、五棓子、水草、棕製品、油紙傘、棒木橋、茶等大量通過香港轉銷國外；大米、菜油、柴油及種子類產品部分被香港市場消化部分再銷往國外；食品類則基本供給香港市民消費，僅此一項，即使在朝鮮戰場最緊張的 1952 年，銷售額都高達三億港幣左右。

然而，進入相對和平的 1953 年後，這 124 項出口商品卻逐漸出現了相對滯銷的局面。以落差最大的輕工產品為例，早在 1931 年內地工業品輸港及經港向東南亞輸出的輕工產品總價值就高達 1100 萬美元（約合 1953 年的 3500 萬美元），而 1953 年輕工業品的銷售金額僅為 741 萬美元。

巨大的落差背後，外部世界的衝擊是重要的原因。按照預想，已經變得相對和平有序的國際環境，將讓新中國的出產順

暢地抵達香港並從香港運往世界，事實上，環境的和平對於所有人都是公平的條件，其他國家的產品也如潮水般湧進這片貿易自由的市場。傳統的英國商品、科技含量高的美國商品、精巧實用的日本商品，迅速佔領了高端市場。而在低端市場，戰爭中大量遷往香港的內地工廠，幫助香港本土輕工業得到了極大發展，以工廠數量論，1933 年香港僅有工廠 403 家，到了 1953 年這一數字已增至 2208 家，棉紗、布匹、搪瓷、襯衣、鞋、內衣、電筒、副食品八大類成為香港輕工業的驕傲，而這八類中有很多都與中國內地出口的 124 種產品有所交集，於是，即便在低端市場，大陸產品也要與擁有地域優勢的香港產品展開激烈競爭。

不在之前預想之內的，是科技發展帶來的產品快速迭代和淘汰，這是剛從甚麼都缺的戰爭狀態轉向發展的中國人還不太理解的概念。以豬鬃為例，這曾是中國很重要的出口商品，1937-1945 年九年間，中國出口豬鬃的外匯收入高達 3000 萬美元，中國出產的豬鬃佔據了世界市場 75% 以上的份額。但伴隨着二戰結束後化纖工業的快速發展，豬鬃的替代品迅速迭代，在物美價廉的化纖產品衝擊下，豬鬃的出口額快速下降，中國的出口商們只能逐漸從名單上黯然抹去這個曾經的明星產品的名字。木炭出口也遭遇了類似的情況，上世紀五十年代，香港已經普遍使用煤油爐，英美發達國家則已經全部使用液化石油氣和天然氣，原本家家戶戶做飯都需要的木炭只剩下餐館一個市場。土紙面臨的狀況更為絕望，使用過價格相似、柔軟度吸水性卻遠勝出的現代廚紙和衛生紙的香港居民，斷然不會再回頭使用顏色黑晦、手感粗糙的土造紙張。

還有一個原因，是今日生活在香港的年輕人所不能理解的，那就是香港自身的農業發展也對內地供港鮮活食品造成了一定的影響。禁航禁運時期造成香港貿易衰落，大批無處可去的游

資只能投入農業，且港府對農業也有意扶植，旺角以北深圳河以南，遍地菜園，處處魚塘，一派田園風光。以蔬菜為例，1951年香港產量達到 41 萬擔，1952 年生產 45 萬擔；生豬每天出欄160-200 頭，這都是香港開埠以來難得一見的紀錄。

銷售面臨着重重困境，當時能夠創造自由外匯的又只有名單上的一百多種商品，「怎麼辦」成為擺在華潤面前的拷問。從戰爭年代習慣了對任務只有擔當、從不會畏於困難、只思考如何解決問題的華潤人，一次次地激烈討論，一次次地深入調研，最終在華潤內部，形成了一系列很有針對性的市場分析。

一、香港市場

中國內地物產豐富，品質優良，供應量充裕，這是最重要的有利因素，得地理上的便利，在運輸時間及費用上較其他競爭者佔優勢。加上香港居民 99% 是中國人，在風俗習慣和嗜好上崇尚中國產品。因此中國內地商品如能在品質、規格上力求改進，保證供應正常，同時在經營上適應市場變化，那麼前途樂觀是完全有根據的。

二、菲律賓與泰國

這兩個國家都是受西方控制的國家。菲律賓有華僑 20 萬人，對經港轉口的中國產品採取嚴格限制；泰國有華僑 350 萬，因大量需要中國土產，不得不作某種程度的開放。屬於這一類型的還有當時由法國控制的越南，該地華僑人數包括北越共有 150 萬人。

三、印度、巴基斯坦、錫蘭

這三國華僑很少，共有五萬，對中國土特產無甚需要。這三個國家都與中國有外交關係，因此經港轉

口的商品也很可能變為國家間的直接貿易。

四、印尼與緬甸

這兩個國家華僑人數很多。印尼有 250 萬,但由於印尼外匯缺乏,對進口亦採取嚴格的管制;緬甸華僑人數約 30 萬,自從與中國簽訂貿易協定後,從 1953 年 7 月起採取了禁止中國貨自其他國家和地區輸入的措施。

五、馬來亞(即今日的馬來西亞和新加坡)

有華僑 300 萬,佔當地居民的 40%,是香港南線貿易中主要的一環。這一地區仍是中國轉口貿易的主要市場。

六、歐洲

1951 年以來,通過中波輪船公司跨越東半球的航運貿易,中國商品出口歐洲發展很快,但是進出口不平衡,出口量還不夠大。

在華潤的檔案館裏,保存着三份重要的文件:《關於擴大對港澳及東南亞出口的意見(之一)》、《關於擴大對港澳及東南亞出口的意見(之二)》、《關於擴大對港澳及東南亞出口的意見(之三)》,這三份文件幾乎都是在 1954 年 9 月前後提交的,匯聚了深思熟慮的華潤關於外貿出口的具體建議,包括提升商品競爭力、規範出口合同和商品規格、改進包裝和運輸等等,由於三份文件原文極長,以下僅做整理摘錄。

......

第一、關於制定出口計劃。

1954 年,中國內地正在完善修訂第一個五年規

劃，外貿部、各進出口總公司、各省市分公司，還有大量的私人公司，[18] 都在制定進出口計劃。華潤希望大家能「共同研究，並明確分工，相互配合」。

第二、關於出口貨源和遵守合同。

新中國通過幾年的恢復和建設，中國人民的購買力已經獲得提升，商品市場開始出現供不應求的局面，因此各地政府部門對出口工作有所忽視，出口商品缺乏，在許多地區甚至出現了把好商品留做內銷、差商品用來出口的情況。華潤強調：「應很好協調，保證有貨出口」，「希望能強調遵守合同，過去簽過一些合同，但不能嚴格遵守，經常使我們互相間配合發生問題。我們認為，遵守合同是我們工作配合的重要保證」。

第三、關於商標。

華潤提出，出口商品的商標最好是「中性的」，不要政治性太強，如「紅星牌」、「和平鴿」等商標，在資本主義市場上推銷會碰到困難。有些運輸的木箱，上面印着「廣州失業工人生產自救社」，亦不大好。

第四、關於商品規格。

華潤提出，戰爭時期，出口商品可以不要求規格，可是在和平年代，保證商品的質量和規格是一個大問題。「目前小土產的規格問題太複雜，有些實際上是混亂不清。如土紙，據說有一千多種，一方面是紙質分很多種，另一方面是同一種紙質有許多名字，而包裝又不同，所以，要分差價很困難」。「最近經常有商人反映，有些商品，品質規格與商品不符，如土紙，色澤黑晦，水分多，甚至一張黏一張。有些尺寸不符，如昭平，原

定 2.4 尺，結果只 2.1 尺，重量亦有問題，34 斤變成 31 斤，甚至只有 29 斤。桂皮，原定每包 60 斤，但只有 59 斤至 57 斤，而尺碼又比原規定大，到香港要再加工方能出口。

第五、關於改進包裝。

在包裝方面問題很大，比如，水果外銷，各國均用木箱，而我國尚用籮筐裝；布匹出口，其他各國全部採用箱裝，而我國用布包裝。椒干出口，我國用布包，也有的用麻包，很為混亂。其他小土產的包裝經常發現破舊的情形，到港轉銷需要重新包裝，招致不必要損失及人力浪費。華潤建議：「要經常研究消費者需要及競爭者的做法，對規格、色澤、圖染、包裝、裝潢等都要有專門部門進行研究，經常改善，並按地區性、季節性多創造市場所需要的花式規格。」

第六、關於改善運輸條件。

航運上不注意而使商品品質變壞的現象很普遍。最近運來一船生鴨，裝備不好，死去 50%。3 月運來一批生豬，本來一船裝 200 頭，中國內地為節省運費裝至 400 頭，結果擠死 50 頭，死豬損失費超過航次運費的三倍，並且還要被港方以「虐待性畜」罪名罰款。[19]

第七、關於銷售代理。

目前各地、各口岸、各私人貿易公司各顯神通，來貨渠道甚多，我們建議要加強計劃性，華潤可代理推銷，代理銷售的方法可多種多樣，如可採用統一掌握的方法，亦可採用分散包銷、聯合包銷、以合同方式長期代銷等辦法。

......

計劃、合同、商標、質量、包裝⋯⋯這數條如今讀來覺得是商業銷售中最淺顯最理所當然的建議，在那個時代，卻是一個新生的國家外貿系統蹣跚學步時緊緊握住的一根根準繩，每一條建議都是以實打實的經驗教訓、在市場上付出了學費換來的、學到的。

當上個世紀剛剛擺脫貧困、習慣了節儉的人們，以他們認為最佳的方式，將最好的產品最大量地運送到國際市場時，遭遇的是不曾預想的窘境。

他們把香蕉在中秋節這一天運抵香港，卻不知道消費市場要提前；上好的活豬最大量的擠進船艙，卻沒有預料損失過半；優質的莨紗要賣個高價卻不知道市場價格會隨時變化。

曾經擔任華潤集團辦公室副總經理的章明友清晰地記得：華潤代理出售的毛線用看不見內容的皮紙包裹，期待購買的外國友人因為看不見具體的顏色只能在包裝上戳一個洞一窺究竟；華潤代理出售的優質珍珠，是裝在竹編的籮裏擺放的，購買的顧客說要幾顆就開始當場拿繩穿成一串，主打就是物美價廉，而同樣品質的珍珠在其他商店裏是裝在精緻盒子裏論顆售賣的，有的商家就靠專門從華潤購買珍珠然後自己包裝加價出售賺到了大錢⋯⋯曾經擔任華潤公司董事長兼總經理的張平對這種現象有一句精準的描述：一等商品，三等包裝，五等價格。

華潤全面細緻地向外貿部提出這些建議，在外貿部領導下配合外貿部開始一步步創建規範新中國的外貿秩序，這其中包括：建立進出口貿易規則；建立出口商品檢驗標準；建立相應的合同垯本；完善海關報關手續等等⋯⋯這其中很多方面的改進一直延續到改革開放後。華潤人的目標既簡單又重要，要讓生活在與世界經濟體系完全不同環境下的人們，能夠在以後長期的時間裏與世界持續進行有效的貿易往來。

如何更好地擴大出口，如何更多地為國家換取外匯，除了規

範做法，提升商品競爭力，拓展出口品類，優化商品結構，成為華潤人發力的另一方向。

1956 年 1 月 1 日的《文匯報》上，刊登了一則表面上平平無奇的賀歲公告，角落裏「五羊牌水泥」這五個字對於新中國的外貿事業卻有着不一樣的意義，這是中國內地出產的非食品類工業產品第一次登上香港的報紙做廣告，廣告上看不到華潤的名字，但把「五羊牌水泥」銷往香港的，卻是華潤公司的代理貿易。

1953 年，中國開始實行第一個「五年計劃」，工業生產是其中的重中之重，這一年中國出口的輕工產品只有九種，到了 1954 年增加到了 35 種，這一數字在 1955 年 5 月後呈現大幅增長達到了 500 多種，第一個「五年計劃」進行過半，中國已經初步恢復了基礎工業的運轉。為了出口銷售越來越多的輕工產品，華潤公司特意成立了工業品部，人員多達 32 人。

這份寫於 1955 年 6 月 12 日的報告，記載了華潤工業品部當年度前五個月的貿易情況：

> 今年五個月來，工業品銷售總額 5921612.58 美元，增加了 160%。成交客戶共 287 戶，增加了 12.26%。其中，金筆

五十年代工礦部同仁合影（華潤檔案館提供）

5089 打，鋼筆 140689 打，鉛筆 75000 打，唱片 35950 張，跳鯉細布為 191164 疋，布、牙膏、香皂逐漸趨向正常添貨。

當更多新中國出產的工業產品漸漸出現在華潤對外貿易清單上，一個新的問題伴隨而來。

商標，對於自由競爭的成熟的國際市場來說，是非常重要的商品身份標識和品牌標誌，對當時的中國人來說卻是一個相對忽略的詞彙。華潤能做的，就是一點一點講明道理，引導重視的同時，修正糾偏，並協助處理之前並未遇到的諸種新問題。

> 外貿部：
>
> 　　經查我公司所經營的紅雙馬牌絹絲紡（係全絹絲織物），過去在國外市場頗為暢銷，價格不斷上升。但於今年四月以後，銷路頓呈減縮，據香港華潤公司及新加坡中國銀行反映，國外投機商人以人造棉及人造絹絲仿織並加蓋「紅雙馬牌」商標；同時東南亞發現有從日本或香港輸入之日本富士綢（絹絲 75%、人造絲 25%）冒充我國絹絲紡低價拋售，影響我國絹紡的銷售，並破壞了我國絹絲紡的國際信譽。
>
> 　　一、請華潤公司利用香港報紙揭發這一投機行為。
>
> 　　二、在我紅雙馬牌絹絲紡暢銷的香港及其他地區進行商標註冊。
>
> 　　上述措施是否有當，至請核示。
>
> 　　　　　　　　　　　　中國絲綢公司經理陳誠中
>
> 　　　　　　　　　　　　1955 年 7 月 19 日

這份寫往外貿部的彙報材料，就是當時著名的外貿商品「紅雙馬牌絹絲紡」被仿製冒充後的申訴與建議。當時中國內地出口

產品被仿冒的狀況主要有兩種，一種是外國商人從品牌到產品全面仿製某著名產品，如上文說到的仿製絹絲；另一種是經銷商拿到暢銷商品後自行模仿生產，如國產的 3544 橡皮頭鉛筆廣受香港市民歡迎，拿到貨的經銷商就直接寄樣向日本訂製。

　　華潤據此對外貿部提出建議，進入海外市場的主要品種要進行海外商標註冊，可以根據具體情況，採取公司名義或個人名義進行註冊。但外貿部的工作人員翻遍中國內地各種規章法例，卻發現了一個尷尬的問題：關於涉外商標註冊，沒有任何法律規定。在那個年代，涉外是一件非常嚴肅的重要事務，「法無言明，即為不可」，況且如何操作上也存在各種困難，這意味着生產企業自己進行商標海外註冊，在相關規定上和實際操作上都成為不可能完成的任務。

　　左思右想後，華潤公司找到了一個「變通」的辦法：由華潤來幫助這些出口商品完成海外商標註冊，商標註冊在挑選出的

華潤公司註冊的著名商標（華潤檔案館提供）

華潤員工個人名下，這樣既實現了有註冊商標保護，也不用擔心商標權益會旁落他方。曾任華潤公司秘書科科長的巢永森，很多年後都會津津樂道當時的場景：「經常的，秘書就來了，讓我簽個字，甚麼甚麼商品的品牌就註冊在我的名下了，我名下有幾百個上千個商標，都是名牌，好像我是個大富翁。」

這些中國近代工業史上一個個響噹噹的商品品牌，就這麼登在了個人名下，寫入了法律文書，擁有了相應的法律效力。這是華潤人主動擔起的一份責任，也擔起了一份信任。

這裏有讀者和華潤的後人們需要記住的兩個瞬間：

當華潤以組織的名義對這些商標作出「化公為私」的法律安排時，決策者沒有一個人提出過擔憂或疑問。事實上在香港的法治環境下，這些將歸入個人名下的國有財產是有為個人侵佔的可能，但是，華潤的領導者給了自己同仁令人感歎的信任，他們的同事信念高於財富的誘惑；

另一個瞬間是在二十世紀八十年代，隨着改革開放和法治環境、國際環境的變化，各專業公司各省市紛紛擁有外貿自主權、華潤與各委託方解除代理關係時，需要將業務、連同那些呵護育養多年的商標一併移交給對方，那些商標品牌名義上和法律上的擁有者，沒有一人猶豫，沒有一人產生份外的想法，與近四分之一個世紀前的決定一樣，順利就完成了移交。

這是華潤和華潤的後人們，永遠可以自豪的一份榮耀，這是一代人精神上的榮耀。

和平年代的外貿工作，已經不會有周秉鈇、譚廷棟他們所經歷的生死危機，但面對國際市場仍顯青澀稚嫩的中國外貿必然會面對很多新挑戰需要學習，必然要在經受洗禮和磨礪中成長。

在新中國工業剛剛起步的年代，模仿、學習是最快追趕世界的捷徑，中國內地的企業幾乎都在沿着這樣的道路狂奔。

1955 年 8 月 22 日，華潤公司突然接到了一封律師信，控訴

華潤代理經銷的中華牌鉛筆外形設計模仿抄襲了美國鉛筆公司的產品。

已經在長期貿易和大量訴訟中熟諳香港法律的華潤立刻先暫停了鉛筆的銷售，召集陳應鴻、陳丕士、麥尼爾等大律師共同商討分析，這些香港法律界頂尖的律師們很快給出了自己專業的建議：

> 首先中華牌鉛筆上明顯註明了「出產廠名」及「出產國別」，算不上詐欺，不可能成為刑事案件，對方只能以民事起訴，充其量只能要求不再製造有裂紋的鉛筆，至於要求索賠則難有具體的證明；中華牌鉛筆商標圖案是紀念塔，對方商標是 VENUS（維納斯），中華牌鉛筆筆桿上全是中文，對方筆桿上全是英文；對方的裂紋全是不規則裂紋，中華牌鉛筆上印製的裂紋較有規律，說不上完全相同，對方以不規則的圖文作為註冊商標來禁止別人使用裂紋，也是站不住的。

華潤聘請專業律師團隊以最專業的方式給了對方反戈一擊，對方想以此阻擊市場的想法落空，案件不了了之。但是華潤還是從中總結出一些經驗和教訓。在給外貿部關於此案的報告中，華潤寫道：

> 從此案中體會到，模仿外貨商品在銷售時易產生商標糾紛，故建議以後不再生產此類商品，在港存貨運回廣州轉為內銷⋯⋯

華潤還據此起草了一份報告，詳細寫明瞭在海外註冊商標應注意的事項，例如「中文名要選擇中性詞，不要太革命化」，「英文名如何翻譯，不能選擇生僻詞和歧義詞」，「商標圖案如何

設計，要簡潔，易於辨認」等。1956年3月24日，中國人民共和國對外貿易部、中央工商行政管理局聯合發出了關於出口商標的通知：

各省市工商廳局

各出口公司：

　　關於出口商標應注意事項的聯合通知

　　由於我國的出口商品，過去對使用商標不夠重視，有的圖樣設計不好，有的和外商商標發生雷同，有的完全使用外國文字，或者使用中國文字而附譯不正確的外文。為了避免或減少這些現象的發生，所有出口商標，均應先向中央工商行政管理局申請註冊。（後附六條具體方案，略）

中國商品在國際註冊商標的工作，是一條漫漫長路。到1964年，華潤依舊在履行着中國品牌海外管理的督促工作，這一年8月26日上報外貿部的《建議中國內地授權香港機構辦理商標註冊問題》中，華潤寫道：

　　幾年來，商標註冊工作進展不快，主要由於：

　　1、內外聯繫脫節，沒有一套完整的商標工作記錄。

　　2、註冊手續繁多，中國內地和海外各有一套手續，往返聯繫費時失事。

　　……

　　為了進一步做好商標註冊工作，我們認為：今後除繼續以中國內地公司為申請人委託香港機構辦理商標註冊外，建議中國內地公司授權香港機構必要時可根據實際需要先行辦理註冊。這樣做可以節約人力、財力、時間。

1964 年 12 月 19 日，外貿部對這份報告作出批示：

> 現經研究，同意華潤公司所提意見，今後各公司即可按該建議執行。
>
> 此外，如中國內地公司委託華潤公司在馬來亞註冊商標，也可代為辦理。

從「委託辦理」到「授權根據實際需要先行辦理」，一詞之差意味着質的區別，華潤又為自己攬上了一份新的責任。之後，我國出口商品商標的海外註冊工作全面鋪開，絕大多數商標註冊到了華潤名下。

此時的華潤不僅代管了許多商標品牌，還代管了一些企業公司。一部分是中國內地對資本主義工商業實行社會主義改造後，一些私營企業的海外機構轉變為國營公司，就掛靠在華潤名下，由華潤代表國家對其進行商業管理、幹部管理；另外一部分是一些與華潤類似原因誕生的公司，此時因為經營不佳面臨倒閉，有些便劃歸到華潤名下，中孚行即為其中一例。

> 江副部長：
>
> 香港中孚行（原屬廣州華南企業公司領導）在 1958 年經葉部長、李、雷副部長同意劃歸華潤公司領導。中孚行資金僅有 20 萬港元，截至 1958 年底因經營不善已虧損 547689 港元，目前是以華僑存款和對內地公司貨款的拖欠在周轉。
>
> 目前中孚行資金與營業額相差比較懸殊，同意華潤公司意見撥付給中孚行 40 萬港元的資本，連同彌補中孚行的 547689 港元的虧損，一併先由華潤公司從

1959 年盈利中撥付給中孚行，由華潤公司統一向本部
轉賬。

　　以上問題是否可行，請批示。

財會局王維祿

1959 年 7 月 3 日

　　這份彙報文件中呈現的困難，在商業社會有着最簡單的解
決方式 ── 申請破產。但對中孚行來說，破產就意味着一些華
僑的投資將遭受很大損失，這將是遠超商業範疇的政治事件。
於是，華潤又一次承擔起了組織交託的重任，注資 40 萬，成為
了中孚行的大股東，並指派其專門經營輕工產品。這樣的承擔，
在日後也成為華潤公司體量迅速增長的一個重要原因。

　　1956 年末，持續三年的資本主義工商業公私合營進入最後
的收尾階段，到 1957 年初，國營對外貿易佔到了全國外貿進出
口額的 99.9%。這意味着中國的進出口業務由不同所有制企業
並存經營的對外貿易格局結束，一種高度集中統一的外貿體制
得以建立，進出口貿易將嚴格按照國家計劃進行，出口實行收
購制，進口實行撥交制，盈虧由國家統負。在這樣的背景下，
1957 年 12 月召開的全國外貿局長會議，具有不一般的意義。

　　根據當時的文件記載，1957 年 12 月 6 日上午，朱德副主席
發表講話，下午陳毅副總理講話，13 日周恩來總理等到會看望
參會同志，一場外貿系統內部的會議，能夠讓四位黨和國家領導
人接踵而至，足可見大會的重要程度。

　　朱德在講話中分析了「出口額下降的原因」，指出內銷和外
銷矛盾的解決辦法是統籌安排，在照顧內地基本需要的情況下，
盡力爭取出口，換取外匯，以加速我國社會主義的建設，並且促
進同各兄弟國家和友好國家的經濟合作。這個講話，為很長時

間裏「先重外貿，還是先保內銷」的討論畫上了句號。

陳毅的講話則強調了外貿對於外交的促進作用。

朱德和陳毅講話以後，與會者進行了充分的討論。12月10日上午，時任華潤公司總經理張平做了全會發言，在分析介紹香港的經濟貿易情況、東南亞各國的經濟貿易情況後，很具體地提出了對改善出口工作的意見。

香港華潤公司張平總經理的發言紀要

……

三、我對香港及東南亞市場貿易情況。

我對香港及東南亞出口歷年都有增長。這說明我國貨物絕大部分距離當地市場容納量的飽和點還很遠。從香港本銷市場來看，出口額還能夠擴大。就拿食品來說，香港市場的我貨容納量，豬每年可達 60 萬頭，牛每年可達 7.7 萬頭，雞每年可達 720 万隻，塘魚每天可銷 12 萬斤，我們都沒有達到這個水平。工業品則距離更遠。

以上說明，從現有基礎上再擴大香港、星、馬的市場，以及開闢加拿大、澳洲、非洲新市場是完全有條件的。

四、對改善出口工作的幾點意見。

1、關於滿足市場需要，保證貨源正常供應問題。一年來我們對於滿足香港市場需要、改善貨源供應方面有了不少改善，但仍存在一些問題。如食品類的豬、牛、羊、家禽等，自 1954 年以來，每年都有脫銷現象發生。

2、商品的品質、規格和包裝問題。我國貨因為品

質、規格、包裝等不適合市場需要和客戶消費者要求的情況很多。

……廣州出口的鑽石牌自行車輪胎，本來品質很好，剛出口就打開銷路，最近因用舊鋼繩加工，輪胎邊的鋼絲易於折裂，客戶要求退貨，包銷戶也不想再包銷。其他品質差的商品如高音喇叭、平板儀、55 式打字機、繪圖板、寒暑表、計算尺、標本、電影放映機等。

3、經營方式問題。我們應有長期經營的思想，要扎好根子，要在國外找代理商，要放手使用和培養代理商。

……

我們對代理商有不放手的現象，有的代理期限太短，由於時間短，代理商有顧慮，因此代理以後不作廣告，不安心推銷，這對我們是不利的。

4、對執行合同的嚴肅性問題。例如上海雜品出口公司第三季度有 21 份合同沒有按期交貨，天津雜品出口公司第三季度不按期交貨的有 11 份，又如，售給香港永安祥和文記的湖南毛巾被，合同規定只有一個規格，交貨卻有五個規格；售給泰國廣京公司的蚊帳布，合同規定要方格的，第一批到貨有部分是無格的，客戶當即提出意見，但第二批到貨中仍有無格蚊帳布。這樣，客戶藉此拖延信用證及不執行合同的逐漸增加。

5、統一對外問題。

6、調查研究工作。（略）

貨源供應、貨品質量、規格包裝、合同履行……這些耳熟能詳的問題又一次被華潤擺到了外貿局長和各進出口公司經理

的面前，這幾乎是中國外貿行業久病難醫的頑疾。

與會代表的激烈討論聲，華潤彙報的問題上升到前所未有的高度。為了保證出口貨源，經國務院批准，中國開始逐步建設出口商品生產基地，到 1960 年初，五大類出口商品生產基地先後建成。

第一類：綜合性的多種商品的生產基地，主要有三個：

1、海南島熱帶亞熱帶作物生產基地，主要發展「五料」，即油料、香料、飲料、用料、食料。種植面積從 69 萬畝發展到 530 萬畝。

2、國營農場生產基地。包括黑龍江的密山、合江和新疆農場三大墾區。

3、珠江三角洲食品生產基地。主要生產活豬、家禽、蔬菜、水果等，供應香港。

第二類：單一商品的生產基地，比如遼寧的蘋果等。

第三類：專廠、專礦，比如紡織廠、水泥廠、礦區等。

第四類：農副產品加工基地。

第五類：出口商品包裝材料生產基地。[20]

這些職責分明的基地展現了一個國家為了做好出口工作所做的極大努力。「出口商品生產基地」的建設進一步保證了出口商品的質量，以致於在 60 年代及之後的很長時間裏，出口商品就是最好的商品，成為大多數中國人公認的常識，「外貿貨」和「出口轉內銷」就代表了商品的品質和時尚。

值得一提的是，華潤在報告和會議中不斷提及的「包裝」，擁有了自己專屬的生產基地。

1961 年，在緊靠香港的深圳，貨站、冷藏庫、倉庫相繼建成投入使用，這些基礎設施建設有效地提高了出口產品的質量，減少了出口損失。

在年復一年的「外貿總代理」過程中，無論是身為華潤公司董事長兼總經理的張平，還是從事實際業務的各位副總經理、經理，都認識到一個嚴肅的問題——幹部問題。華潤公司的幹部熟悉國際市場，熟悉外貿業務，專業水平很高，外語水平普遍極強，但是，對計劃經濟了解不足，急需回到內地補政治課，也急需熟悉內地情況；與此相反，內地幹部政治、政策水平很高，但是不了解海外市場，不了解市場經濟，缺乏合同概念。解決幹部補課問題的最好辦法，就是內外交流。

1953 年 4 月，華潤公司在一份報告中專門針對幹部問題提出了自己的建議：「幹部儘量內外交流，適當時間對調一批，對加強政治、政策學習與了解海外情況均有好處。」

這份報告提出的「幹部內外交流」建議迅速得到落實，之後到改革開放前的數十年時間裏，華潤公司的幹部與外貿部、各進出口總公司、各分公司的幹部相互調換。華潤如同一所學校，中國內地幹部在華潤邊學邊幹，很快就了解了國際貿易的情況，在國際市場上得到歷練，而通過幹部交流，也加強了華潤公司與各總公司之間的合作。

華潤不斷強調的種種外貿問題解決方案，是它在香港這個自由市場裏多年摸爬滾打得到的經驗，是來自於它身處香港更便於也擅於打量世界帶來的眼界，也立足於持續的信息收集與專項研究的專業。

1948 年 10 月，著名學者高平叔從美國飛回香港，這位蔡元培曾經的秘書、美國「中國國際經濟研究所」的創始人、著名經

濟學家回來的目的，就是要在香港創辦一個國際經濟研究所，邀請他的就是中國共產黨駐香港的「港工委」。為了保證安全，國際經濟研究所建立後一直與中國共產黨保持相對獨立的關係，只有高平叔知道他的直接上級是曾經廣大華行的創始人盧緒章。

研究所招募了大量國外高等院校學成歸來的高材生和人才，第一個加入研究所的研究員羅真，就是從美國哥倫比亞大學畢業的，隨後陸續加入的有：伍采真、方利生、蔡承祖、謝智謙、胡景鏞、宋壽昌、蕭德義、楊明潔、孫傳英、何祖霖、于士銘、劉頌堯、黎珊珊、羅承熙、徐展之、周孔昭、周存真、石鎧、楊西孟等人。兼職人員包括陳景雲（原西南聯合大學西語系講師）、曹康伯（駐上海代表）。在日本為研究所工作的包括吳仕漢、陳隆深。特約撰述包括陶大鏞、吳半農。

這些擁有高深學識、熟悉西方經濟理論的學者們，在香港完成的研究項目有《中國內地與香港地區的貿易》、《印度尼西亞的經濟與貿易》、《馬來亞的經濟與貿易》、《菲律賓的經濟與貿易》、《泰國的經濟與貿易》、《桐油的國際市場》、《棉花的國際市場》、《棉紡織品的國際市場》、《橡膠的國際市場》等綜合論述；後將豬鬃、羊毛、皮毛、蛋及蛋品、生絲、鋼鐵等等商品的國際市場情況編為統計專冊。兩者合計，共有 50 部左右。這一本本目標鮮明的著作，為當時正從山溝走向城市的革命者們描述了此時的國際市場是何等模樣。

1950 年，國際經濟研究所成為華潤的一個機構，由華潤公司總經理楊琳直接領導。

朝鮮戰爭爆發後，上級領導決定，將研究所遷至廣州。港管委另設調研組，由張敏思任組長，主持在港出版的《商情彙報》，高平叔任副組長，負責收集世界各地的商業和經濟信息。

研究所在廣州期間，完成美、英、法、日、西德、瑞士、印度、緬甸等國經濟與貿易的專題報告近 20 種；大米、小麥、

1951 年《商情彙報》部分同事合影（華潤檔案館提供）

糖、茶葉、咖啡、木材、紙張、人造絲、錫、石油、化學肥料、汽車、農業機械等商品統計專冊約 50 種；還應中國內地業務部門的要求，對《英鎊區》、《巴黎統籌委員會》等情況進行研究、撰寫報告，為中國內地提供資本主義國家的貿易政策、規章手續、以及國際市場波動的資料。對於當時被西方世界隔絕的新中國來說，這是依靠着香港這個打開的窗口捕捉到的新鮮空氣。

1951 年 12 月底，中共中央辦公廳通知華潤，要求將研究所迅速由廣州遷到北京，為即將參加莫斯科國際經濟會議的代表團準備材料並講課培訓。之後研究所的人員、組織、以及由廣州運京的全部圖書資料，受命完整移交給新成立的外貿部，以此為基礎，對外貿易部經濟研究所得以建立。

中國國際經濟研究所劃歸外貿部後，華潤公司決定在《商情彙報》的基礎上籌建華潤資料室，繼續利用香港信息之便，為中國內地提供貿易信息，商情調研專職人員共 29 人，其中華潤 16 人、德信行 5 人、五豐行 6 人、華夏公司 1 人。

華潤資料室的商情調研分工，華潤公司負責刊物主要是《參

考資料》，內容包括商品和市場的系統材料、專項問題研究、商品市場總結。其次還有《每週商情》，按商品類別分別向中國內地各專業公司定期反映市場變化情況。德信行負責的刊物有《行情表》，五豐行則負責《副食品旬報》。

這些內部刊物會秘密運到廣州，然後發往全國的外貿系統，某種程度上這也是中央領導了解境外市場的重要渠道。

1955 年初，華潤資料室接到中央辦公廳下達的特別任務：購買介紹亞非國家的書籍和最新地圖，並撰寫亞非國家的專題報告，分析他們的政治體制、經濟制度、文化特色等等，此時內地的資料庫裏甚至連很多國家的地圖都沒有。

以華潤資料室為主，華潤外事組協助，熟悉東南亞市場的業務員組成的秘密小組開始了緊張的收集。三個月後，華潤先後遞交了對 18 個亞非國家的調研報告，到這時，華潤才知道自己的任務是為即將參加「萬隆會議」的中國代表團準備材料。

「萬隆會議」結束後，中國輸往東南亞的外貿出口量大增。1955 年 8 月華潤資料室提供的一份報告，描述了可喜的變化。

關於半年來香港、東南亞市場的報告（節選）

亞非會議後，華僑愛國熱情的發揮，是海外市場變化的主要原因。

海外僑商對「中國製造」商品訂購的恐懼心開始改變。

亞非會議前一些銷路無法打開的品種，現在銷量大增，而且一度供不應求，鋼筆最初來港 500-1000 打，但亞非會議後港滬成交逾 30 萬打。

亞非會議前啤酒每月銷 450 箱，但 5 至 7 月運銷量，馬、婆竟達約 30000 箱，每月銷量增 23 倍以上。

罐頭去年 7 月至今年 3 月銷 1000 多箱，今年 4 月至 7 月銷新加坡達 10000 多箱。牙膏、香皂，今年第二季銷路比首季增兩倍。棉布去年銷新加坡 200 萬碼，今年上半年已銷約 400 萬碼。縫衣車價格上漲 54%，慶豐牌鋼筆漲價 40%，棉毯漲 25%，白報紙漲 11%，銷區擴大至加拿大等美洲國家。

客戶關係不只限於一般的增加，而且突出表現在客人主動上門。仰光、庇能、古晉坡、砂勞越、星洲、檳城、北婆羅等地僑商均主動來信誠懇表示要建立關係，推銷國貨。在港英、法商人及澳門葡商也表示要推銷我紙張、縫衣車、自行車。

這些建構在充分市場調查基礎上的報告，為正在被禁運封鎖的國家，開闢了了解世界市場的寶貴窗口與通道，那些突破封鎖及時傳遞進來的大量可信信息，為新中國外貿工作的決策提供着重要參考與依據。

華潤總結經驗，華潤提出問題，華潤解決難題，華潤尋找答案⋯⋯身處世界貿易前沿的華潤用自己的方式，推動着中國外貿行業從蹣跚起步到大步前行。1974 年 7 月 1 日，陳雲同志與外貿部負責人談副食品出口問題時，很自然而然地將華潤公司比作「第二外貿部」。[21] 這是身為「外貿總代理」的華潤交出的時代答卷。

一個世界上人口最多的國家，一個努力走向工業化的國家，一個渴盼着民富國強的國家，在很長的時間裏，依託彈丸之地香港，維護着它與外部世界微弱卻生死攸關的貿易聯繫。在這段艱難而漫長的歲月裏，華潤人以其特殊的智慧和毅力，完成了他們必須承擔的責任。

第十四章

廣交天下

通過對外貿易可以打開對外局面，對外貿易所起的作用
是經濟作用，也是政治作用和外交作用。以前我們是先搞外
交，後搞貿易；現在我們要先搞貿易，再搞外交。在外貿和
文化上發生一些聯繫，外交關係就接踵而來。

這是 1957 年 12 月 6 日全國外貿局長會議上，時任國務院
副總理陳毅講話中的一部分，這番話讓一些參會的外貿局長和
進出口公司的老總聽着有些雲山霧罩，而更多人、包括時任華
潤公司董事長兼總經理張平卻是頻頻點頭，若有所思。

當時與中國建交的國家大部分集中在亞非拉。香港，是中
國與西方世界寶貴的交匯點，而身處香港的華潤，自然而然成了

交匯點中的交匯點。曾經擔任過華潤秘書部門負責人的巢永森回憶說：「朝鮮戰爭結束後，法國、奧地利、泰國駐港專員都很積極地跟華潤聯繫。那個時候，港英政府與內地之間的聯繫也通過華潤。」

1954 年，在日內瓦會議上一展風采的周恩來和他身後的新中國都讓西方世界眼前一亮，除美國以外的許多西方國家開始或明或暗地謀求與這個幅員遼闊、人口眾多的新生國家開展不止於貿易的多種往來，於是他們紛紛飛往香港，尋找那家「周總理說過的公司」。

1955 年初，澳大利亞駐港商務專員孟席斯推開了華潤公司的大門，提出了一個讓所有華潤人都震驚的要求 ——「希望能夠訪問北京」。當時中國與澳大利亞之間沒有建立外交關係，更沒有官方往來，但孟席斯的到訪顯然不是臨時起意，而且他還有一重特殊的身份 —— 時任澳大利亞總理的堂弟，華潤公司立即向外貿部作了彙報。

1955 年 3 月，孟席斯率領的澳大利亞廠商民間代表團抵達了中國內地，在遼闊的神州大地上他們看到的不是傳說中的厲兵秣馬，而是友好熱情和一派生機勃勃的建設景象，經過數天訪問，中澳雙方簽署了多項貿易協議，澳大利亞從中國購買桐油、豬鬃、紡織品、工藝品等，向中國出口農業機械和羊毛。

1955 年冬季，中國按照外交禮儀派出商務代表團回訪澳大利亞，這個代表團的大部分成員來自華潤公司，望着澳大利亞廣闊的牧場，巢永森和徐鵬飛心潮澎湃，華潤就此多了一項從澳大利亞進口羊毛的生意。

1955 年 10 月 5 日，香港合義公司經理奧特頓同樣走進了華潤公司的大門。三天后華潤發給外貿部辦公廳的報告中，描述了這次到訪的經過和內容：「奧特頓要求來華洽談，我擬同意。此公司是英美合資，主要業務為糧油農作物國際貿易及麵粉工

業，曾代我購進巴西棉花。此人與我交往中，表現較好。來華目的主要是洽談明年 4 月巴西棉花業務及購我國糧油，此業務對我有利。」此時，由美國主導的禁運和封鎖仍在繼續，英美合資公司的外商主動提出來華要求可謂意味深長。上報中央後，陳毅副總理親自批准了這家公司的訪華請求。

幾乎同一時期，英國駐香港的商務專員哈里森也走進華潤，向華潤公司總經理張平親自送上了去英國參加英國工業展覽會的請柬。握着這張請柬，張平感慨萬千，他想起了被新加坡驅逐出境的華潤員工譚廷棟，想起了與華潤合作的新加坡愛國商人莊希泉、蔡貞堅，他們僅僅因為把橡膠賣給華潤，就被投進監獄，並最終被馬來西亞政府驅逐出境，終生不得踏足故鄉的土地。而今天，當初向馬來西亞政府發出指令的英國，主動邀請華潤前往他們的國家，互通商業貿易。時代，真的變了。

張平明白，自己必然會踏上這趟行程，自己也必須踏上這趟行程。但在華潤公司內部的討論會上，一個從未被意識到的問題被擺上了檯面：「以甚麼身份接受邀請？」此時中國同英國還沒有建立正式外交關係，以普通中國人的身份辦理簽證是不可能的。之前，華潤人出國，都是以香港居民的身份辦理簽證。可是，這次被正式邀請參加的是世界矚目的展覽會，新中國也已經屹立於世界民族之林，以甚麼身份前往就不再是單純簡單的問題。

華潤人思量再三，最終把這個棘手的問題和「擬接受邀請參加英國工業展覽會」的請示報告一起遞交給上級領導。出人意料的是，請示很快得到批覆：

批准張平等以香港商人身份在香港辦理出訪歐洲各國的簽證，而且不但要去，還要利用這次機會到歐洲各國走個遍。

1956 年 4 月，張平、巢永森、陳嘉禧一行三人，代表華潤公司抵達倫敦，讓習慣低調的中國人大吃一驚的是，英國商務專員和曾經與華潤做過貿易的商界精英們竟然到機場列隊迎接。當晚，英國貿易部長宴請工業展覽會的與會代表。第二天，英國貿易次長親自出面，單獨約見了張平等一行人，宴席中就敲定了從中國採購 2 萬噸冰蛋的協議。[22] 展覽會結束前，英國商界組成的「48 家集團」特意宴請華潤公司的代表，這「48 家集團」幾乎囊括了英國最主要的工農業產品提供商。

　　英國工業展覽會結束後，張平等一行人離開英倫三島，踏上歐洲大陸，他們先後訪問了法國、比利時、荷蘭、盧森堡、瑞士、意大利、德國、奧地利等國。

　　當張平一行抵達瑞士時，正值國際油脂會議在這裏召開，中國歷來是油脂的出口大國，外貿部緊急通知張平想辦法參加會議。

1956 年 4 月，新中國商業代表團第一次訪問歐洲。後排左一陳嘉禧、前排右一駐英代辦宦鄉、右二張平、左一巢永森

事實上，世界擁抱中國人的熱情遠比萬里之外的國人想像得要熱烈。雖然中國不是國際油脂組織的成員國，但接到華潤公司的與會請求後，會議主辦者立刻發出了熱情的邀請，張平等人將作為正式代表出席會議。而讓張平更為激動的是，發給他們的代表證上寫的不是護照上的「香港」，而是「中國」。這是新中國的「貿易代表團」第一次以「中國代表」的身份出席由西方國家主辦的大型國際會議，不經意之間，一個意義非凡的時刻就這麼迎面而來。

張平等一行人參加在瑞士舉行國際油脂會議（華潤檔案館提供）

會議間歇中，張平抓住一切機會向各國代表宣講新中國的外貿方針，介紹新中國的外貿機構，把一張張緊急印製、油墨還沒有乾透的宣傳材料遞到外國友人的手中。材料上印着中國進出口公司、中國運輸機械進口公司、中國畜產出口公司、中國茶葉出口公司、中國土產出口公司、中國糧穀油脂出口公司、中國雜品出口公司、中國食品出口公司、中國絲綢公司、中國礦產公司、中國五金進口公司、中國機械進口公司、中國儀器進口公司、中國技術進口公司的名字和主要商品名錄，而在材料的最後，是一行加粗的大字，華潤公司是所有這些公司對外貿易的總代理。

這趟歐洲之行引起的反應，是第一次以這種方式走向世界的中國人所期待的，但反應程度之熱烈，卻是從未以這種方式走向世界的新中國幹部們未曾料到的。當張平離開歐洲抵達新加坡，順道參加中國國貨展覽會時，一個印度銀行的經理竟然揮舞着報紙穿越人羣找到他，就為了跟張平說一句：「連我們印度的報紙也轉載了你們歐洲之行的報道。」

一趟展現風采也領略風采的歐洲之旅，讓世界看見了一個渴望融入的中國，也看到了這個國家所蘊含的無盡潛力。從這個意義上來說，張平們走在歐洲大地上的腳步，實質上將緊緊圍籬着新中國的那封鎖藩籬又撕開了一大片。

之後，這些歐洲國家的商務人員來到香港，都會主動走進香港中銀大廈，和華潤的老朋友們敘敘舊；西方巨商或官員來香港，也會主動聯繫華潤公司坐下來聊一聊，互通有無；當他們希望訪華時，也常常通過華潤轉告外貿部和外交部。華潤公司在北京的指引下，以貿易為橋，落實着團結愛國華僑、廣交世界朋友的任務，拓寬中國連接世界、增進相互了解的通道與方式。

地理和身份的便利，還讓華潤人在那些歲月裏，成為走出去與世界打交道的特殊使節。1956 年，華潤公司員工劉朝緒訪問

日本；1957 年，華潤員工浦亮疇、劉朝緒訪問加拿大，何平、謝鴻惠訪問新加坡、馬來西亞等東南亞各國，行期長達數月；1958 年，宋紹文、巢永森等訪問非洲各國。短短數年裏，華潤人的腳步走遍了亞洲、歐洲、北美洲、拉丁美洲、澳洲和非洲，他們介紹中國、感知世界，在貿易的互通往來中加深彼此的了解，在特定的歲月和國際環境中，踐行陳毅部長那番講話中「以貿易促外交」的囑託。

每次回國，這些領先於絕大多數中國人率先看世界的先行者們，都會認真寫下所見所聞所想，然後匯集成冊。這些寶貴的見聞不僅會在外貿部內流傳學習，還會遞送外交部參考，最終成為我國制定外貿和外交政策的參考材料。走得多看得多的張平還被兩次請上講台去做專題報告會。講台上，一個企業的負責人侃侃而談，講台下，來自外貿部、外交部的領導幹部和各進出口公司的負責人時而凝神傾聽，時而奮筆疾書，這是那個年代的特殊景象，這是華潤因承擔特殊任務而享有的特殊榮耀與責任。

在一次次走出去的過程中，華潤人也開始越來越多地考慮一個問題：我們需要走出去看世界，是不是也可以請世界來看中國？這個想法源於一個簡單樸素的創新。

此時代理超過 150 類千餘種商品、採購進口商品均為大宗的華潤，已經成為整個香港各國經銷商、代理商、運輸商們眼中的「財神」，各種膚色的商人都是華潤辦公室裏的常客，伴隨着他們的每一次到來，總有一件事讓華潤人感到苦惱，那就是很多客戶口中時常提起的「看貨」要求，按照中國內地的慣例，這是一本目錄、最多一本圖冊就能解決的事情，但對於那些交易巨量、責任自負、且又追求效率的商人們來說，沒有甚麼比眼見為實的貨品更值得信賴了。而事實上，華潤這樣的場所和來往優勢，也本該充分利用發揮出來，讓中國商品有更多機會展現在各方商戶面前。經過內部多次討論，華潤人決定申請建一個

商品展覽室，而且要建就建一個香港當時最大的、貨品最全的出口商品展覽室，如同一場永不落幕的展銷會。

華潤的申請報告發往了外貿部，同時希望各進出口總公司提供出口商品的展覽樣品。外貿部很快就批准了這一想法，出口局寄來了一份展品清單，華潤接到清單後對展品名單進行了初步篩選，也對各進出口公司提出展示的需求和建議，從華潤檔案館保存的當時往來文書中可以看出華潤公司對這次展覽非常重視。

關於陳列樣品各事項 1955 年 9 月 19 日回信如下：

外貿部出口局：

你處（55）字第 206 號函及陳列品種名單均悉。茲覆如下：

1、關於陳列品種及數量已初步選定，列表附上。但因我公司對陳列向無經驗，仍盼各專業公司根據陳列經驗予以修正，惟對品種數量盼能稍多供，以便可經常更換。

2、包裝方面，以往樣品一般無包裝或包裝欠美觀，即使我在此加工包裝，結果亦不好。故此次來樣務請各司根據以往經驗，設計裝好。

3、單獨的樣品陳列不易達到目的，須有圖表以及其他說明來襯托。擬請各公司大力協助，盼將有關的陳列圖表及說明等寄我一份。

4、此陳列室擬於 1956 年元旦正式展出，時間已相當短促，盼將樣品於 11 月底前全部或絕大部分運港。

5、據了解，明年開始我國將有鋼鐵出口。為事先做好出口準備工作，盼酌配鋼鐵樣品，以便一起展出，

並請附說明。

6、對機器及其他不出口的商品，原計劃不在此展出。但考慮到此地時有愛國僑胞路過，為加強僑胞對祖國工業建設成就及前途的認識，可否考慮在掌握一定保密原則下，酌配若干種小型機器或模型或圖片運港陳列，展品可附標籤，註明非賣品。

7、來貨均盼註明中英文名稱，並附詳細規格。

8、各專業公司之出口商品目錄雖曾有數十本寄來，但正式展出後可能需要增多，盼各公司多寄二三百本，亦可起一定的宣傳作用。

以上各點妥否，盼指示。

香港華潤公司

1955 年 9 月 19 日

在這封信的後面，附着一份長長的供貨清單，目錄清晰，內容詳細，極為難得。此處用些篇幅附上，以使我們得以一窺當時中國對外出口商品的具體樣貌。[23]

出口局附件（展品清單）

絲綢公司

絲綢：

花廣綾、窗簾紗、印花碧縐、明霞緞、彩條紡、條子碧縐、方格塔夫綢、人絲織錦緞、印花喬其紗、格子碧縐、洋紡、印花雙縐、叠花縐、素廣綾、彩芝綾、織錦緞、克利緞、新華呢、織錦被面、金玉緞、挖花絹、軟緞被面、花卉古香緞、絨地絹、真絲被面；

柞綢：

安東柞絲嗶嘰、青島柞絲綢、南山柞絲生綢、寧海綢、安東柞絲呢、寧海雙絲白綢；

製品：

印花手帕、印花領帶、印花頭巾、繡花牀罩、繡花被面、女襯衫、男襯衫、花累緞長晨衣、綢緞花邊長舞衣、綢緞花邊睡衣；

綢絲：

華東白綢絲、粵白綢絲、粵原繭綢絲；

雙宮絲；

絹絲；

綿球、柞絲棉球；

中國土產出口公司

工業原料：

山東烤芋、郴州曬芋、桂陽曬芋、安遠曬芋、武鳴曬芋、新昌曬芋、新會曬芋、潞安大麻、湖南麻（青／白）、亞麻、麻延展球、破籽、飛花、油花、紅松、魚鱗松、沙松、臭松、落葉松、樺木、柞木、鍛木、青楊、山楊、赤楊、色木、水曲柳、黃菠蘿、胡桃楸、榆木、松香、薄荷腦、薄荷素油、樟腦粉、留蘭香油、五棓子、棓酸、單寧酸、白臘、漆臘、黃臘、骨膠、皮膠、魚膠、貝殼、海螺殼、樟腦、各種香料油、木棉、籬竹、毛竹、青竹、釣魚竿、竹皮、竹絲、竹蔑、夏布、磚瓦、桐木製品；

雙喜牌捲煙、恆大牌捲煙、美麗牌捲煙、獅牌雪茄、光榮門絲；

手工業品：

竹筷、竹籃、竹皮涼蓆、木碗、木筷、毛筆、排筆、水彩畫筆、油彩畫筆、石硯、墨錠、棕拖鞋、棕帽、麻帽、金絲草帽、花席、涼蓆、白竹刁繡台布、赤竹刁繡台布、抽紗手帕、麻布繡花、黃半刁繡台布、黃全刁繡台布、白半刁繡台布、白全刁繡台布、白半刁繡枕袋、土布十字花台布、黃沖布十字花台布、鬢綢、景泰藍、雕漆、福建漆、骨雕、牙雕、宮燈、紗燈、別針、絨鳥獸、料器、活頁手冊、相片夾、鎖匙袋、錢袋、紙扇、骨扇、官扇、梳子袋、竹友綢傘、竹刻、江西瓷器、陶器、潮汕瓷器、石刻、草帽辮、草鞭提包、黃草籃、草藝、茶杯套、草拖鞋、角梳、手提包、萬里斯、手套、羅麻布、黃麻袋、雨傘、羽毛扇、繡花小襯衫、雙面繡花屏風、福州漆博古屏風、其他輕便小屏風；

食品類：

芋角、芋片、桂皮、桂心、桂通、桂籽、八角、小茴香、辣椒粉、花椒、核桃、桃仁、土豆澱粉、山芋、木薯、芥末粉、猴頭菜、熊掌；

藥材類：

甘草、當歸、黃芪、黨參、籽黃、遠志、白芍（還有數百種，此處省略）；

成藥：

川茸流浸膏、五加皮浸膏、半夏浸膏、白朮浸膏、何首烏浸膏、薑活浸膏、枸杞子浸膏、元參浸膏溶液、百部浸膏溶液、防風浸膏溶液、金銀花浸膏溶液、秦艽浸膏溶液、款冬花浸膏溶液、豬岑浸膏溶液、淫羊藿浸膏溶液、萊眼子浸膏溶液、菟絲子浸膏溶液、銀柴胡浸膏溶液、杜仲酊、小茴香濃水、天冬糖漿、麥

冬糖漿、黨參糖漿、北五味浸膏片、白蒺藜浸膏片、沙參浸膏片、黃岑浸膏片、甘和茶、安官牛黃丸、紫雪丹、涼茶、三達丸、如意膏、止咳丸、活絡丸、烏金丸、桔梗丸、人參固本丸、天天補心丸、知柏八味丸、杞菊地黃丸、附子理中丸、藿香正氣丸、愈帶丸、虎骨酒、虎骨膏、牛黃清心丸、活絡丹、萬應錠、七厘散、參茸衛生丸、再造丸、牛黃鎮痛丸、蟾酥錠；

糧油公司

紅小豆、綠豆、白小豆、蠶豆、馬料豆、白豌豆、花豌豆、白豇豆、青豆、竹豆、白扁豆、黑豆、黃大豆、黑大豆、華北食鹽、各種生仁、生果、芝麻、油菜籽、芥菜籽、葵花籽、蓖麻籽、亞麻籽、大麻籽、蘇籽、大米、糯米、小米、玉米、小麥、大麥、蕎麥、高粱；

畜產公司

皮革製品：

皮箱、皮包、皮手套、皮鞋、其他皮革製品；

毛皮類：

青猾皮、青黃猴皮、竹鼠皮、花鼠皮、地鼠皮、銀鼠皮、金狗皮、海狗皮、香狸皮；

毛皮製品：

皮襖、毛皮大衣、毛皮手套、各種油畫筆；

其他：

東方式地毯；

豬鬃：

天津花鬃、東北花鬃、重慶黃鬃；

中進出

硫化碱、鉛油（厚漆）、調和漆、磁漆、硫酸銅（98%）、甘油、麻黃素、氯酸鉀、硫化元、硫化藍、磷酸三納、鹽酸、乳酸鈣、精茶、冰晶粉、油墨、防老劑甲醛、赤磷、若丁、氧化鋁、苯胺、純苯、氯化胺、殺蟲劑、活性炭；

礦產公司

煤炭（含土礦）：

大同煤、開灤煤；

水泥、鐵砂、礬土、生鐵、鑄品、石棉、硼石塊、硼石粉、滑石塊、滑石粉、鎂石砂、磷灰石、重晶石及粉、長石（湖南產）、瓷土、鎂粉、球石、方解石、大理石、臘石、石英、紅砂、色土、浮石、澎潤土；

食品出口公司

肉類：

凍豬肉、凍牛肉、凍羊肉、凍雞肉、凍鴨肉、臘腸、香腸、豬油；

野獸類：

野雞、沙米雞、鵪鶉；

蛋品類：

鮮雞蛋、鮮鴨蛋、全蛋白粉、幹蛋白、幹蛋黃、冰蛋；

罐頭類：

紅燒牛肉、紅燒豬肉、原汁豬肉、蔥烤羊肉、牛

心、牛肝、牛肺、豬心、豬肚、豬蹄、鳳尾魚、蔥烤
鯽魚、鮑魚、蛇肉、對蝦、五香黃花魚、加哩魚、紅
燒鰹魚、鰻魚、青魚、鯉魚、敏魚、玉稚魚、菠蘿罐頭、
桔柑罐頭、蘋果罐頭、杏子罐頭、桃子罐頭、櫻桃罐
頭、梨罐頭、蘋果醬、楊梅醬、青豆罐頭、刀豆罐頭、
胡辣椒、大頭菜、蠶豆板、油煙筍、鮮冬筍、酸黃瓜、
番茄沙司、四鮮烤麩；

海菜類：

燕窩、魚翅、海參、魚肚、幹雜貝、蠔幹、海菜；

糖果餅乾類：

巧克力糖、餅乾；

乾果類：

葡萄乾；

調味品味素；

鮮水果類：

蘋果、桔柑、白梨、菠蘿、香蕉、袖子；

鮮蔬菜類：

西紅柿、茄子、黃瓜、柿子椒、土豆、白薯、洋蔥；

酒類：

各種酒；

五金進口公司

高速工具鋼、炭素工具鋼、合金工具鋼、合金結
構鋼、炭素結構鋼、承插鑄鐵管、承插叉管、承插丁
字管、承插十字管、不等邊角鋼、一般用無縫鋼管、
焊接管、鍍鋅管、方鋼、扁鋼、角鋼、元鋼；

上海分公司

牛皮箱、馬皮箱、豬皮箱、大提包、公事包、皮手套、毛皮手套、女用提包、男皮鞋、女皮鞋、足球、籃球、排球、皮粉盒、皮腰帶；

北京分公司

人字貆子皮大衣、南腿皮大衣、狸子皮大衣、家兔皮披肩、珍珠毛女短襖、灰鼠皮、大元皮、地狗皮、香狸子皮、虎皮、金狗皮、狢絨皮、花鼠皮、地鼠皮、家兔皮、水獺皮、東方式地毯；

天津分公司

天津花鬃、東北花鬃、重慶黃鬃；

天津紅小豆、山東紅小豆、唐山紅小豆、內蒙綠豆、張家口綠豆、白小豆、張家口蠶豆、黑豆、長蘆鹽、芝麻、芥菜籽、葵花籽、油菜籽、草麻籽、亞麻籽、小站米、小米、蕎麥；

廣州供給樣品

絲苗米、齊眉米、油秈米；

黑龍江供給樣品

大麻籽、蘇籽、松花江米、紅高粱、黃玉米；

青島供給樣品

各級生仁、各級生果；

各省獨特展品

礬土（河北省）、方解石（陝西省）、生鐵（石景山）、
滑石（遼寧省海城）、硴石（浙江省）、長石（湖南省）、
臘石（浙江省溫州）、石英（浙江省）、浮石（雲南省）、
瓷土（江蘇省）、方解石（熱河省）、色土（黑龍江省）、
煤（山西省大同）、滑石粉（遼寧省海城）、煤（開灤）、
石棉（河北省淶源）、重晶石（湖南省）、球石（大連）、
磷灰石（江蘇省東海）、煉銻（湖南省）、鐵砂（海南島）、
水泥（啟興）、水泥（上海龍華）、白水泥（上海）、鐵砂
（遼寧省海城）、輕燒鎂粉（遼寧省海城）、紅砂（江蘇
省六合）、膨潤土（遼寧省）、大理石、石棉（四川省）、
硴石粉（浙江省）；

⋯⋯

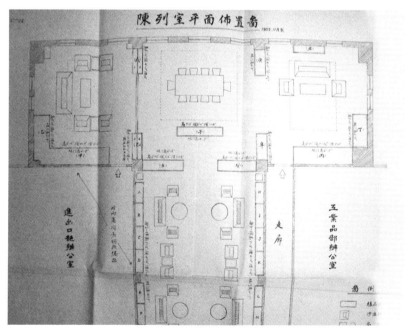

1955 年，為擴大出口，華潤公司利用自己的寫字樓
辦起了出口商品「樣品」陳列室，供港澳和國際商人參觀、訂購（華潤檔案館提供）

後來擔任華潤出口部經理的呂虞堂回憶：「我們在辦公樓裏擠出一些地方，做了七個櫃子，用於陳列商品，七個櫃子擺滿了各種出口物資的樣品，中國內地七個出口總公司都送來展品。」

1956 年的元旦，新一年的第一天，被邀請走進華潤商品陳列室的世界各地客商們看到一番全新的景象：琳琅滿目的各類商品整齊擺滿了一組組展櫃；實物配着文字介紹，還有相應的英文簡介；不好擺放實物的也放上了各個角度的圖片，方便了解；精通粵語、英語的解說員詳細介紹；如果感興趣，就會有專門的引導員帶至臨時談判室，在那裏接待員會進一步的跟進⋯⋯幾乎和如今展銷會一模一樣的流程，讓當時的世界客商高豎大拇指，購買合同遞增，一些商品的訂單量甚至超出了當時中國的供應能力。

在香港能如此集中、真實、近距離地感受了解中國貨，此舉大受對中國貨充滿興趣與期待的客商們的讚譽和歡迎。這次展覽的成功使華潤很受鼓舞，外貿部領導也很振奮，中國內地各進出口總公司和分公司也是摩拳擦掌。大家一致認為：通過展覽，能很有效地促進出口工作，那麼能不能在中國內地也舉辦一次大規模的國際展覽會，讓來自世界各地的客商從香港華潤的陳列廳來到更寬廣的神州大地上了解中國商品、了解中國。

1956 年春，外貿部出口局副局長舒自清、外貿部駐廣州特派員嚴亦峻、華潤公司董事長兼總經理張平，三個外貿系統的老朋友在廣州相聚。相談甚歡中，三人都聊到了在中國內地辦一場國際展覽會的想法，聊得興起，嚴亦峻一拍大腿：「哪還有比廣州更好的選擇？」

此時的廣州已經在 1955 年 10 月舉辦過第一屆蘇聯商品展覽會，為期 62 天，大獲成功，又剛於 1956 年 3 月舉辦捷克商品展，廣受中國內地廠商的歡迎，加之廣州與香港有直通火車，方便客商從香港入境前往。無論辦展經驗、環境條件、交通條件，

廣州確實是當時中國內地難得的窗口城市，舒自清和張平都贊同這個建議。

1956 年 6 月 20 日，嚴亦峻親自執筆向外貿部提交了一份報告，建議「今年九、十月間在廣州舉辦一次全國性的出口商品展覽交流會，邀請國外客商前來參觀」，報告層層上遞，最終遞交到李先念副總理手上，李先念副總理大筆一揮：同意舉辦。

1956 年 7 月 30 日，非常短的時間內，外貿部就發出《中國出口商品展覽會展品徵集方案》，並責成由華潤公司提供擬邀請的海外客商名單。華潤立即成立了兩個小組：一個是「外商小組」，張平親任組長，浦亮疇、徐鵬飛任副組長；一個是「華商小組」，華潤公司副總經理何平任組長，五豐行、德信行相關人員全部加入。

「外商小組」通過世界各國駐香港的「商務專員」了解外國公司的信息，編制邀請名單，還專門派出副總經理劉朝緒去日本參加 1956 年的國際博覽會，直接向外國商人進行宣傳，並邀請各國與會代表來中國參加展覽會。

「華商小組」和香港中華總商會一起編制客商名單和地址，世界範圍內的中國僑商和港澳商人都在邀請之列。

當多達數千人的名單編制完成後，華潤人發現在面前有一系列他們無法解決的問題。

第一個問題：1956 年的中國正在進行轟轟烈烈的公私合營，對資本主義工商業進行社會主義改造。許多僑商和華商在內地的產業都在改造之列，他們因此產生了一種擔心：展覽會是不是一個幌子？如果回中國內地參會，會不會被扣留？會不會要求交出所有家產接受定息贖買？

第二個問題：當時與新中國建交的國家很少，大部分西方國家與中國都沒有互設使館或代辦處，外商如何辦理來中國的簽證？

華潤在給外貿部的報告中寫道:「部分人則害怕,有顧慮。」
兩個問題通過外貿部直接提交到國務院、公安部和外交部。

在國務院的統一協調下,經過外交部、外貿部、公安部、
中國旅行社及相關部門協商,答覆如下:

1、保證僑商和華商的合法權益,來去自由。

2、外商可持華潤公司蓋章的邀請函到香港中國旅行社
登記,可先進入中國內地,而後在中國海關辦理簽證手續。

得到中央明確答覆的華潤,迅速把消息傳達給廣大僑商和
華商,僑商和華商很興奮,但也紛紛提出必須由華潤帶隊集體
去廣州,才接受邀請前往。於是,華潤公司將旗下幾個公司進
行劃分,一一對應行業,並承諾保證安全地帶隊返回香港,來去
自由。

華潤檔案館裏有一份檔案記載了當時的分工:

1、五豐行:負責組織果菜、海產、四時食品、糖
果和食品加工廠等行業;

2、德信行:負責組織藥材、山貨、陶瓷、抽紗、
手工藝品、土紙等行業;

3、華潤工業品部:負責組織小百貨(化妝品)、
紙張、文具、紗布、建築器材(小五金、玻璃)等行業
及一些加工廠商;

4、華潤出口部:負責組織茶葉、絲綢、油脂、雜
糧、大米、皮革、煤業等行業;

5、華潤進口部:負責組織化工、西藥、通訊器材、
五金、文化儀器、針織工業等行業。

華潤擬好的邀請名單，報外貿部和中國國際貿易促進委員會審批；審批後，再將確定的名單反饋給華潤，就成為正式的邀請名單。之後，華潤將港澳地區的邀請名單送到香港中華總商會，委託他們負責郵寄邀請函；對海外商人的邀請名單，則由華潤公司親自寄出邀請函。

1956 年 11 月，居住在羅湖口岸附近的深圳居民訝異地看到一羣羣黃皮膚、白皮膚、棕皮膚的各色人，操着英語、粵語和其他聽不懂的語言，穿着難得一見的西服套裝，拎拖着大大小小的行李箱、公文包，在中國警察的引領下，沿着路軌步行跨過深圳河，再進入早已等待在那裏的綠皮火車。

關於這一次前往參會途中的情景，華潤並沒有文字資料留存，或許 17 年後由一位澳大利亞商人寫下的回憶可以作為參考。澳大利亞商人 Donald Moir 回憶說：「火車裏非常熱，兩個小時停了好幾個小站，車廂裏煙霧瀰漫」，「火車在邊境停下來，大家才鬆了一口氣。拖着行李沿鐵軌走了 200 米，我們才見到幾個不苟言笑的中國移民官（警察），他們收了我們的護照，領我們到火車站的一間房子裏等待。」當辦完入境的簽證手續，抵達廣州後，「讓我們不可理解的是，很多人都得和完全不認識的人共用一個房間。」[24]

這樣的窘迫已經是 1973 年的場景，可以想像，以此類推往前 16 年的 1956 年，必然條件更加艱苦。但相較於一個數億人口國土遼闊的新國家帶來的想像力和吸引力，旅途上的周折艱苦都已不是阻攔腳步的障礙。

1956 年 11 月 10 日，中國出口商品展覽會在廣州中蘇友好大廈召開，9200 平方米的展覽大廳被擠得水泄不通。開幕當天，廣州市民及海外商人的參觀人數超過一萬人次，最高峯期參加者超過三萬人。

第一屆中國出口商品展覽會洽談現場

當時出版的《文匯報》用激動的筆觸描繪了大會的盛況:「我國商展今開幕,廣州市面一片熱鬧氣氛,陳列汽車、機車等展品一萬三千餘種,13 個交易團開始與早到的來賓洽談生意」,「廣州的飯店、旅館大都經過一番修飾」,「百多名講解員己熟悉自己的講解科目」。

香港《大公報》記者畢清寫道:「那時解放牌汽車生產出來不久,第一批五輛用火車運到廣州南站,司機開車前往中蘇友好大廈,途經文化公園大門前時,被人們圍着觀看,汽車不能前行,只得停下來……驚喜、讚美、自豪的心情溢於言表。」[25]

由於參觀的中國內地人員太多,如過節趕集多過像商業展覽,進出口業務談判根本無法進行,參展經驗豐富的華潤公司立刻向大會建議:每日要限制進館人數,而且「不宜組織行業座談會,大客戶要個別成交」,「批發商、轉口商多做期貨,零售商多做現貨」。

第一個星期,港澳客商參觀者約 5000 人,接待歐洲、日本商家 30 餘個。當時恰逢西方的聖誕節即將來臨,泰國、菲律賓

等國商人訂購了大批工藝品作為聖誕商品，「一西德商人在華簽訂 50 萬英鎊合同後抵港」，「港工商界收穫大，60 餘人由穗返港，讚商展美不勝收」，「外商讚揚中國商展，認為足與世界各地商展比美」，「商展幾天內，港澳商人成交最多，18 個國家的商人已有交易」。[26]

中國出口商品展覽會的成功，讓國務院堅定了持續舉辦展覽會的決心。半年後展覽會改名「中國出口商品交易會」，並確定每年在廣州舉辦兩次，這就是日後廣為世人所知的「廣交會」。周恩來總理親自視察了第一屆廣交會，定下了「讓世界了解中國，讓中國認識世界」的廣交會宗旨。

從 1957 年開始，每年兩屆的廣交會為這個當時貧瘠的國家匯聚了大量外匯，第一屆出口成交 1754 萬美元，第二屆達到 6932 萬美元，第三屆便達到了 1.53 億美元，這些因為商業目的源源不斷湧入的自由外匯，為這個百廢待興的國家積累了成長需要的重要養料。

世界各地的商人源源不斷地從這個渠道走進中國，有效地促進了中國進出口貿易的發展。通過與外商、僑商和華商接觸，中國的貿易系統看到了外面的世界，學到了大量先進的、合理的外貿管理理念。在這裏，新中國進一步了解掌握「和平時期的貿易應該怎樣做」。

一些國家政要也通過這條貿易的通道曲線進入中國，1965 年，再一次親臨廣交會的周恩來總理就利用貿易談判的機會，在廣州會見了烏干達總理、剛果（布）總統夫人，還與澳大利亞、阿拉伯聯合共和國、印度尼西亞、馬里、巴基斯坦、柬埔寨、越南等國家和地區的官員和代表團進行了交流。從 1957 年到 1965 年，九年間與中國有貿易關係的國家和地區增至 124 個，曾經的封鎖圈基本名存實亡。

從這裏看見世界的中國，和從這裏看見中國的世界，都通過

貿易的舞台，收穫了遠超貿易的收益。

2023 年 10 月，第 134 屆廣交會大幕拉開，參會企業數量超過 74000 家，又一次刷新了自己的紀錄。而線下線上的融合參展，來自 40 個國家和地區企業的共同參展，則讓廣交會跨越現實和虛幻、中國與世界，真正成為全新時代世界經濟交流的華麗舞台。這一年，在中國大地上舉辦的規模以上展會已超過 1800 個。

為增進接觸、促進外貿、擴大交流打開局面，廣交會書寫下關鍵的一章。在這精彩的篇章中，華潤人的身影時時浮現，他們擬名單、發邀請、做領隊、當翻譯、陪談判，努力引見客戶、推薦產品，熱情專業地服務着他們邀請來的港澳僑商、國際客商們。

但繁華的背後，常常掩藏着旁人並不知曉的辛酸。華潤人在展覽會中滿面笑容、舉杯歡慶、談笑風生，沒人能想像這些在國際市場上叱咤風雲、在繁華的香港經手着讓同行豔羨的大生意的華潤人，會為一件得體的衣服犯難。華潤檔案館至今珍藏着一份特殊的報告：

> 近年來參加交易會的各地工作人員均感服裝缺乏，對外接觸不便，但又因布票有限，添置不便，請示能否 1、按臨時出國人員辦理，發給布票；2、從外貿庫存不合適的服裝中提出部分襯衫，作價銷售，不收布票。
>
> —— 1962 年《關於參加廣交會工作人員的服裝問題請示》

這份請示，最終經國務院特批，同意將庫存中已不適合外貿出口的服裝，作價銷售給因工作需要的外貿人員，但特別註明，與外商接觸少的人員暫不解決。

這是經濟匱乏時期中國外貿人員獨有的尷尬。對如今的中國人來說，這包含着讓人難以理解的辛酸，但正是一代人的獨特處境，映襯着一代人的獨特品格。

身在香港，光鮮的華潤人依然是貧困中奮鬥的中國內地的一分子，面對世界，華潤人在一身西裝革履下經歷的千辛萬苦，是一個過去的時代雕刻下的人生情懷。正是這些一個個細小的故事，方有能力告訴所有的後人：「敬畏歲月，勿忘過往」。

第十五章

相守相望

1960 年 12 月 16 日，離中國人的傳統佳節春節還有整整 60 天。這一天，遠在香港的華潤公司，接到了外貿部發來的緊急命令：買糧。

　　1、立即同澳大利亞糧食局聯繫，爭取 12 月 25 日前成交小麥 10 萬噸。

　　2、立即派二人去加拿大，爭取在明年 1 月 10 日前成交一批，及早運回。

對於買糧，此時的華潤不算陌生，但也談不上熟悉。此前中國每年都會少量出口一些大米和雜糧，進口一些小麥，為的是「調劑品種」。

加拿大小麥局往來函件（華潤檔案館提供）

在華潤檔案館裏，1960 年之前關於糧食進口的卷宗屈指可數，以 1958 年為例，僅有 14 卷：

1958 年 2-7 月：《購加拿大小麥函件》、《關於小麥裝船問題》、《關於貨到岸如何付款事》、《關於進口加

拿大 3 號小麥（散裝）合同》、《進口加拿大小麥 12000
噸合同》、《進口加拿大小麥 9000 噸合同》、《進口加拿
大小麥 12500 噸合同》

　　1958 年 3 月 21 日：《進口南非玉米函件及合同》
(1- 6 卷)

　　1958 年 5 月 14 日：《購澳大利亞 8500 噸小麥
合同》

　　與這些檔案存放在一起的，還有五份租船協議，這意味着
1958 年運送這幾萬噸糧食一共動用了五艘船。這個數量，對於
每天都有貨船航行在海上的華潤而言，堪稱寥寥。事實上，中國
在 1959 年以前糧食進口數量並不大。

　　但情況就是從 1958 年開始，悄悄地發生了變化。

　　《中國災情報告》是這樣記載 1958 年狀況的：

　　　　1-8 月，全國大面積旱災……5 月中旬西南、華南及冀
　　東持續乾旱。入夏，華東、東北 800 多萬頃農田受旱。吉林
　　省 266 條小河、1384 座水庫乾枯，為近 30 年未有的大旱。
　　年內，旱災波及 24 個省區 2236 萬公頃農田。

　　到了 1959 年，「春旱影響河北省 150 萬公頃小麥生長，成
災 62 萬公頃；黑龍江省……150 萬公頃耕地受旱 2 寸多深，少
數 4-5 寸深，為歷史少見」。7-9 月，渭河、黃河中下游以南、
南嶺、武夷山以北廣大區域普遍少雨，閩、粵 60 天無雨，遂「波
及豫、魯、川、皖、鄂、湘、黑、陝、晉等 20 個省區的旱災分
別佔其 77.3%（受災 3380.6 萬公頃）和 82.9%（成災 1117.3 萬公
頃），受災範圍之大在 50 年代是前所未有的」，「是新中國成立
10 年來旱情最重的年份」。[27]

1960 年，持續旱情擴大：「上半年，北方大旱。魯、豫、冀、晉、內蒙、甘、陝 7 省區大多自去秋起缺少雨雪，有些地區旱期長達 300-400 天，受災面積達 2319.1 萬公頃 ⋯⋯ 除西藏外，內地各省區旱災面積高達 3812.46 萬公頃，為建國以來最高記錄」，「本年災情是建國後最重的，也是近百年少有的」。[28]

這一幕是很多中國人最為沉重灰色的記憶，年輕的共和國在它的第十個年頭開始遭遇了空前的困難。到 1960 年，連續兩年農業大幅度歉收，嚴重的饑荒覆蓋了整個中國。

> 糧、油和蔬菜、副食品等的極度缺乏，嚴重危害了人民群眾的健康和生命。許多地方城鄉居民出現了浮腫病，患肝炎和婦女病的人數也在增加。由於出生率大幅度大面積降低，死亡率顯著增高。據正式統計，1960 年全國總人口比上年減少 1000 萬。突出的如河南信陽地區，1960 年有九個縣死亡率超過 100‰，為正常年份的好幾倍。[29]

當奮鬥了一年的人們艱難地走到年終歲尾時，卻發現連過年的糧食都告急了。北京的存糧只夠銷售七天，天津只能銷售十天，上海幾乎已沒有大米庫存，全國其他地方的情況更加嚴重。

為了糧食問題，黨中央緊急成立三人領導小組，毛澤東主席親點周恩來、李富春、李先念負責。中央第一次不得已作出這樣的決定：從西方國家進口糧食，初定 1961 年進口數量為 150 萬噸。但僅僅一天之後，這個數字又被改為 250 萬噸。

時任外貿部副部長雷任民在日後接受紀錄片《周恩來》製作組採訪時，一連用數個「沉重」形容了變化背後的無奈。當時他正陪同周恩來總理前往緬甸訪問，在昆明機場接到外貿部的電話，說陳雲同志提議修改一天前的方案，將糧食進口數字提高到 250 萬噸，經過直接與陳雲的電話溝通，周恩來總理最終同意了

這個方案。「陳雲同志要 250 萬噸，恐怕這事情不能少，少了會出亂子」。訪緬一結束，雷任民按照周恩來總理指示，直接飛往香港，籌備糧食進口任務。[30]

隨後，外貿部立即成立了糧食進口工作領導小組，葉季壯部長親自掛帥，談判購糧的任務則直接交給了華潤。

1960 年 12 月 16 日，外貿部起草《關於 1961 年糧食進口的報告》給周恩來、李先念、李富春，向中央這樣表達了決心：

> 進口這批糧食，對緩和大城市和重災區以及全國的糧食緊張形式穩定市場，渡過麥收前的糧食緊張時期，有着重要作用。我們一定把進口糧食問題作為明年上半年的頭等重要政治任務，千方百計，全力以赴，毫不猶豫，保證完成！關於具體業務，由香港華潤公司指揮，購糧意圖和做法，我們已當面向華潤公司的領導同志交代清楚，他們今天回去即將開始行動。

此時，原華潤公司董事長兼總經理張平已經調回北京，任中國糧油進出口總公司副總經理。新任總經理丁克堅在北京當面接受完任務後，火速抵達香港，立刻組成了兩個談判小組，丁克堅親自指揮，巢永森等配合。第一個小組以浦亮疇、徐鵬飛為主，負責同澳大利亞的談判工作；第二個小組以俞敦華、劉朝緒為主，負責與加拿大方面的談判。

有着近七億人口的社會主義大國因為大饑荒要向西方世界購買大量糧食，這件事一旦為世界所知，不僅會是世界關注的新聞，世界的糧食市場也會因此發生劇烈的波動，因此，中國向西方世界買糧的任務不僅只許成功不許失敗，而且還要保證絕密。

於是，一份每期只印刷 25 份的《糧食進口工作專報》誕生了，以外貿部直接呈遞黨中央的絕密文件方式，方便中央領導每

丁克堅（華潤檔案館提供）　　　　　　退休後的徐鵬飛（華潤檔案館提供）

天都能及時了解到糧食談判、簽署協議以及糧食運輸的動態。於是，華潤深圳辦事處的紅色電話升級到了最高級別，外貿部派專人到深圳守着這部電話，華潤人每天都要輾轉從香港前往深圳當面彙報，再由外貿部所派專人整理後向北京彙報。

承擔任務最重的，是即將遠赴海外的兩個華潤購糧小組，他們必須要調動多年外貿工作積累的一切資源和經驗，跟澳大利亞和加拿大談妥這筆生意，既要確保按時按量完成任務，又要避免過分暴露中國的困境。

但在透明的西方市場，要悄悄完成如此大規模的糧食購買，幾乎是不可能完成的任務。無數次秘密會議之後，時任華潤公司副總經理何家霖提出了一個充滿想像力的方案——先出口，再進口。

1959 年，在浮誇風的鼓舞下，中國制定了一個數額大到不可思議的「1960 年大米出口計劃」，引起過西方世界的密切關注。這一刻就以這個「天方夜譚」式的計劃打掩護，或許會起到了意想不到的迷惑作用。按照何家霖的設計，以「1960 年大米

出口計劃」為宣傳口號，將原來的「調劑品種」擴大化，具體執行上可以「出口大米五萬噸，換十萬噸小麥，加上芝麻三萬噸，菜籽二萬噸，這樣能省下一大筆現匯，又能迷惑外界」。

「糧食調劑」起到了期待中的好效果。在向社會主義陣營國家出售大米的同時，火速抵達澳大利亞的徐鵬飛只用了三天時間，便談妥了第一筆糧食進口合同。12 月 23 日，澳州小麥主席戴斯台爾在墨爾本宣佈：已售給中國小麥 24 萬噸，價值 500 萬澳幣，他本人表示對這筆交易十分滿意。

這一天距離華潤接受進口糧食的緊急任務剛剛過去七天。

就在第一批糧食進口協議簽訂時，中央再次提高了需要進口糧食的數量，據 1960 年 12 月 29 日的《糧食進口專報第六號》記載：

中央書記處指示：明年上半年共計進口糧食 160 萬噸。3-5 月平均每月到貨爭取達到 30-35 萬噸。

這個數字到了 1961 年 1 月又確定為全年 400 萬噸，比一個月前的估算增加了 150 萬噸。

此時，東方大國大量購糧的消息還是引起了西方世界的注意。華潤公司的俞敦華、劉朝緒抵達加拿大不久，美聯社就發表電訊：「在這個兩人代表團到達蒙特利爾的同時，北京《人民日報》報道，中國受到『嚴重的災害』」。[31]

此時正在法國談判購糧的另一支華潤隊伍立刻感受到了壓力。

在原定 250 萬噸的糧食進口任務中，有 50 萬噸是支援同樣遭受糧食危機的阿爾巴尼亞的，為了減少運輸成本，華潤公司決定在法國購買一部分，直接運往阿爾巴尼亞。但隨着美聯社的電訊傳遍世界，法國商人立刻抬高了小麥的價格。面對這種情

形，華潤公司當機立斷：暫時停止與法國商人的談判。與此同時，一支運糧船隊從中國出發前往阿爾巴尼亞。這樣的新聞傳來，不止法國商人被他的談判對手徹底搞蒙了，密切關注着中國進出口糧食動向的西方政府和商人們都迷惑了，中國究竟缺不缺糧食呢？

在他人的舉棋不定中，華潤旗下華夏公司已經開始秘密租船，一個月後，便預先租好運糧船 49 艘，可以運載糧食 55 萬噸。一切都是為了搶速度，和時間賽跑、和正在擴散的猜疑賽跑、和祖國正在加劇的糧食緊缺賽跑。

1961 年 2 月 2 日 0 時 35 分，第一船從澳大利亞出發的運糧船抵達天津新港，此時距離春節還有 12 天。

2 月 8 日第二船小麥運抵上海；10 日，第三船小麥運抵秦皇島；12 日，第四船運抵大連。在不到兩個月的時間中，華潤完成了進口 262 萬噸小麥的任務。

兩天后，華潤運回的糧食讓艱難中的共和國度過了一個溫暖的春節。

但是，天災人禍造成的饑荒並不會隨着過年的鞭炮聲而消散。為此，一場關係國計民生的規模浩大的戰役在中央直接領導下，在隱秘狀態中繼續進行。

談判桌上，考驗心力和智慧的較量，在不動聲色的狀態下艱難進行着。難點在於，需要糧食的數量太多；而更大的難點在於，採購如此數量的糧食，華潤手裏卻沒有足夠的錢。

為了給貧困的國家和人民儘量節省一點寶貴的外匯，華潤甚至提出買糧的過程中，自帶包裝袋：

從加拿大進口麵粉，需要用面袋子裝面，袋子的價格計算在糧食價格內，這樣，每噸麵粉增加 32 先令。華潤負責談判的代表經過協商，降為 23 先令。為了節省外匯，我方又提出，從第二批開始，不在加拿大買面袋，而是用我國自己的面袋。

一袋之較，寫盡了華潤人當時的精打細算。

彼時唯一對華潤有利的情報是，剛剛過去的 1960 年，澳大利亞經歷了又一次糧食大豐收，把多餘的糧食賣出去也是澳大利亞農民最迫切的希望。於是，華潤緊緊抓住這個點，展開談判桌上的博弈，最終華潤提出一個頗具突破性和現代思維的解決方案：

　　華潤代表中國政府，請求澳大利亞政府出面，然後，兩國政府共同請澳大利亞銀行幫忙，由銀行先墊款給澳大利亞農民，華潤再延期付款給銀行，並支付相應的利息。

此前中國的進口物資主要是工業用品，糧食進口很少，因此華潤人跟西方國家的糧商來往較少，在彼此還不夠了解的情況下商談大額欠款和延期付款，談何容易。三個主要的售糧國，加拿大、澳大利亞、西德又各有各的管理理念，各有各的性格特點，談判桌上注定不會一帆風順。

1961 年 9 月 21 日，華潤公司致信中國銀行，建議從倫敦中國銀行選派一位熟悉歐洲金融的負責人來香港，給華潤公司介紹情況，內容包括：

　　1、英國及西歐國家貿易外匯管制條例及其特點；
　　2、倫敦市場的金融情況，包括銀行業務的各種方式、費用率、存放款的利率，票據貼現的一般途徑；貼票公司的組織及經濟能力；貼票公司與英倫銀行的關係及貼現辦法；市場票據貼現的具體做法及最大額度，除倫敦外其他地區貼現的可能性、做法及貼現率等；
　　3、倫敦市場外幣買賣的具體做法（包括遠期、即期）；

4、西德糧食出口商通過倫敦銀行墊款的具體做
法。除北歐銀行外尚有哪些銀行能做這類業務;

5、英鎊幣值趨勢;

……

華潤想盡一切辦法尋找着解決資金困難的方法。

這一年的秋季廣交會閉幕,成交額達到破紀錄的 1.31 億美
元,但考慮到中國正處於自然災害時期,有可能完不成這些合
同,外貿部部長助理傅生麟和廣交會部分同志向盧緒章副部長
建議不公佈成交額。盧緒章於 11 月 13 日予以批示,建議公佈
成交額。

很快,中國通過秋季廣交會成交 1.31 億美元的消息,通過
媒體的宣揚,又一次傳遍了世界,加拿大和澳大利亞對於中國支
付能力的信心有所恢復。

經過艱難的談判,華潤與澳大利亞、加拿大終於達成協議:

與澳大利亞,裝船後先付貨款 10% ,六個月後付
40% ,一年後付 50%;與加拿大,裝船後先付貨款 25% ,
九個月後付 75% 。關於利息其間多次調整,但基本為年利
率 6% 。

為了簽訂更長期的糧食貿易合同,中央決定,派華潤總經理
丁克堅出訪加拿大。

華潤人的謙恭有禮、流利的表達,和筆挺的西裝一起,引發
了當地政商兩界的熱議,他們摒棄成見開始遐想,和一個擁有廣
袤土地和七億人民的國家交朋友會給加拿大帶來甚麼?雙方簽
訂貿易合同的當天,加拿大電視台、電台、報紙廣泛報道了簽
字儀式,就連遠在香港的電視台和電台也進行了轉播。

當時陪同丁克堅同往的巢永森回憶道：「財政部長接見了我們，此人後來做了加拿大總理。通過進口小麥，我們也讓他們買我們的東西，比如買我們的紡織品，增加配額，抵糧款。這次訪問取得了很好的效果。」

1961 年 5 月，加拿大小麥局同中國成功簽訂了小麥貿易的長期協議，初步確定了 1961 年 6 月 1 日至 1963 年的貿易數額及價格，之後中國與澳大利亞也簽署了長期供應小麥和麵粉的協議，處在艱難時期的中國終於有了穩定的進口糧食來源。

在中國糧食短缺最困難的時期，華潤沒有讓故土上期待的人們失望，經華潤之手源源不斷運回的小麥共 1300 萬噸，這個數字，讓很多受到飢餓威脅的同胞擺脫三年困難時期的死亡威脅，幫助共和國捱過了經濟上最為艱難的歲月。

丁克堅和巢永森回到內地的第一件事，就是跟隨着外貿部部長葉季壯前往中央，向糧食進口三人小組彙報事情經過。聽完在加拿大和澳大利亞購糧見聞後，副總理李先念撫掌大笑，自掏糧票請所有人吃了頓飯，以示獎勵。[32]

在華潤和華潤人心裏，一直有兩個家。身後的故土，那是他們來的地方，是無論身在哪裏都魂牽夢縈的根，是為之奮鬥了數十年的家；另一個「家」，就是腳下的這片港灣，這裏是華潤出生成長的地方，是華潤出發之地、立身之處，華潤從這裏走向世界，從幼年走到青年，可以說早已與香港密不可分，不僅僅因為華潤很多員工來自香港本地，也不僅僅因為香港慷慨給予了華潤成長的養分，更因為無論歲月還是戰爭都不能抹去的一衣帶水、血脈相連。

正因為此，在新中國成立後，保留在香港的華潤就一直肩負着除了貿易的另一重任務，團結香港愛國僑胞，做好中國內地和香港之間的橋樑。

1952 年 8 月 4 日，香港《文匯報》上刊登了一篇題為《祖國

土產的品質提高了 —— 從一些日常用品看祖國的新氣象》的文章，文中小故事「廚房裏的香氣」描寫了中國出口商品花生油、豆油、香油等純度提高，沒有焦糊現象；「可喜的杯中物」一節則讚揚了青島啤酒、五加皮酒、玫瑰露等商品，作者寫道：「新中國出現以後，我們很快就知道有一種叫做青島啤酒的中國商品」；在「又大又肥、色味俱佳」一節，作者又寫道：「內地出口商品質量明顯提高，比如說活魚、梅菜、大蒜等易腐爛商品，現在新鮮多了，而且價錢公道，數量十足」。這些充滿煙火氣息的真實記錄，最終以一個香港社會的常識收篇 —— 這些日常食品的最終供應者，都是華潤。

總面積 1099 平方公里的香港，生活用品大多依賴外部輸送，而絕大部分生活資源來自山水相連的內地，新中國成立之後，這種不能中斷的供應，得到了政策性的保障。儘管當時內地物質貧乏，但依然是香港日常生活的重要依賴，即使在內地遭遇三年自然災害時期，這樣的供給也從沒有中斷。

1960 年 12 月，成立糧食進口小組一週後，國務院又成立了港澳出口工作小組，周恩來總理繼糧食進口小組組長之後，又出任這個小組的組長，組員包括陳雲、陳毅、李富春、李先念、譚震林五位副總及國務院財貿辦公室、外事辦公室、外貿部相關廳局負責人，陣容堪稱豪華。目的只有一個，即使內地再難，也要保障香港的物資供給。

12 月 29 日，港澳出口工作小組就印發了《對港澳出口工作專報第一號》。

對港澳出口工作專報第一號

對外貿易部編印 1960 年 12 月 29 日

中央對外貿易指揮部在 12 月 15 日批轉了我部「關於在新年和春節期間對港澳副食品出口計劃的報告」。

按照這個計劃，從 12 月 15 日到 1961 年 2 月 15 日，兩個月內對港澳出口副食品和小土產計劃總額是 148.5 萬美元。

最近十天出口副食品和小土產 230 萬美元。

相比於當時內地所有麵粉加一起都不夠北京、上海、廣州的市民過年包一頓餃子的現狀，中國內地對香港的食品出口可以稱得上慷慨。因為保證香港的供給，從來不是單純的貿易行為。很多年後，原五豐行董事長施雲清仍會在採訪中一遍遍強調他當年參加供港物資會議時領會的精神：「對港澳供應是特殊情況，是政治任務，關心港澳同胞每天息息相關的生活必需品，這是我們國家，我們黨的義務。」

1962 年 3 月 20 日零點，一趟武漢開往香港的「621」專列一聲長鳴駛離站台，標誌着一段歷史的開啟。這趟經國務院批准，鐵道部、交通部、外貿部共同協調開設的特快列車，從武漢江漢站出發，特批的 30 個車皮滿載着運往香港的物資，沿線各站均配合快速通過，1254 公里一路暢行，53 個小時後就駛進深圳筍崗車站，經過編組在清晨抵達香港。

「621」貨運專列使供港物資更為穩定高效，兩個月後，在周恩來總理指示下，分別從上海和鄭州出發的供應港澳鮮活冷凍商品專列也相繼開通。

1962 年 12 月 11 日，753 次快車從上海新龍華站開出，全程 1952 公里用時 81 小時。755 次快車從鄭州北站出發，全程 1749 公里用時 79 小時。

751（原 621）、753、755 三趟專列，全稱為「供應港澳鮮活商品三趟快運貨物列車」，這就是著名的「三趟快車」。它由外貿部「三趟快車」領導小組牽頭，由內地各糧油進出口公司組織貨源，鐵道部組織運輸，由華潤公司旗下的五豐行在香港組織銷

售。這是一項跨越南北和多部門的大工程，更是一項合作性和計劃性極強的複雜工程。

在貨源端，各省的糧油進出口公司要按照生產計劃和出口配額組織貨源，就近裝車。此外，商品供應要均衡適量，有計劃，不能少也不能多，少了就不能滿足香港市民的日常需要，多了就會在香港造成積壓。

運輸上，二條線路沿途接掛各地的車皮，然後集中於京廣、滬杭、浙贛等幹線，發往深圳。沿線各站都要協助，為牲畜加水，打掃車廂衛生，還要防止偷盜。

到了銷售端，三趟快車抵達深圳以後，定會在第一時間見到五豐行派出的押運員。

今日香港的文咸街，依舊以琳琅滿目的南北貨吸引着往來遊客，但只有那些仍習慣每天走進店舖轉一轉的白髮老者和急匆匆從老闆手中接過各種食材的老饕們才會明白，這裏空氣中流動的不僅是香港最地道的煙火氣息，也是和家鄉割不斷的離愁別緒。1951 年，一家以「五豐行」為名的商舖就在文咸街上華麗亮相，憑藉代理銷售內地口岸公司出口的牲畜、家禽、水產品、蛋品、果菜等產品的獨特優勢，迅速在眾多南北貨行中脫穎而出。「五豐」之名，既寓意着「五穀豐登」，也可以理解為「肉、禽、蛋、魚、菜」五樣餐桌上最常見的食物，樣樣都豐盛。歸屬華潤公司後，業務更是蒸蒸日上，當 11 歲的它接到國家交予的對接鮮活物產任務時，對這一行已是輕車熟路。

「三趟列車」到深圳後，港英政府派出的火車頭抵達深圳，對車皮重新編組，然後再由五豐行的押運員跟車開進香港。貨車進入香港火車站後，五豐行的裝卸員工早已在站台上等候，迅速組織卸車，為了保證商品的鮮活率，卸貨越快越好，五豐行立下一條鐵律：無論貨量多少，卸貨絕不過夜。

那時香港紅磡火車站站台很小，沒有專門的汽車運輸通道。

為此，華潤公司與港英政府協商，擴大站台，增加貨場，挖山修路，開闢出兩條專線，以供運貨汽車通行。

貨到香港，五豐行對接的是華潤用十餘年搭建的一個龐大銷售網絡，相對穩定的分銷商多達 2700 餘家，分別對應蔬菜、水果、水產品、鮮活家畜、糧食、油料、凍肉、臘味、罐頭食品、糖果、酒類等的銷售。每次列車一到，星羅棋布在香港街頭巷尾的商舖瞬間就喧鬧起來，新鮮的蔬菜、精壯的黑豬，還有毛旺體健的活雞，往往清晨隨火車來到香港，下午就能出現在街市的案頭上。

五豐行負責銷售，華潤公司則要根據市場變化，為出口商品生產基地和貨源組織部門提供相關信息和建議，哪些商品供不應求，哪些商品供大於求，進而要求貨源端及時調整產品的種植養殖和生產數量。每逢節日臨近，還需要根據每個節日的特點，進行有針對性的調整，清明節前要增加活雞的供應、端午節前則要大量準備鴨子等等，除此之外，華潤還要及時反饋商品質量的信息，通報哪些商品與外國商品形成了競爭，該如何改進提高競爭力。

從 1964 年 5 月 21 日起，外貿部和鐵道部協商再加開一列不定期的 757 次快車，專門運送東北、華北、西北的鮮活商品，北京的水蜜桃、宣化的葡萄、天津的大白菜、蘭州的白蘭瓜、新疆的哈密瓜等商品，跨越千山萬水，當時當季地出現在香港市場上。

內地鮮活食品和瓜果蔬菜跨越山海運送至香港，無論是優秀的質量，還是豐沛的數量，都寫就了那個時代的奇跡，無論自然災害、物資貧乏、社會變化都沒有影響源源不斷的運輸，更是奇跡中的奇跡。五豐行用數十年的從未間斷，成就了自己到今天香港居民提起都倍感親切的美名流傳。因為對香港居民生活的服務，華潤收穫了香港普羅大眾深深的信賴，港英政府也對

1963 年香港水荒

華潤對香港民生的貢獻交口稱讚。

「四天供次水，萬眾盡惶惶。煮飯常無水，沖涼更冇行。」這首刊登在《文匯報》上的打油詩，記載了香港歷史上一個特殊時期的窘境。

從 1962 年底開始，香港出現自 1884 年有氣象記錄以來的最嚴重乾旱，並一直持續到 1963 年，連續九個月都沒有下過一滴雨。遭遇百年不遇的旱災，港英政府不得不實行定時供水，從開始的每天供水四個小時，到後來每四天供水四小時。一時間，大號儲水鐵罐在香港賣到脫銷，每到供水日，香港人無論老少，都提着大大小小的桶罐出來打水。這種狀況下，港英政府想到了「神通廣大」的華潤公司。

作為海島、半島相連地帶，香港淡水資源向來缺乏，伴隨着湧入這片土地的人日益增多，缺水問題愈發嚴重。早在這場水荒來臨前的 1958 年，港英政府財政司司長高斯惠和工商局有關負責人就來到華潤，與時任華潤公司董事長兼總經理張平討論可否商請中國內地為香港供應淡水。茲事體大，張平特意前往北京請示彙報，中央態度非常明確：「只要對香港人民有利，馬上辦理」。可關鍵時刻英政府內部出現了爭論，有人建議「直接建一座海水淡化工程來解決港人用水問題」，可工程耗資巨大，

英國議會議而不決，加之還有一些生怕內地藉提供水資源來卡住香港脖子的聲音，於是，缺水的問題就這麼一直拖延到這次百年一見的旱災。

面對陷在缺水困境中的香港居民，華潤不願再等。經過向上級彙報獲得同意後，華夏公司出動八艘輪船，每天 24 小時不間歇地從廣東珠江口運淡水到香港，然後再轉汽車，卸到已近乾涸的水庫裏。時任華夏公司總經理的鄭熾南一直記得當時的運送過程：「我們黎明前就到公司，深夜才下船，兩頭只見月亮。八條船 24 小時運，運了好幾個月。」

華潤運水的工作一直持續到 1965 年，伴隨着東深工程的正式竣工，源源不斷的東江水通過管道流進香港，曾經的水荒問題徹底解決。截止到 1965 年 6 月，包括華潤在內的船隊共赴珠江運水 1371 艘次，載回淡水約 42.9 億加侖，以體積論相當於一個杭州西湖加上一個南京玄武湖。

1972 年的香港，又遭遇了另一種形式的「旱災」。

上世界七十年代初，全球石油運輸生命線蘇伊士運河上戰雲密佈，蘇美在這裏展開了劍拔弩張的緊張對峙，籠罩中東地區的戰爭陰雲極大地影響了世界石油的供應，石油價格攀升。所有能源全部依賴輸入的香港，石油危機成為一個可預期的現實。港英政府這時再一次想到了華潤，布政署輾轉通過石油經銷商劉浩清向華潤轉達了求助。

此時的中國，剛剛因為大慶油田和勝利油田的開採摘掉了「貧油國」的帽子，要向香港供油，是否力不從心？華潤公司的領導層在一次次討論中明確了一個共識：幾十年來，五豐行基本上滿足了對香港市場鮮活冷凍食品的供應；通過運東江水入港解決了吃水難題。但是中國內地對香港一直沒有涉及主要能源的出口，曾經的煤炭，現在已經被香港市場摒棄，石油才是未來的主要能源，如果能在香港建立起中國人掌控的油庫和油站，

1972 年 1 月 6 日，華潤將第一批來自中國內地的煤油運抵香港三家村碼頭

這無疑對穩定香港具有重大戰略意義。

華潤思考後的彙報得到了中央的高度認可。

於是，華潤就委託石油經銷商劉浩清作為輸港石油的總經銷商，劉浩清本人資金不足，華潤公司又派副總經理麥文瀾出面，推動了霍英東與劉浩清的合作，「僑民有限公司」就此成立。

1972 年 1 月 6 日星期四，香港九龍長沙灣協同碼頭，一艘「粵河 110 號」木船裝載着 500 桶柴油靠岸，用木船而非油輪運輸油料的景象，讓見證者對中國內地第一次向港出口石油記憶猶新。

香港仁信公司負責人胡逸生先生回憶道：「當時的總經銷是僑民有限公司，具體負責人是劉浩清先生。火水（即煤油）銷售的市場分配額為：仁信公司 40%，華孚公司 60%。最終用戶是工廠、酒樓、大排擋等飲食業。」

香港商人張永珍正是從那時候起開始從事石油經銷，為新公司起個既響亮又有意義的名字，是她心中的一道難題。得知此事的華潤員工聶海清靈機一動，「那就叫大慶石油公司吧！」張

永珍哈哈大笑，欣然接受了這個名字。日後她擔任了香港中華商會副會長，從商之路就是通過華潤運到香港的石油開始起步。

內地石油供應香港適度緩解了香港市場的緊張局面，對於華潤來說，這也是一個契機，它將自此涉足香港能源領域；而對於港英政府而言，有了來自「北邊」的供應保障，社會將更為穩定。

但1973年10月，在長時間的緊張對峙後，第四次中東戰爭爆發，原油供應停止，全球石油價格瘋漲，香港的原油價格在60天內狂漲了四倍。「油荒」愈演愈烈，政府被迫減少公共亮燈時間和巴士的運行，面對加油站外排起的用桶、罐加油的長隊，政府不得不規定禁止油站以容器盛載油類出售，違者最高罰款三萬元及入獄半年。對於擁有420萬人口、每年有近五萬架次飛機和超過15000艘遠洋船隻出入的香港來說，因為石油的缺乏，這個冬季變得分外冷寂。

「油荒」襲來，之前那些主要的供應商英國和美國的石油經銷公司如美孚、殼牌、BP等先後減少了對香港的石油出口，並開始坐地起價。與之相反，華潤卻加快了石油供應的節奏。1972年華潤出口香港的石油總量僅為3329噸，到了1973年就達到了3.3萬噸，一年內增長了10倍；1974年起，這個數字再翻10倍；1975年華潤向香港供應石油62萬噸，並且均以平價銷售。

香港人排起長隊購買來自內地的「火水」，時任華潤公司工礦產品部職員葉麗珍時至今日仍然對當時的火爆場面歷歷在目：「10元錢能買四罐火水。早晨一上班，我就開始接聽電話，訂單，從上班到下班都不停地打提單，我的手就像機器一樣。那個時候就是噠噠噠的老式打字打，當時我們的手就像上了馬達一樣。一個客戶來拿貨，50份提單。我負責打提單，我們的經理田俊發先生負責簽提單。手簽一式五份，簽提單都簽到手軟了。我50份給他，他就50份給客戶，就這樣的狀態維持了幾年。」

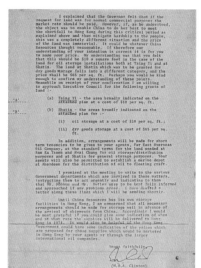

港英政府布政司署寫給華潤的感謝信（華潤檔案館提供）

這些華潤運來的低價石油，通過香港各家石油分銷商的分流，流入香港工業生產和社會運轉中的每一個末端，讓這個巨大的城市生命體保持住了運行活力。

中國政府和香港華潤一系列雪中送炭的行動，讓港英政府深為感動。香港總督府布政司署專門致函向華潤表示感謝，同時打破過往石油供應長期由英美公司壟斷的局面，主動提出為了增加中國內地石油在香港的供應，將位於沙田、青衣的兩塊用地以低於市場六分之一的價格、每平方尺 10 港元出售給華潤，批准華潤公司興建油庫。

同樣經過了一番拉鋸式討論，油庫終得開建，華潤的石油生意就此飛躍。1977 年 7 月，華潤石化的前身石油化工部成立，並成為中國化工進出口總公司在香港的總代理，葉麗珍等成為最早的石化部員工，以「國產石油」為名的系列產品行銷香港，到1979 年本銷國產石油已達 150 萬噸，品種除煤油、輕柴油外，陸續增加了重柴油、燃料油、航空煤油、高級車用汽油、液化

石油氣及高級潤滑油等。1992 年 8 月，華潤取得啟德機場供應航空煤油的經營權，成為七家特許供應商之一。

到了 1997 年，華潤集團在香港擁有油輪 26 艘，加油站 20 家，從過去不到 10% 的份額發展到佔據香港石油市場超過 30%，成為穩定香港能源市場的定海神針。

2010 年 10 月 8 日，從上海發來的最後一趟列車卸貨回空、結束了消毒程序後遷移，完成了光榮使命的「三趟快車」正式退出歷史舞台。穿過自然的風風雨雨，跨越時代的起起伏伏，48 年不曾停止過的「香港生命線」，最終交出了這樣的成績：三趟快車共開行四萬多列，僅供應的活豬和活牛就達一億多頭，運輸家禽超過十億隻，蔬菜、水果、蛋品不計其數。

從滿足一日三餐的五穀雜糧，到氤氳煙火氣息的鮮活物產，從不可一日或缺的生命之水，到維持經濟心跳的工業血液，華潤人以貿易為本，如毛細血管般深入香港的體表肌理，以一個國家的守望相助，書寫下血濃於水的一幕幕。

紀念國產石油銷售香港 15 週年，華潤石化公司與部分經銷商合影
（華潤檔案館提供）

很多年以後，進入二十一世紀的華潤陸續退出了一些業務領域，但是在香港的多數涉及民生保障的業務都被刻意保留下來。因為華潤不曾忘卻也不會忘卻一個信念：香港，是華潤生於斯長於斯的土地。

　　在這段中華人民共和國特殊的歷史行程中，一河之隔、一步之遙的香港，整體上生活在資本主義世界之中，它的財富、它的制度、它的衣食住行，無不閃耀着飛速奔跑向現代世界的光彩。而華潤心心念念日夜牽掛的祖國，仍在艱難地成長着。身處特殊位置，身負特殊使命，華潤人回望內地，俯身香港，努力成為一個國家、兩片土地共同的服務者，而正是這份情愫，這種磨礪，使華潤和華潤人擁有一份獨特的財富：在未來漫長的時光中，既懂中國內地，又懂香港。

第十六章

雪化冰消春將至

　　在過往很長一段時間的特殊歲月，華潤人始終置身在一種特殊的衝突和矛盾中。中國內地的需求，表現得呆板僵硬是必然的，這是計劃經濟病症的一部分；香港和世界的「精明奸猾」，也是必然的，那是自由競爭世界源源不斷的動力來源。華潤人就需要在這種衝突中學習成長，讓國家少一些損失，多一些收益。這裏的主動和智慧，是傳承華潤上下的「責任心」的一部分。

　　二十世紀七十年代初期的中國，依然是一個進口大國，尤其原油、砂糖、化肥等商品，對國際市場的依賴性很強，但讓外貿部門痛苦的是，國際市場每一次都在中國有所行動之前，用一波價格的大漲做好了迎接訂單的準備，急於用貨的中國只能接受資本主義市場無情的「收割」。

　　一次次受挫後的總結，讓外貿部門愈發讀懂了這些交易背

後的被動原因。一方面是長期、大量的購買行為自然讓中國的一舉一動受到國際市場的關注；另一方面則受制於計劃經濟時代特殊的週期性，年終做計劃、次年初開始實施計劃，於是，在倫敦和紐約交易所，各國商人已經掌握了一切按計劃來的中國對外採購的大體時間規律——春節前中國基本上是計劃審批階段，不會有大的採購行動，此時交易所的原油、砂糖、化肥等中國急需商品的價格呈下跌趨勢，三月，中國的外匯使用計劃基本上出台了，華潤的採購人員準備出發，這時交易所裏一些中國即將採購的商品價格開始大幅度上升，導致中國的購買行為時常發生在價格曲線的高點。

計劃的好處是可控，壞處是也容易被控。眼望着這一切、心中也明白的華潤採購人員，卻只能無奈地簽下合約，計劃經濟的統一性和嚴格執行，遠不是一兩個人或一家公司能夠改變的。

1973 年 4 月，當年的砂糖進口計劃下達，決定進口 47 萬噸砂糖，由華潤對外談判，內地中糧公司負責成交，而且限定了最高價和最低價。

當時，世界砂糖生產量下降，但需求旺盛，出高價也未必能按時買到現貨，這麼大的量勢必更水漲船高，何況內地還限定了最高價。一面是發展中大國需求的困窘，一面是自由市場冷酷的現實，怎麼辦？苦苦思索中，華潤人想到了一種他們在香港報紙上天天看得見、卻被內地視為資本主義象徵、華潤之前從未用過的交易方式——期貨。

期貨（Futures），這個英文中名意為「未來」的單詞，對人類的經濟活動產生了深刻的影響。1848 年，第一家現代意義的期貨交易所在美國芝加哥誕生，72 年後，1920 年 2 月 1 日中國歷史上第一家交易所上海證券物品交易所成立，孫中山親筆為之寫下成立檄文：「交易所之組織，則以證券交易、物品交易二者同時經營為最有益於上海市場，尤能助中國一盤實業之發展。」

之後中國的交易所發展起起伏伏，既成為過民族工業崛起的發動機，也成為了資本家攫取民眾利益的無底洞，1952 年 7 月和 8 月，北京、天津兩家交易所關閉，標誌着「交易所」——包括證券、期貨交易——在新中國徹底成為歷史。

這次，華潤人考慮可否以「期貨交易」的方式，利用期貨不用立刻付款交貨和資金加槓桿的特點，瓦解交易所裏那些資本巨鱷們的「獵捕計劃」，順利完成進口任務。

華潤派五豐行副總經理曹萬通回北京彙報，針對購買行為因為價格差距太大不能照計劃執行大吐苦水，時任外貿部部長李強聽完回覆：「一定要設法買進。」說完之後，他又適當地進行了補充：「原則上同意華潤採取靈活措施」。

這一句話，讓新任華潤公司總經理張光鬥頓時有了信心，但作為社會主義性質的中國內地在香港的公司，華潤自己是不宜直接進入期貨市場操作的，而且那樣目標也大，那麼由誰來出面合適呢？幾經斟酌，五豐行推薦了合作多年的老朋友、被美國《華爾街》週刊稱為「亞洲糖王」的馬來西亞商人郭鶴年。

郭鶴年，馬來西亞郭氏集團原主席，嘉里集團原董事長，
華潤長期合作夥伴

很多年後郭鶴年在接受採訪時描述了當時秘而不宣的會面：「那天，華潤的林中鳴和朴今心與我聯繫，讓我安排一個秘密地點會談，不要去酒店。我就安排在我的淺水灣的公寓裏，他們在那裏告訴我要利用交易所買糖的事情。」

華潤將國家面臨的困難一五一十地告訴郭鶴年，沉吟片刻後郭鶴年只問了一個問題：「要多少？」華潤的回答是 25 到 30 萬噸，郭鶴年又一次陷入沉思，因為這樣的數量在當時的商品交易所中，已經是大宗交易的範疇，一旦消息泄露，國際糖價將會上漲 20% 至 25% 左右。

想要憑藉遠低於市場價的外匯經費完成這項必須完成的任務，不僅只能用期貨的手段，而且還必須得巧妙安排，藉助期貨市場打一個漂亮的勝仗。帶着這樣的目標，郭鶴年和華潤負責此項工作的人員悄悄地奔赴英國。

1973 年 5 月伊始，世界砂糖市場便被紛至沓來的購買訂單震撼了，一個不熟悉的神秘買家接連向巴西、澳大利亞、英國、泰國、多米尼加、阿根廷等國家購買現貨砂糖 41 萬噸，平均每噸購買價格 89 英鎊。這個神秘買家來自何處無人知曉，但根據時間推斷，大炒家們紛紛猜測這個買家或許就是遲到的華潤採購員，於是從 5 月 20 日開始，紐約、倫敦市場砂糖大幅度漲價。而後，澳大利亞、巴西先後證實了中國企業通過郭鶴年向他們購糖的事實，受到鼓舞的市場價格加速上漲，到了 5 月 22 日，兩天時間砂糖價格已經漲到每噸 105 英鎊，且還有上漲的趨勢。

面對着市場兇猛的漲勢，華潤人的心情卻一反以往的鬱悶，反而隨着價格曲線的高揚而愈發歡樂。整個西方世界準備伏擊華潤的商人都不會想到，華潤人埋伏得比他們更深、更早。早在郭鶴年帶領華潤團隊秘密抵達倫敦之後，第一時間就先在倫敦砂糖交易所購買期貨砂糖 26 萬噸，平均價格每噸僅為 82 英鎊。加上之後購買的砂糖現貨，年度進口砂糖的計劃早已經超

額完成。

而從 5 月 22 日起，郭鶴年便開始指揮着將那些期貨陸續拋出，期待着中國人來搶購的市場，用持續的吃單和漲幅吞噬了這些期貨合約。每拋出一次，郭鶴年和華潤就賺取一份利潤，到 6 月 5 日，所有手中期貨拋完。最終的成績是，除去倫敦和紐約砂糖交易所的中間商的應得費用、和分給郭鶴年的利潤 60 萬英鎊外，華潤不但圓滿完成購糖的任務，還賺了 240 萬英鎊。進軍期貨交易市場的第一仗，以難以置信的完美勝利收官。

回到香港後，張光鬥和參加這項工作的華潤員工特意組織了一場宴會，感謝孤身帶領他們在期貨交易市場精彩搏殺的郭鶴年。友誼的盛宴上，酒杯一次次高舉，完成任務又幫國家賺了外匯的興奮喜悅讓所有人都醉了，郭鶴年後來回憶：「那天夜裏，我不記得幾點離開華潤，也不記得誰送我回家，怎麼進的家門。」

酒醒之後的華潤人卻漸漸開始有點後怕。當時中國內地「文革」正在進行時中，雖然華潤身在香港，實質依舊也在驚濤駭浪中。一家代表國家形象的外貿總代理公司涉足代表資本主義「毒瘤」的期貨交易所，如果被別有用心的人利用加以宣揚，國家形象就會受損；其次，利用期貨機制買空賣空，低價買高價賣，這是投機，賺取的 240 萬英鎊也不是名正言順的勞動所得，而是期貨市場賺取，這似乎不符合社會主義經濟理論。雖然華潤大膽利用期貨交易是為了完成國家的任務、給國家節省些外匯，但這裏面的哪一條都能掀起一場血雨腥風，不但很多人可能要為此付出政治生命、乃至生命的代價，連華潤這家公司都有可能大受影響。

儘管秘密參與這次行動的人都選擇三緘其口，但消息還是一點點傳開了，曾經擔任五豐行副總經理的曹萬通清晰地記得，隨着事情經過的一層層上報，質疑的聲音越來越多，越來越響，

到後來輾轉傳到曾經擔任五豐行總經理的朱晉昌耳朵裏，已然是憤怒的責罵：「說我們簡直是狗膽包天啊。」[33]

1973年7月14日，華潤總經理張光鬥，副總經理張政，華潤德信行經理喬文禮，華潤五豐行副經理曹萬通都接到了去陳雲家中開會的通知，此時陳雲同志已恢復了副總理職務，外貿系統屬於他的管轄範圍。

華潤人心懷忐忑地走進陳雲家中，卻發現迎接他們的不是冷板凳，而是茶几上幾杯散發着熱氣的清茶。曹萬通回憶道：「那天是姚依林副部長帶我們去的，是在陳雲的家裏，陳雲的秘書在場，我們幾個人圍坐在茶几周圍。陳雲身體不好，夏天還穿着馬夾。」

華潤公司首先彙報了利用商品交易所和期貨成功購買砂糖的做法及其引起的麻煩，然後就提出了大家的思想顧慮，十分希望陳雲能夠對這個敏感的話題作出明確的指示。聽完彙報後，陳雲思忖片刻，緩緩說道：「利用資本主義交易所是一個政策性的大問題……交易所有兩重性，一是投機性，二是大宗交易場所。過去我們只看到它投機性的一面，忽視它是大宗交易場所的一面，有片面性。我們不要怕接觸交易所，可以利用交易所，要在大風大浪中學會游泳。」陳雲還着重提到利用交易所的原則：「利用交易所要十分謹慎，可能有得有失，但必須得多失少……利用交易所僅是保護性的措施，以免受損失。」[34]

其實對於商品交易所，陳雲遠比這些天天在香港路過交易所卻沒進過交易所的人還要熟悉。早年在上海從事革命活動時，他就接觸過當時最著名的商品交易所 —— 上海證券物品交易所。在領導財經工作的過程中，陳雲也多次經歷了上海的交易所帶給他的衝擊。在一次跟上海同志交流時他講道：「我們的同志有住在上海的，是不是知道上海呢？大家知道上海有交易所，但是證券交易所也好，紗布交易所也好，究竟是個甚麼情形，知

道的人就少了。我聽說茅盾寫《子夜》，就跑了好久的交易所。但是，許多同志不但不知道甚麼是交易所，就連在上海吃的大米是哪裏來的，拉的大便往哪裏去的，住了七八年都不知道。」[35]

陳雲副總理的一番話如春風拂面，解開了一席人心中的顧慮和心結。而讓他們更激動的是，關於利用交易所，陳雲明確表示：「對這個問題，外貿部核心小組要開會討論，我也來參加，然後再給中央寫報告。」之後，陳雲代外貿部起草了《關於進口工作中利用商品交易所問題的請示報告》報送國務院，建議中央批准進口工作利用交易所。《報告》簡述了五豐行為完成國家購糖任務，利用國際市場交易所的情況，然後指出：

　　一、目前我對資本主義國家的貿易已佔我進出口貿易的百分之七十五。

　　二、國際市場上的交易所是投機商活動場所，但也是一種大宗商品的成交場所。

　　三、我們這次利用交易所，不是為了做投機買賣，不是為了賺兩百四十萬英鎊，今後也不做投機買賣。

　　四、在今後兩年裏對交易所要認真地進行研究。

　　五、必須嚴守黨紀，不能浪費分文。[36]

陳列在上海期貨交易所的期貨博物館中的
《關於進口工作中利用商品交易所問題的請示報告》文稿

如今這份文稿珍藏在上海期貨交易所的期貨博物館中，它記載了新中國期貨交易的艱難萌發。在文革如火如荼的時候，身居北京的重要領導人對華潤的大膽舉措作出了明確的讚許，用白紙黑字的方式寫下了「期貨市場也是要面對的」，這是改革開放前中央政府對期貨市場發出的先聲。

　　當在陳雲家中的彙報進行到尾聲時，陳雲突然對華潤來的四位同志提了一個嚴肅的問題，讓他們從國際市場的角度出發，談一下黃金儲備和外匯儲備的問題。

　　這些長期在香港工作、日日聽着國際新聞和財經快訊、看着黃金這些重點期貨種類行情的華潤人，大膽作出自己的預測：黃金會漲。他們的理由或許當時的中國人根本無法理解：與美元關聯的布雷頓森林體系的坍塌，會帶來美元的進一步下跌，與之相對的黃金會回歸到正常的價值上，因此黃金必然迎來一波大漲。

　　聽到這個理由，陳雲頻頻點頭：「今後金價仍會看漲，美元還要繼續爛下去。我們外匯儲備較多，存銀行要吃虧，除進口一部分生產所需物資外，可考慮買進黃金。」此次彙報之後，陳雲就購買黃金一事向中央打報告，中國銀行買入了大量黃金。[37] 這批黃金在數年之後發揮了重要的作用，1979 年和 1980 年中國財政出現赤字，其中部分債務通過出售這批黃金得以償付。

　　經歷陳雲家中的一番談話後，華潤一行人回到香港，在小範圍內作了傳達，之後那篇《關於進口工作中利用商品交易所問題的請示報告》更是為身處香港的華潤減輕了束縛，他們不但可以因需要嘗試着突破一些往昔的桎梏，也可以有限度地在跟資本主義道國家做生意時利用一些「資本主義市場」的規則。當年迫於無奈的靈機一動，卻讓一次冒險變成探索的開始，這些日日看海卻被禁止下海的人們，終於開始試探地走進海裏去小試一下

身手了。

幹不幹期貨，時任五豐行總經理朱晉昌在當時有一句名言：「考慮到對國家有利，又沒裝到我們自己的口袋裏，怕甚麼，幹。」利益是國家的，責任是當事人的，但在可能的機會面前，華潤人是勇敢的擔當者。之後，華潤公司大膽複製郭鶴年在砂糖交易中的打法，提前進場埋伏，以現貨交易迷惑投機炒家們，然後在市場高漲的期待中出售預先埋伏的期貨合約獲利，這樣的方式，不但順利完成國家交託的砂糖、棉紗、糧食、化肥等進口任務，還對沖了市場價格波動風險，幫助國家節約了外匯。這一改變，也迫使國際炒家們針對中國採購的市場「伏擊」漸漸平息。

整個 1973 年，外貿部通過買賣黃金和期貨交易，獲利超過 30 億美金，比 1971 年全國出口總額 26.4 億美金還多了近四億美金，有效地為國家建設補充了大量寶貴的外匯。[38]

1974 年 7 月 4 日，陳雲同外貿部負責人再次談起「交易所」的話題，陳雲指出：「對去年利用國外交易所買糖是否剝削了工人階級剩餘價值的問題，我想了一年。恩格斯講過，交易所是剩餘價值分配的場所。我們利用交易所，只是不讓資本家得到全部的超額利潤，並沒有剝削工人階級的剩餘價值。」[39] 這個充滿智慧的定論，幫助那個年代所有進出交易所的華潤人穿上了寶貴的避彈衣。

1977 年，華潤成立了合貿公司，專門從事期貨和地產交易。期貨交易正式從地下狀態轉至明面，俞敦華成為合貿公司第一任總經理，但實質上合貿公司歸時任外貿部副部長劉希文直接領導，主要成員還有巢永森、嚴鎮文、周德明、楊升業等，主要工作仍是繼承發揚之前的期貨操作，以期貨保護現貨購買，節省外匯。[40] 之前探索嘗試中學會的能力，增加了華潤面對市場驚濤駭浪的勇氣。

在 1973 年 6 月那場慶祝勝利、答謝郭鶴年的酒席開始前，
郭鶴年悄悄問一直和他對接工作的五豐行業務主任林中鳴，
巴西糖業公司因為這次砂糖的生意合作額外給獎勵了一筆佣
金，需不需要兩人平分？結果林中鳴的答案是：要，不但要他
這一份，連郭鶴年那一份也要。疑惑的郭鶴年試探着問了問
原因，林中鳴義正辭嚴地回答他，這些錢都是在為國家做生意
時候賺到的，不能算是個人佣金，應該全歸國家所有。很多年
後郭鶴年接受採訪回憶當年購買砂糖的過程，特意講述了這
個小故事，感慨萬千：「假如說我是愛祖國，華潤比我愛祖國
一百倍。」

處理計劃經濟和市場經濟間的平衡、衝突，華潤人能想到
各種辦法解決，但身在香港這個因特殊而敏感的地區，他們也注
定會一次又一次在政治因素的風潮中，上下顛簸，左右為難。

1974 年，華潤在香港石油危機中的鼎力相助得到了港英政
府的感謝，香港布政署特意給華潤公司發來一份簽署文件，溝通
低價售給華潤一塊地皮用來建設油庫的事宜。

華潤公司麥文瀾副總經理：

1、你或會記得 1974 年 1 月 11 日在你公司，在你
與助理工商處長麥理覺先生的非正式會談中，他提到
香港政府正在考慮，在環境和社會方面等事項能有完
滿解決的條件下，供應南丫島的一塊土地，以興建一座
大型的煉油廠及石油化工綜合廠。正如麥理覺先生已
告訴你的，我們已收到政府顧問克利瑪·華納公司關
於亞細亞蜆殼公司申請南丫島土地與建煉油廠的一份
報告。報告詳情已發表。該顧問關於建議煉油廠與石
油化工廠的第二份報告亦已收到，並正在研究中，不久

將可發表。

……

6、香港當局將高興與華潤公司或你推薦的其他有
關方面商討上述各事。本人並希望在你有便時,與你
會晤商談此事,或提供你或你的供方需要的有關材料。

布政署經濟司

鍾士 JONES

1974 年 2 月 27 日

這份文件透露着主動催促華潤儘快推進低價購地的事項,
這在寸土寸金的香港,實屬罕見。但此時的華潤卻正因此事直
面着內地狂風暴雨般的質疑聲,質疑的理由既簡單又強硬:「香
港是中國的領土,中國人怎麼能花錢購買自己的領土?」當「領
土」和「土地」的概念被放一起,買地建油庫就變成了嚴肅的政
治問題,甚至驚動了一些高層領導。

購地建油庫一事暫時被擱置,直到陳雲復出後,這件事才有
了繼續推進的可能。1974 年 7 月 1 日,陳雲同志與外貿部負責
人談副食品出口問題。就在這次談話中,陳雲話鋒一轉,談到華
潤,他說:「要把華潤公司擴大,使它變成『第二外貿部』,讓它
到外國去設公司、倉庫。這樣搞,可能會有個把人叛變,出一點
毛病,但不要怕,膽子要大一些。」[41]

一句「讓它到外國去設公司、倉庫」,讓華潤的心思立刻
活絡了起來,膽子自然也大了許多。1974 年 9 月,華潤再次
向外貿部提交了在香港建油庫的報告,並提出購買美國公司
在港的一座現成油庫,理由是自建油庫週期太長,香港市場等
不及。

關於購買香港美資標準石油公司油庫的請示

國務院：

根據華潤公司報告，香港美資標準石油公司由於已在香港青衣島建造更大的油庫，願將其在香港丫鷹州的油庫全部設備（包括地皮）賣給華潤公司。該庫共有 23 個油罐，容量約 20 萬噸。有一座碼頭，可停泊四隻油輪，最大可泊六萬噸的油輪。對方開價 550 萬美元，分期付款。

我油自一九七一年開始對香港出口，現尚無油庫，目前租用油庫較困難，自己建油庫也要兩三年後才能使用。如能買下標準石油公司的現成油庫，對鞏固我石油在香港的市場陣地和進一步擴大推銷是有利的。

由於該油庫是美國私人企業在香港的資產，我華潤公司對外是在香港註冊的私人企業，如以華潤公司的名義購買，從政治上考慮還是可以的。

鑒於以上情況，我們意見，只要該油庫檢驗質量合格，售價合適，可以由華潤公司向標準石油公司購買該油庫。購置油庫的資金可由內地分期撥付或由華潤公司在香港貸款解決。

以上意見妥否，請批示。

外貿部、外交部
1974 年 9 月 20 日

僅僅是買一個油庫，報告要由外貿部、外交部共同「會簽」，然後再上報國務院，李先念副總理很快「簽批」，之後又上報鄧小平、華國鋒、余秋里等時任領導「圈閱」，最終由時任中共中

央副主席王洪文畫下了「同意」那個圈。

華潤馬上行動，迅速購買了丫鷹州（今稱牙鷹洲）油庫，之後又加速推進青衣油庫和沙田油庫建設計劃過審。華潤以三座油庫為支撐，佈下了自己關於未來石油業務的想像。

事實上，此前華潤也在香港購置了少量地皮、樓宇作為倉庫、宿舍和辦公用房，但這樣的購買在 1972 年之後，已經被全面停止，理由仍然是「中國自己的領土，怎麼能花錢購買」。規模越做越大的華潤只能用停不下來的「租」解決自己持續擴張的需要，中藝商場所在的星光行是租的，五豐行存放「三趟快車」運來的貨物的庫房也是租的，華夏公司的碼頭是租的，絕大多數華潤員工的宿舍，也是租的。而租，不僅意味着缺乏穩定性，還意味着更高的綜合成本和不划算的支出。

但這一次，乘着「要把華潤公司擴大，使它變成『第二外貿部』，讓它到外國去設公司、倉庫。」這句話的東風，華潤終於有機會改變這一局面，哪怕改變一部分。

關於購買出口商品陳列館的請示

外貿部：

我中藝公司和中國出口商品陳列館的現址是在 1967 年向英資怡和財團的香港置地公司租用的，租約將於 1976 年底到期。

中藝公司雖然是營業機構，目前年營業額約 6000 萬港元，如按如今租金核算，將來所得的純利，基本上只能應付租金，而我陳列館是非營業機構，雖然有些廣告費收入，但無力承擔高額租金。

從長遠來說，我們認為有必要自置房產。

最近我們在中藝公司現址附近的九龍鬧區，物色

到一座即將建成的 17 層大廈（包括地下室），實用面積共 105737 平方米。經初步洽談，估計在 4500 萬港元以下可以購成。買樓的資金，擬由我公司向香港銀行貸款。

華潤公司

1975 年（因文件破損故日期不詳）

關於在港購置陳列館的批覆

同意你公司報來中藝公司在港購置陳列館的意見，所需資金由銀行貸款解決。以後每年從我駐港貿易機構中提取部分利潤和大廈的租金收入歸還銀行貸款。

陳列館購妥後，請報部。

外貿部

購置僑發大廈後座用款情況

根據你部 1973 年 7 月 17 日（73）貿會財字 148 函批准的購置職工宿舍預算，現購妥坐落在香港大道西 115 號僑發大廈後座 164 個單元，主要作為我外派幹部宿舍用。該 164 個單元建築面積共 92802.76 平方米，附帶天台平台面積 3296.59 平方米，總值 19467803.58 港元。

華潤 64 個單元，五豐 50 個單元，德信 50 個單元。

外貿部財會局、華潤公司

1975 年 9 月 10 日

這些連續發生的購買行為，表明華潤在香港購買物業已經加快步伐，到了 1975 年 9 月，這樣的購買行為甚至不用再逐條上報用款申請。

> 周副部長：
>
> 　經本部批准，自 1972 年開始至 1975 年 9 月 10 日華潤公司報來購置辦公室、宿舍、倉庫等項開支共計 10999 萬港元，其中購置職工宿舍 5504 萬港元，辦公室及倉庫 5495 萬港元。
>
> 　我們意見以後對港澳基建用款不再逐筆批覆，每年由華潤公司做一次用款計劃，報部核心小組審批後，由華潤公司在實現利潤中支付，年底將執行結果報部。
>
> 　以上報告妥否，請批示。
>
> 　　　　　　　　　　　　　　　　財會局
> 　　　　　　　　　　　　　　　　1975 年 9 月 29 日

這些在香港房價暴漲之前購置的物業，不但為後來華潤的實業化探索提供了場地支持，更為重要的是價值的巨幅增長，時至今日，矗立在香港各處的物業仍在為華潤集團貢獻着可觀的利潤。

在計劃經濟年代，價格這個經濟問題常常上升到政治問題，尤其是出口商品的定價問題，一直是一個格外敏感話題。國貨價格高，就代表愛國，價格低，則等同於賣國。

1972 年秋季第 32 屆廣交會上，根據「價格高就是愛國」的精神，上千種商品進行了提價，通過提價，多收入外匯 7000 萬美元。但過高的價格，引發港澳商人和外商強烈的不滿。交易

會結束後，華潤公司就商品價格問題向外貿部提交報告，反映了港澳商人和外商對提價的意見，提出穩價多銷和研究國際市場承受力的問題。這一報告為華潤後來經歷的風波埋下了伏筆。

到了春季廣交會，各進出口公司高舉着為國家增加外匯的大旗，繼續調整國貨價格，而且不分商品，不論國際市場行情，全面飛漲。從 1953 年開始就承擔為中國商品出口制定和建議價格標準的華潤，與這些公司之間出現了激烈矛盾。

暴風雨前的烏雲開始慢慢匯聚。1973 年 1 月，上海某報紙發表署名文章，抨擊華潤對出口商品作價太低，尤其批判了「穩價多銷」的出口方針。消息傳到北京，時任外貿部部長白相國點名批評了華潤。緊接着，針對華潤的批判掀起一波波高潮，尤其華潤在廣交會上提出的「買一送五」成了被口誅筆伐的「罪狀」，這些以賣國罪名高喊「打倒華潤」的人們並不清楚，「買一送五」不是指「買一件送五件」，而是「買一塊錢的商品，返還五分錢」，在香港這是婦孺皆知的市場促銷手段，華潤在廣交會上打出這樣的招牌目的就是為了吸引來自港澳的商人。但當時中國內地商品奇缺、憑票供應，絕大多數人根本不會懂得為甚麼要促銷，只認為這樣的返贈就是在出賣國家的利益。

所幸之後鄧小平、陳雲復出主持工作，「打倒華潤」的風頭才被暫時壓了下來。

1975 年 8 月，華潤領導回北京向陳雲同志彙報工作。陳雲講了 11 個問題，涉及價格問題、統戰工作問題等，他說：「港澳是我們現匯收入佔第一位的地區，我們進口需要外匯，香港是重要來源」，「港澳有有利條件，也有不利條件。不利因素：它是自由港，我們的競爭對手是美國、日本、蘇聯、波蘭、巴基斯坦，他們是補貼出口」，「對港澳的一些商人，我們的合營商、代銷商，在價格上一定要照顧」。華潤關於價格問題的做法，得到

了肯定。

陳雲同志還說：「要充分利用華潤的地位和經驗，華潤的經驗普遍實用」，「華潤對國家擔負的責任很大，又光榮。去香港工作是特殊環境的考驗，這種考驗意義重大，機會難得。」

這一番話語，讓華潤平穩地度過了又一年。

但在 1976 年 1 月之後，情況再次發生了方向性的變化。1 月 8 日，周恩來總理去世，「二月逆流」之後，鄧小平和陳雲等人再次受到打擊，原本分管外貿的副總理陳雲再次「靠邊站」，1956 年時還是瀋陽市南塔第二副食門市部營業員的李素文，正以新晉人大副委員長的身份分管外貿，她要求華潤就之前的所有工作對她進行全面具體彙報。

華潤檔案館裏，保存着當時詳細的會議記錄。

1976 年 6 月 6 日至 9 日，時任華潤公司總經理張光鬥到北京開會，國務院領導出席。10 日，向李素文匯報，會議記錄裏這樣寫道：

李說：「要發動羣眾，徹底清查，弄清家底，研究改進工作。」

華潤經過內部緊張的討論，完成一份書面彙報材料，報送新華社香港分社、廣東省委書記、外貿部黨委，獲得一致通過。

但三個月後，1976 年 9 月 18 日，華潤公司總經理張光鬥接到了一個北京打來的長途，電話的那邊是李素文辦公室，通知張光鬥和部分華潤領導同志於 9 月 24 日至 25 日回北京彙報工作，重點彙報出口商品的價格問題。

張光鬥手中的話筒瞬時變得很沉重。文革已經進行了十年，第一代華潤創立者幾乎全部因為當年在香港的工作經歷受到一些牽連。創始人楊琳，在文革開始的第二年就在「交待問題」的

過程中意外去世，錢之光、盧緒章、袁超俊⋯⋯這些忠誠的革命戰士，或發至邊疆，或下放幹校。華潤自身也因為站在外貿第一線，屢屢碰觸到「革命鬥爭」的紅線，幾次走到差點關停的邊緣，因為陳雲、李強、林海雲這些外貿系統老領導的保護才得以倖免。這一次，張光鬥心裏並不確定歷盡風雨的華潤能否再次闖過關。

1976 年 9 月 22 日，華潤公司總經理張光鬥、副總經理張政、研究部主任楊文炎、辦公室幹部聶海清四人，準備動身去北京。

臨行的前夜，四個人面對面坐到了一起，彼此一句話也沒有，沉默就這麼一直籠罩着。良久，張政先直起了身子，他囑咐道：「把沒用的筆記都燒掉，該銷毀的就銷毀，把重要的文件保存好，要把行李整理好，以防不測。」

回到宿舍，所有人默默地收拾行裝。聶海清想了想，還是把北京冬天才會穿的厚衣服也裝進了箱子，然後坐到書桌前給自己遠在江蘇的妻子寫了一封短信，告知已經離開香港，返回北京，勿牽掛。

這些調動一切智慧、想盡一切辦法為祖國的外貿打拼未來的華潤人，在自己的未來和命運面前束手無策。

9 月 24 日，張光鬥、張政、楊文炎、聶海清一行四人抵達北京，儘管張光鬥和張政家都在北京，但他們還是選擇不讓家人知道自己回來，共同住進了北京民族飯店。辦理好手續，張光鬥遞給聶海清一張紙條，讓大家傳閱，上面寫着：「你們說話要小心，這裏一定有監聽系統」。大家傳閱完，張光鬥劃燃一根火柴，和着紙條點燃了一支煙。[42]

1976 年 9 月 29 日，華潤人走進中南海，進行第一次彙報。張光鬥、聶海清主講，外貿部時任副部長柴樹藩出席。華潤彙報材料的題目是「香港貿易工作執行方針、政策、路線的情況彙

報」，內容包括以下幾個方面：

　　一、香港是我國領土，目前仍為英國所統治，是一個資本主義市場，居民 438 萬人，98% 以上是我國同胞。香港是我與世界各國、各地區往來的主要通道之一。

　　二、根據中央對港澳的既定方針，在貿易方面我們具體貫徹、執行的政策和做法是：

　　1、加強對港澳地區的供應工作。

　　2、正確貫徹客戶政策和統戰政策。

　　3、根據毛主席關於「我們的目的不但要發展生產，並且要使產品出口賣得適當的價錢」的教導，貫徹按香港當地市場價格水平作價的原則。

　　4、貫徹「重合同、守信用」的原則。

　　三、當前業務中存在的主要問題（略）

關於定價，報告中寫道：

　　1、對早晚市價不一和要大力發展的品種如活牲畜、家禽、塘魚、中藥材、部分工藝品、服裝、針織品、石油等由我機構的企業自己訂價直接售給批發零售商。這部分商品的出口額約為 46212 萬美元（1975 年數據，下同），佔我對港出口總額的 31.59%。

　　2、對一些大宗的商品如鋼材、線材、水泥、燒鹼、蛋品、水果、蔬菜等由我根據市場行情和供求關係訂價委託商人代銷，商人拿一定的代銷佣金（佣金率由 1.5%-4% 不等）。這部分商品的出口額為 16365 萬美元，佔我總出口額的 11.19%。

　　3、對一些價格敏感、波動大的商品如大米、食用油、

砂糖、京果，部分棉紗、棉胚布、棉滌綸胚及部分輕工、化工等，採取活價方式，先訂好數量、交貨期和暫定價，在裝運月前按市場價格議訂固定價。這部分商品的出口額為28963萬美元，佔我總出口額的19.8%。

4、對品種規格複雜、花色繁多、季節性強的商品如茶葉、土產、山貨、成藥、畜產、花色布、綢緞、抽紗、部分服裝、針織品、工藝品、輕工小商品等，一次作固定價賣斷。這些商品的出口額為54753萬美元，佔我總出口額的37.42%。

……

文件所注日期是1976年9月22日，全文約6000餘字。

在這次彙報過程中，李素文一遍遍打斷：「你們在公司是怎麼批鄧（小平）的？外派的幹部有沒有堅持批鄧？」最終，李素文對華潤的彙報給出意見：「回去修改，要端正態度，準備第二次彙報」。

1976年10月4日，華潤在北京的第二次彙報再次被打回，得到的指示是：「寫一份關於華潤的介紹，儘快報來；準備第三次彙報，不要談價格問題，專門講怎麼組織批鄧。下次聽彙報，會請紀登奎副總理參加」。

在華潤檔案館裏，保存有10月6日報送給李素文辦公室的原版文件，題目是「我駐香港貿易機構組織、人員概況」，原版全文手寫，沒有打印。在文件上面的空白處，聶海清這樣寫道：

> 這是十月六日下午，通過外貿部值班室送李素文副委員長的材料。因要得急，未來得及打印，就以此稿送的。共複寫兩份，此份存。聶海清6/10。

報告呈報上去後，張光鬥一行人回到民族飯店等待。他們估計很快就要做第三次彙報。

這一晚，窗外的長安街格外寧靜，室內卻是爭辯激烈，所有的問題匯聚到一起，就是一個問題：為了保住華潤，我們的彙報改不改？最終四個人達成共識：「不能改，我們說的都是實話，是實情，不能改。我們都是共產黨員，為了祖國的利益，為了香港人民的利益，不能違背黨性原則，不能改。」[43]

半夜時分，聶海清和張光斗面對面坐着，在香煙一根接一根地燃燒中，等待着天亮，等待着對華潤，對自己的審判。

1976 年 10 月 7 日，凌晨三點，有人使勁地敲門。

打開門，進來的竟然是華潤公司副經理高尚林，他帶來了一個讓所有人震驚的消息：「四人幫」剛剛被粉碎了。剎那間的天翻地覆，擊潰了心靈上最堅硬的保護殼，張光鬥、聶海清和高尚林抱在一起，笑了又哭，哭了又笑。[44]

終於等到天亮，張光鬥、聶海清和聞訊趕來的張政、楊文炎再一次緊緊擁抱。42 年後之後，已過耄耋之年的聶海清仍然記得，他們闊步走進飯店一層的餐廳，要了幾瓶酒，就着早餐的鹹菜開懷暢飲，沒有祝酒辭，但所有人都知道為甚麼乾杯。

10 月 25 日，李先念副總理在會見伊朗大使的時候，第一次向世界公開了這個消息，他說：「國內形勢大好，我們取得了粉碎『四人幫』的勝利。」

11 月 5 日，華潤公司在香港舉行招待會，用美酒和微笑平復了所有關於公司未來的猜疑。

1977 年，全國外貿工作會議在北京飯店召開，姚依林副部長特意請華潤出一期專門的簡報，介紹「買一送五」的情況。華潤「隨行就市」的價格理念，給一向將按照計劃制定物價視作社會主義經濟必然的人們，上了一堂生動的市場經濟啟蒙課。

此時，無論是在香港自信微笑的華潤人，還是在北京聚精會

神的聽講者，他們都不曾想到，大雪還在漸漸消融，一股春風將以意想不到的速度和強度激盪神州大地。

　　一個新時代即將開始，一個改變中國、影響世界、改寫華潤歷史的新時代即將開始。

第十七章

勇立潮頭

　　1979 年，作為當時大眾媒體傑出代表，引領着全世界視線的美國《時代週刊》，將鄧小平評為過去這一年的「年度人物」，整整 48 頁的系列文章介紹了年度人物鄧小平和他身後正在漸漸打開大門的中國，其開篇之作的標題是：Visionary of a New China，新中國的夢想家。

　　在那個年代，《時代週刊》的年度人物是被視為當年度最需要關注、對世界最具有影響的人物和事件，世界已經敏感地捕捉到，關閉漫長歲月的中國大門徐徐開啟時釋放的巨大衝擊。

　　1978 年 12 月 14 日，香港迎來了新中國成立以來正式訪港的第一位正部長級官員 —— 時任外貿部部長李強。12 月 18 日，在總督府舉行的記者招待會上，李強先是對香港大實業家們表達邀請，希望他們到訪內地，「幫助加快實現中國的現代化計劃」，

然後向各國的銀行家們描繪藍圖，中國內地「需要幾百億美元的外匯來支持實現現代化計劃」。一個封閉了近30年，擁有全球四分之一人口的國家，突然在當時東西方交匯的窗口香港，向世界發出這樣的邀請，一時間，寰宇震動。

幾天之後，密切關注中國動向的人們恍然大悟，迅速理解了李強部長為何會發出與中國過往完全迥異的論調。就在李強舉行香港記者招待會的同一天，一場日後被史學家定義為「大轉折」的會議在中國的首都開幕。1978年12月18日至22日，中國共產黨第十一屆中央委員會第三次全體會議在北京舉行，全會作出了將黨的工作重點轉移到社會主義建設上來的決定，中國的前進路線就此改變。

大門徐徐打開的嘎嘎聲中，那些被釋放的壓抑與貧窮，那些流淌着的財富與慾望，那些從未有過的主動與渴望，浪潮奔湧，彼此衝撞，舊規則在崩塌，新秩序在形成。

改革開放，是所有的愛國者振臂歡呼的新時代，但所有的歡呼者都會經歷改革開放的痛苦洗禮。從舊的生存走向新的生存，從舊的體制走向新的體制，從來不是一件輕鬆快樂的旅行，在舊體制中擁有的越多，在即將面對的新時代中，就會經歷越痛苦的顛簸。

華潤，就是這樣一個擁有者。

作為一個國家連接世界最廣泛的方式，中國外貿體系的改革首當其衝，而這一改革，將會徹徹底底地衝擊數十年來華潤最根本的生存模式。

擔任過對外經濟貿易合作部部長的石廣生，曾經把1958年到1978年這20年作為中國外貿發展的一個重要階段節點，這20年裏，中國的外貿發展嚴格執行計劃經濟體制，基本上以三種模式運行着：

第一種：統一的全國性外貿公司接受國外公司的訂單，然

後通知國內的管理部門，經審核批准後列入生產計劃，一張訂單被細緻地分解成一個個生產階段和一種種生產原料，然後由對應的工廠承接，最終形成產品，再交由統一的全國性外貿公司匯總，然後運送給購買這些商品的公司。

第二種：統一的全國性外貿公司通過對市場的了解，制定需求清單，然後彙報給國內的管理部門，同樣經審核批准後列入生產計劃，一張訂單被細化分解、組織生產、產品匯總，然後由統一的全國性外貿公司開設的外銷公司，銷往需要這些產品的市場。

第三種：國內生產出的產品，管理部門根據他們制定的銷售計劃，按比例分配給統一的全國性外貿公司，組織對外銷售，完成銷售計劃。

這一整套高度集中、國家統管、國家專營、統負盈虧、政企合一的外貿體制，它不僅與高度集中的計劃經濟模式相吻合，也是應對當時國內國際經濟環境和外交格局必然的產物。在它誕生的時代，這套在完全封閉的生態鏈中運行的外貿體制是歷史選擇的必然。新中國成立初期，它集合全國之力打破了西方國家的經濟封鎖，保證國民經濟的恢復和重建。後來，這種貿易體制又使中國在很長一段時期內保證了國際收支和財政收支的基本平衡，維持了國民經濟的穩定。

這套體系是如此的穩固而有效，儘管長期受到「左」的政治運動和經濟計劃變動的干擾，但進出口貿易一直以自己的速度增長着。1950-1978 年，中國進出口貿易總額從 11.35 億美元增長到 206.38 億美元，年均增長 10.91%；其中，進口貿易從 5.83 億美元增長到 108.93 億美元，年均增長 11.02%，出口貿易從 5.52 億美元增長到 97.45 億美元，年均增長 10.79%。在這些榮耀的數字背後，作為統一的全國性外貿公司的領軍企業，有「第一總代理」之稱的華潤功不可沒。

但 1974 年進行的一次嘗試和嘗試之後的結果，讓之後的有心人開始思考，如果改變這種舊模式將會帶來怎樣的不可思議的突破。

二十世紀七十年代初，中國所面對的外部環境開始發生新的變化，那些曾經被劃為敵對陣營的西方國家，開始陸續同中國建交；1971 年中國恢復了在聯合國的合法席位；1972 年時任美國總統尼克松訪華；1975 年，中國與歐共體正式建立了經濟貿易關係。中國的對外經濟關係格局發生了重大轉變，為了適應這種國際關係的轉變，中國的外貿體制也開始了變革的嘗試。

1974 年，外貿部着手在一定範圍內實行下放外貿經營權的試點，在原有的廣州、大連、上海、青島、天津五大對外口岸的基礎上，新闢江蘇、河北、浙江、廣西四省為外貿口岸，同時批准原第一機械工業部成立自屬機械設備進出口總公司，直接經營對外貿易。這樣的嘗試立刻帶來的顯著的效果，1975 年，中國進出口總額一舉達到了 147.5 億美元，創了新中國成立以來的最高水平，相比 1974 年增長超過 30%。[45]

從制度和法理的層面，放開的是經營權，但對於一個曾被意識、法律、規則緊緊束縛的社會而言，放開的是激情、活力、智慧。因此當統一於計劃經濟體制下的外貿模式，在 1978 年開始興起的全社會大討論中，被詬病效率低下、脫離市場、平均分配、官商作風四大弊病時，外貿部門的掌舵者們決定領先整個體制，率先鬆開「計劃」這個曾經牢牢把控也牢牢困住整個體系的大手。

1978 年 10 月 16 日至 11 月 2 日，由外貿部和聯合國貿易和發展會議共同舉辦的「中國對外貿易和經營管理座談會」在上海舉行，就「中國對外貿易方針和計劃」、「中國對外貿易組織和機構」、「中國外貿公司的經營方法和程序」等十個專題展開「有限度」的討論。這是中國就自己的國家管理經驗聽取全世界建議的

一次嘗試，而對於與全世界做生意的對外貿易，這樣的交流顯然尤為重要。

十一屆三中全會召開後的第二年，1979 年 4 月的中央工作會議上，廣東正式提出「讓廣東先走一步」，得到中央贊同，會議最終形成《關於大力發展對外貿易增加外匯收入若干問題的規定》，中央指出了關於外貿體制改革的主要方向，是改革高度集中的經營體制和單一的指令性計劃管理體制，下放外貿經營權，開始實行進出口貿易的指令性計劃、指導性計劃和市場經濟相結合，具體措施，是實行對地方和外貿生產企業的放權。並提出廣東、福建兩省臨近港澳，發展對外貿易條件十分有利，對這兩省採取「特殊政策和靈活措施」。

中央工作會議一個月以後，時任國務院副總理的谷牧帶領工作組進入廣東、福建調研。在廣東調研期間，谷牧就特殊政策、靈活措施的必要性、經濟體制改革要解決的問題做了重要指示。他為廣東外貿體制先行一步提出了三個具體目標，一是要完成 50 億美元的外匯收入，並爭取超額；二是要把這幾年被日本、中國台灣地區奪走的香港市場奪回來，三年不成五年也可；三是要超越港澳。他還針對這三個目標，提出了具體的建議，即「中央對廣東實行大包乾」。[46]

廣東省委於 1979 年 6 月 6 日向中央遞交了《關於發展廣東優越條件，擴大對外貿易，加快經濟發展的報告》，明確了實現路徑：廣東在中央的統一領導下，實行「大包乾」的辦法，同時，在中央統一的對外貿易方針政策和規劃之下，廣東有權安排和經營自己的對外貿易。6 月 9 日，福建也向中央遞交了目的和路徑近似的報告。7 月 15 日，中央批轉了廣東省委、福建省委關於對外經濟活動實行特殊政策和靈活措施的兩個報告，以中發（1979）50 號文件的形式予以下發。[47]

面對這一切，華潤的情感是複雜的。因為別人的獲得，意味

着它將要失去。

在剛剛過去的 1978 年裏，華潤登上了自己在外貿領域新的高峯。1978 年華潤進口成交額為 52784.64 萬美元，比 1977 年增加 58%。其中工礦機械產品比 1977 年增加 3.3 倍；橡膠及石油化工商品增加 9%；紡織品增加 24%；土畜產品增加 42%；糧油食品增加 86%；輕工產品增加 2.27 倍；工藝品增加 18%。華潤對港澳出口為 25.2761 億美元，完成年計劃的 134.3%，比上一年度增加 36.39%，達到了近五年來的最高增幅。

以貿易的力量為引領，幾十年中華潤鋪排開涵蓋運輸、倉儲、銷售、廣告的上下游產業鏈條，一個在海內外具備一定商業競爭力的現代化貿易集團已面貌清晰。

但「50 號文件」的到來，意味着這個龐大的版圖、這些輝煌的數字，將有很大一部分在未來成為屬於別人的榮光。這份觸及到過往外貿體制根本的「50 號文件」，對於剛處在改革開放摸索期的中國內地，是發揮沿海地區優越條件，給地方更多自主權主動權、把經濟儘快搞上去的大膽創想，但對於華潤，這意味着必須向廣東、福建移交兩省所有外貿代理業務，意味着供應香港家庭的雞鴨蝦蟹、精美藝術品和精心呵護數十年的外貿渠道、客戶、商標、經銷商隊伍，將伴隨移交揮手作別，意味着華潤僅五豐行一家的業務，就將失去近半。

在華潤的檔案館中，那段歲月裏的會議紀要疊放了一摞又一摞，可見華潤的焦灼和震動。打開每一份細細研讀，能聽見激烈的討論，能看見執拗的不捨，能觸到隱隱的擔憂，但最終都匯聚成一個結果，服從命令。面對中央為了整個國家經濟和外貿發展探索改革之道的大局，面對粵閩兩省以排頭兵之勢闊步向前的需要，華潤堅定地表明了自己的態度：堅決服從，不但服從，還要做好。

在其中一份會議記錄裏，清晰地記載了對中央命令服從的堅決：

1、以往由華潤代理出口的廣東省的商品，全部交給廣東。

2、華潤的經銷商隊伍，凡是經銷廣東產品的，全部交給廣東。

3、對於那些既經營廣東產品，又經銷其他省市產品的客戶，華潤與廣東省可以共同使用。華潤相關部門負責引薦廣東省的業務員與他們認識。

4、註冊商標問題，過去內地出口商品基本上都是以華潤的名義在香港註冊的，逐步移交給廣東。

5、廣東省的業務員可以來華潤實習，邊學邊幹。

代理的商品，全部交出了；經銷的渠道，全部交出了；經營了數十年的客戶，交出了；耗費金錢和精力呵護多年的註冊商標，也全部移交；不僅如此，華潤還主動提出請接受方的業務員來實習，幫助學習業務，教會如何打理。這樣慷慨而徹底的移交，是一種心胸，更是一種責任。

移交的不僅有業務，還有華潤經營多年積累的部分「家當」。華潤檔案館裏保存的一份 1982 年的移交交接書中詳細記載了一些貨船的移交。

「友誼 11、12、13、14」專用船產權轉移交接書

四艘鮮活商品專用船「友誼 11」、「友誼 12」、「友誼 13」、「友誼 14」，已於 1979 年 8 月和 12 月先後出廠，由五豐行交給中國糧油食品進出口總公司廣東省食品分公司接管使用，所有權歸五豐行。經華潤公司總經理張建華 1982 年 2 月 9 日「可將船的產權轉給廣東」的批示，及中國糧油食品進出口總公司廣東省食品分公司 1982 年 11 月 10 日覆函，同意由駐華夏公司陳德

厚副科長代表其在港與五豐行進行辦理船舶交接手續。

五豐行現將該四艘專用船的財產權移交給中國糧油食品進出口總公司廣東省食品分公司。

「友誼13」及「友誼14」有關船舶一切資料已在交付使用時由廣東省食品分公司接收。

「友誼11」及「友誼12」的有關船舶資料及上述四輪的財務賬目已列制交接資料明細表一、二、三號，隨同全部資料交給廣東省食品分公司。

今後有關該四艘專用船的一切權益與責任均屬中國糧油食品進出口總公司廣東省食品分公司。

本交接書正本兩份，經雙方代表簽字各執一份。

移交單位：

五豐行中國糧油食品進出口總公司 詹前思

接受單位：

廣東省食品分公司 陳德厚

1982 年 12 月 20 日

沒有遲疑拖延，沒有討價還價，字裏行間清晰地看到華潤移交時執行的果決。

但廣東、福建只是開始，處在風口浪尖的華潤喘息未定，又一個浪頭襲來。在「50 號文件」下發僅僅幾十天后，北京、天津、上海也獲准實行外貿體制改革，在香港開設窗口公司，華潤外貿代理的版圖上又少了三座直轄市。

原本是計劃以「兩省三市」為試點，但在爭不了先也會恐後的局面中，外貿體制改革掀動起一個又一個更高的浪頭。1980年 11 月，全國外貿計劃會議在北京召開，會上各省紛紛提出要外貿自主權，與外貿部脫鈎，自行對外。時任外貿部副部長賈石12 月 23 日會見華潤負責人時說「原來我們提出，外貿開放『兩

省三市』先做試點，可是，還沒試，一下子全放開了，明年有 17 個省要自營，還有 11 個省過渡一年。」[48]

對於華潤人來說，自我的生存危機幾乎是瞬間而來。當初統一計劃的時期擔起總代理之責，是華潤的任務，如今歸還代理權做好業務移交，同樣也是任務，一浪高過一浪的衝擊中，華潤並沒有亂了陣腳。但一擁而上湧入香港的各種窗口公司，帶來更豐富的貨品和需求時，也帶來了一些始料不及的問題。

改革開放之初，尚未建立起多方位國際貿易通道的整個國家外貿體系，打開國門第一眼看到的，就是香港這座離着最近的貿易自由港。於是，維多利亞港成為開始實行一定外貿自主權的各省市試水對外貿易的練兵場，紛至沓來的各地外貿機構和窗口公司，為爭奪香港市場和出口訂單出現了各種惡性競爭的情況，抬價搶購，低價競銷……加上甩客戶、不守約、降質量等等，一時間，市場一片混亂。

那個時期華潤公司的會議記錄裏，記錄了一些特別的發言：

> 某總公司直接同新加坡簽訂水果合同，甩開許多老客戶，這個問題引起新加坡客戶的反對，紛紛向我反映。有一家客戶打來電報，電報紙長達五尺半。
>
> 某交易會上，某些外商秘密接觸內地工作人員，施以小恩小惠。一些意志不堅定的人就把貨源冠冕堂皇地交給了他們，還反過來說華潤保守，經銷商隊伍老化，他們自己發現了新客戶等等。
>
> 有的人利用業務之便，出賣國家利益換取外商為自己的孩子或親戚出國留學做擔保。
>
> ……

彼時的中國內地，電視機、冰箱、洗衣機是憑票才能供應的

307

稀罕「三大件」，但在香港，這些不過是可以自由買賣的高端電器商品，有些不法的香港商人敏銳地把握住內地人對這三種商品的心理，以此為誘餌，勾引着內地的外貿對接者，出現一些不規範甚至違規的做法，正所謂「三機開路，路路暢通」，從緊缺時代走來的人們面對從未有過的物質誘惑時，一些人不由自主的迷失了。

面對種種湧現出的市場亂象，華潤人看在眼裏，着急和心痛並存在心，同時華潤的業務也受到了影響和擠壓。總經理張光鬥在內部會議上向華潤人發出嚴肅的提問：「天下正在亂，我們怎麼辦？」參會的華潤人一致表態不能跟着這麼做，不能隨波逐流，要堅持華潤的原則，副總經理張先成亦表態：「『三機開路』我們不能幹。」

但這樣的情形持續下去市場會變得混亂糟糕，不僅對中國外貿的形象與發展都不利，華潤與合作夥伴的業務會受到影響，國家的利益更會受損。長時間在香港服務國家外貿事業的華潤，雖然總代理權在一點點失去，但自己的那份責任從未淡忘。1981 年 1 月 23 日，華潤遞交了這樣一份報告，向上級反映林林總總的亂象。

自從外貿經營體制進行改革以來，調動了各地方、各部門搞出口的積極性。但是，在發揮各地積極性的同時，也帶來了盲目性。經營權下放分散後，統一對外不夠，在港澳市場上出現了一些混亂現象，衝擊面比較廣，其中又以中藥材和京果兩個行業較嚴重。這種衝擊在市場上和人心上的反應是強烈的，主要表現在：

一是多頭對外，亂找客戶，自相競爭，低價競銷，這種情況遍及各大類商品，他們撇開現有的經銷商，低價賣給新的客戶；

二是競相發展簡單易搞的商品，超出了市場容量，打了兄弟省、市。如普通胚布、勞動手套、布鞋、電池、電珠毛泡、鑄鐵管、生鐵等；

三是不正常地利用私人關係，搞「感情貿易」，打亂現有推銷網。這些新客戶的特點是資本小，某商品市場好、有錢賺時一窩蜂要貨，市場不好時不履約，又抓別的暢銷商品；無推銷能力和銷售渠道，有的甚至是靠賣合同（本身開不出信用證）賺點佣金。但他們善於鑽營，與內地一些部門搞關係，有的善於利用內地不正之風，搞「幾機開路」，拿到緊俏商品；

四是來料加工、補償貿易衝擊一般貿易商品的銷售。如毛布、布鞋、漁網、電珠、紅磚等來料加工低，衝擊已佔市場比重很大的一般貿易商品的價格，造成損失。有的則是加工我名牌商品，如北京安官牛黃丸等，來港銷售，魚目混珠。有的用廠絲、石蠟、煉錫、藥材等，借補償貿易之名，搞易貨貿易之實，低價換出，影響正常貿易價格；

五是不按邊境小貿易規定辦事，走私套匯，搞亂市場。鄰近港澳的縣、社、大隊，隨意擴大邊境貿易的商品，設立貿易貨棧，收購外省中藥材、土特產品，把不屬於邊境貿易的商品，走私運入港澳，且不通過銀行結匯，自行帶走。

華潤公司

1981 年 1 月 23 日

這一個個紛繁的亂象中，有一種亂象，最令華潤頭疼和無法接受，那就是被商業文明最不齒的「合同違約」。

在以往，作為貿易總代理的華潤公司，不具備對內地進出口公司、生產廠家的管理關係，當內地企業偶爾發生出口合同不能如約履行時，同為國有企業的華潤也不好去索賠，只是加緊催

促。另一邊，長期在香港打拼出好口碑的華潤是很多香港經銷商信賴的夥伴，管理部門也會要求華潤出面做香港經銷商的工作，降低合同違約的損失。

而當外貿體制改革初期，外貿自主權一下放開時，曾經華潤勉力維持的局面一發不可收拾。春秋兩季廣交會上華潤與內地各個進出口公司簽訂的代理出口合同，形同白紙，他們留下暢銷的產品自己直接對外，把滯銷商品委託給華潤；等到執行合同的時候，一旦形勢發生變化，滯銷變成暢銷，暢銷變成了滯銷，那麼，又會有一些違約行為出現。這種情況的日漸增多，讓華潤感到完善規範合約、引導尊重合同、提升契約意識迫在眉睫。

1982 年 12 月 13 日，又一屆廣交會結束不久，一場特殊的經理辦公會在華潤公司召開，與會者包括總經理張建華、副總經理賽自爽、宋一川、姬江會、俞敦華、李景堂、葉平，還有一些下屬公司的經理們。會議的主題簡單直白：可否在出口合同中增加索賠條款。

會議部分發言摘要如下：

> 宋一川：華紡公司徵求過部分省市的意見，大家都不幹。浙江來文說，今年不幹，明年才幹。還有幾個

張建華（華潤檔案館提供）

省也來文，要求暫緩增加這一條款。外貿部在去年秋交會上已經吹過風了。1976 年我是反對增加索賠條款的，現在，我的觀點要變。索賠條款對履約率一定有效。我提三條，首先，從條件比較好的上海口岸開始；其次，不全面開花，可以從幾個商品先搞起；第三，其他口岸可以從自營貿易的商品開始。

李英民：我堅決擁護從 1983 年逐步簽訂索賠條款。要先增加法定的規格要求，按國際標準，或國家部頒標準，沒有標準的就雙方提出一個標準。

宋一川：與上海的索賠條款只寫了「一按」，涉及「三按」──按時、按質、按量。僅僅「按時」都做不到。

姬江會：這幾屆交易會，華潤都宣傳過「索賠」這一條款，但有不少單位不敢接受。機、電、儀類的出口商品，國內的製造商和海外的經銷商都不同意寫這一條。

陳啟云：現在要提倡「貿易正規化」。以前，國內不同意索賠，往往採用下一次多給些好貨或價格低一點來解決。

吳志崗：逐步解決這個問題比一下子解決好一些。本來，索賠是很普通的事情。但是，由於已經習慣了不索賠，只能先選一個口岸試點，選幾種商品試行。

賽自爽：這樣做對國家有利。我們要抱着積極的態度去貫徹，從我們自營的商品開始。

宋一川：對，成熟一個商品，開始一個商品。成熟一個口岸，開始一個口岸。我們不是為了「將誰的軍」，目的是改進工作。

這是一份聽得見爭吵的會議記錄，見證了華潤人當時抉擇的艱難。「按時、按質、按量」這些市場經濟中最基本的詞彙第

一次出現在華潤公司與內地供貨方的出口合同中，而索賠條款裏那些邏輯嚴謹的詞句更是讓內地的「自家人」感到難以接受。這樣的無奈也是必然，面對違約率一升再升的尷尬，面對出口創匯任務必須完成的大局，華潤必須以身作則，為紛至沓來的騷動立下不得不立的規矩。

在華潤向上級彙報外貿亂象的同時，澳門的愛國商人馬萬祺針對港澳市場中藥出口的混亂局面，直接將反映材料遞到了曾經主政廣東、此時已經擔任人大常委會委員長的葉劍英手中，葉劍英批示完又轉呈陳雲批示，最後這份文件兜送到了鄧小平面前。深思熟慮之後，鄧小平批示：「外貿體制似應重新考慮」。

面對一時間出現的種種問題，時任外貿部副部長的賈石給華潤公司的負責人佈置了任務：「從明年起，一是要起到商務參贊處的作用，管理協調，諮詢服務；二是要賺錢，做買賣，下屬各公司要自負盈虧。」於是，一個特殊的機構 —— 省市聯絡部，隨後在華潤內部誕生，隸屬於總公司，副總經理姬江會直接分管。曾經擔任華潤集團省市聯絡部副處長的黃士珏清晰地記得安排的主要工作就是培訓和實習，「培訓怎麼樣開展業務，怎麼樣開展信用證，怎麼樣跟商人打交道，還有開窗口公司注意事項，以及香港的相關法律」。[49]

積極的山東省立刻就提出了具體的期待：

1、派五個人到華潤公司學習；
2、派兩個人到華夏公司學習；
3、派幾個人（待定）到華潤紡織部學習；
4、派幾個技術員到華潤精藝皮革廠學習。

很快，一個個省市紛紛都提出了自己的需求，為了提升各省市的外貿人員水平，幫助改革中的中國外貿行業規範健康地快速發

展，華潤責無旁貸，全部接受並安排好從吃住到學習的方方面面。

信用證、報關單，這些華潤人耳熟能詳的文件，以教材的形式展現在初窺國際貿易的學習者面前。

僅 1981 年一年，華潤培訓各省市選派來港學習的人員就多達 262 批、1160 人，第二年這個數字達到了 266 批、1431 人。各省踴躍派來學習的代表遠遠超過了預定的人數，一時間，華潤成了中國改革開放之初培養外貿人才的「黃埔軍校」。

藉助華潤培訓的人員，各省市陸續在香港開辦起貿易公司，將過去華潤代理的外貿商品代理權逐步一一收回。成熟一個，拿走一個，紛紛離去自立門戶。

天廚味精、南洋煙草、飛鴿自行車、青島啤酒，中華鉛筆⋯⋯這些是鑴刻在幾代中國人記憶裏的知名品牌，在長期的代理貿易過程中，華潤既是它們的擁有者，也是這些品牌在海外多年的養護人。如今，這些品牌伴隨着相關業務也一同全部移交，同時，華潤還要再三叮囑，幫助他們的新主人了解這些商標在國際市場上的未來意義。

當這些代表着各個省市的窗口公司在香港舉辦盛大的開業慶典時，華潤祝賀的花籃從不會缺席。時任華潤公司總經理張建華、副總經理姬江會還會特意帶着華潤旗下各個部門的負責人一一拜訪各省市自治區，宣講到香港開辦窗口公司的好處。當有些省份不願來香港開辦公司，熱情讚揚華潤為他們做總代理的成就時，張建華總經理就會熱情地邀請他們來香港先看一看，再做決定。

各省市一塊塊取走華潤餐盤裏豐富的現成食物，而依據全局的需要，華潤又要集中人力物力，為紛起的對手提升戰力培養戰士。這種獨特的矛盾衝突，今天的人們很難理解，但在那個時代，在華潤身上卻實實在在地發生着，這是國家大局面前華潤人最真切的家國情懷。

當曾經的計劃保障不復存在，曾經收取轉口代理費的貿易總代理模式，名存實漸亡，曾經創造國家三分之一外匯、在特定歲月裏完成了特定使命的華潤，路在何方？華潤上下一度瀰漫着消極失落的情緒，不過，對於一貫勇於創新，面對過各個時期各種艱難和變化的華潤人來說，也只是很短暫的一度。

1980 年 11 月，一場史無前例、持續了一個月的會議，在華潤公司位於灣景中心的一間會議室裏沉重地進行着。主題簡單到僅有六個字：擺問題，找出路。

這裏摘錄 11 月 20 日的部分會議記錄：

> 俞敦華：華潤應該走企業化、集團化的道路，不是只改名董事會，換湯不換藥，要有規章、有法制，經理由董事會任命。我認為，華潤前途無量。有人說，華潤公司處在垂死掙扎時期，這種悲觀論調是錯誤的。我們有 30 多年的歷史，[50] 有信譽，有財產，這是別的公司不能代替的。石油供應，我們有發展潛力，林業出口潛力也很大，我們要主動出去尋找貨源。

> 裴澤生：我們的工藝品 70% 轉口美國，李強部長同意我們去美國開公司，我們可以一邊向裏邊打（市場），一邊向外邊打（市場）。

12 月 9 日的會議記錄（部分）如下：

> 張政：外貿部變化很大，過去依靠計劃會議確定出口貨源，這次只開了一個預備會議，不能落實商品。依靠計劃會議安排一年出口工作的局面已經不存在了。

> 張先成：華潤各業務單元趕快下去抓貨源。

> ……

面對着從未有過的改革和開放，無論是中國，還是華潤，都注定要經歷前行中的痛苦，和痛苦中的前行。

計劃與代理會漸漸消逝，只是時間早晚，但自營的自由正在到來，擁有者被打破和失去的或許也是束縛，被改變的不僅僅將是業務模式，一定還有華潤本身。帶着這些主動的思考，中國對外貿易最大的在港坐商華潤，率先動了起來。僅 1981 年，華潤就先後派出 600 餘人前往中國內地，主動與各省市、各專業總公司、各企業聯絡，在主動尋找貨源的奔波中，尋找着未來。

1978 年，中國改革開放元年，詩人食指在《熱愛生命》中寫下這樣一段文字：

> 我流浪兒般地赤着雙腳走來，
> 深感到途程上頑石棱角的堅硬，
> 再加上那一叢叢攔路的荊棘，
> 使我每一步都留下一道血痕。[51]

中國在變，世界在變。在歷史大變革中，無論是國家、個人、還是企業，不同的選擇必成就不同的命運。幸運的是，在這場變革中，華潤沒有等待，沒有退縮，沒有站在曾經的榮耀和輝煌裏自怨自艾，沒有像日後命運截然不同的一些同類公司那樣就此迷茫，黯然失色逐漸退出歷史舞台，而是選擇了主動把握自己的命運，選擇乘大勢而起，選擇勇立潮頭，去迎戰一個個驚濤駭浪，走向更波瀾壯闊的海闊天空。

第十八章

造橋者

　　深圳河的北邊是深圳，南邊是香港。1978 年，兩個城市雖然只相隔了一條河，差距卻一目了然。

　　那時候的深圳，是一座破落的小漁村，有超過 80% 的人口生活在糟糕的環境裏。[52] 緩慢的城市化進程背後，是高度集中的計劃經濟列車在運行近 30 年後，陷入空前泥潭的現實。彼時的中國經濟，大致是這樣一組數據：「從 1958 年到 1978 年，20 年間中國城鎮居民人均收人增長不到 4 元，農民則不到 2.6 元，全社會物資全面緊缺，企業活力盪然無存。」[53]「1978 年以前的中國格局可能是最糟糕的局面。」美國耶魯大學金融學教授陳志武這樣評論到，某種意義上這是經濟學界的一個共識。

　　而與深圳隔河相望的香港，經歷了整個六十年代的高速發展，已經逐漸成長為亞洲和太平洋地區重要的貿易、金融、交

通、旅遊和信息中心。中環的上班族，西裝革履，行色匆匆；酒樓的食客，魚翅撈飯，悠然自得；TVB 的年度大戲港姐選舉已經舉行了五屆，日益成為整個東南亞的娛樂大事；藍巴勒海峽兩岸，葵涌貨櫃港的前三個碼頭已經開始投入使用，更多的碼頭正在興建，十餘年之後，這裏將成為世界最繁忙的貨櫃港口……這些顯而易見的美好背後，依託着中國政府「長期打算，充分利用」的政策，和港英政府弱化階級矛盾、維持社會安定的懷柔改良政策，一個對資金和人才都有強大吸引力的「避風港」日益成熟。產業領域，紡織、鐘錶、塑膠、電子產品四條完整的產業鏈高速發展，奠定了亞洲四小龍的輝煌基礎。在對外貿易領域，香港以一座城市的體量，在亞洲僅落後於日本，在世界範圍內排名第十。

1978 年 7 月，抵粵主政三個月的習仲勳第一次來到深圳寶安，他站在「中英街」的界碑旁，看到的是，香港側人潮湧動，商店裏擺滿了五顏六色的商品，內地這邊卻一片蕭條，只有兩家破落的店舖，貨物寥寥。這位從陝北一路走來的老革命者感慨萬千：「一條街兩個世界，他們那邊很繁榮，我們這邊很荒涼，怎麼體現社會主義的優越性呢？」用一個夏天走訪了廣東 23 個縣的習仲勳一直在思考一個問題：為甚麼差距會那麼大？

這是一代乃至幾代國家管理者的追問，也是整個中國追索了數十年的問題。

1977 年，閉關鎖國的局面基本結束後，黨和國家的各級領導人紛紛出現在世界各地，他們的行程中有一座座工廠、一所所大學，他們注視着、追問着，比較着與世界的差距，也思考尋找着一個東方大國的方向。

離中國內地最近的香港，也成為了最直接的求索之地。

國家計委副主任段雲節率 26 人的代表團來了，代表團成員都是省市委的書記或副書記，北京、天津、上海的市委書記位

列其中；

外貿部副部長陳慕華率領代表團來了；

貿促會會長王耀庭率領代表團來了；

著名經濟學家薛暮橋率經濟代表團來了；

著名經濟學家余光遠率經濟代表團來了；

……

在所有抵達香港的中國內地代表團身邊，華潤人的身影從未缺席。僅 1978 年一年，華潤進口部和出口部就接待了 129 個參觀團。

參觀學習的路線全部由華潤制定，這是一條經過精心調研後安排設計的參觀線路，涵蓋了服裝廠、印染廠、電子廠、玩具廠等香港當時最出色的生產線和產業。在參觀的休息時間，都會有一個固定項目，華潤提供一套特殊的錄像帶，供所有的參觀者學習觀看。

錄像帶中的內容其中一部分發生在中國台灣地區。 1965 年的台灣，持續 16 年的美國經濟援助戛然而止，為數不多的可耕作土地上人口壓力倍增。為擴大就業，彌補巨額貿易逆差，增強經濟實力，台灣在高雄設立了全世界第一個出口加工區，隨後又設立楠梓和台中兩個出口加工區。在這些出口加工區裏，政府平整好土地，建好基礎設施，提供一系列稅收和管理的優惠條件，吸引外國公司進入，投入資本和生產設備，生產的產品全部銷往國外。短短 14 年時間，三個出口加工區吸引投資接近三億美金，開辦工廠 303 個，出口累計額 55.72 億美元，一個曾經大部分工業產品都需要進口的農業地區，搖身一變成為貿易順差不斷擴大的亞洲生產加工基地。更為重要的是，一大批熟練的產業工人掌握了先進的生產工藝，為日後那些大名鼎鼎的台資企業崛起穩固了出發陣地。

對這種利用自身質高價廉的勞動力資源，發展勞動密集工

第二階段　1952-1983：貿易總代理

業，打造出口導向型經濟體的模式，特意製作錄像推薦觀摩的華潤顯然認為非常值得中國內地借鑒。

1978年春，一場特殊的會議在北京召開，會議的內容是討論「來料加工，補償貿易」這樣的企業貿易模式是否可行，並責成華潤公司起草一份材料。

這個任務，華潤責無旁貸。事實上，70年代中期，已經開始主動嘗試自營貿易的華潤，為解決外銷國貨貨源供應不穩定、質量缺乏保障等問題，已經在粵東南一帶開展過少量「來料加工」業務。即由香港的商人或華潤提供原料，華潤在內地找到具有加工能力的企業，專門生產指定港商需要的熱銷產品，然後將產品交貨給港商，華潤賺取佣金或加價，內地企業獲得加工業務，賺取加工費，港商因中國內地人工、水電等優勢收穫更低成本的產品，幾方都得利皆大歡喜。在這個過程中，華潤為港商穿針引線、鋪路搭橋，也為自己獲得了可靠的貨源。類似的還有「來樣加工」、「來件裝配」，都是充分發揮中國內地人工勞動力充裕、生產成本低的優勢。而為了解決缺資金難題，被稱為「補償貿易」的模式也在探索。從某種意義上說，「來料加工、來樣加工、來件裝配、補償貿易」這些在後來被整體稱作「三來一補」的企業貿易模式，是身處香港、又熟悉內地的華潤，一直希望介紹、引入到內地的。

能參與制訂規則辦法、藉國家之力推動這一模式的進程，華潤人驕傲而鄭重，一場場的討論在華潤內部展開，統一後的結論由聶海清執筆，短短幾個月，華潤完成了共有17條內容的初稿。經過國家領導人和相關專家的討論、補充、修改，1978年7月15日，國務院正式頒佈《開展對外加工裝配業務試行辦法》，允許廣東、福建等地試行「對外加工裝配業務」和「補償貿易」，鼓勵外商與內地合作，投資辦廠。

一年後對「三來一補」這個漸漸叫順叫響的詞彙，在政府正

式法律文件中的闡述是這樣的：「三來一補」是「來料加工」、「來件裝配」、「來樣加工」和「補償貿易」的簡稱。

「來料加工」指外商提供原材料，委託我方工廠加工成為成品。產品歸外商所有，我方按合同收取工繳費。確定工繳費時，需要考慮內地的收費標準、自身的成本、國際上的價格水平、委託銀行收款的手續費，以及是否支付運費和保險費。

「來件裝配」是指外商提供全部原材料、輔料、零部件、元器件、配套件和包裝物料，必要時提供設備，由承接方加工單位按外商的要求進行裝配。

「來樣加工」是由外商提供樣品、圖紙，間或派出技術人員，由中方工廠按照對方質量、樣式、款式、花色、規格、數量等要求，用中方工廠自己的原材料生產，產品由外商銷售，中方工廠按合同規定外匯價格收取貨款。由於這種交易不含有任何委託加工裝配的性質，產品出口後收取的是成品的全部價款而不是工繳費，因此它屬於正常的出口貿易。

「補償貿易」是指國外廠商提供或利用國外進出口信貸進口生產技術和設備，由我方企業進行生產，以返銷其產品的方式分期償還對方技術、設備價款或信貸本息的貿易方式。[54]

這其中，一個看似普通的手袋，見證了一種完全不同於計劃經濟體制下的生產貿易模式，在中國的第一次正式的亮相。

東莞是廣東省首批選定的「三來一補」五個試行縣之一。《試行辦法》頒佈 14 天后，1978 年 7 月 29 日的晚上，時任華潤公司副總經理張政在東莞第二輕工業局負責人的陪同下，帶着一位港商，走進虎門鎮太平服裝廠，為香港一家被不斷上漲的各類成本逼得已瀕臨倒閉的工廠尋求解救之道，與華潤合作已久的企業主港商張子彌，將最後一絲希望都押在了對華潤的信任上。

來到東莞輕工局向華潤推薦的虎門鎮太平服裝廠，張子彌給服裝廠主管業務的唐志平出了一道按版加工的考題，用他帶

來的皮料和樣品，複製一款歐洲流行的女士手袋。

第二天早晨，看到廠裏三名技術骨幹一夜趕製交出的和樣品一模一樣的手袋，張子彌驚喜萬分，當即拍板投資 200 萬元港幣，太平手袋廠註冊登記成為中國首個官方正式登記在冊的「三來一補」企業，編號「粵字 001」。

1978 年 10 月 1 日，每年一度的華潤公司國慶酒會照例在香港舉行，事實上，華潤公司的國慶酒會已日漸成為每年香港工商界重要的歡聚盛事，大家在這裏相互結識、互通信息、加深友誼，但這一年的酒會氣氛格外熱烈。總經理張光鬥上台致辭，特意介紹了中國內地新出台的「來件裝配」、「補償貿易」等政策，動員港澳商人到中國內地、到離別多年的家鄉投資，一時間所有人的話題被迅速統一到兩個興奮點上，「何時回廣東」和「三來一補怎麼幹」。

一個月後，伴隨着東南亞最大的毛紡製造商香港永新企業有限公司在珠海創辦香洲毛紡廠，「來料加工」和「補償貿易」這兩個新詞彙迅速成為香港報紙雜誌上吸引眼球的大標題。對於大部分的香港人，它意味着既熟悉又陌生的土地上那些待採擷的新財富；而對於那些曾經因各種原因遠離這片土地的人們，它同時意味着遙遙響起的歸家號角。無論他們是猶豫着揣摩歸家後將以甚麼樣的身份回到舊土地上，還是踴躍着暢想鄉情鄉親的熟諳會帶來怎樣領先的契機，他們的先行一步都撩動起深圳河兩邊更多人的心弦。

日後榮獲「世界中國學貢獻獎」的著名社會學家、費正清東亞研究所主任傅高義，受廣東省政府邀請，在南粵大地上走訪了八個月後，記錄下他所看到的其中一種現象，「東莞官員估計，與香港簽訂的合同中，約有 50% 是與原來的東莞居民簽訂的。」90 年代中期曾有港報估計，至少有兩萬名東莞籍港人先後到內地投資經商。

1978 年 12 月，一個在全國都獨一無二的機構「對外來料加工裝備領導小組」在東莞成立，宣傳「一個窗口對外、一個圖章辦事」，全權審批 150 萬美元以下對外加工項目，港商在這裏簽一個合同，頂多個把小時，這是曾經想都不敢想的辦事效率。隨着「三來一補」模式的遍地開花，東莞迅速成為珠三角閃耀的「金礦」。1979 年 1 月，廣東省委常委擴大會議明確提出，要利用廣東毗鄰港澳的有利條件，利用外資，引進先進技術設備，搞補償貿易，搞加工裝配，搞合作經營。

當《開展對外加工裝配業務試行辦法》在廣東的五個縣不斷實踐落地時，目睹着實踐的鋪開，被香港商業文明薰陶多年的華潤，開始用自己的經驗和判斷，為完善「三來一補」模式和政策建言獻策。

這是一份華潤公司的會議記錄，記錄着太平手袋廠的締造者之一、華潤公司副總經理張政參加全國計劃會議回來的發言。

> 時間：1978 年 11 月 20 日
>
> 事件：華潤經理會
>
> 張政副總傳達全國計劃會議精神：
>
> 這次全國計劃會議開得最長，開了 66 天。余秋里副總理的報告長達五個小時。大會向中央彙報的文件談了 15 個問題，我看了以後，很受鼓舞。
>
> 會議期間，我先後十次去國家計委。計委主任谷牧親自過問，我彙報關於來料加工的問題，我帶着十個具體問題，一個一個地解決，有九個解決了，還有一個沒有解決，就是工人工資問題。

《開展對外加工裝配業務試行辦法》實施一年後，1979 年 9 月 3 日，《開展對外加工裝配和中小型補償貿易辦法》正式頒佈，

這就是後來催生出一代中國企業和企業家的「二十二條」。

「二十二條」中還規定了一些特殊的優惠政策。例如開展對外加工裝配業務：

1、免徵進口原料、設備和出口製成品的稅收。

2、企業開展對外加工裝配業務、收工繳費免交稅利三年。

3、對外加工裝配收入外匯以優惠價格兌換人民幣。

這些優惠政策大多是由華潤建議的。

1979 年底，華潤公司向外貿部遞交了一份名為《一九七九年港澳對內地開展加工裝配和中小型補償貿易業務情況報告》的總結，內容摘要如下：

> 為貫徹執行關於「開展對外加工裝配和中小型補償貿易辦法」的規定，我司穿針引線、搭橋鋪路，在內外密切配合下，1979 年的業務續有開展。
>
> 根據我司各業務單位不完整的統計：
>
> 1、1979 年內地與港澳商人簽訂加工裝配約總值 2.34 億美元，如全部實現，可收入加工費 7641 萬美元。
>
> 2、補償貿易協議 42 筆，由客戶提供設備 2662 萬美元，包括棉紡、漂染、針織、紙包果汁機、捕蝦船、活海鮮運輸車、船以及開挖魚塘、養魚等設備。

接着，報告總結了 1979 年來料加工和補償貿易的特點、成績和不足，並提出八項改進建議：

> 1、開展這一業務，要有利於發展中國內地生產、發展出口、增加國家外匯收入，與引進技術、提高產品規格質量、發展新技術新品種緊密結合起來。
>
> 2、對開展這一業務的客戶，要認真選擇資信好，有能

力（包括技術及經營能力）的對象。

　　3、開展這一業務，必須由工、貿雙方協作進行，並加強經濟情報工作。

　　4、解決好運輸，使原料能及時運進來，產品能及時運出去，這是發展業務的一個重要環節。

　　5、開展這一業務的工廠必須健全管理制度。重合同、守信用，保證產品按時、按質、按量交貨。原材料損耗率及產品合格率都要符合正常標準。

　　6、要掌握商品市場變化規律，提高經營靈活性。資本主義市場有多變性和不穩定性等特點，當市場發生困難時，沒有訂單，生產就會停頓。最近輸美服裝，受配額限制，就出現這種情況。

　　7、要創造條件，爭取較好的收益。要調查了解進料成本、加工成本、商人售價及利潤，做到心中有數，爭取合理加工費。

　　8、對外宣傳要適當，避免引起不必要的麻煩……開展這一業務，不適宜對外過分宣傳，接受加工裝配業務的工廠，不適宜接待委託商以外的其他外賓參觀。

　　極具針對性的建議，展現了遠超一家企業商業行為的一種職責。

　　對於最先承接「三來一補」的廣東而言，新模式帶來的力量是巨大的，尤其是「三來一補」快速發展的東莞、中山、南海、順德四個城市，國民生產總值、工業生產總值、農業生產總值、國民收入四個指標的年均增長率都分別達到或超過 20%。到 1990 年代初，這四個城市的工農業生產總值都超過了 100 億元，相比於改革開放以前翻了三到四番。這樣的發展速度，超過了曾被改革者們引為榜樣和目標的亞洲「四小龍」。

後來的中國經濟研究者們有一個普遍共識，「三來一補」改變了中國加工業的面貌，是改革開放後孕育中國加工製造能力最初的搖籃，也是日後中國很多響噹噹的加工製造業企業最初的出發地。

1979 年 3 月 3 日出版的《經濟學人》雜誌，封面文章標題是《中國有多少可以出口？》，文章中寫道：作為一個與美國和蘇聯類似的大陸型國家，中國的長期出口增長率可能維持在 4-5%，足夠使中國在 1990 年前後成為中等規模的貿易國。中國擁有的是土地、能源、勞動力，而現在所缺少的是市場經濟的經驗和意識……對市場需要怎樣的產品、設計和質量規劃缺乏經驗。一個方法是從其他國家的經驗中照搬，事實上中國已經開始這樣做，它稱之為「三來一補」。

改變世界的種子，那時已經埋下。

對當時的香港商界而言，初開國門的中國內地充滿誘惑，也充滿陌生。許多香港的商人躍躍欲試地迫切想去播撒種子，因為那裏是一片待開墾的、處處充滿機會的新天地；但又猶豫志忑難以下定決心，因為那裏也是他們非常陌生的人、環境和體制。長期習慣了市場經濟規則的他們對計劃經濟體制下的規章和作法所知甚少，那些說着同一種語言、同樣膚色的人也是陌生的，種種信息甚至還會令他們產生擔心或害怕，害怕上當受騙，擔心承諾能不能落地、政策會不會變等等。

對於港商的這些心理，華潤人是理解的。所以，熟悉香港又了解內地的華潤成了深圳河兩邊都信任的人，華潤在中間穿針引線，幫助推薦合作項目，幫助引見主管部門甚至陪同考察，在香港積澱多年良好商譽、又能充分把握內地發展脈搏的華潤成為一些港澳商人的「高參」和引路人。

時任華潤公司總經理張光鬥多次在公開場合表示：「動員華僑和港澳同胞回內地投資，這是新形勢下『統戰工作』的進一步

深入，投資享受甚麼利益，應該有具體的辦法，要明文規定。決不能把人家騙進去了，錢也投了，結果，商品不給人家，錢又拿不回來。」

於是，華潤的寫字樓打開大門，歡迎更多懷揣憧憬和疑惑的港澳商人光臨。在那裏，已經計劃了內地之旅或者只是想先做準備的商人們都可以進一步了解相關政策，例如，在內地開公司需要辦甚麼手續，內地的政府機構設置和分工，也知道了要蓋幾個章，要先到哪裏去蓋章。

在越來越頻繁的香港企業投資內地過程中，漸漸還出現了一種情況，因為華潤的特殊身份和口碑，經常被港商邀請同赴內地投資，華潤的參與成了一種「定心丸」。

從檔案館保存的當時一些會議記錄中，被邀請參與一起投資項目的討論事項頻頻出現。

> 1980 年 4 月 5 日會議記錄：
>
> 張先成副總說：現在滙豐銀行、芝加哥銀行找我們合夥去內地投資，人家找我們是信任我們，華潤信譽好。我們怎麼辦……
>
> 1980 年 10 月 9 日會議記錄：
>
> 香港商人唐翔千 9 月 25 日拜訪華潤張政副總，提出請華潤一起去上海投資，辦一個羊毛衫廠。10 月 2 日，華潤召開會議，討論通過。初步決定投資 24 萬美元，佔 10% 的股份。這是客戶用我們做「保險」，我們理解。
>
> 10 月 8 日，唐翔千請華潤副總張先成和張慶富吃飯，要我們出一個董事，加入他在內地開辦的公司。會議通過。

這些細緻入微的會議記錄，記錄下了華潤在中國內地投資的最初嘗試。儘管這種嘗試，有着一絲被動，帶着非常強烈的「背書」意味，但華潤在中國內地探索自營貿易的腳步，無意中卻實實在在地邁開了，這些投資中，有許多日後還成為華潤實業化初探階段的一部分。

周德明（左一）陪同張建華（右二，華潤總經理），劉若明（右一，外貿部駐滬特派員），蔣文精（左二，香港中銀經理），唐翔千（中，全國政協常委）參觀香港製品展覽會（華潤檔案館提供）

　　與此同時，對於渴望引進香港投資的內地地方政府，五光十色的香港同樣充滿誘惑也充滿陌生。因此，身處香港，懂香港又能第一時間取得港澳商人資訊的華潤，同樣也成為了內地地方政府的「高參」和「定心丸」。

　　當內地地方政府接到某家香港公司的投資意願時，華潤人的身影就會出現在港英政府的公司註冊處，在這裏，那些香港公司的註冊資金、經營範圍、董事會成員公開可見。確定公司的資料真實可信後，華潤人還會前往銀行查詢該公司的「資信情況」，邀請銀行依據規定做出「活躍、呆滯、一般、較差」的商譽評級。

之後華潤人還會親自上門拜訪，通過實地考察、現場交流，判斷公司的運行狀況。三方面工作做完後，華潤再撰寫報告，對這家公司做出全面的資信評估，交給望眼欲穿的內地地方政府。

1983年，隨着對接、諮詢服務的日益深入和升級，一個特殊的公司在華潤內部應運而生。曾經長期為內地經貿部門提供港澳經貿信息的華潤公司資料部更名為市場研究部，同時註冊成立「華潤貿易諮詢有限公司」(China Resources Trade Consultancy Co. LTD.)，部門和公司實際上是兩塊牌子一套人馬，下設研究部、諮詢服務部、出版部、資料部等，其中一個辦公地點就設在香港貿易發展局。自此之後，那些滿懷憧憬的港澳客商不用再費周章前往華潤的寫字樓找尋對應部門諮詢了解，而是直接對接準備充分的華潤工作人員，解答去內地從事「來料加工」和「補償貿易」的一切疑問。

與此同時，面對着信息的巨大需求，1983年9月15日，華潤貿易諮詢有限公司正式出版《香港市場》，起先為半月刊，1985年改為週刊，每期約16頁，主要內容包括香港市場重大經貿問題的反映和分析、商品供銷、價格變動情況、香港主要工商社團及行業的介紹、香港工商企業經營動態國際市場信息動向的報道、華潤集團有關活動介紹、有關我國外貿方針政策在海外的反映等，成為內地地方政府與企業了解香港狀況的重要窗口。

1993年華潤還增加了《一週經濟動態》、《每日報摘》等資訊類刊物，1995年《香港市場》停刊，研究部調研成果登載於新創刊的《華潤調研》上，與曾經的《香港市場》不同，新刊物的內容更偏向內地發展狀況、政策和投資機會分析，成為港商了解內地發展，了解投資狀況的重要渠道之一。

根據曾經擔任華潤集團辦公室副總經理的章明友回憶，這兩本雜誌的資料來源主要分兩個部分，一個是華潤市場研究部的收集整理，而另一部分，尤其是內地及香港以外區域的絕大部

《華潤調研》和《香港市場》（華潤檔案館提供）

分內容，是由外貿部下屬的行情研究所（後改名為國際貿易研究所）提供。[55]

不一樣的內容來源，讓這兩本雜誌有了不一樣的信用背書，不論踴躍衝進香港的窗口公司，還是從香港走向內地的港商投資者，無不把這兩本雜誌當成可看可信可用的創業「說明書」。國門初開，深圳河兩岸彼此需要着，也彼此擔心着，互相靠近着，又互相打量着，既懂中國內地又懂香港的華潤，自然而然便成了河上的那座橋。在兩地之間架設一座橋，甚至成為那座被信賴的橋，是它的職責使然，也是它的眼界所在。

繁榮的香港市場輻射着整個東南亞和中國內地，很多新品總是第一時間就出現在這裏。上世紀八十年代初期，華潤的員工常常會買下一些熱銷品，拆解研究，然後把樣品或者關鍵部件送到內地，尋找有生產能力的廠家研究並定點生產。在一次次的剖析與複製後，華潤獲得它們銷往世界的專銷權和代理權，內地的企業則收穫着技術和資金。中孚行，是 1958 年由外貿部批准從廣州華南企業公司劃轉華潤管理的家電經銷公司，主要經營國內外家電的代理進出口貿易。當時間來到那個盡情揮灑激

情的年代，原有既定的職責範疇已裝不下創業者的雄心和想像。

　　1981 年的一天，中孚行員工容華東走進了順德縣北滘公社塑料金屬製品廠，他拿出一台塑料材質的電風扇，詢問能不能做出同樣功能同樣質量的產品。興趣斐然的廠長認真研究一番後，表達了技術上的自信，同時也表達了對原材料進口和模具開發成本的擔憂，容華東當即表示這些都由中孚行來幫助解決。幾個月後，中國內地出產的第一台全塑料電風扇在這座鄉鎮小廠裏誕生。這個小廠就是後來的「美的」，中孚行負責「美的」全塑料電風扇的海外包銷，並幫助「美的」完成了在香港的商標註冊。很多年後，容華東說起當年背着各類進口零件、從香港出發、走過羅湖橋、再換乘火車汽車輾轉抵達順德的經歷，依然倍感驕傲。

　　這是新一代的「中國製造」在萌芽期野蠻生長的特殊形態。擁有在香港 40 年打拼經驗，坐擁國際和內地兩個市場兩種資源的華潤，成為了改革開放初期孵化內地企業的伊甸園，也是後來人們所熟知的諸多民族工業品牌的直接哺育者。容聲冰箱、三角牌電飯煲、雪花牌冰櫃、佛山照明、康佳電視、南孚電池等等眾多後來家喻戶曉的響亮名字，都與華潤有着密切的血緣關係。而無論是在緊鄰開放前沿的深圳、順德、佛山，還是在山高水遠的四川成都，伴隨着華潤人抵達的足跡，那些從田間地頭拔地而起漸漸連綿成片的廠房，在古老的神州大地上勾勒出中國製造進入改革開放時代的第一抹靚麗風景。這是華潤人在一個特定的時代，書寫的特殊業績。

　　無論風雲變化，華潤依然是華潤，擁有獨特的資源、眼界和胸懷，提供獨特、優質的服務，服務於國家，服務於市場，服務於大大小小的有理想的企業，服務於大江南北眾多渴望崛起的創業者。在這個過程中，華潤自己也終將成長為這個大時代創業浪潮下創業者中重要的一員。

第十九章

三喜臨門

　　1982 年，神州大地上，一個新的國家管理部門悄然誕生，3月 8 日，國務院宣佈增加一個「經濟體制改革委員會」。這個機構被描述為中國體制改革的探索者，它的前身是兩年前建立、由國務院秘書長兼任主任的「國務院體制改革辦公室」，而它的未來將是「國家發展和改革委員會」的一部分，它的成立，宣告着中國政府全力推進經濟體制改革的決心。在它存在的那些年裏，它一直是中國位置顯赫、責權重要的政府機構。

　　這一年九月，中國共產黨第十二次代表大會開幕，鄧小平在開幕式上致辭，第一次提出「把馬克思主義的普遍真理同我國的具體實際結合起來，走自己的路，建設有中國特色的社會主義，這就是我們總結長期歷史經驗得出來的基本結論」。

　　「建設有中國特色的社會主義」成為新的國家戰略。

這意味着，中國已下決心放棄高度集中的「蘇聯式計劃經濟模式」，開始執行「計劃經濟為主、市場調節為輔」的經濟體制改革。

這也意味着，「改革」這個詞真正從文件上走到了神州大地芸芸眾生的身邊，從觀念到體制，從戰略到行動，「改革」所代表的「改良革新」，在這個國家所有的人和事上將會深刻發生。在隨後的年月裏，那些無處不在、無時不在發生着的「改革」，對中國產生了不亞於第二次「革命」的效果。

當整個中國都在談論改革，都在摸索中探索改革，身處香港的華潤同樣如此。不僅是因為改革開放後外貿自主權逐步放開，華潤外貿總代理的立足之本被動搖，必須為生存發展作好長遠打算。事實上，在此之前，華潤就已主動思考探討華潤體制改革的問題，從七十年代末期開始，在很多次公司管理層會議上，「體制改革」都是頻繁出現的話題。

　　　　　　1979 年 9 月 10 日會議記錄：
　　　　張慶富說：華潤體制改革，光打雷不下雨。體制上該獨立就讓他獨立，華潤成為集團。
　　　　　　1979 年 9 月 12 日會議記錄：
　　　　陳啟雲說：華潤要成立集團，要企業化。
　　　　　　1980 年 12 月 11 日會議記錄：
　　　　陳文海發言：華潤集團化必須是有限公司，企業化與官商是矛盾的，企業化就要以利潤為原則辦企業。
　　　　如果能真正實現企業化，華潤在香港的地位將更高。

之所以如此頻繁提及，是因為華潤已經走到被特殊的體制所限的瓶頸。

由於特殊歲月的特殊需要，華潤公司在誕生時選擇了最為

便捷的註冊方式——以私人名義登記註冊的無限公司，之後華潤系的下屬公司、子公司都基本如此。根據香港的法律，無限公司的成立只須填好商業登記表格，提供董事及合夥人的身份證件副本，繳付商業登記證費用至商業登記署，登記當天就可以領取商業登記證。而且，無限公司沒有做財務報表審核的硬性要求，董事及合夥人只需保留會計賬和單據憑證，按時進行報稅即可。

但滿足了隱蔽和便捷的需要背後，「私人」性質意味着在產權層面歸屬是私人股東們，法律形式上與國家對它的投入和所有權衝突，這個問題在時代性的需要消逝後一直並沒有徹底解決，潛藏着種種風險。

其次，私人合夥的「無限公司」也意味着「無限責任」，一旦公司、下屬公司或者法律形式上擁有公司產權的股東個體出現問題，「無限責任」就代表着無限風險。

此外，「企業化」之所以被反覆提及，源自那個時代完全政商一體的普遍性問題。華潤公司隸屬於對外貿易部，經營活動按每年的計劃、聽主管部門的指令，來完成相應的計劃任務，因經營需要的市場行為只有少量自主權，且大事小情需要請示外貿部獲得批准。某種程度上公司更如同一個政府行政下屬部門，承擔相應的義務、完成指令性任務，行政化色彩更重而不像一個以經營贏利發展為核心的企業。在人事、財務上，更能突顯這一特性。華潤公司包括下屬公司的工作人員，除少部分僱請的香港本地員工，其他來自中國內地的人員均是由外貿部指派，還有相當一部分是各專業進出口總公司、分公司選派而來，這些被稱為「幹部」的人員不是由華潤選擇也並不屬於華潤，只是在相應的時間來到華潤工作，加上華潤處於香港這個特殊因素，因此幹部流動性很大，而且華潤沒有人事自主權，無法招收僱請香港本地員工之外的人員，很難形成一個企業長期發展需要的

穩定的人才隊伍。

這一切大大束縛了華潤的經營、管理和發展，在香港商業世界遨遊多年的華潤，熟悉真正的公司企業的面貌和內在，深知中國的企業若想真正發展壯大必須要建立起適合自己的現代企業管理制度。隨着華潤公司業務集羣的面貌日漸清晰，如今的華潤，早已無法滿足巨量的多元化貿易業務發展的需要，也無法與華潤系龐大的身軀相匹配，更難與現代化企業經營和管理體系相配套。整個中國湧動的改革思潮中，華潤內部一個共識越來越清晰：華潤迫切需要通過主動改革擁有自己在新時期發展的適宜身份和相應體制。

1981 年 8 月 27 日，華潤討論通過了《華潤公司體制改革方案》，並上報外貿部。1982 年 1 月，外貿部下發《關於華潤公司經營體制若干問題的意見》，批覆同意華潤公司改為有限公司，成立董事會。

五個月後，華潤正式提交了具體的改制方案：

第一步，先把華潤私人名義的股份轉為內地總公司代表名義的股份，辦理法律手續。新的股東僅是用內地公司代表名義，資產仍屬對外經濟貿易部。股東改組之後，即以新股東名義註冊成立華潤有限公司並成立董事會。

第二步，所屬各無限公司改為有限公司以及各有限公司轉為華潤有限公司全資附屬企業。具體工作分批進行。

華潤的改制方案，得到了機構改革中剛由對外貿易部、出口管理委員會、對外經濟聯絡部和外國投資管理委員會合併成立的對外經濟貿易部的批准。

從華潤上報體制改革方案到方案獲得批覆，僅僅過去了不到 12 個月，方案上報時主管華潤的對外貿易部（外貿部），到了方案批覆時，已經變成了對外經濟貿易部，「經濟」二字的增加，意味着不止於貿易的內涵擴展，某種程度上也意味着體制改革

的車輪已經滾滾向前，不可阻擋。

華潤從無限公司改為有限公司的體制改革就這樣拉開了序幕。這是一次本質的改變，從戰爭年代遺留下來的舊的經營體系，向着現代化企業經營模式邁出歷史性轉變，這是基礎和起點。

從華潤的前身聯和行誕生伊始，它的經營和管理完全是按照命令指示、服從於上級管理部門的安排，公司的創立、合併、收購和分割，均依據行政命令行事。在 1952 年，中央將 16 家地方公司劃歸華潤，同時進行了產權交接，1954 年五豐行併入。此後，金融類公司劃撥給中國銀行管理，華潤將剩下的公司進行了重組，保留了部分公司名稱。從 1952 年到 1977 年，華潤旗下公司大致情況如下：

第一類，全面封鎖時期有資金和物資被凍結的公司：

1、廣大華行

2、合眾公司

3、南新公司

這幾間公司在 1953 年後沒有業務活動，只保留名稱。

第二類，傳統公司：

1、華夏公司（其所屬的香港遠洋輪船公司，成立不久即關閉）

2、德信行

3、五豐行

第三類，通過增資、收購使華潤變成大股東的公司，或者是獨資、合資的新公司：

1、1958 年：增資中國國貨公司，成為大股東；

2、1958 年：成立中發股份有限公司（這是華潤最早的一間合資公司）；

3、1958 年：增資中孚行，成為大股東；

4、1959 年：華潤與五位港商合辦中藝（香港）有限公司，1966 年通過購買股份成為第一大股東，派任總經理，霍英東為第二大股東；1967 年中藝星光行開業；1968 年，華潤再次收購股份，中藝公司成為華潤的全資子公司；

5、1963 年：成立萬新服裝公司；

6、1964 年：成立大華國貨公司；

7、1964 年：成立華遠公司（此華遠非後來的華遠房地產公司）；

8、1966 年：成立華紡公司、中國廣告有限公司；

9、1973 年：成立萬通公司（此為華潤旗下運輸公司，非後來的萬通房地產公司）；

10、1975 年：成立萬博有限公司（公司位於中東，1979 年撤回）；

11、1976 年：成立嘉陵公司（又掛牌雅詩輪船公司，隨後二者合併成統一的嘉陵公司）；

12、1977 年：成立合貿公司（1984 年撤銷）。

華潤直屬部門包括：出口部、進口部、紡織品部、機械五礦部、石化部、儲運部、總務部、資料室（即研究部）、辦公室、人事部、財務部等。

1978 年中國改革開放後，華潤公司也進入大踏步發展和擴張時期，到 1982 年底，新辦公司 52 個，其中獨資公司 29 個，

合資公司 23 個。從經營範圍來分：從事貿易的公司有 19 個，工廠有 16 個，從事運輸的公司有 9 個（其中 8 個屬於華夏公司，1 個是掛名公司），倉庫 2 個，合資的財務公司、廣告公司各 1 個，房地產公司 3 個，還有一個赤灣開發南海油田後勤服務公司。

此時的華潤已經積累了一定的資產，擁有商場 6 個、貨倉 6 座、冷庫 2 座、油庫 3 座、運輸船 62 艘、宿舍等建築面積超過 200 多萬平方呎（約合 22 萬平方米）。

經過這次改制，除了華潤公司，華潤旗下無限公司進行了關停合併盤整後，保留的都全部改為有限公司，至 1983 年華潤（集團）有限公司正式成立前，華潤所屬全資企業 14 個，附屬企業 19 個，合計 33 個公司。14 個全資企業分別是：

一、五豐行：董事長馮力夫；主要業務：糧油食品進出口。

二、德信行有限公司：董事長王東文；主要業務：土畜產進出口。

三、華遠公司：董事長李英民；主要業務：輕工業品進出口。

四、中藝（香港）有限公司：董事長陳啟雲；主要業務：工藝品進出口。

五、華潤紡織品有限公司：董事長王建華；主要業務：紡織品進出口。

六、華潤五金礦產有限公司：董事長周德明；主要業務：五金礦產進出口。

七、華潤石油化工有限公司：董事長郭志強；主要業務：石油及石油產品、化工原料、醫療器材、醫用輔料、染料等進出口。

八、華潤機械有限公司：董事長王同善；主要業務：機械進出口。

九、華潤機械設備有限公司：董事長高石倫；主要業務：機、電、儀產品和成套設備進出口。

十、華夏企業有限公司：董事長段振武；主要業務：海上運輸、船舶代理、船舶租賃、碼頭。

十一、中國廣告有限公司：董事長宋勇；主要業務：辦理中國出口商品在香港地區的宣傳廣告。

十二、華潤藝林有限公司：董事長李文志；主要業務：在華潤大廈開設商場，陳列和零售高檔出口商品。

十三、華潤貿易諮詢有限公司：董事長楊文炎；主要業務：為香港和內地公司提供諮詢；編輯出版《香港市場》刊物；協助辦理廣交會來賓邀請工作。

十四、隆地企業有限公司：董事長李景唐（兼）；主要業務：當華潤大廈落成後，管理物業及租賃事務。

另外的 19 家附屬企業包括：立新公司、沙田冷倉有限公司、精藝貿易公司、精藝皮革廠、德發貿易有限公司、中孚行、寶藝首飾有限公司、珍藝有限公司、藝發貿易有限公司、源昌合有限公司、中國中發有限公司、萬新有限公司、嘉陵有限公司、西林貿易公司、華通船務代理有限公司、百適企業有限公司、萬通公司、合貿有限公司、特利發展有限公司。

這些林林總總、分佈在各個行業的公司，經過盤整，被匯聚到一個統一的大旗之下，1982 年 12 月 22 日，華潤正式確定了新的公司名稱。

中文名稱：華潤（集團）有限公司

英文名稱：China Resources (Holdings) Company Limited

華潤（集團）有限公司在港英政府的註冊，由副總經理俞敦華負責。時任總經理張建華看着厚厚的企業註冊資料，說了一句意味深長的話語：「儘量按香港的法律手續辦，不要擔心交稅，不能在 1997 年出問題。」

當複雜繁瑣的註冊工作緊鑼密鼓地進行時，一份《關於華潤（集團）有限公司進一步加強業務經營的請示報告》呈交到對外經濟貿易部，全文大致如下：

華潤公司關於華潤（集團）有限公司

進一步加強業務經營的請示報告

對外經濟貿易部：

為了進一步開創香港地區貿易的新局面和保持香港經濟的繁榮穩定，根據部 1982 年 4 月（82）貿四字第 1 號文件對華潤公司經營方針的指示，華潤公司要繼續做好「代理、服務、自營、協調」工作。形勢大發展需要我們逐步擴大經營範圍，現提出意見如下：

一、隨着國家體制改革的發展，經濟實體增多，外貿業務下放，華潤公司的代理業務將逐步縮小。為適應這種形勢，華潤公司的任務和業務做法要有相應的改變。

（一）華潤公司要繼續做好各專業總公司的總代理業務。既要盡義務，又要有權益。具體辦法是：

1、同各省、市、自治區和部門的業務關係，應逐步推行代理或經銷的「協議制度」，簽訂短期或長期協

議。協議規定雙方的義務和權利，嚴格遵守，違犯一方應負法律責任，賠償經濟損失。

2、對一些無法簽訂協議的商品，可有組織有計劃地邀請內地派小組赴港推銷，由華潤公司安排食宿，提供洽談業務場地，組織客戶成交，收取少量佣金。

（二）逐步由「代理關係」改變為「買賣關係」。華潤集團各公司可與內地各外貿單位進行直接貿易，簽訂經銷、代理等協議。

（三）繼續利用香港有利條件，加強我貨轉口業務，同時要與有關部門密切配合，凡是有條件的，儘量爭取同各國和地區直接成交，以利加強我國同世界各國的直接關係。

二、鞏固和發展銷售網，加強國產品在香港的市場陣地。

（一）擴大零售業務。目前整個香港年零售額在500億港元以上，華潤系統只佔6.5億港元，比重極少。我公司現有八個零售商場，今年開業的還有三個。在1985年內準備再搞2-4個，爭取年零售額達到15億港元。

（二）積極、慎重地試辦超級市場。近幾年香港超級市場發展迅速，「百佳」和「惠康」已各擁有50多個門市部。擬從現在起着手準備，爭取到1986年開辦20個門市部。

（三）擴大「國貨公司」經營範圍。按當前我貨供應情況和香港市場需求情況，今後我將主要推銷國貨，兼營港產品和台灣省產品，也可兼營部分外貨。新開的商場稱為百貨公司，不再稱國貨公司，這樣便於經營，

有利經濟收益。

（四）加強對國貨行業的領導。全香港現有 66 家國貨公司（94 個商場），年零售額 20 億港元以上。這些國貨公司極大部分通過我經銷商進貨。我們擬仿效中發、萬新的辦法，首先從大宗商品着手，由華潤與商人組成聯營公司，統一為各國貨公司進貨，收取少量佣金，以提高國貨行業的零售利潤水平，穩定他們經營國貨的信心。

三、調整華潤現有機構，加強自營業務。

（一）紡織品公司在繼續發揮中發、萬新兩公司經銷作用的同時，以現在的紗布為基礎成立一個公司，把紗布抓起來。目前我在港的紗布經銷商共有 21 家，可同他們組成一個聯營公司，實行統一進貨，分散經營，以利於穩定供應和擴大銷售。

（二）供港鮮活商品的配額制度經過歷史考驗行之有效，應該繼續下去。今後重點應抓好工業食品的供應，隨着市場消費增長，逐步擴大自營比重。

（三）石油化工產品是我自營比重最大的商品，要千方百計經營好。

1、將現有儲存 27 萬噸的油庫組成油庫公司，獨立核算。以存我油為主，兼存外油。

2、如果國內石油供量減少，可經營部分外油業務，以免丟掉香港市場。

3、擴大嘉陵公司的駁油能力，擬再建造兩條 1200 噸左右的小型油輪。

（四）加強對鋼材和水泥等商品的經營能力。

（五）對土畜產品，除完成總公司所交辦的任務外，

要加強自營業務，對水貨市場採取措施進行干預，以減少對市場的衝擊。

（六）中孚和珍藝、寶藝公司應擴大我輕工、工藝品的自營和轉口業務。華遠、中藝公司應有組織、有計劃、有選擇地從大商品着手，鞏固經銷業務，逐步擴大自營範圍。

（七）改變出口商品結構，擴大機、電、儀產品出口，並為引進技術設備創造條件。設立華潤機械有限公司和華潤機械設備有限公司，並單獨設技術貿易部和儀器進口部，分別隸屬華潤集團。實行獨立核算，自負盈虧。人員配備要少而精，隨着業務的發展可逐漸增加。

（八）根據業務發展需要，在國外設立分支機構或辦事處。

1、鑒於華潤集團和東南亞地區的關係，在取得新加坡商務代表處支持下，第一步可考慮在新加坡設立分公司，從事石油加工、轉口業務，並開設百貨商場。

2、準備和我在美國的貿易中心結合，在美設立聯合公司，從事單機零配件採購和轉口業務（現中國內地產品由港轉美每年近80億港元）。

3、可考慮和中東我貿易中心結合，在中東設立聯合公司，從事對中東的轉口。

（九）華潤集團資科部改為市場研究部（名稱暫定，待後研究），對外是華潤貿易諮詢公司的牌子，創造條件出版定期或不定期刊物。

四、擴大經營手段，加強經營實力。（略）

五、開展進口和外貨代理業務。（略）

六、積極協助內地工廠進行技術改造，使產品升級換代。華潤（集團）有限公司可籌集資金，有選擇地到內地投資，同內地有關單位聯合建廠，合資經營，產品外銷，按《中外合資經營企業法》對待。

七、期貨問題。

華潤集團仍然貫徹不搞期貨、不炒黃金、不炒地皮、不炒股票的指示。但有條件的少數附屬公司，可適當搞點期貨業務。

八、關於在港澳設廠問題。

華潤集團在港澳投資的工廠有三家（精藝皮革廠、美特容器廠、華科電子廠），這三家廠在港澳都是一流的。今後還將有計劃地開辦一些工廠。

九、關於股票上市問題。

股票上市是一種籌集資金的方式。通過發行股票籌集資金，利息低，風險小。但這是一個新問題，需要進一步研究，條件成熟時另行報批。

十、建議和要求。

（一）華潤公司主要靠自籌資金發展起來，1978 年以前均有利潤上繳，以後搞了一些固定資產投資，如建倉庫、辦公樓、職工宿舍等。目前向銀行貸款較多，資金周轉困難。今年只能上繳小部分利潤，以後視情況爭取逐年增加。

（二）適當擴大華潤集團的權力。請求部給華潤集團基本建設投資的資產購置權由 2000 萬提到 3000 萬港元。

（三）今後在港設立分公司、開辦合營公司、在國外開設分公司，請授權華潤集團根據需要自行決定、

報部備案的權力。

（四）請部在年底前派 20 名懂英語熟悉業務的同志來華潤公司，以利於工作的開展。根據形勢發展的需要，擬逐步改變目前派幹部的方法。今後華潤集團作為一個企業，要求列入國家培訓計劃，請內地院校每年培養 30-50 名大學生，爭取 3-5 年內培養 200 名左右（包括香港當地幹部）能文能武的業務骨幹。今年要求國家分給華潤公司 50 名外語、財經和工科畢業生。幹部隊伍要保持相對穩定，不斷提高素質。現在港的內派幹部凡條件適合繼續工作的，暫不輪換。

（五）加強同各外貿總公司的聯繫。

妥否，請批示。

華潤公司

1983 年 5 月 9 日

之所以這裏近乎全文照搬這份請示文件，是因為從無限變有限只是身份歸正，這份請示報告是改制的真正內核。這份由華潤公司向華潤集團轉型時期的重要文件，透露着華潤為逐步建立中國現代企業制度，在那個時期如何「大膽」地邁出了第一步。其中涉及到的總方針、業務方向和目標及目標實現路徑，基本勾勒出了華潤當時以及後來的主要業務狀況，成為整個八十年代、乃至九十年代早期華潤集團的行動綱領，它奠定了華潤集團最初的面貌。

報告中種種新設想、新建議，在當時是有很大突破性的，它們見證了華潤作為一個企業經濟體的甦醒。

第一次明確提出了關於「義務」和「權益」的關係。這不僅是華潤的轉變，對整個外貿體系都是一個轉變。擔任對外貿易

總代理，它的所有行為按照統一計劃和行政指令服務，企業的經營獲利屬性被刻意弱化，對代理服務的上游公司也沒有任何約束能力。華潤倡導同各省、市、自治區和部門的業務關係逐步推行代理或經銷的「協議制度」，依據合同進行正常貿易，不靠行政指令，而是用契約協議保障約束相互間的合作，規範雙方權利和義務，建立起一種更符合商業規則的企業合作模式。

提出今後逐步由「代理關係」改變為「買賣關係」，自信的華潤希望雙方都不再依靠國家的計劃和指令性指定，直接貿易，回歸到正常的企業經營活動。

提出加強自營業務。這是身處香港這個活躍的貿易中心，華潤已經取得良好成效的發力方向，也是放開手腳後的廣闊天地，事實證明，無意中華潤的實業化探索之路也就此起步，超市、紡織、石油都在未來一個時期成為了華潤實業化的重要部分。

提出可自籌資金以外商身份回內地投資。這是華潤針對自己獨特身份在當時政策範圍內敏銳地尋找到的發展路徑。此後華潤以外資身份回內地大規模投資，享受招商引資優惠的同時，幫助內地企業實現技術改造、產品升級換代，以雙贏成就證實了當時的慧眼獨具。

第一次提出了幹部隊伍建設問題。改變派幹部的做法，為逐步獲得人事自主空間和日後人才隊伍建設奠定了開端基礎。

第一次提出了股票上市問題。雖然還沒有具體方案，但身處擁有活躍資本市場的香港，華潤比所有人都更早地看到資本市場對企業經營的重要性。

一個個請示、建議、構想背後，是一個企業大膽革新、主動求變的決心。今日市場經濟眼中那些理所當然的需求，在那個年代，這種主動是大膽的，這源於華潤對於對外經濟貿易部的信心，也源於華潤對於未來發展的敏銳：中國未來必然要面對整個世界。對現代企業的了解，對發展趨勢的認知，使他們有了

一份特別的遠見，這份遠見與國家的目光契合到了一起。更為難得的是，這樣的遠見貫穿了未來華潤的發展歷史，使得他們在市場競爭和自身建設中，以驚人的速度，成為香港和中國內地舉足輕重的競爭參與者和建設參與者。

僅僅不到一個月，對外經濟貿易部就批覆了這份請示報告。

關於對華潤（集團）有限公司

進一步加強業務經營的批覆

華潤公司：

你公司（83）經美字第九號文收悉。原則同意你公司《關於華潤（集團）有限公司進一步加強業務經營的請示報告》。可照此執行，在執行中根據形勢的發展和需要，再不斷完善和擴大經營業務。

為貫徹黨的十二大關於對外開放、搞活經濟的政策和中央關於對香港經濟上要保持繁榮穩定的精神，華潤（集團）應充分利用35年來[56]在香港打下的經濟基礎，以及同各方建立起來的商業信譽，解放思想，進一步鞏固和提高經濟實力，在擴大和發展經營業務方面打開新局面，為內地經濟建設作出應有的貢獻。為此，華潤（集團）除仍要完成國家計劃、出口收匯等指令性任務和繼續做好內地各進出口總公司的代理業務外，同意適當擴大對華潤（集團）的經營權限。

一、經營業務

1、興辦一些工貿結合的企業，既搞貿易又辦工廠，和有關省、市、自治區、部門合作，可在香港或內地開工廠；

2、加強自營業務，特別對香港零售市場陣地要充

分利用，增開一些百貨商場和超級市場；

　　3、增加經營手段為擴大進出口貿易服務，如建碼頭、倉庫、搞船運等；

　　4、在港或到國外設立分公司或開辦合營公司，華潤（集團）可根據業務需要自行決定，報部備案。

　　二、財務

　　給華潤（集團）基本建設投資的資產購置權由原2000萬港幣提高到3000萬港幣（或500萬美元），超過此限度要報部審批。

　　三、人事

　　保持幹部隊伍的相對穩定，提高其素質，在依靠和使用當地幹部職工的同時，內地要輸送一批懂業務、熟悉業務的幹部到華潤（集團）工作。

　　此外，華潤（集團）除在香港發展其經濟實力、擴大其市場陣地外，還要對國家經濟建設直接做一些貢獻，每年向國家上繳一點利潤，具體上繳多少，可視華潤（集團）每年盈利情況而定。

　　澳門南光貿易公司可參照華潤（集團）請示報告的內容，結合澳門具體情況，儘快提出如何加強業務經營的意見報部審批。

對外經濟貿易部

1983 年 6 月 2 日

　　對外經濟貿易部原則上基本全部同意了華潤請示報告中關於業務經營的構想，也適度擴大了財務、人事、業務自主的權限。但關於股票上市，這個成熟資本市場最重要的籌措資金手段，並沒有在批覆中提及，在那個仍然謹慎邁出每一步的年代，這樣的避而不談，意味着無聲的否定。

不過，體制改革的鬆綁總是在一點點的艱難行進中贏得空間，這些改變，已得以為華潤之後的發展建立了出發陣地。

1983年7月13日，《人民日報》報道華潤集團註冊完畢

1983 年 7 月 8 日，華潤（集團）有限公司在香港註冊完畢。

1983 年 7 月 13 日，中國最重要的平面媒體《人民日報》在頭版發表了消息：

我國各專業進出口總公司

在香港的總代理華潤公司改為有限公司

新華社北京 7 月 12 日電

經對外經濟貿易部批准，我國各專業進出口總公司在香港的總代理華潤公司正式改為華潤（集團）有限公司。最近，這個公司已向香港當局辦理了註冊登記手續，註冊資本為 2 億港元。

華潤公司於 1948 年成立，主要經營內地對香港的

進出口貿易。三十多年來，由於華潤公司和廣大愛國經銷商的共同努力，內地和香港的貿易不斷發展，對繁榮香港市場和支援國家社會主義建設起了重要作用。

華潤（集團）有限公司的全部股份為我國各專業進出口總公司所有。華潤（集團）有限公司的成立，將更加適應貿易業務活動的開展，對於進一步穩定香港經濟將發揮積極作用。

華潤（集團）有限公司的董事會由 20 名董事組成，賈石任董事長，張建華任副董事長兼總經理，賈石、張建華、賽自爽、宋一川、姬江會任常務董事。董事會將每年定期在北京或香港召開。

全面進行體制改革的華潤，首先需要大量的人才來實現它的目標。長期以來，這家身處香港的特殊企業，他的員工大都來自內地以幹部身份派遣，來源主要包括曾經的外貿部、各進出口總公司、分公司和口岸。所有的幹部執行嚴格的輪換制度，六年必須回國。人員的變化某種程度上意味着經營思想和經營手段的變化。

1982 年春季，我國恢復高考後的第一屆大學生畢業，這些因學識而被選拔的年輕人，如同新鮮的血液被注入這個國家的肌體。華潤從應屆大學畢業生身上看到了機會，時任總經理張建華親自向對外經濟貿易部要指標，提出今後從內地新畢業的大學生中直接要人，目標就是要培養真正屬於華潤的年輕人才隊伍。為了應對六年必須輪換的機制，張建華還構想出一套自己的辦法：每年招收的大學生劃分為兩套人馬，當一批人在香港工作六年後需調回內地時，新的一批人前往香港頂替，調回內地的這批人仍然安排在華潤系統內工作，未來可再次派出。兩

1983年華潤招收的第一批大學生與領導合影，左起孫明權、段東方、黃毅、張家瑞、林中鳴（時任對外經濟貿易部進出口局長）、周龍山、周彬、黃俊強（華潤檔案館提供）

批人輪換，這些人所熟悉的業務不會因此中斷，實現相對穩定，也可以真正地融入華潤。

1983 年秋天，從 250 人大名單中選出的第一批七名大學生分配到華潤。他們分別是：周龍山、黃俊強、孫明權、張家瑞、段東方、周彬、黃毅。儘管他們還需要在對外經濟貿易部實習一年後才能抵達香港。但對於華潤來說，不屬於外經貿部，不屬於進出口總公司，而是真正屬於華潤的大學生，真的要來了。

後來擔任華潤集團助理總經理的周龍山，在 30 餘年後都能清晰回憶起越過羅湖橋、踏上香港土地的那一刻：「我記得是 1984 年 11 月 21 日，我們一行七人從廣州出發，坐直通車前往香港。路過羅湖橋時，帶隊的人告訴我們說，這就是中英分界點了。那一刻，我們大家都很激動。」時光荏苒，模糊了太多記憶，但開啟全新的人生這一幕卻永生難忘。

過了中英分界點，一路到了紅磡火車站，華潤各個公司分管人事的經理已在等着他們，七個人分別被各個部門的同事接走。他們初到香港的一切事宜都已經被安排妥當，包括如何適應香港，以及接下來的生活和工作。接走周龍山的，是精藝貿易有限

公司的人事部經理，也是他未來一段時間的室友。

　　當換上全新西裝、襯衫和領帶的七個大學畢業生走進華潤飯堂的那一刻，整個飯堂裏那些四、五十歲的中年人，陸續放下筷子，齊齊地用目光打量着這家企業已經 20 年未曾有過的年輕面孔，這些年輕人的使命從這一刻就開始了。

　　這是華潤自主用人權的開始，在那個大學生鳳毛麟角、畢業就能擁有幹部身份的年代，華潤歷史上第一次獲得了大學生的分配權。1984 到 1986 年，300 多名大學生走進了華潤。1987 年，寧高寧成為華潤集團第一位海外歸國學生，1988 年，華潤集團首次到海外招聘留學生，表現出色而一路獲得提拔的寧高寧成為招聘三人小組成員之一，他帶着華潤集團副總經理和人事部總經理這樣的「豪華團隊」，從紐約一直走到舊金山，以親身經歷向一座座學校裏的中國留學生發出邀請。在日益甦醒的熱土上成就一番事業，有着超越金錢的魅力，於是在「海歸」這個詞還沒有誕生的年代，華潤就擁有了一批從美國學成歸國的高材生。如同曾經那些出了校門就投入戰場的戰士，直到今天，那些大學畢業就加入華潤的員工們，仍會驕傲地沿用一個親切的稱呼來標識自己不同的人生軌跡——「學生兵」。

　　殊為難得的是，即使在大學生那般緊缺的年代，進入華潤的所有大學生都是由各部門列出用人計劃，人事部根據華潤需求，嚴格考核後精挑細選出的。作為第一批被選中的優秀人才，周龍山回憶說：「這三屆畢業生基本充實了華潤所有公司的中層和高層。尤其是 1986 年的那批大學生，專業更加廣泛，涉及到工程技術、管理、法律、財務……總之公司未來需要的專業人才，當時都已經儲備好了，這是非常有遠見，甚至可以說是高瞻遠矚的。」

　　當華潤所有的一切都在快速運轉變化的時候，在香港灣仔，一棟屬於華潤的大廈也漸漸拔地而起。這座從 1979 年 12 月 28

1983年華潤大廈落成（華潤檔案館提供）

日下午三時半開始破土動工的摩天大樓，目標高度 183 米，地下三層，地上 50 層，外牆鋪砌高級白玻璃紙皮石，配以大型淺綠色玻璃窗，內部裝高級隔聲天花板，擁有電腦控制的中央空調、照明設備、消防設備、閉路電視系統。光電梯就有 37 組，直梯29 組，手扶斜梯 8 組，全部使用進口電梯。

當圖紙還在描繪時，發生了一個小插曲。有的人說華潤自己蓋樓不用國產電梯，這不是小問題，問題直接被反應到了國務院，但最終有一個觀點贏得了所有人的認可：要實事求是地看待國產電梯暫達不到要求的事實，華潤新的大樓未來將成為香港的地標性建築，代表國家形象，因此各個部件都必須達到世界先進水平，因此「可以酌情使用進口產品」。

1983 年 9 月 26 日，每一個路過港灣道的香港市民都會不由自主地在鑼鼓喧天的吸引下停住行色匆匆的腳步，仰望這座被1500 個賀喜花籃簇擁着的宏偉建築。從這一天起，灣仔港灣道26 號，華潤新落成的總部大樓成為維多利亞灣畔的新地標。

當晚，華潤大廈 50 層的宴會廳熱鬧非凡，香港工商界、航

運界、金融界各界名流頻頻舉杯，共同慶祝華潤的「三喜臨門」。

第一喜：華潤公司成立 35 週年（以 1948 年華潤公司正式註冊計算）；

第二喜：華潤（集團）有限公司成立；

第三喜：華潤大廈落成。

華潤集團第一屆董事會成員悉數與大家見面，他們分別是：

董事長：賈石（對外經濟貿易部副部長兼任）

副董事長：張建華

常務董事：賽自爽、宋一川、姬江會

董事：葉平、李景唐、戴傑、齊中堂、王明俊、王永安、孫鎖昌、齊廣才、賈慶林、曹萬通、劉蘊清、李英貴、王斌、

華潤公司成立35週年、華潤（集團）有限公司成立暨華潤大廈落成典禮
（華潤檔案館提供）

1983年9月27日上午，對外經濟貿易部副部長兼華潤集團第一任董事長賈石在華潤大廈50樓與部分員工合影（華潤檔案館提供）

張輯川、程繼賢

總經理：張建華

副總經理：賽自爽、宋一川、姬江會、葉平、李景唐

香港出版的《文匯報》詳盡地列出了出席酒會的名單，以這樣的方式傳遞着此時華潤在港的影響：

香港來賓包括：

祁烽、葉鋒、李儲文、陳遠明、蔣文桂、劉鴻儒、薛文林、李發奎、袁庚、方遠謀、倪少傑、胡應湘、何世柱、邱德根、包玉剛、莊重文、李福兆、何添、陳壽林、王寬誠、湯秉達、霍英東、李嘉誠、鄧蓮如、簡悦強、紐璧堅、凱瑟克、布立克、馮秉芬、伍舜德、柯平、郭鶴年、雷興悟、陳丕士、田元灝、李東海、李作基、楊光、梁燦、包玉星、胡漢輝、黃保欣等。

內地來賓名單如下：

對外經濟貿易部副部長賈石、對外經濟貿易部進出口局局長戴傑、中國絲綢總公司總經理王明俊、中國輕工業品進出口總公司總經理王永安、中國化工進出口總公司總經理孫鎖昌、中國土畜產進出口總公司總經理齊廣才、中國糧油食品進出口總公司總經理曹萬通、中國紡織品進出口總公司副總經理李英貴、中國工藝品進出口總公司顧問王斌、中國五金礦產總公司顧問張輯川、中國機械設備進出口總公司代理經理高石倫、中國對外貿易運輸總公司租船公司總經理李春田、中國機械進出口總公司總經理周傳儒、中國儀器進出口總公司總經理王鍾遠、中國技術進出口總公司顧問張立、對外經濟貿易部處長徐大有、副處長蔡鴻章、李國華。[57]

那一天，新老華潤人、新老朋友大家歡笑着握手相慶，眼裏卻閃着激動的淚花。那一天，有太多名字值得舉杯懷念，楊琳、錢之光、袁超俊、劉雙恩、李應吉、張平……

9月26日的盛會，成為了香港報紙的頭版頭條，《大公報》刊發了31版，《文匯報》刊發了26版，就連英文的《南華早報》也刊發了28版。

報紙的標題大多是：「華潤公司盛會賀三大喜事，含辛茹苦三十五載，[58] 繁榮香港立功勳」、[59]「國貨輸港去年逾300億元，擴大內地香港貿易，華潤作出巨大貢獻」。

文章中華潤集團總經理張建華在記者招待會上的豪言壯語引人注意：「若以一美元兌換五港元計算，華潤現在的資產約值24億港元」，「華潤將在香港再建四個大型商場，並發展超市業，進行工業投資，繼續為香港的繁榮和穩定而努力」。[60]

這座在港島崛起的新樓，和這棟大樓裏舉杯相慶的華潤人，都紀念着一份特殊的起始和特別的使命。戰爭、民族存亡、國際風雲、冷戰衝突、國家建設，支配了他們已度過的45年裏每一個段落、每一份擁有和每一份擔當，華潤人堅韌地將一切過去的經歷、奉獻、榮耀、迷茫、探索、思考，變成了新時代的營養和財富，沒有成為迎接新歲月的負擔和包袱。這是社會變革中，變革參與者令人欣慰的才智和榮光。

新大樓、新名字、新機制、新面孔，新的能量和正徐徐展開的新時代一起撲面而來，立在東風漸起的維港南岸，華潤在45歲生日之際踏上了屬於它的新航程。

1998年由中央文獻研究室與中央電視台聯合出品的紀錄片《周恩來》當中，長期奮戰在新中國外交戰線，在諸多重要的外交場合中都擔任「總理助手」的熊向暉，講述了一個細節：在確定香港「長期打算，充分利用」戰略後，周恩來總理對於華潤公司的特殊安排——「社會主義企業，資本主義經營」。

對於華潤而言，這樣的定位是創造性的，無論是「社會主義企業」，還是「資本主義經營」，都是全新的課題，一個正在進入前所未有社會實踐的國家以這樣的方式保留了發展的更多空間，這樣的定位也是寫滿責任的，跨越兩種體制的生存是從未有過的經驗，意味着所有的對與錯都要由自己承擔。

很多年後回顧過往，值得欣慰的是華潤和華潤人沒有辜負曾經的被定義、被選擇。他們延續了過往地下工作時在黑與白間跨越的生存智慧，並嘗試着學習理解運用商業文明的種種法則，最終將背後國家的種種需求從壓力轉化成了發展的機遇。

從脫下軍裝的戰士，到穿上西裝的商人，一代又一代華潤人在完成祖國交託使命的過程中，完成了自我的成長升級，當人類前所未有的社會主義全新階段在這個國家徐徐開啟時，華潤人以傲立潮頭的姿態率先做好了準備。

1　即錢之光在大連創辦的中華貿易公司。

2　之後袁超俊調任北京任紡織工業部辦公廳主任，1955 年任紡織工業部機械製造局局長，兩年後出任中國國際旅行社總經理，1964 年起擔中國旅行遊覽事業管理總局副局長、黨組副書記和黨組代書記。他看到了香港的回歸，於 1999 年 6 月在北京去世。

3　根據呂虞堂採訪記錄。

4　根據張平採訪記錄。

5　愛德華‧W‧馬丁：《抉擇與分歧——英美對共產黨在中國勝利的反應》，中共黨史資料出版社，1991 年，第 6、23、76、77 頁。

6　後面文字因文件字跡不清，無法盡述。

7　根據韋志超採訪記錄。

8　根據周秉鈇採訪記錄。

9　台灣白色恐怖檔案（第 7 輯），七人名單不詳。

10　譚廷棟，又名譚萬方，廣東人，東江縱隊北上以後，他留下來從事地下鬥爭，先以教書為掩護，後加入「香港企業公司」，任副總經理，該公司於 1949 年併入華潤。

11　tannin extract，是由富含單寧的植物原料經水浸提和濃縮等步驟加工制得的化工產品。通常為棕黃色至棕褐色，粉狀或塊狀。主要用於鞣皮，制革業上稱為植物鞣劑。

12　《羈絆與歸來——錢學森的回國歷程（1950-1955）》，中共黨史出版社。

13　《楊尚昆回憶錄》，中央文獻出版社，2001 年。

14　南光公司在 1952 年至 1983 年期間接受華潤領導，但其主要業務在澳門，考慮其自身獨立性，本書沒有記錄南光公司的歷史。

15　1954 年後增加俞敦華、李任之。

16　此處為舊人民幣數據，1955 年幣值改革後，10000 元舊人民幣兌換 1 元新人民幣。

17　《陳雲年譜》，中央文獻出版社，2000 年。

18　當時公私合營還沒開始。

19　每次要罰 700 元，五豐行己先後兩次被罰。

20　中央檔案館資料〈外貿部時任副部長雷任民講話〉。

21　《陳雲年譜》，中央文獻出版社，2000 年。

22　冰蛋是蛋的冷凍工業製品，包括冰蛋白、冰蛋黃和冰全蛋，20 世紀初伴隨着美國人發明工業冷藏技術而興起，很受西方市場歡迎。中國是世界主要的冰蛋產地，以英商和記洋行位於南京下關的冰蛋廠為例，「每日消耗鮮蛋 400 萬個」，年產量接近 30 萬噸。

23　由於文件年久破損，字跡模糊，以下商品名稱可能有誤。

24　《親歷廣交會》，南方日報出版社，2006 年，第 246 頁。

25　《親歷廣交會》，南方日報出版社，2006 年，第 204 頁。

26　香港《文匯報》，1956 年 11 月 11 日、15 日、19 日刊。

27　劉穎秋主編：《乾旱災害對我國社會經濟影響研究》。

28　劉穎秋主編：《乾旱災害對我國社會經濟影響研究》。

29　〈三年困難時期〉，《中國共產黨歷史》，第二卷。

30　出自紀錄片《周恩來——第六集「曲折之路」》，中央文獻研究室與中央電視台聯合出品。

31　糧食進口專報第七號，美聯社 1960 年 12 月 30 日電。

32　根據巢永森採訪記錄。

33　根據朱晉昌採訪記錄。

34　《陳雲文選》，人民出版社，1995 年。

35　徐建平、房中：〈1973，秘密狀態下的首宗期貨交易〉，《檔案春秋》，2012 年 10 月。

36　《陳雲文選》第三卷，人民出版社，1995 年，第 222 頁。

37　《陳雲年譜》，中央文獻出版社，2000 年。

38　徐建平、房中：〈1973，秘密狀態下的首宗期貨交易〉，《檔案春秋》，2012 年 10 月。

39　《陳雲年譜》，中央文獻出版社，2000 年。

40　根據俞敦華採訪記錄。

41　《陳雲年譜》，中央文獻出版社，2000 年。

42　根據楊文炎採訪記錄。

43　根據楊文炎採訪記錄。

44　根據聶海清採訪記錄。

45　裴長洪：《社會主義經濟理論與實踐》，2009 年 11 期。

46　谷牧：〈關於起草廣東實行特殊政策、靈活措施的文件的幾點意見〉，《中央對廣東工作指示彙編（1979——1982）》，第 11 頁。

47 王瑩：〈先行先試、漸進發展——廣東外貿體制改革歷程〉，《紅廣角》，2015 年 5 月。

48 根據 1980 年 12 月 23 日賈石會見華潤公司負責人會議紀要。

49 根據黃士珏採訪記錄。

50 從 1948 年華潤公司正式註冊開始計算。

51 食指：《熱愛生命》，1978 年。

52 蘇少之：〈1949-1978 年中國城市化研究〉，《中國經濟史研究》，1999 年第 1 期。

53 吳曉波：《激盪三十年》，浙江人民出版社，2007 年。

54 何盛明：《財經大辭典》，中國財政經濟出版社，1990 年 12 月。

55 根據章明友採訪記錄。

56 此處是以 1948 年華潤公司正式註冊為時間點。

57 香港《文匯報》，1983 年 9 月 23 日刊。

58 以 1948 年華潤公司正式註冊計算。

59 香港《文匯報》，1983 年 9 月 27 日刊。

60 〈國貨暫不以美元計價，華潤擴大香港投資〉，香港《文匯報》，1983 年 9 月 25 日刊。

1983

自營貿易實業化

二十世紀八十年代，華潤順應國家外貿體制改革，
踏上了從貿易公司向實業化、多元化企業的轉型之路，
在香港和內地大規模投資、發展實業，為今天成為香港和內地
最具實力的多元化企業之一打下了堅實的基礎。

2000

第二十章

實業試水

　　1984 年春天，紫荊花正豔。告士打道上，華潤在香港的第一家超市開門迎客，迎接着見多識廣的香港人的打量。

　　時任華潤採購副總經理的關毅，在很多年後走過這裏時，依舊會心潮澎湃。關於這間超市，他最得意的有兩點：第一點毋庸多言，這是華潤旗下第一間超級市場，第二點就是這間超市在告士打道上有兩個舖位大。

　　沒有親臨過告士打道的人們，或許並不了解關毅驕傲的來源。告士打道，這條因為灣仔填海才出現的道路，在 1970 年完成它的擴建工程以後，以雙向八至十車道的體量，連接起了香港海底隧道、香港仔隧道、東區走廊和繁華的中環商業區，自建成 50 餘年後仍是香港最寬敞和最繁忙的交通要道之一。當香港兩大超市品牌惠康和百佳紛紛在居民區附近的寬街窄巷開設超

1984 年，華潤超市香港第一家門店告士打道店開業

市的時候，華潤用在告士打道上開設佔足兩個舖位的超市，表達了自己的雄心。

如此手筆的投資不是一時的心血來潮，堪稱華麗的亮相也不僅是進軍零售業的宣告，告士打道上的華潤超市背後其實意味深長。

也是在這一年，一個舊時代即將結束的倒計時開啟。

1984 年 12 月 19 日，歷經 22 輪艱難的談判，中英雙方在北京簽訂了《中華人民共和國政府和大不列顛及北愛爾蘭聯合王國政府關於香港問題的聯合聲明》，確定中國將在 1997 年 7 月 1 日對香港恢復行使主權。為了保持香港的穩定和繁榮，中國政府決定在維持香港的現行社會制度、經濟制度、生活方式 50 年不變，在香港設立直轄中央人民政府的特別行政區，由香港本地人治理，享有高度的自治權。香港自此進入 12 年的回歸過渡期。

但舉杯致意，互賀圓滿的同時，兩千多公里外的香港早已流言四起。

遠東曾經最大的英資財團、號稱「先有怡和，後有香港」的怡和洋行，在扎根香港 144 年後，公開宣佈將公司註冊地從香港改為百慕大，以規避 1997 年香港回歸可能出現的風險。此時

的怡和洋行，旗下五家上市公司，市值佔港股總市值的 7%，在它大張旗鼓宣告的影響下，一些英資在港企業紛紛選擇更換註冊地。

同為老牌英資財團的太古集團則堅定地選擇留下，它所擁有的的國泰航空正在謀劃在香港證交所單獨上市，而這些股票的購買方中將包括來自中國內地的中信集團。

擁有港幣發行權的滙豐銀行，雖然已經得到 1997 年後將可以和中資銀行繼續同場競技的保證，但仍無法說服董事會消除對於香港前途的恐慌，新的控股公司正在倫敦謀劃成立，策劃屆時通過高明的市場手段，完成註冊地不變、但控制權離開香港。

英資在香港的三大財團怡和、太古、滙豐尚且態度如此迥異，習慣性遠離政治的華商財團更是三緘其口。普通香港人心中惶惶更無法辨別風向，一時間移民潮興起，眾多民間資本流向澳大利亞、加拿大這些英聯邦屬地的國家。正在向着國際金融中心成長的香港未來會怎麼樣，究竟該往何處去，這個問題在香港上空和港人心中飄盪。

為了穩定香港經濟和民心，中央決定通過中資企業的影響力讓更多人看清香港將有的未來，要求立足香港的中資企業「按照社會主義性質，資本主義經營方式為主」開展經營，對香港經濟上要保持繁榮穩定，「穩住華資、團結僑資、拖住英資、吸引外資、鞏固中資」。[1]

剛剛在第二屆董事會上確定了「依靠內地，立足香港，面向世界，把華潤辦成以貿易為主的多元化、國際化的大型企業」經營方針的華潤集團，作為身處香港中資企業的代表，必然要以身作則地動起來。

其中「依靠內地」是因為此時仍以貿易為主的華潤集團對接着內地各大專業進出口公司，基本業務邏輯是收取代理過程的佣金，於是提供貨源的內地就成為最重要的依靠。而「立足香

港」不僅是因為華潤在香港長期扎根，更是國家和人民對於香港穩定的需要。至於「面向世界」則源自一個剛從陣痛中復甦的國家起身看一看外面的迫切，也源自一個長期生存在香港這個東西方交匯處，看過外面世界雲捲雲舒的企業對於未來發展的憧憬與渴望。之後，華潤集團的經營方針多次微調，但「立足香港」這一點從未改變。

立足香港，貿易起家、貿易為主的華潤，究竟如何行動，成為新成立的華潤集團董事會上爭論的重點。

在之前 1981 年底華潤呈交主管單位外貿部的一份報告中，可以更具體地看到華潤當時的企業面貌。

關於一九七八年以來我司系統成立的獨資、合資企業
的情況報告

外貿部：

現就華潤公司 1978 年以來企業發展情況彙報如下：

一、基本情況

自 1978 年以來，我司系統成立的獨資、合資企業共有 52 個（包括澳門南光公司辦的 13 個企業）。[2] 其中獨資的有 29 個，合資的有 23 個。

從經營範圍來分從事貿易的有 19 個公司，工廠有 16 個，從事運輸的有 9 個（其中華夏公司有 8 個，1 個是掛名公司），倉庫 2 個，合資的財務公司、廣告公司各 1 個，搞房地產的 3 個，還有一個是赤灣開發南海油田後勤服務公司。這些企業有些還在籌建中。

以上這些企業的註冊資本合計為三億一千一百三十五萬港元……已開業的企業現有職工 2071 人。

二、經營方針和業務做法

我司及其所屬單位成立貿易公司的目的是，為擴大我對港澳出口服務。我們在港澳辦廠的目的，也是為擴大我對港澳的出口。通過辦廠為內地引進新技術，提高內地產品的質量，從而擴大出口；同時亦為了增加我們的收益。

如精藝（澳門）皮革廠從西德、意大利引進了比較先進的生產設備併購買了鞣制皮革技術的專利，它的方針是以質量取勝，以服務取勝，加強生產和經營管理，向內地輸送技術，去年為內地四個省的皮毛廠的29名技術員進行了培訓，這對內地裘皮鞣制技術的提高將起一定的作用。

大同工業設備公司將國產機牀在香港進行改裝和裝配後轉口遠洋地區，合作生產塑料注射機（我機質量差）擴大出口，即利用香港引進國外先進技術及採購國外元器件的方便條件，內地加工部件，香港裝配整機，主銷香港和東南亞市場。

澳門成立電梯工程公司主要是為了通過安裝和維修電梯，以擴大國產電梯出口。

華科電子有限公司生產集成電路，機器設備是從美國進口的，是屬技術先進的行業。該廠的方針是生產集成電路在香港和美國等地銷售，而且在技術上給內地生產部門一定的幫助。

美特投資主要是解決內地易拉罐和其他飲料包裝問題。

我們辦的運輸、倉庫等企業的經營方針主要是為我對港澳的出口商品服務，做到服務好、收費廉、信

譽佳。

　　已辦的 52 個企業，已有業務活動的約 40 個左右（其他還在籌建中）。

　　從事貿易的企業，1981 年的營業額超過 10 億港元。這些企業中盈利的有豐昌、沙田冷庫、新聯運輸、致惠、華港、德發、精藝貿易公司、精藝（香港）皮革廠、寶藝、貴妃玉容品有限公司、宇利、華通船務代理、華錦航運、華通航運、中芝興業財務有限公司、百適、澳門南光的 9 個企業，共 25 個企業，1981 年共盈利四千五百萬港元，虧損的企業有：中國啤酒公司、立森、精藝（澳門）皮革廠、藝友、金風電器製造廠、華達航業、嘉信、嘉利、嘉華三個航運公司、華虹航運，加上澳門三個企業共 13 個企業，共虧損一千九百多萬港元。盈虧相抵 1981 年獲盈利二千八百多萬港元。

　　要使貿易企業獲得盈利，我們認為：

　　1、是抓適銷商品的貨源。我獨資或合資企業的一些負責人和主要業務員經常到內地，深入產區幫助內地生產部門、外貿部門解決實際困難，協助內地發展生產。

　　如德發公司為上海提供辣椒素，供上海檢驗椒乾使用；向河北提供京果的小包裝材料，以便改進包裝。致惠公司為提高我綢緞質量，以補償貿易方式為上海提供價值 50 萬港元的西班牙產的真絲綢印花機，為江蘇、浙江、廣東提供捲綢機五台，還免費將最新的流行色卡、新花樣、新樣品分發到口岸工貿部門。

　　2、要抓銷路。我獨資、合資的貿易企業一般都很重視建立客戶聯繫，同時注意服務質量，千方百計為買

主服務，完全沒有官商作風。

　　3、要抓規章制度。各個企業從成立起就抓財務、人事等制度的建立，調動企業全體員工的積極性，按規章制度辦事，並定期進行檢查。

　　三、存在的主要問題有以下幾個方面：

　　1、有的合營公司選擇的對象不當。如：華科電器有限公司是華遠公司和科苑公司出資經營的，合資公司成立後，科苑公司因資金困難，於 1981 年 11 月退出，現華科電器有限公司暫為華遠公司獨資經營。在合作前，我們對合夥人的資信、經營實力、產品去路必須了解清楚，這一點很值得我們今後注意。

　　2、有些企業的庫存較大。如金風電器製造有限公司是生產吊扇馬達的，到 1981 年底，僅扇頭一項庫存即達 34 萬台，加上其他配件，金額達五千萬港元。由於庫存大，佔用資金多，加上倉租、利息不斷上升，資金無法周轉。

　　3、少數企業如中國啤酒公司因經營管理不善造成虧本。

　　4、少數企業因受配額限制，今後很難有較大發展。如華港紡織品公司經營毛衫的轉口，而美國從 1981 年 1 月起對中國毛衫實行限額進口。

華潤公司

　　這份詳盡的報告，描述着仍以貿易為主，正探索着多元化經營的華潤正在發生的事實。

　　一方面，按照市場經濟的理論，企業設立的目的就是獲利，但處境特殊的華潤承擔着繁雜的綜合服務、協調功能，這當然

也是在港中資企業面臨的共同問題，一些屬於政治性任務接收的下屬公司，以及一些非盈利目的的投資，削弱了華潤的「投資回報比」，雖然這個詞還不會出現在那個年代華潤人的詞典裏。

另一方面，華潤此時的多元化經營，基本上還是遵循一個思路，就是以自身貿易為主的特色為出發點，尋求適宜的方向。例如為擴大出口貨源投資的皮革廠，為保障運輸投資的運輸、倉庫等企業，為提升商品競爭力投資引進設備、改進產品換代等，這是長時間的商業文明薰陶中，鍛煉出的務實智慧。即便如此，依然有一些公司經營出現困難和虧損，進出口貿易經驗豐富的華潤人此時並不是樣樣出色的多面手，即便逐漸失去總代理身份的他已經從進出口貿易這個出發陣地邁出了很多。

因此，雖然外經貿部 1983 年在《關於對華潤（集團）有限公司進一步加強業務經營的批覆》中指出「興辦一些工貿結合的企業，既搞貿易又辦工廠……可在香港或內地開工廠」，對實業經營並不熟悉的華潤，依然在這個方向上謹慎地觀察着、選擇着。

當北京發出在香港繼續加大實業性投資的指示時，華潤自然領會這一舉措讓香港商界和民眾看到信心的重要意義。華潤選擇甚麼，對於貿易出身的華潤人來說，買與賣是他們最熟悉最擅長的經營方式。於是，在一次次的開會討論中，華潤的方案越來越聚焦在一個新的詞彙上 —— 超級市場。

1930 年 8 月，一家名為「金·庫倫」的食品店在美國紐約州開業，開架式銷售、涵蓋生活方方面面產品的大匯聚、自助式銷售方式、採取一次性集中結算，四大特色讓它成為世界上公認的第一座「超級市場」。這種貨品價格更便宜、購買方式更自由的經營模式很快風靡美國，並在加拿大、英國、法國等發達國家發展演變，當二十世紀五十年代第一家超級市場出現在香港時，它早已不是單純的保留誕生時四大特色的簡單複製，而是一整套包括交通物流、冷藏技術、貨品訂購、堆頭擺放等複雜

體系的現代零售商業模式。

從 1974 年「超級市場」第一次被香港統計機構作為單獨商業模式進行統計後，每年它都保持着超過 20% 的增長率，到 1982 年，香港已經擁有 322 家超市。[3] 以 1982 年香港 506 萬人口計算，每 15000 人就擁有一個超市。超級市場，在它抵達香港 30 年後，已經成為香港人生活方式不可或缺的一部分。

華潤敏銳地注意到這一點，在它 1983 年 5 月提交給外經貿部的《華潤公司關於華潤（集團）有限公司進一步加強業務經營的請示報告》裏，眾多關於提升業務經營的規劃思考中，就明確寫着這樣的內容：「目前整個香港年零售額在 500 億港元以上，華潤系統只佔 6.5 億港元，比重極少⋯⋯積極、慎重地試辦超級市場。近幾年香港超級市場發展迅速，『百佳』和『惠康』已各擁有 50 多個門市部。擬從現在起着手準備，爭取到 1986 年開辦 20 個門市部。」

而外經貿部在對這份報告的批覆中也明確支持：「加強自營業務，特別對香港零售市場陣地要充分利用，增開一些百貨商場和超級市場。」

雖然此時報告中還習慣性把「超級市場」稱為「門市部」的華潤，並不熟悉如何做好一家超市，但做零售，華潤不陌生。

1956 年，伴隨着朝鮮半島硝煙散去，華潤在香港穩定開展進出口貿易，擁有香港中國國貨公司 90% 股份的上海中國銀行、香港中國銀行、交通銀行、金城銀行四家銀行，萌生了把主要在港經營百貨批發及零售的國貨公司交給有充足國貨貨源、又更懂貿易運營的華潤來管理運營的想法。華潤公司討論後給外貿部提交了一份報告，介紹了國貨公司當時的經營狀況，和華潤準備參與這家公司的方式。

對外貿易部：

　　香港中國國貨公司公股佔 90%。該公司在港已有
20 年歷史，對當地百貨批發及零售商均有一定關係。
1954 年前經營港製品有虧損，改營我國產百貨後情況
好轉，1955 年純利 13 萬餘港元，1956 年純利 26 萬餘
港元，平均每月營業額約三萬港元，批發與門市比例為
60% 與 40%，兩年來對推銷國貨起了一定作用，但經
營保守。

　　我現提出下列意見。

　　1、公司董事會由三家銀行主持，他們久已有意將
此機構移交我貿易機構管理……我公司擬派員參加董
事會，對外不改變國貨公司原來的灰色面貌。我意增
加我司何家霖（即何平）、劉朝緒為代表。

　　2、國貨公司現有人員約 100 人……此外中層業務
幹部我處擬派批發部副主任一名，會計一名。

　　3、國貨公司資本 90 萬港元……目前該公司資金
周轉不靈。我意在派去會計人員後，由我公司擔保其
向銀行經常透支 30 至 50 萬港元專作批發放賬用，內地
的 D/A⁴50 萬港元額度仍照舊。

　　……

　　上述意見請速予審核批示。

華潤公司

1957 年 3 月 29 日

　　報告獲得批准後，1957 年華潤第一次派幹部進入中國國
貨，華潤公司副總經理何平開始參與該公司的業務管理。

　　1957 年底，華潤以擁有 98.8% 的股份成為了國貨公司的新

主人，在華潤絡繹不絕、豐富優質的國貨貨源支持下，國貨公司在 1958 年收穫了 1150 萬港元的營業額，以淨利潤 45 萬港元的亮眼成績迎來了它的 20 週年紀念。

1958 年，香港中國國貨公司成立 20 週年，全體員工合影

　　1959 年，華潤繼續對中國國貨公司增資 100 萬元，在確保公司有足夠現金流的同時，騰出手來繼續開拓本地零售業務。這一年的 10 月，國貨公司搬出了德輔道中 24 號，搬到了自購的銅鑼灣軒尼詩大廈，商場面積擴大到三萬平方呎，面積更大、裝潢更氣派，成為香港眾多商場中的佼佼者。1977 年，中國國貨購買了銅鑼灣怡和街維多利亞公園旁邊的樂聲大廈，作為總公司所在地，其中商場面積八萬多平方呎。這樣，中國國貨在香港商業鬧市銅鑼灣同時擁有了兩家店舖，進一步確立了國貨公司的市場領導地位。

　　另一份文件見證了華潤旗下另外一家主營國貨銷售的公司的誕生。

1977 年 12 月 20 日開業的中國國貨公司總公司，
位於銅鑼灣怡和街樂聲大廈

關於對中藝公司經營意見

香港貿易工作委員會：

　　11 月 18 日函悉。所報中藝公司今後經營意見，我們原則上同意，在銷貨有保證和加強掌握的前提下，對資金與商品方面可給予該公司適當的支持。

　　1、報告中提到中藝公司擴大銷售後，每月銷售額約在 20 萬港元以上，但費用開支佔銷貨額的 25% 以上，這個比例太大，要努力縮減費用開支。

　　2、在銷貨和付款方式上我們一般不用 D/A 和寄售辦法。對中藝公司可以作為照顧採用這種辦法……但應注意按期收款。

　　3、我國工藝品品種花樣繁多，僅靠一家不能全部解決問題，因此除適當照顧中藝公司以外，對其餘老客戶也應兼額，防止由於我支持中藝公司而影響與其他

客戶的關係。

　　以上希研究酌情辦理。

中華人民共和國對外貿易部

1959 年 12 月 30 日

　　1959 年，華潤公司與五位港商王寬誠、鄭棟林、趙如璧、陳其昌、劉浩清一起成立中藝（香港）有限公司，地點設在香港尖沙咀金馬倫道，專門銷售來自內地的首飾、雕刻、工藝品、高檔傢具、地毯、古玩、中式服裝等。

　　1964 年，華潤和印尼華僑邱文椿共同開辦大華國貨公司，華潤投資 150 萬港幣，佔 37.5% 的股份。繼中國國貨公司、中藝（香港）有限公司之後，華潤又擁有了一家新的國貨公司。

　　1966 年中藝公司進行改組，華潤公司出資收購了部分私人股份，並邀請霍英東入股，增加了資本。1968 年，華潤公司對中藝完成全面收購。華潤藉助擁有中國內地工藝品出口獨家代理權的優勢，將位於香港尖沙咀星光行的中藝商場打造成堪稱當時香港乃至世界上最大的工藝品商場，五萬多平方呎富麗堂

1964 年，華潤與港商合資在中環開設了大華國貨

皇的店面內，銷售着來自中國內地的玉石雕刻、古董字畫、民間工藝品、景泰藍、雕漆、紅木傢具、首飾、地毯、抽紗、絲綢、刺繡服裝等工藝品，贏得了「中國工藝，齊集中藝」的美譽。

中國國貨公司、大華國貨公司、中藝（香港）有限公司，共同組成了華潤在那個年代的「國貨銷售矩陣」。華潤代理的內地輕工產品中的很大一部分通過這三家公司走進千萬香港人的生活中，走到了對中國文化感興趣的世界人民生活中。對於生於斯長於斯的香港市民而言，去中藝選精美的傳統首飾，春節去國貨公司買新衣服和新鞋子、挑選琳琅滿目的年貨，成為幾代香港人共同的記憶。

但從高大上的商場殺進更接地氣、也更新穎的超市，善於做買賣的華潤人發現自己如同進入了一個陌生的行當。

此時的香港超級市場，除了一些小門面的私人店舖，大部分是「惠康」和「百佳」兩家的天下。1960 年，怡和旗下的大利連在中環開辦了大利連超級市場，完成了香港人對超級市場這個新興事物的啟蒙，1980 年，大利連易名「惠康」，紅色的標識從此出現在香港的大街小巷。而從七十年代中期開始，香港街頭漸漸多了一個藍黃色標誌的新超市，這就是由李嘉誠旗下和記黃埔開設的「百佳」超市，憑藉全盤引進美國超市管理經驗，百佳很快崛起，短短五六年時間就可以跟惠康分庭抗禮，兩家更是佔據了香港八成以上的超市份額。

即使面對着如此強勁的對手，以國貨公司食品部升級版形象出現的華潤超市，毅然決然地一頭鑽進了這個市場。這份決絕背後，既有貫徹中央加大實業型投資指示的堅決，又有華潤加強零售業務和認準超市業態的決心。

1984 年 4 月，華潤在香港的第一家超市開業。第一家店選擇開在告士打道上的高調亮相，讓人們很快注意到紅色門頭上一行醒目的白色字樣「華潤超級市場 CRC SHOP」。

但成熟市場經濟對於這個新生兒的特別洗禮，來得比預想的要快一些。

華潤超市開業當天，百佳超市巨幅「反通貨膨脹」降價廣告鋪天蓋地地出現在香港的報紙上，宣佈 80 多種涵蓋從生鮮到生活用品的商品大幅降價。第二天，「惠康價格永遠最平」的廣告又成為報紙上的新主角。與此同時，醒目的「POP」促銷彩旗紛紛插上大街小巷的百佳和惠康，花枝招展的店員站在門口大聲招呼路人，旁邊或是漢堡包或是大香蕉的玩偶賣力扭動，還尚在襁褓中的華潤超市瞬時領略到零售業殘酷的廝殺。

這場被寫入香港商業史冊的超市促銷大風暴整整持續了 100 多天，最終擁有華潤集團強大後盾的華潤超市在付出慘痛代價後堅持了下來，但大量私人超市和雜貨店難以維持，只能破產關門，百佳和惠康經此一戰又收穫了更多的市場份額，華潤人近距離切身領會了市場經濟下充分競爭的殘酷和詭譎。

也是從這個時刻開始，勤於學習、善於學習的華潤人頻繁出現在百佳和惠康的超級市場裏，在一次次的細微觀察中，他們學習、觸摸着商業文明多年磨礪提煉出的一點一滴。

例如商品價格的設計，百佳重視尾數 6 和 8，因為這是會讓大多數華人覺得吉利的數字，而惠康喜歡把尾數設計為 9，因為心理學的研究顯示，人們會執拗地覺得 9 比 10 少很多，悄悄刺激着顧客選擇更便宜貨品的心理。

例如吸引顧客的手段，惠康著名的、持續至今的集卡送禮品，讓顧客為了得到免費的禮品，而心甘情願地購買了本不需要的商品；而百佳則會每個週六在報紙上大做「特價週」的廣告，羅列近百種比市價便宜一到兩成的貨品，吸引顧客到店購買，但實際上這些特價商品因為曝光率高，百佳會向商品經銷商加收額外的廣告費和陳列費，彌補打折的損失。

例如貨品擺放的方式，百佳就把優惠最大的商品擺在最顯

眼的貨架上，而把其他優惠的商品分列在商場各處，顧客在如同尋寶的過程中獲得不一樣的購買樂趣，又在來回移動中不知不覺多買了其他入眼的貨品。惠康會把利潤最高的商品擺放在與視線齊平的位置，提高它的購買率。

林林總總，看得見的細微戰術和那些看不見的組織架構、物流體系等管理策略，共同構成了一個宏大的現代超級市場的商業模式，這是向實業試水的華潤從未進入過的新學堂。

那些可以被感知、可以被學習的戰術，很快也出現在了華潤的超市裏。但兩年之後，依舊面對虧損狀況的華潤超市漸漸明白，要想在激烈而漫長的競爭中脫穎而出，他們需要獨特的優勢。

電腦，這種當時充滿了高端神秘氣息的新型設備，出現在了華潤超市裏。依託這套採供銷系統，原本每兩個星期統計一次的商品庫存，幾小時內就會自動統計一遍，然後貨艙就會得到哪種貨品缺貨的消息，物流也隨即可以進行補充。每天的流水、銷貨詳情一目了然，賣得好的商品會補更多的貨，而銷售欠佳的商品會把存貨量控制在一個合理的水平。這套如今聽起來十分初級的商業軟件系統，在那個年代成為了超越人的重要殺器，要知道善於嘗試新事物的百佳要到 1991 年才擁有了類似的採供銷電腦系統，而華潤超市在 1986 的夏天，就已經把這套系統裝備到自己的採購部裏。

就像第一個鼠標、第一個 Windows 操作系統、第一個 386CPU 帶給世界的驚訝和變革，率先擁抱電腦化管理系統的華潤超市，藉助來自新科技的運轉速度，成為勤奮的學習者和頑強的競爭者，三年之後，華潤超市終於扭虧為盈。到 1992 年，已經站穩腳跟的華潤超市以 34 家連鎖門店的身姿，成為彼時在香港與惠康和百佳並肩而立的第三大超市集團。

而更為重要的，在超級市場上的這次實業試水，讓華潤人在

實戰中領略到何為學習，何為創新，何為充分競爭，何為比較優勢。伴隨着這些理念從陌生到熟悉再到運用自如，年輕的華潤人擁有了日後踏足更多實業領域的智慧和信心。

在所有的探索面前，沒有通途，成功和失敗隨時伴隨，但奠基新時代的探索者們總是在探索。

第二十一章

佈局香港

　　1983年5月，一份《關於對華潤（集團）有限公司進一步加強業務經營的批覆》送抵了華潤集團的總部大樓，其中有一條批覆，內容雖然寥寥數十字，實則充滿了巨大的想像空間：

> 　　給華潤（集團）基本建設投資的資產購置權由原2000萬港幣提高到3000萬港幣（或500萬美元），超過此限度要報部審批。

　　要評估這條內容的衝擊力，有一個事實可供參考，僅僅一年之前，那時還沒有成為集團的「華潤公司」，自主投資權限只有區區100萬港幣。

　　30倍的權限提升背後，是2000公里外的北京，對於華潤的

發展和香港未來穩定的深謀遠慮。

「撒切爾夫人抵達中國」，這是 1982 年 9 月 22 日，幾乎全世界各大重要報紙的頭版頭條。兩天后，這位有鐵娘子之稱的英國首相走進了中國首都的人民大會堂，在那裏等待她的，是中國共產黨第二代領導集體的核心鄧小平，會談的議題重點是：香港。

人民大會堂福建廳內沒有談判桌，但隔着低矮的茶几，會談的雙方依舊針鋒相對，中國人用義正辭嚴的「主權問題不可談判」表達了對香港恢復行使主權的堅定信念。

當消息傳回，對未來不可知的揣測、擔憂、恐慌，在正在房地產爆炒過熱和經濟危機寒潮中輾轉反側的香港引起了連鎖反應，房地產市場和股市雙雙轉頭向下，至 1982 年底，香港的地價就普遍跌去了四到六成。以九龍灣的工業用地為例，1980 年 12 月曾經達到每平方呎 360 元，而到 1982 年 10 月，每平方呎只賣 25 元，跌幅高達 93%。大量冒進的房地產公司遭遇滅頂之災，危機又從房地產逐步蔓延至銀行業。

當經濟上「穩住華資、團結僑資、拖住英資、吸引外資、鞏固中資」的指示，連同提升投資權限的批覆一起到達華潤，華潤人領會了「中央要保持香港的長期穩定和持續發展，不止有信心，而且有行動」的深意佈局。

華潤選擇從最熟悉的地方開始加大在香港的投資。貨倉和碼頭是從事貿易的華潤最需要的固定資產，1983 年，只擁有一個中大貨倉的華潤，開始擴建乾貨倉、沙田冷倉、火炭貨場和長沙灣碼頭，當貨倉和碼頭落成後，華潤又開始打造從口岸到冷倉的鐵路，專門用來裝卸三趟快車運來的鮮活冷凍食品。

為了提高運送貨物的效率，華潤的下屬公司又開辦了三家貨運公司，分別為隸屬華夏集團的捷勝貨運有限公司、隸屬五豐行的香港新聯汽車有限公司與香港文聯運輸有限公司，400 餘輛廂式貨車載着華潤備好的雞鴨魚肉，往來於貨倉和市場之間。

長沙灣潤發碼頭

華潤新打造的貨倉、碼頭，華潤新增的貨運公司，加上華潤本來就擁有的華夏輪船公司，組成了一條完整的屬於華潤的物流產業鏈條。

從七十年代開始為香港供應石油的華潤石化，也開始了自己的開疆拓土。華潤在香港的第四座油庫柴灣油庫開始修建，總投資 2776 萬港元，總儲量 4500 立方米。青衣油庫 1988 年也開始了自己的擴建工程，它的目標，直接定位香港第一。

1998 年 3 月，華潤投資興建的香港當時最大油庫 —— 青衣新油庫竣工

1967 年，中藝星光行分公司開幕

　　中藝和國貨也展開了它們的擴張。原本租用星光行商場營業的中藝買下了自己曾租用的區域。1983 年，中藝與長實、香港置地合作發展的新港中心落成，中藝擁有了面積六萬多呎的商舖。大華國貨 1982 年買下了面積 75000 呎的旺角中心商場，而中國國貨在 1983 年購置了面積 82000 呎的荃灣南豐中心商場，加上華潤採購購買的新蒲崗、將軍澳和寶湖的商舖，短短數年間，華潤擁有的商業建築面積便超過了 50 萬平方呎，在寸土寸金的香港，這是將近七個標準足球場的巨大存在。

　　1984 年 12 月 19 日簽署的《中華人民共和國政府和大不列顛及北愛爾蘭聯合王國政府關於香港問題的聯合聲明》，確定中國政府將在 1997 年 7 月 1 日恢復對香港行使主權。根據一國兩制方針，香港的現行社會制度、經濟制度、生活方式 50 年不變，

在香港設立直轄中央人民政府的特別行政區，由香港當地人治理。《聯合聲明》中附件三，對香港土地契約作出明確聲明，「1997年前香港批出的所有土地契約均按照法律予以承認和保護」。

方針大計，塵埃落定，香港民眾的擔憂漸漸煙消雲散，房地產市場迅速升溫。

1985 年 4 月 18 日，港府將約 1.15 萬平方米的金鐘地王土地進行公開拍賣，香港各大財團紛紛參與競投，競爭非常激烈。最終，太古地產以高出底價約 40% 的價格競標成功，7.03 億港幣的價格不但超過了港英政府 1983 年整整一年的土地拍賣收入，也正式宣佈了香港的房地產回到了輝煌的軌道上。1985 年這一年，私人住宅價格上漲了三成，大型住宅更上漲超過五成，三年之後的 1988 年，香港絕大多數的樓價都已經翻倍。

在危機中把握機遇踴躍進行基本建設固定資產投資的華潤，那些積極果敢的投資得到了回報，市場以自己的方式，給予了堅定、有遠見的人最好的獎勵。

也正是這一階段投資的巨大收穫，讓華潤充分認識到把握大勢抓住投資機遇的重要，也更堅定了一個信念，一家企業必須和自己立足的這片土地共同成長發展。香港是華潤誕生出發之地，也是數十年心血、智慧和財富凝結所在，華潤與香港之間已密不可分，同此冷暖，興衰與共。如今，國家正需要華潤在香港發揮中資企業的作用，香港正需要更多投資和建設助力它穩定走向繁榮，剛確定了「立足香港，背靠內地」的華潤也正需要香港所蘊含的種種機遇，來走進自己的新時代。

五顏六色卻規格統一的集裝箱改寫了人類的貨運史。從1956 年集裝箱貨船第一次踏海遠航開始，短短 20 年間，憑藉着縮短物流時間 85%，減少成本 97% 的巨大優勢，極大地推動了國際貿易的發展。作為重要通商口岸的香港，領先於整個亞洲擁抱了這種先進的貨運方式，1970 年開始在葵涌修建的一、二、

三、四號碼頭一舉將亞洲集裝箱貨運的中心錨定在了香港。到了 1988 年，香港已經擁有世界上吞吐量最大的貨櫃港，每年的吞吐量甚至是世界十大貨櫃港當中洛杉磯、基隆、漢堡的總和。

利潤豐厚的貨櫃碼頭，因為所需投資巨大，是一般小公司可望而不可及的「現金奶牛」，但體量已日漸龐大的華潤，自然握得住那根牽牛的繩。1989 年 3 月，和記黃埔準備投資修建新的國際貨櫃碼頭，華潤選擇參與其中，以 13.25 億港幣的價格買下了國際貨櫃碼頭 10% 的股權。這座年處理標準貨櫃 3000 多萬個、佔到香港年處理量四成的新貨櫃碼頭，每一次的運輸和裝載都活躍着香港貿易，同時吞吐着財富。僅僅三年，華潤從中收穫利潤就超過兩億港幣。

投資國際貨櫃碼頭的成功，驗證了華潤投資香港公共事業既能助力香港發展，又能夠獲得穩定長久收益的判斷。

俗稱大隧的大老山隧道，是香港曾經最長的行車隧道，全長達 3.95 公里，是連接九龍與新界的主要五條隧道之一。

1988 年，為了紓緩獅子山隧道的擁堵問題，港英政府採用出售專營權的方式招攬私人公司修建這條新的隧道，華潤聯合新世界、西松、中建企業、伊藤忠成立大老山隧道有限公司，其中華潤投資 2.4 億港元，佔到 37.5% 的股份，以「建造、營運、移交」的方式為香港建造起這條重要的隧道，並獲得 30 年的專營權佔。從落成那一刻起，隧道裏車輛的川流不息就形象地描繪了公共事業背后現金流的奔騰積聚。1994 年 11 月華潤再度出手，聯合新鴻基、中銀和中旅一舉贏得香港三號幹線的競標。這條全長十公里的快速公路，建成後不但將新界西北角和新機場緊密相連，還將屯門、天水圍及元朗等急速發展中的新市鎮及荃灣等重要工業區串在了一起，成為香港西部道路網的重要組成部分。這個項目中，華潤投資 5.02 億港元，擁有 20% 股權。

青馬大橋是連接葵青區青衣島與荃灣區馬灣島的宏偉大橋，

華潤不是它的建造者，卻是它的管理者。1997 年華潤聯合新池和 AMEC 公司，投得青馬交通管制區管理、運營和維修專營合約，期限四年。出資 1400 萬港幣的華潤佔有 66.7% 的股份。

1992 年，華潤以 1.74 億港元認購華人銀行 15 % 的股份，這是華潤第一次正式觸碰金融業。

金融業與貿易行業的良性互動、對正發力投資的華潤的意義、在香港這個金融中心的優勢和前景，都無須多言。

一年之後，華潤又積極參與收購香港海外信託銀行和太平洋銀行，但收購請求被外經貿部駁回。在這種情況下，與華潤合作共同參與收購太平洋亞洲銀行的力寶集團提出，願將持有的華人銀行一半的股權轉讓華潤。經過審慎的考量，華潤董事會最終決定出資 5.1 億港元增持華人銀行 35% 的股份，連同 1992 年認購的股份，共持有該行 50% 股份。

1995 年華潤對華夏集團屬下的運達保險顧問有限公司進行了增資重組，試圖打造華潤在香港保險業務的旗艦。和華人銀行一樣，華潤在這家保險公司的股權比例再一次止步在了 50%。

這些醒目的 50%，是此時的華潤還未能認識到的問題，那些伴隨着 50% 而來的危機，將在後來成為磨礪華潤走向成熟的寶貴經驗。

在華潤「立足香港」的種種佈局中，那些投向基礎建設固定資產和公共事業的投入，蘊含着深入扎根香港的信心和與香港共同發展的情感，而華科微電子和上水屠房的經歷，卻讓人看到，在走出貿易這個舒適區後，華潤人身上那份拼勁和韌勁。

與微電子結緣，源於貿易出身的華潤從於生產端把控貿易商品的渴望。二十世紀七十年代，當時帶有新科技屬性的電子產品是香港生產製造的一道風景，更是眾多商人期待的利潤源泉。香港科苑公司，是華潤眾多香港貿易夥伴中的一個，主要生產電子手錶的錶殼。

九十年代香港華科電子有限公司廠房外觀

1979 年 8 月，經獲外貿部批准，華潤下屬的華遠公司與香港科苑公司達成協議，雙方各投資 2000 萬港元在香港大埔工業區創辦華科電子，名稱取自華潤的「華」和科苑的「科」。按設計能力，第一年年產 600 萬塊集成電路，第二年以後年產 1200 萬塊以上，其中 1000 萬塊供科苑公司裝配電子手錶用，餘下部分銷售給香港手錶、玩具或計算器生產企業。但這個看着極有前景的項目，在設計完成不久後就發現生產工藝難度遠超想像，廠房工藝要求很高，而需要進口的先進設備也因為當時美國的刻意防範無法成套進入香港……一系列難題讓華科遲遲無法投產，在需要繼續追加資金投入時，科苑公司因自身原因難以繼續，選擇放棄。

1982 年 8 月 3 日，華潤在給對外經濟貿易部的彙報中寫道：

對外經濟貿易部：

關於香港華科電子有限公司的情況及近來發生的問題，上月中我們已派李英民同志回京作了彙報。現提出如下幾點意見，請領導批示。

一、關於華科公司的籌建。兩年多來，約 10000 平方米的工廠大廈已經建成，空調、管道等各項輔助設備及內部裝修即將完成，生產設備已全部訂妥，大部分設備已到貨……原計劃 8 月即可開始設備安裝，年底前可以全線試產。生產工藝技術的培訓工作已圓滿完成，只要機器設備安裝好，即可生產。華科公司需用資金約 1600 萬美元，現絕大部分已經支付，還有一小部分最近也要付出。根據以上情況，如將華科公司停辦，將會遭致經濟上的重大損失，而且在政治上也會造成不良影響。因此，我們的意見是：把華科公司繼續辦下去，而且要把它辦好。

二、關於產品的銷售。一般中、小規模的集成電路，香港市場是很大的，大規模的集成電路目前我國內地更為需要，根據華科公司的報告，銷售上有一定把握。

華潤公司

1982 年 8 月 3 日

為了避免資金投入遭受重大損失，同時考慮集成電路相關的高科技正是華潤背後的祖國望眼欲穿的期待，華潤選擇了堅持。即便到了 1983 年，科苑公司決定正式宣佈退出華科，華潤仍選擇了堅持，並不懂電子技術的華潤人找到了航天部旗下的長城公司開始新的合資經營。1983 年，華科想盡辦法從美國以拼湊方式引進了一條舊的四英吋半導體芯片生產線，運進了在香港大埔工業區的廠房，希望為內地洶湧而至的彩電和電腦熱潮生產提供配套產品，但生產工藝的落後和芯片產品的快速迭代發展，讓這個美好願望從一開始就注定只是泡影。

艱難跋涉到 1987 年，華科電子累計虧損已超過兩億港幣，在大學生起薪不過三千，灣仔千呎豪宅不過百萬的年代，兩億虧損幾乎可以直接宣判企業的死刑。此時，華潤主動請纓，接過了所有股權和債務，開始了自己全資控股經營微電子業務的歷程。此時距華科誕生已經過去了八年，這個出生就幾近夭折，之後一路病懨懨成長的「少年企業」，未來該何以為繼？

只有從市場端入手，才能找到華科起死回生的機會，這是擁有多年貿易經驗的新主人的樸素判斷。當時，香港市場上音樂賀卡開始流行，華科也生產音樂賀卡使用的集成電路芯片，剛剛入職華科公司幾個月的市場部助理經理陳明主動出擊，拜會了香港最大的賀卡生產商，並留下了載有五首歌曲的樣品。

一個星期後，陳明等來了一個期待已久的電話，對方約他見面，陳明回憶：「他說我們試用了一下還行，跟日本的產品差不太多，他說你們的價格是怎麼樣？我當時就按照通常的慣例就報價格了，當時是 9 分 5 美金一片，後來他說的這樣吧，我如果給你下五百萬的訂單，你能不能降到 7 分 5？」

對於改革開放初期的中國企業，長期計劃經濟體制下那些禁錮的鐵律，並不會因身在香港而消弭，價格是企業甚至國家來定的，統一而既定，不可隨意更改，更何況是一個個人。平復了 30 萬美元生意上門的激動心情，陳明向歐老闆表示了降價的不可行。

歐老闆讓陳明當場做一個選擇，要麼立刻就簽約，要麼就此作罷。

陳明猶豫再三：「我想來想去，簽！我去冒風險。」

拿到人生第一張大訂單的陳明興奮地回到公司將此事告知主管，但得知降價的消息後，憤怒的主管將闖了大禍的陳明帶到了時任華科董事長趙隆俊的面前。趙隆俊看着單子，一言不發，忐忑的市場部主管和不服氣的陳明也不說話。整整一個小時過

去了，趙隆俊抬起頭來說：「這麼一張單子我們幹嘛不接？！」

在得與失之間艱難權衡後，華潤人走出了冒險的一步。但就是這一步，讓他們拿下了期待已久的大訂單，並自此一舉打破了日本等在香港芯片業的壟斷地位。此後，憑藉着靈活的定價和扎實的質量，華科電子在香港市場站住了腳跟。

1989年，華潤全面掌控的華科電子扭虧為盈。到1996年已達到年產四英吋矽圓片31萬片，銷售額2900萬美元的規模，連年保持了較好的盈利水平。以生產量論，華科電子超過了內地同類廠家的總產量之和。

雖然之後因為設備所限和產品升級拓展艱難的原因，華科的輝煌停留在了曾經響徹八九十年代每一個生日餐桌的音樂賀卡中，但華科一直沒有停止對集成電路生產製造的求索腳步。很多年後，當華潤微電子在上海創業板上市，只有華潤人能明白，「不言放棄」四個字的份量。

著名的《國家地理雜誌》曾經做過一期有趣的調查，香港以人均每日攝入695克肉類的數據，榮膺世界肉類食物消費榜的榜首，比第二名的新西蘭高出了60%。而這麼多雞鴨魚肉在港的主要供應商，就是華潤旗下的五豐行，因為它就是為此而誕生的。

1951年，為保證香港市民鮮活冷凍商品的供應，同時為新中國賺取寶貴的外匯，五豐行成立。無論是一開始的自我組織貨源還是後來對接著名的「三趟快車」，五豐行用數十年如一日對於香港的煙火氣息用心呵護，打造了「每天開門七件事，肉禽蛋魚與果菜，樣樣離不開五豐行」的盛名。

伴隨着1979年「五十號」文件的下達，五豐行果斷地交出了自己的陣地，下定決心必須要由糧油食品進出口代理業務向自營貿易經營轉變，並向市場下游發力，在最熟悉的香港做長做透做全，形成一條完整的集代理、批發、運輸、屠宰、分銷於

一體的鮮活食品產業鏈。

1987 年，彼時香港第二大的堅尼地城屠房即將進行私營化招標的消息開始在市場上流傳，已經入股參與元朗、荃灣兩家小屠房的五豐行，迅速向港英政府提出接管堅尼地城屠房的請求。

香港的屠房，並不是內地人腦海中簡單的屠宰場。

一方面，屠房從事的是公共事業，法律規定「屠宰定點，依法納稅」，因此監督管理十分嚴格，涉及的規定或條例立法達 28 個，細緻到甚至包括規定屠房的「每個水廁均須提供足夠的廁紙」。[5]

另一方面，屠房這種進入門檻較低的行業，往往也是社會底層暴力生存法則集中演繹所在。特殊的生存發展歷程，加上結社文化的傳統，使香港也不能例外。從豬出欄開始，一直到送到市場，這一系列過程中經歷的運輸公司、代銷欄商、肉商、買手、屠房、鮮肉運輸，每一行都有自己的特殊的行會，背後又糾葛着各種黨派和社團，加上當時還有專門從事肉類走私的違法犯罪，整個行業稱得上是黑幕重重，一位曾經身處其中的「大佬」回憶：「大腸、小腸，一掛多少錢都有人壟斷，豬肝有豬肝的壟斷，腰子有腰子的壟斷，肉霸簡直無所不在」。而香港人對肉的新鮮程度有着近乎苛刻的追求，一頭豬從殺好到送上市場最好控制在兩至三個小時以內，而且香港本地人買菜一般都在上午十點之前，因此是否能在六點之前讓自己提供的豬被順利宰殺、順利進入肉市，成為決定肉商一天收益的關鍵，於是圍繞着一頭豬能否順利被宰殺，往往就能掀起一場明爭暗鬥甚至血雨腥風。

當時屠宰場內所有的員工都是政府僱員，執行公務員的薪酬和作息標準，正常作息是上午七點到下午三點，但屠房特殊的工作性質又要求早上五點提前開工，晚上九點到十二點加班，於是這多出來的每一分鐘都嚴格按政府公務員的加班工資結算，僅此一項，政府一年就要多付出數千萬的人工薪酬，僅 1986 年，

堅尼地屠房就虧損 3000 餘萬港幣，更大規模的長沙灣屠房虧損一億多港幣。到了 1987 年，不堪重負的政府決定通過招標將香港第二大屠房堅尼地城屠房私營化。

混亂的治安、破落的環境、長期的虧損，並沒有嚇退五豐行進擊的腳步。得到港英政府允許談判的通知後，五豐行「雞鴨欄」出身的副總經理范國光立刻進入屠房，開始了和工人同吃同住同上工的日子，通過與工人的朝夕相伴，詳詳細細地了解屠房工作，這是從未真正操刀過屠宰行業的五豐行向執掌屠宰業邁出的第一步。30 餘年後，范國光是這樣描述自己當時的摸查：「半夜起來到生產線去，看着人家一個崗位接一個崗位，看人家怎麼編排人手。因為我們完全沒有這方面的經驗，這個崗位為甚麼要兩個人，這個崗位為甚麼三個人，要一個位置一個位置記熟了，然後看清楚了人家是怎麼做的。」

雖然只從事過貿易，但事業者共有的敏感，讓范國光很快就發現了政府公營屠房大虧損的背後蘊藏着的原因：「天台上有好幾個大水缸用來儲水，每個大水缸幾乎有一套房子那麼大，每天早上很多水從水缸滿溢出來，就浪費掉。所以他們的管理，是不知道原來在屠房裏面有這樣大的浪費」，種種政府公營情況下特有的觸目驚心場面，震撼着范國光的內心，也讓他有了把屠房經營好的底氣。回到五豐行後，范國光把所見所聞寫成數十份詳細的調查報告，成為五豐行和港英政府討價還價的底氣。

一場政府與企業之間的談判開始了，談判桌兩旁，是肉眼可見的鮮明對比。港英政府派出了一整個代表團，由時任市政總署的一位助理署長帶領，包括政府市政總署、建築署、機電工程署和漁護署各個部門的官員，最多的時候有十餘人，五豐行這邊只有副總經理李樹仁帶着范國光、容運鴻；港英政府談判團秉持着香港公務員一貫的高學歷水準，最低是大學本科，而五豐行這邊，李樹仁小學畢業，范國光初中畢業，容運鴻學歷最高，

是高中畢業。

一邊是高學歷高智商的政府精英，一邊是沒正經幹過屠房營生的新手，但談判開始之後，五豐行這三位衣着樸素的「土包子」加「表叔」，竟然把屠房的運營和管理說得有理有據，時不時還能蹦出幾個極其專業的屠宰業專屬英文單詞，一時間港英政府談判團的氣勢徹底被五豐行的三人壓倒。

談判桌上的逆轉背後，是五豐行人難以想像的投入。為了準備這場談判，除了范國光的「卧底」，五豐行還託人輾轉從國外找到一本政府管理和運作屠房的手冊，當這本全英文的手冊擺到李樹仁、范國光和容運鴻面前時，這三個最高學歷不過中學的中年男人想到的第一件事，竟然是要這本書一字不漏地背下來。他們對照手冊，翻着英漢詞典，一個詞一個詞對照着，翻譯、背誦、背誦、翻譯，整整六個月之後，當他們背下整本屠房管理手冊時，這些從未身處過屠宰行業的中年人，已經是屠宰行業的半個專家了。很多年後，范國光依舊為那段時光感到無比自豪：「我不懂 ABC 的，但屠宰行業的每個英文單詞，我可以說都認識。」

靠着令人難以置信的堅持和努力，華潤人贏得了港英政府的尊重。擺在他們面前的條件變成五豐行無需支付額外的私有化費用，只需每年按屠宰頭數交納管理費。但以當時的屠宰量而言，這筆費用接近 4000 萬，這意味着五豐行要讓每年虧損 3000萬的屠房完成 4000 餘萬的利潤才能不虧本。

從巨額虧損到巨額盈利之間，橫亙着 7000 萬天塹，華潤和五豐行的領導都犯躊躇：「五豐行行嗎？管理屠宰線可以嗎？我們搞貿易的能轉到管理和營運一間屠房嗎？」

李樹仁，15 歲開始在貨場當清潔工，給貨車司機送盒飯；范國光，15 歲進入五豐行蔬禽部，賣菜送雞。面對着質疑，這兩位從底層一步步打拼出來的實在人，選擇了最樸素的辦法：回

屠房，繼續同吃同住同上工。如果說上一次，范國光去屠房「臥底」是為了了解政府公營屠房虧損的原因，那麼這一次，他們要事無巨細地從內行的角度掌握屠房真正的運作機理，只有這樣，才能讓五豐行在談判桌上心中有數。

「跟屠宰人員方面聊，我還深入到機電工程署，它有一個維修的車間，我跟在車間的工人，跟領班的人去聊，整個屠房的機器怎麼樣，要維修、保養機器有甚麼困難，有甚麼盲點都聊」，范國光如此回憶當年深入屠房的歷程，很多次，這兩位五豐行的管理者握着啤酒，陪着那些工人工作，就這麼一句句地套出屠房運轉每一個環節背後的細賬。

還有一些溝通是不見諸於陽光的。如果說屠房之內是政府管轄的地域，那麼屠房之外就是工會和社團的江湖，如果沒有他們的支持，要麼是豬運不進屠房，要麼是豬肉運不出屠房。憑藉着多年在街市第一線打拼積累的人脈，李樹仁和范國光勇敢地坐到了那些「社團大哥」的面前，擺事實，講道理，用尊重贏得尊重。最終，五豐行得到了幾乎所有工會和社團的支持，理順了關於豬肉的整條產業鏈。道路越泥濘，腳印就越深，這段五豐行歷史文章中從未記載過的一幕，留下了華潤人攻堅克難、全力以赴做好一個行業的扎實用心。

這場涉及多方利益的談判，整整進行了三年，一次次停擺和重開的過程中，五豐行的事業者們用行動和數據贏得了港英政府從尊重到信任的一步步提升。1990 年，港英政府終於和五豐行簽訂了營運合約，其中每年管理費用定額為 700 萬元，這是華潤人精心計算後，能讓五豐行完成盈利的數字。

1990 年 11 月 16 日，五豐行正式接管進駐堅尼地城屠場，開始面臨經營管理的真正挑戰。剛剛升任堅尼地城屠房董事長兼總經理的李樹仁，在流水線上找了個刮豬毛的崗位，又一次開始了和工人同吃同住同幹活的生活。已過耄耋之年、聽不太清

旁人說話的李樹仁，很大聲敘述着自己當年如此選擇的原因：「跟着工人一起做，這樣既能了解屠房工作，也跟現場工人搞好了關係，處理起問題來也容易了。」

李樹仁到屠房了解情況

這是如今商業社會中難得一見的場景，管理一個公司的董事長、總經理，親自到生產第一線和工人一起工作、一起生活，何況走進的還是流淌着鮮血、飄散着異味的屠房。

短短一年多時間，五豐行就在堅尼地城屠房摸索出一整套屠房精細化管理的流程，一掃港英政府公用事業單位的疲態，曾經每年虧損 3000 餘萬港幣的屠房在由五豐行管理一年之後就已經開始微微盈利。

范國光此時又有了新的任務，這位當時已年近不惑的中年人又背上書包，走進香港大學學習食品衞生方面的知識，於此同時，大批的外國專家被請到五豐行的屠房指導。不停的學習背後，是五豐行要提升屠房品質，提升整條鮮活食品產業鏈的決心。

上世紀九十年代，世界上最先進的屠宰技術都掌握在少數發達國家手中，例如瑞士、加拿大、荷蘭等等，在這些國家，大學甚至還開設了專門的屠宰專業，屠宰從業人員不但在對牲畜

身體的構造了解方面堪比獸醫，還創新改革了許多屠宰的技法。

　　一頭豬從進入屠宰生產線，到成為供應餐桌的鮮活食品，當時大部分流程都可以進行機械化操作，唯有開膛破肚這一刀，必須要由人工操作。關於這一刀，千百年來中國的屠夫們世代相傳是正手用刀：刀頭向前，刀刃向下，刀法類似於「斬」。而五豐行人通過學習了解到，國外的屠夫經過多年的解剖學摸索，創新出「反手刀」技法：刀頭向自己，刀刃向內，刀法類似於「拉」。一正一反之別，原本極易被劃破的內臟得到了最大限度的保護，既能保證環境的乾淨，也能在擅於內臟烹飪的香港收穫更大的經濟效益。

　　五豐行運營的堅尼地城屠房成為全香港第一家使用「反手刀」法的屠房，僅此一項，它就能把開膛破肚這個環節的用時壓縮到十秒鐘內。正是靠着這些常人難以想像的一個個細節的一點點堆積，五豐行最終打造出屠宰行業新的運營面貌。

1995 年 10 月 25 日，五豐行在香港聯交所上市

　　1995 年，完成了對香港鮮肉市場近乎百分之百掌控的五豐行開始規劃上市，10 月 25 日，五豐行在香港聯交所正式掛牌，籌集資金超過 16 億港元。

　　上市的成功為五豐行進一步收購食品工業項目，拓展業務

1996年，五豐行從台灣引進首批台灣優良種豬，
改善供港活豬質量，圖為9月20日，台灣種豬抵港，五豐行到機場接貨

提供了充裕資金，一系列的併購幫助五豐行縱深覆蓋整個食品產業鏈，並在傳統的香港業務基礎上，開始進軍內地市場。

幾乎同時，有感於其他屠房髒亂差的港英政府，在五豐行的建議下，開始在上水興建一座現代化屠房，取代政府的堅尼地城屠房、長沙灣屠房和私人的元朗屠房。十年之前還從未涉及屠房行業的五豐行，這一次成為了港英政府的顧問。李樹仁、范國光和行業內優秀的建築師、屠房管理者們坐在一起，監督了上水屠房從設計到建造的全過程，為此，港英政府向五豐行支付了超過 200 萬元的顧問費用。

1999 年，一座佔地 5.78 萬平方米，工程耗資 18 億港元的屠房在上水落成，年輕的香港特區政府向全世界發出了為這座當時亞洲最先進的屠房尋找運營商的邀請。經過與多家國際投標者艱苦激烈的競爭，五豐行以四年試運行、之後每三年考核一次的承諾，贏得了香港政府的信任，最終取得了上水屠房建成後的首個十年期經營管理權。

之後僅三年時間，五豐行管理的上水屠房，就先後獲得

1999 年 8 月，五豐行競得香港上水屠房的經營管理權

ISO14001 環保管理認證，建立 HACCP 管理體系，通過 SGS 公司認證，還建立起了豬隻銷售去向追蹤系統，保證了香港市民吃到的每一口鮮肉都能做到來源可追溯。以「五豐」命名的鮮肉，成為香港街市中的信賴標杆。

從只吃過豬肉沒見過殺豬，到掌控亞洲最先進的屠房；從失去生鮮品貿易總代理的特殊地位，到掌控一整條鮮活食品生產鏈，五豐行生生地在最樸素的香港街市裏「殺」出一片天地。

作為面向百姓餐桌的生意，五豐行的利潤向來微薄。以屠宰行業為例，每頭大豬宰殺價格為 130 元，小豬宰殺價格為 80 元，每筆宰殺都要向政府上交 12 元的檢驗收費，但就是這樣的樸實經營，五豐行積攢出一份龐大的家業，到 1997 年，公司市值超過 90 億元港幣。歷經歲月的起起伏伏、時代的顛簸前行，時至二十一世紀二十年代，五豐行依然以活豬屠宰量佔香港市場 90%，活牛、活羊屠宰量佔香港市場 100% 的傲人成績屹立在香港鮮活冷凍食品經銷商的榜首。

李樹仁和范國光都曾擔任五豐行的副總經理，只要身在香

港，他們每天的作息時間都非常統一：每天晚上十二點到屠房，工作到上午九點，然後趕回五豐行正常上班到下午五點，下班回家休息到晚上十一點，又得趕往屠房開始新一天的工作。天天如此，周而復始，一年 365 天，沒有特殊情況，只休息正月初一這一天。這樣的作息，30 年如一日。

人們常常會在面對一些成功的人或事時，留意到花團錦簇，卻沒關注背後的代價是甚麼，或許也會有一些一筆帶過的，比如「勤奮」、「奉獻」、「刻苦」之類的模糊說辭，但華潤人成功背後所付出的一切，就那麼真真實實地擺在那裏，扎扎實實寫在那些歲月裏。正是這些勞作着的脊樑，擔起了華潤交託的重擔，夯實了華潤的根基。

當一些後來者把華潤佈局香港的成功，簡單歸結於內地的資金和政策支持時，只有真正深入走進華潤的人才知道，除了資金和政策，還有人，那是香港這片機遇之地培育的敏銳與創新，是華潤人骨子裏代代相傳的擔當與堅守，共同造就了華潤人獨特的氣質，造就了華潤的成功。

至 1997 年香港回歸前，華潤人用近 20 年不曾停歇的開拓，在香港開拓出一個令他們自己都驚訝的企業王國，他們開辦了40 間全資公司和 100 多間合資公司，涵蓋了印染、製衣、瓦楞紙生產、容器製造、集成電路製造、塑料機械、制革制裘、手錶製造等各個行業；投資了廣袤的實體項目，建成辦公樓、商場、倉庫、展覽場地及宿舍總面積達 60 萬平方米以上，其中倉庫 11 座，油庫 3 座，經營一條鐵路專用線及 9000 平方米的鐵路貨場，碼頭 5 處（包括 3 處油庫碼頭），擁有各種遠、近洋運輸船只 119 艘、總載重量 100 萬噸以上，擁有各種運輸車輛、拖頭、拖架等 400 多輛；混凝土生產場地 9 處，混凝土車 150 輛；大型商場 14 間，超級市場 36 間，汽車加油站 9 個……[6]

同樣在那些年裏，數以千記的內地企業着抵達香港，截至

1996 年 10 月，香港的中資企業數目已達 1756 家，投資超過 250 億美元，投資領域包括金融、貿易、保險、旅遊、運輸、建築、地產、酒店、百貨零售、廣告、印刷、出版、碼頭、倉儲、包裝、諮詢服務等，幾乎涵蓋了一座國際化大都市運轉的方方面面，成為香港最可靠的保障。

不論是在戰爭年代，還是在改革開放之前的漫長歲月中，華潤和華潤人雖然身在香港，但香港對於他們，仍是外在的，是特殊的躋身地，是實現特殊責任和目的的暫居處。伴隨着改革開放的進程，華潤和華潤人深深地融入香港，因為香港和背後的內地都已然與過去不同，香港與內地，將榮辱與共、生死相依。

第二十二章

踏過深圳河

　　1992 年初的深圳，華強北裏此起彼伏的尋呼機聲中，人們甄選着不同型號的電腦、遊戲機，不遠處，50 層的中華第一高樓國貿大廈已經拔地而起，曾生產出第一台全塑料電風扇的美的正在進行股權改革，剛剛落成的深交所前，曾經習慣了為糧票排隊的中國人已經開始習慣為股票排隊。

　　中國開啟改革開放 14 年後，更暖的春風撲面而來。

　　這一年的第一天，《人民日報》發表的「元旦獻詞」以「在改革開放中穩步發展」為標題，強調了「我國現階段的主要矛盾是人民日益增長的物資文化需求和落後的社會生產之間的矛盾，這就決定了必須以經濟建設為中心」。文章還寫到「堅持這個中心，國受益，民得利；背離這個中心，國遭難，民受害」。《人民日報》的「元旦獻詞」向來被解讀為這一年的風向標，如此大

張旗鼓高舉經濟建設大旗，為剛剛開啟的新一年定下「經濟建設為綱」的基調。

春江水暖，這一刻，華潤早已做好了準備。

1992 年 1 月 10 日，深圳愛華路，華潤在內地第一家超級市場開業。

1992 年，內地第一家華潤超市 —— 深圳愛華店開業

早上九點，捲簾門緩緩打開，蜂擁而至的顧客迅速佔領了所有貨架。前所未有的購物形式、琳瑯滿目的新鮮商品，吸引了無數市民。他們紛紛前來嘗試這種充滿自由的購物體驗，購物熱情如井噴一般高漲。當時擔任實習收銀員的江紅，30 年後描述那瘋狂的一天仍充滿了興奮：「人多得站不下，進也進不去，顧客為了搶東西會打架，買完一苙兒回來再買一苙兒。」

洶湧的人潮整整持續了十餘小時，到了晚上十點半，結束營業的喇叭喊了一個半小時，才漸漸把顧客勸離。但當燈光漸暗，捲簾門緩緩拉下的時候，出人意料的事情發生了，一個顧客匍匐着從捲簾門和地面之間不到 50 厘米的空隙內爬了進來，事後得

知，這位實在捨不得離開的顧客白天已經來光顧過幾次，但還是想再買些東西，隨便甚麼都行。

忙碌了一整天的江紅在回家的路上才感受到十指鑽心般的疼痛，才發現因為敲擊收款機鍵盤的次數超出了人體所能承受的負荷，她的手指甲和肉已經分離了。

這是只會發生在那個時代的獨特故事，今天生活在物資極度豐富時代的人們已經很難想像，走過貧瘠和緊缺的國人對於美好生活有着怎樣的嚮往。

這樣的緊缺在改革開放的春風中漸漸消散，漸漸富足在物質層面最先得到體現，但與之相對應的社會形態還遠遠地落在後面。之前很長時間裏，國民還習慣隔着「三尺櫃檯」遠遠地端詳着自己心儀的貨物，鼓足了勇氣才敢喊一聲「服務員同志」。雖然中國第一家小型超級市場 1984 年 4 月 11 日就已經在廣州友誼商店開始營業，但進門得憑護照、付款得用國庫券的條件，注定了它不是一般老百姓能夠消費的場所。雖然改革開放已開始十餘年，建設經濟的口號也已經深入人心，但實質上大多數變化都散亂發生着，而且經歷着變化、調整，還沒有上升到真正改變人民整體生活面貌上面來，所有人都期待着生活發生着改變，卻不知該如何改變。當這樣的期待，投射到 1992 年中國人民存在銀行裏的錢超過了 1.3 萬億元、相當於 1991 國民生產總值 60%這樣的現實時，機會就在「人民日益增長的物資文化需求和落後的社會生產之間的矛盾」中誕生了。

貿易起家的華潤，旗下的華潤超市已經在香港站穩了腳跟，但寸土寸金的香港已經給不了它超越惠康和百佳所需要的空間，因此它把擴張的第一站選擇在了隔海相望的深圳，華潤人堅信，他們的見識、經驗、智慧將幫助他們在這片待開拓的處女地上佔得先機。

從內地來到深圳打工的江紅，按照華潤超市貼出的招聘啟

示走進員工培訓班時，她學到的第一課是：「不可以跟顧客有爭論，不可以跟顧客發脾氣」。幾天後，她領到了人生第一套制服，不是灰黑藍，而是黃色的襯衣、紅色的連衣裙。她並不知道，這套服裝，和華潤為香港華潤超級市場員工提供的顏色、布料、款式，完全一模一樣，就連被她戲稱為「雞蛋炒西紅柿」的顏色，

華潤超級市場早期工服

都是按照華潤的 LOGO 標準色設計的。

　　為了讓招聘來的員工適應「顧客就是上帝」的服務理念，1984 年就在香港開出第一間超級市場的華潤，幾乎全盤照搬了它在香港打磨成熟的一整套經驗。有着長期店舖經驗的專業培訓員為新員工普及與顧客的相處之道；香港華潤超級市場裏使用的調配貨品的電腦和對應設備一起運到了深圳；精緻的貨品通過華潤的物流鏈運到新租下的店面，巡視員對照着香港帶來的圖紙擺放貨物，華潤在對照香港的複刻中完成了內地第一家

華潤超級市場的打造。

　　但臨開業前的那個晚上，當香港運來的廣告燈箱送進愛華店的時候，所有人驚詫地發現，不僅是愛華店所在的福田區，甚至是整個深圳，竟然沒有人會組裝架設香港街頭已經成為標誌性存在的廣告燈箱。

　　所幸，沒有燈箱的璀璨，一點也不影響華潤超市深圳愛華店的閃耀登場。

　　敞開的貨架間，70% 以上的貨品從香港進口的，巧克力、餅乾、糖果、洗髮水最受歡迎。時至今日，江紅都對那些場景如數家珍：「記得有一次，我去倉庫拿餅乾給貨架補貨，當時我拎了兩個桶，滿滿兩桶餅乾，人都還沒走到貨架前，餅乾就被顧客搶光了。」

　　貨品一次次被搶空，採購成了關鍵，年輕女孩戴紅被從華潤在廣東的部門抽調到了深圳，她沒有想到，這一來就扎根在了華潤超市。她日夜奔忙在商店和倉庫之間，用內地還不多見的傳真機指揮着香港的貨物調配，幾乎沒有休息日的那段時光讓她至今難忘：「我們幾乎就沒有休息的時候，通常前一天採購的物資，頃刻間就賣完了，只能源源不斷地從香港補貨。」

　　開業的第一個月，這間華潤超市每天的營業額保持在 10 萬以上，而當時深圳的人均月工資只有 494 元。

　　也就是在華潤超市火爆深圳的同時，有一則消息也在流傳，改革開放的總設計師鄧小平同志又來深圳了，猜想在這一年的 3 月 26 日得到了證實。一篇 1.1 萬字的長篇通訊《東方風來滿眼春 —— 鄧小平同志在深圳紀實》在《深圳特區報》刊發，第二天，全國各大小報紙均在頭版頭條轉發。以往，此類重大報道均由《人民日報》或新華社統一首發，而通訊的發表之日，正值全國召開兩會期間，它所引發的轟動和新聞效應可以想見。很快，鄧小平同志在視察途中的那些講話都被匯聚成冊，「基本路線要管

一百年，動搖不得」；「判斷各方面工作的是非標準，應該主要看是否有利於發展社會主義社會的生產力，是否有利於增強社會主義國家的綜合國力，是否有利於提高人民的生活水平」；「社會主義的本質，是解放生產力，發展生產力，消滅剝削，消除兩極分化，最終達到共同富裕」；「計劃多一點還是市場多一點，不是社會主義與資本主義的本質區別」；「改革開放膽子要大一些，抓住時機，發展自己，關鍵是發展經濟。發展才是硬道理」；「中國要警惕右，但主要是防止『左』」；「要堅持兩手抓，兩手都要硬。兩個文明建設都搞上去，這才是有中國特色的社會主義」……一時間，解放思想、加快改革步伐，成為輿論之共聲。[7]

這些今人耳熟能詳的話，其核心就是「終結」了一段時間裏有所抬頭的意識形態爭論，至此，不再糾纏於姓「資」和姓「社」的討論，一切努力都要圍繞建設經濟、為人民創造美好生活上來。鄧小平的這次南巡和講話，為中國改革開放進一步解放思想，一錘定音。

春風送暖，在華潤超級市場出發的商業零售領域。當年 7 月，中央印發《關於商業零售領域利用外資問題的批覆》的文件，一時間，外資踴躍來華，北京的燕莎友誼商城、賽特購物中心，上海的第一八佰伴，廣州的天河廣場，青島的第一百盛等商場拔地而起，那些從未見過的美好和華麗，那些從未體驗過的方便與快捷，一時間震撼了剛解決了短缺、還沒能輕鬆出去看世界的中國人，中國現代零售業的黃金時代就此大幕拉開。

當這些外資商場如雨後春筍般出現的時候，華潤的零售業也在進行着自身的擴張。華潤超級市場外的燈箱早已點亮，紅色的「CRC」標誌溫暖着深圳彼時還不算熱鬧的黑夜，在人們的熱捧中，華潤在深圳一口氣連開了元嶺、鹿丹、東樂三間超級市場。

之後數年，華潤超市分別成立了蘇州、上海、天津、北京

1995 年，華潤超市蘇州公司成立，開拓華東市場

公司，憑藉着先進的經驗，成為中國第一個開始全國連鎖佈局的超市品牌。

如果說華潤超市越過深圳河是有意識的主動出擊，那麼華潤紡織的內地佈局則源於時代的催迫。

柔軟的、溫暖的紡織品，可以說是華潤在相當長的時期裏最為熟悉的商品。

那是解放戰爭期間，從大連開往香港的蘇聯貨輪上運送的，換回解放區急需的藥品、汽油和印鈔紙的棉花棉布。

那是 1949 年，裝載上華潤貨船，一船又一船運往國營棉紡廠，幫助剛解放的上海打贏「兩黑一白」商業戰爭，為新生的政權贏得了人民信任的優質棉紗。

那是建國後，從香港裝載上國際貨輪，突破敵對勢力織就的封鎖線運往世界各地，換回寶貴外匯，夯實新中國成長根基的中國製造。

香港華潤公司的首任董事長錢之光，在帶領華潤完成助力

新中國誕生的一系列重要任務後，成為這個新生的國家紡織工業部的副部長，而他曾引領的華潤，在新中國成立後，讓紡織品進出口貿易成長為自己最主要的貿易品類之一，並逐步建立起了自己的紡織產業鏈。

立身香港，幸運地讓華潤幾乎同時擁有了學習紡織產品貿易和生產製造的最好機遇。

上世紀六七十年代的香港，承接着紡織業的產業轉移大潮。英美發達國家的成衣設計，在港島鱗次櫛比的成衣工廠裏變成實實在在的精美和精緻，然後打上「香港製造」的標誌，輸往全世界。

另一方面，中國內地的棉紗棉布產量快速增長，棉花及相關製品的出口成為國家經濟的重要支柱。

作為紡織品進出口貿易重要橋樑的華潤紡織，因此收穫了高速的增長。1986年，國家計劃出口創匯105億美元，其中華潤紡織完成了34億美元，佔據近1/3，除此之外，華潤也在七八十年代成功成為香港最大的紡織及輕工產品經銷商。實際上，在1990年之前，華潤紡織一直是華潤集團主要的盈利板塊。

但外貿體制改革的浪潮，急劇衝擊着華潤紡織賴以生存的根本。當越來越多的省份選擇在香港設立窗口公司，作為總代理的華潤只能降低收取的代理費用來應對競爭，從4%到1%的巨幅下降，意味着華潤紡織幾乎失去了絕大多數的利潤。1987年，伴隨鄧小平同志「不要再講以計劃經濟為主，計劃和市場都是方法」的講話在大江南北傳達，內地商業化程度極高的棉紡織業率先開始了變革，各路工廠紛紛自己組織貨源衝殺向海外，一時間，華潤紡織連最後僅留的1%代理費都難以收到了。

從原來的行政管理角色變成「提供設備、買買東西、拉拉關係」的華潤紡織，不得不以行動直面危機。

1987年5月，香港紡織品最大供貨商華潤作出了投資中國

內地棉紡織生產工廠的決策，此後短短時間內，它作為港資方身份一口氣投資了 2300 萬美元，建立七家合資廠，其中山東三家、河北兩家、江蘇輛家，鋪排開華潤紡織帝國的雛形。

此時華紡與內地合作採取的方式還是著名的「三來一補」。外商即華潤方提供設備、原材料，中方提供工廠加工產品，產品歸外商所有，中方按照合同收取加工費。對於那個時代的中國而言，這種用廉價勞動力和資源、優惠政策交換緊缺的世界先進技術的方式，十數年裏都是最好的選擇。

華潤紡織和內地較大規模的紡織生產廠成立合資企業，目的實則還是貿易出身的華潤對貨源把控的樸素邏輯。在華紡內部，這樣的戰略被戲稱為「一把笤帚佔一個磨」，合資辦企業，相當於華潤把自己那把「笤帚」放在了內地工廠這個「磨」上，跑馬圈地，以這種方式佔據擁有穩定的貨源。

擁有着銷售渠道、廣袤貨源，更重要的是手握大量資金，華潤以最快的速度勾勒出自己在中國內地的紡織王國版圖，接下來，在香港多年耳濡目染了解的紡織業新科技、新理念，才是華潤紡織真正征戰全國紡織業的利器。

紡織過程中，紗線的粗細均勻程度是其中的關鍵數值，數十年來中國內地紡織廠一直沿用「黑板條幹均勻度目光檢測法」來進行測量和記錄，但這個名字聽起來高大上的檢測方式實際上就是在黑板上纏上一組絲線，對着光用目測陰影的方式判斷紗線粗細是否均勻、直徑是否達到了所需的數值。而由於每個人的直觀感受各不相同，這種方法長期下來還在中國紡織業內部形成了無數對象相同卻數據不同的標準體系。

而產自瑞士的烏斯特條幹均勻度儀（USTER tester），是當時世界紡織業測定條子、粗紗、細紗和股線均勻度的最先進儀器，以它測量數值書寫的一系列數據界定了國際紡紗的標準，所有紗製品的海外貿易都以烏斯特條幹儀的測量數據為「統一語

言」進行交流。

　　當華潤紡織第一次把這套設備擺放在投資的工廠裏時，數十年來憑藉目測法經驗進行生產的工人一時間啞口無言，「國際標準」率先在華潤紡織合資的工廠裏扎下了根。憑藉着能跟世

八十年代華潤絲綢投資的合資企業——上海海華時裝有限公司

界使用同一種「語言」同頻共振地「交流」，華潤紡織合資廠出產的紗線從質量到銷量上全面領先整個內地紡織業。之後國家相關部門根據華潤紡織制定的標準，建立了相應的「出口紗質量標準」體系，這些與國際紡織品貿易行業緊密相關的數據，還很快成為內地紡織類大學教材裏的新內容。

　　華潤引進的標準色卡板，幾乎完整地複製了烏斯特條幹儀的故事，從此，中國紡織品行業對花布顏色的語言描繪，不再是繁複的「大紅、朱紅、嫣紅、桃紅、玫瑰紅」，而是變成了色卡上精確的編號，擁有了與國際相一致的行業統一語言。

標準是嚴苛的，必須嚴格遵守的，但通往標準的道路可以是迂迴的，富有創造力的。

由於資金有限，如今中國企業最習慣的「引進全套生產線」的產業升級方式，在那個年代難如登天，即便資金雄厚的華潤，也不得不藉助靈活的智慧來追趕國際的先進技術。

華潤紡織首創的「零部件替換法」，簡單表述就是，設備零部件裏能用國產品替代的，就用國產的；不可替代的，就用進口的。這套「土洋結合」的方式，用最小的成本快速完成有效的生產力提升。一時間，中國內地的紡織廠紛紛前來學習交流，整個中國的紡織生產業因此完成了建國以後的第一次技術大升級。

華潤引進的最新生產技術，華潤帶來的統一標準語言，華潤引領創新的生產設備，不僅讓華潤紡織收穫了引領行業的高速發展，也加速了中國整個行業追趕世界的腳步，這是回身越過深圳河的華潤，為這片朝氣蓬勃的土地帶來的遠超幾家工廠的價值。

1994 年，中國的紡織品和服裝出口額首次超越香港，以 237 億美金的出口總額傲視全球，幾乎是德國、韓國、美國、法國、英國出口額相加的總和。[8]

但這個榮耀的世界第一背後，潛伏着青澀的中國製造、特別是一個勞動力充沛的製造大國必須習慣面對的危機。當一個行業湧入無數企業，各自為了利益奪路狂奔後，相同產品嚴重飽和、產品升級遲滯，價格戰更成為最習慣也最擅長的競爭手段，於是「工業報喜，商業報憂，倉庫積壓，財政虛收」成為那一階段中國紡織行業最精準也最殘酷的描寫。

在香港薰陶多年的華潤人，從價格的不正常波動中嗅到了危險的氣息。就在中國紡織品和服裝出口額登頂世界第一的 1994 年，他們率先暫停了在內地的投資，即便行動如此迅捷，華潤人在細細盤查旗下紡織企業後仍然發現，儘管當時華潤紡織總營業額達到 64 億港元，然而由於旗下部分企業虧損嚴重，實際總

利潤僅有 8000 多萬港元。

虧損仍在激烈的價格戰中不斷擴大，華潤紡織已經意識到中國紡織多集中於低中檔且嚴重飽和，產品陳舊，整個行業還在信奉「規模就是生命」的時候，華潤紡織開始尋找不一樣的競爭力。

華潤紡織的一些技術人員出現在世界紡織行業的領先工廠，他們的任務就是去學習，在學習中了解世界紡織品的發展趨勢，掌握新的紡織技術，希望再一次完成自身的產業升級。

很多年後，曾經擔任華潤紡織總經理的傅春意依然記得 1996 年他在意大利一家高端面料廠用指尖觸摸世界頂級面料時感受到的巨大震撼：「這布織得簡直就是絲綢一樣，這麼漂亮、這麼光澤。我說你們哪兒來的，這用甚麼紗織的？他說我們自己紡的。」更震撼到傅春意的，是這些頂級面料 30 美元一平方碼的價格，而此時華潤紡織最好的面料出口價格是 1 美元一平方碼。相同尺寸，30 倍的差價，強烈刺激到紡織專業畢業的傅春意。

從意大利歸來時，傅春意特意在口袋裏裝上了一小塊那個型號的高檔面料。回到內地，他立刻把華紡在濱州和聊城兩家工廠的負責人叫來，佈置任務：「你們研究，照這個紗樣子給我紡，不要計較成本。我就要求你達到它的質量要求。」

模仿和學習，是落後者追趕領先者不得不經歷的路程。接下任務的兩個廠家用不到兩個月的時間，就研發出了中國內地此前從沒有的高支紗，同樣的質量、更低的價格，迅速贏得了歐洲的市場。三年之後，華潤紡織織出的高支紗已能達到 200 支，超越意大利市場的 180 支，品質已經超越它歐洲的老師。之後華紡高支紗拿下全球 70% 的高支紗市場份額，華紡成為全球規模最大的專業化高檔高支紗專紡企業，世界唯一能夠規模化量產 NE200-NE300 特細支紗的企業。傅春意在日後的採訪中用「意大利人覺得完了，他們徹底失去了高支紗的市場」的描述表達了

心中難以抑制的自豪。

在紡織品進入品質競爭的壓力下，內地紡織行業自發開始了新一輪的技術升級。當那些舊時代的堅持者們紛紛倒下，新時代的創造者們交出了這樣一份成績單：從 1997 年至 2000 年，行業淘汰落後棉紡錠近 1000 萬錠，但全行業實現工業增加值增長 61.34%，銷售額增長 44.59%，利潤和出口額均實現高速增長。工廠在縮減，產能和利潤卻在上升，這是那個時代中國其他行業沒有過的先例。而且經過三年調整，中國作為重要的紡織生產、消費、出口大國的地位初步形成，紡織作為傳統的支柱產業、重要的民生產業、具有國際競爭比較優勢的產業定位已經明顯。[9]

華潤紡織的故事還將繼續，身處中國對外貿易最具代表性的行業，之後它還將歷經大時代下所有的坎坷和波折。雖然它最終退出了歷史舞台，但在中國紡織行業崛起之路上，在整個華潤發展之路上，作為中國紡織行業領軍者之一的華潤紡織，功不可沒。

回首出發的 1992 年，這一年對於華潤來說，有着特殊的意義。

這一年，華潤的自營貿易總額首次超過了代理貿易。

到這一年，華潤集團及屬下二級公司的實業性投資項目已達到 342 個，投資總額 78 億港元，其中一半在內地。

事實上，改革開放走過 15 年，此時在中國的大地上，春風催動着的破土而出無所不在。

在青島，張瑞敏的海爾先後兼併了青島的電鍍廠、空調器廠、冷櫃廠和冷凝器廠，構築起了多元化的家電製造格局。

在北京，中關村已經不只是中國家喻戶曉的電子器材市場，聯想和它出產的電腦開始成為千家萬戶的家電新選擇。

在深圳，華為自主研發的大型交換機終於在這年研製成功，

短短一年銷售額就超過了一億元。

全球知名的跨國公司也迫不及待地紛紛加大對中國的投入，一度擱淺的通用汽車、摩托羅拉、杜邦等公司對中國的投資全部恢復，克萊斯勒公司正在商討擴大北京吉普的運營，波音、惠普和通用電氣等製造商正展開大規模的銷售，在比爾·蓋茨親自督導下，微軟在北京開設了辦事處，雅芳一位的產品經理說：「我們對市場非常樂觀，自 1990 年 11 月開張以來，我們已經簽下了 8000 名銷售小姐。」而寶潔說他們在中國的業務正在以 50% 的速度往上漲。[10]

恢復中國的貿易最惠國待遇幾乎已成定局，中國已經開啟恢復關貿總協定締約國地位談判，中國和世界都期待着中國順利加入到全球自由貿易的大循環中。

改革與開放，激活了東方這片廣袤的土地，催發出前所未有的需求和動力。跨過深圳河，華潤觸摸到的中國內地，是整個世界都期待的充滿機會和希望的新天地，是全世界矚目的發展機會。在「立足香港，背靠內地」的發展策略下，華潤必然要把握這個時代性機遇並成為這個時代的建設者。

1992 年春，華潤集團投資約合 750 萬人民幣的美元，在上海合資成立玻璃工廠，佔股 25%。

同樣在這一年，華潤集團在山東投資 268 萬美元的花崗石工廠開始投產。

1993 年，華潤集團投資的腳步抵達瀋陽，在那裏，它投下 1200 餘萬美金，拿下了瀋陽壓縮機廠 75% 的股份，開始生產空調壓縮機，這是華潤在內地進入工業製造業的第一次嘗試。

在上海，華潤集團投資 6000 餘萬美金，和聯華公司一起建設新一代的摩天大廈，四年之後項目落成，以時代為名的上海時代廣場矗立在浦東陸家嘴金融區，155 米的高樓傲視着黃浦江。

1994 年，華潤集團投入 7600 萬港幣之後，在海南島擁有了

自己旗下的第一家全資酒店——海潤酒店。之後五年，又陸續投資超過 1.5 億港幣。

1995 年秋，華潤集團從黑龍江省政府提供的 30 多個合作招商項目選中了酒精生產、生豬養殖和木糖醇提煉三個產業進行合作，不久華潤便派人遠赴白山黑水之間，以 5500 萬現金和八個億貸款，開始了「釀酒、養豬、製糖」的工農業結合大生產。

除此之外，北京的國貿中心、香格里拉酒店、貴友大廈，上海的美麗華小區，天津的奧林匹克花園，天南海北飛速長高的城市裏都留下了華潤的身影；北京華潤飯店、國際俱樂部、美洲俱樂部、上海到南京之間的高速公路、廣西的聯通網絡、海南的扶貧工業園、河北白洋淀溫泉城，散亂地播撒着捕捉機會的種子；華能電力、江蘇彭城電廠、河北衡豐電廠、四川蜀潤電廠，燃燒的高爐裏孕育着華潤走進未來的新動力……在新時代的春風裏，華潤在中國內地邁開的腳步快速而堅定，追逐着或明或暗的機遇，大步流星地奔跑着，奔跑出一個讓它自己日後都難以置信的版圖。雖然絕大部分產業，只是以投資佔股的形式或多或少地握在手中，但此時的華潤人堅信他們是在緊緊把握未來。

世界的目光都為 960 萬平方公里上 12 億人的疾速奔跑而着迷，《福布斯》雜誌用一種戲劇化的口吻寫道：「在這個世界上，任何意外都可能發生，而像中國總有一天會崛起成為經濟強國這樣確定的事情已經很少了。」在西方的主流媒體上，一個新的經濟名詞——大中華區（Greater China）開始出現，《財富》高級編輯路易斯·克拉拉在《沒有疆界的嶄新中國》中分析：「這裏正成為世界經濟增長最快的地區。『大中華區』既不是一個政治實體，也不是一個組織有序的貿易區，但它卻在同一種文化和共同對發展渴望的驅動下，連成一體。」

華潤和所有新時代的奔跑者一樣，他們的眼前與身後是世界上最龐大的勤勞人羣，是古老但依然充滿生機的江河土地，是

一個對發展和新生活充滿整體渴望的嶄新社會。華潤人厚待了
這份天時、地利與人和俱在的饋贈，並用建設者的建設回饋着
深愛的熱土和這個時代。

第二十三章

創造中創業

　　1992 年 9 月 17 日上午九時半，香港聯合交易所和往常一樣正式開市交易，但這一天對華潤集團卻意義不同，因為在港交所交易的股票世界裏有了一個新的名字，華潤創業。

　　擁有一家真正屬於自己的上市公司，這一天，華潤人等了整整十年。

　　1983 年，新稱謂剛剛獲得批准的華潤集團，向當時的對外經濟貿易部提交了一則名為《華潤公司關於華潤（集團）有限公司進一步加強業務經營的請示報告》，在這份奠定之後華潤發展路徑的請示報告中，關於股票上市的提議列在其中：

......

九、關於股票上市問題

股票上市是一種籌集資金的方式。通過發行股票籌集資金，利息低，風險小。但這是一個新問題，需要進一步研究，條件成熟時另行報批。

這是在香港耳濡目染、對資本市場有所提前認知的華潤，感知到的新力量，這也是當時正在揮別貿易總代理權的華潤，為自己的宏圖規劃選取的另一個武器。

此時，距離中國上一次擁有證券交易所，已經過去了 31 年。

1952 年，在完成解放初期融通社會資金、恢復生產作用之後，才建立兩年的新中國證券交易所開始陸續關閉，年初北京交易所停業，7 月天津證券交易所關閉，10 月上海證券交易所關閉。不久之後，由國家發行的、只能還本付息卻不能買賣轉讓的公債，也漸漸被停止銷售，一切和資本運作有關的商業行為和「資本主義」一詞一起，被列入了人民的敵對面，進而黯然消失。

但在華潤扎根的香港，「股票」一詞與人民的生活相伴已逾百年且愈加緊密。1866 年，管控這片土地 20 餘年的港英政府，將英倫三島已運行近百年的股票交易制度全盤複製到香港，經過緩慢的孕育和推廣，1891 年，香港第一家證券交易所 —— 香港股票經紀協會正式成立。

進入二十世紀六十年代，伴隨着香港經濟的起飛，越來越多的資金湧入這座自由港，加上正值香港企業發展紅火，造就出一個繁榮又興旺的股票市場。到了 1972 年，這片 1000 餘平方公里、不足 400 萬人口的土地上，竟然同時擁有着香港、遠東、金銀、九龍四家證券交易所，雖然資本運作能力還沒有達到後來的世界領先地位，但單位人口擁有的證券交易所數量絕對冠絕全球。

但華潤提出請示的 1983 年，連被寄予厚望的外資進入中國內地都步履艱難，更何況是曾經被打上邪惡標籤的股票股市。華潤的請示自然無法得到批准，在外經貿部發回的《關於對華潤（集團）有限公司進一步加強業務經營的批覆》中，對很多要求建議都作出了回覆，唯獨對於股票上市問題，一字未提，在當時這樣的態度意味着刻意的迴避。

必須服從指令的華潤就此先放下了股票上市的念頭，但習慣了大膽創新的華潤人並不會停下探索前進的步伐，在與香港資本市場時不時的觸碰中積蓄着經驗。

股票代碼 00031.HK，航天控股，這個代碼曾經屬於香港最大的上市電子集團康力投資有限公司。1984 年初，以大筆資金炒作房地產的康力投資，在股市和樓價大跌的雙重衝擊下瀕臨倒閉，看到機會的華潤集團和同樣扎根香港的另一家大型中資企業中銀集團，聯手組建新瓊企業有限公司，先後向康力注資4.3 億港元，一起拿下 67% 的股權。但由於康力投資經營實在乏善可陳，加之虧損嚴重，在九年之後，這家一蹶不振的香港上市公司賣給了中國航天在香港最大的窗口公司航科集團，後來更名航天控股。八十年代的華潤，懵懂中踏足資本市場的第一步，僅僅是參與和試水的淺嘗輒止。

當香港的華潤在香港資本市場裏摸索的時候，遙遠的上海，老百姓突然在 1984 年 11 月 15 日的《新民晚報》上讀到了「上海飛樂音響公司 18 日開業，接受個人和集體認購股票」的消息。「股票」這個詞彙，在時隔 31 年之後，又一次出現在老百姓的視野裏。此時大多數的中國普通百姓都不了解這張不是人民幣卻有面額的一張紙，到底有甚麼意義和價值。即便時任上海飛樂電聲總廠廠長的秦其斌，也是在和上海灘老輩工商業主的聚會中才得知有這麼個東西：「一方面企業拿出一元錢，另一方面再向企業內部職工集資一元錢，這樣，既解決資金問題，又能把職

工的利益和企業的命運捆綁在一起，可謂一舉兩得的好事」。

沒有使用期限限制，不設退股機制，可以流通轉讓，三個完全與國際股票市場流通股相同的特點，讓上海飛樂音響有限公司這次發行的股票成為了中國改革開放後第一個真正意義上的股票。

11 月 18 日一早，早年聽說過股票的老人和剛聽說股票的年輕人在臨時發行處 —— 上海飛樂電器總廠的門房前匯聚成一條長龍，這是股票這一經濟事物重歸中國市場的啟蒙時刻。

兩年後，1986 年的 11 月 14 日，當美國紐約證券交易所董事長約翰·凡爾霖攜證券代表團走進人民大會堂的時候，接見他的鄧小平特意選擇了一張上海飛樂音響有限公司股票憑證作為禮物，送給了世界最大證券交易所的掌舵人。而凡爾霖為鄧小平帶來的兩件禮物同樣來自證券市場 —— 美國證券交易所的證券樣本和一枚可以自由通行紐約證券交易所的徽章。

充滿象徵意義的禮物交換，即刻聚焦了世界媒體的目光。來自日本的《朝日新聞》隨即發表整版評論，文章中大膽預測：「中國企業將全面推行股份制，中國經濟終將走向市場化。」

以當下的目光回望彼時彼刻，這樣的預測未免樂觀而超前，但持續改革創新的中國，已經鼓起了踏足證券交易所的勇氣，橫亘在面前的石頭，正在被一塊接一塊地踢開。

1985 年，一個全新的部門 —— 企業發展部 —— 在華潤集團內部設立，它的工作範圍既簡單又寬泛，這份 1985 年發佈的文件，詳細記載了企業發展部的權限和職責。

企業發展部
一、主要從事集團直屬企業的開發研究、綜合參與集團對外投資項目的策劃、安排和歸口管理（由業務

單位歸口管理者除外）。

二、對中國內地各地，各單位提出的引進項目以及外商要求去中國內地各地進行投資的一般要求或具體項目統籌管理，牽針引線，起橋樑作用；作為初步接觸的後續行動，主動為集團下屬業務部門介紹中國內地需要國外可能，促成企業項目的合作；條件允許時也可作為代理，顧問和合作人直接參與項目的營建。

三、對集團各業務單位對外投資的項目進行綜合、平衡。

企業發展部擁有最多 3000 萬美金的投資權，這一點一如它的名稱和職權描述一樣，充滿了想像空間。

巢永森成為企業發展部的第一任總經理。伴隨着華潤非貿易類業務和投資項目的迅速擴張，企發部的權限也得到了相應的拓展，日漸成為華潤集團內一個非常重要的部門，日後華潤很多管理高層都自此起步。

1987 年，這個新部門迎來了一位新人。這個身材敦實的青年人，講話急促又有特色，他叫寧高寧，是華潤從海外招回來的第一個留學生，也是當時華潤企發部幾乎唯一的兵。

「管理卡片」是寧高寧記憶中剛到企發部時的主要工作。一張張小卡片上記錄的，是今天已經習慣電腦化管理檔案的年輕人無法想像的內容，華潤集團林林總總的投資分門別類列佈其上，當有新的財務數據送達時就會增加新的卡片，而寧高寧要做的就是根據新舊卡片上記載的數據計算每一個投資項目的內部回報率，然後和金融市場上預期的資金成本進行比較，以此評定項目的得失狀況。

數字的計算是枯燥的，但數字的背後卻潛藏着行業不為人知的運行秘密，尤其當華潤投資的紛繁又意味着數據的多種多

樣時，這就意味着這個年輕的商學院畢業生能夠在職業生涯的一開始就用最真實的方式檢驗心目中對於商業模式的認知。

因為個人的努力，也因為華潤前輩們的刻意栽培，很快年輕的寧高寧又迎來新的工作新的機遇。由於企發部人手匱乏，熟諳數據的他不得不以管理者之一的身份奔波在各個華潤投資的企業，在高規格的經營會上汲取來自生產經營一線的經驗與教訓，並和腦子的數據碰撞，在檢驗中完善自己的商業模式思考。

寧高寧的經歷並不是偶然。此時華潤集團企發部管理的眾多華潤投資參股的業務，讓它成為了華潤經營管理的大學，在潛移默化中歷練着寧高寧等年輕人的眼界、能力和膽識。

在一代人腦海裏留下時尚印記的佐丹奴，在它大舉進入內地之前，華潤就已經在 1988 年 3 月出資 1.2 億元港幣購入它母公司公明製衣 30% 的股份。

北京建國門外的貴友大廈，出售的高檔進口商品建構起一代北京人關於「貴」和「好」的意識，但很少有人知道，從 1986 年立項伊始，華潤就投資近 250 萬美元，佔有 25% 的股份。

同樣在北京建國門商圈，1984 年，華潤在對外經濟貿易部和馬來西亞富商郭鶴年之間搭了一座橋，不久，三方合作投資的國貿中心一期開始修建，之後數十年裏，國貿中心一直都是北京天際線和商貿圈最靚麗的組成部分，華潤持有其中 15% 的股份。

新鴻基、中銀、九龍倉集團副主席周安橋、華潤四家聯和投資的天安發展公司，在廣袤的神州大地上開疆拓土、拿地建樓，天安發展於 1986 年 12 月在香港聯交所上市，華潤持股 20%。

日後成為五大發電公司之一的華能電力，華潤也參與了它的建構過程。1985 年 6 月，華潤聯合四家股東發起成立華能電力公司，出資 1400 萬美元的華潤佔有 14% 的股份。

還有提供公共事業服務的大老山隧道，生產機芯的法國表廠，甚至還有遠在異國他鄉的地產樓盤，這些已經顯露華潤多元化趨勢豐富多樣的業務，養育着企發部豐富多樣的行業認知和研究，這些那個年代高大上產業類型，這些種種複雜的合資合作，都在積蓄着未來發力所需要的積澱。

1986 年，中信銀行在嘉華銀行財務危機之際，一舉注資 3.5 億港幣，獲得上市公司嘉華銀行 92.5% 的普通股權和全部優先股，中資企業擁有了第二家控股的上市公司。

1987 年 2 月，廣東省設在香港的窗口公司粵海企業集團通過下屬公司取得對上市公司友聯世界的控制權，隨後將自己旗下新國泰酒店的資產注入，1988 年友聯世界更名為粵海投資有限公司，成為粵海企業集團控股的一家上市公司。這次資本市場的騰挪，開創了中國內地企業通過「買殼」在香港實質擁有上市公司的先河。

這種通過購入已掛牌上市的企業來取得上市地位，然後通過「反向收購」的方式注入自身有關業務及資產，實現間接上市目的的手段，就是資本市場上行之已久的「買殼上市」。與原始上市相比，它的優點在於快速和便捷，不需要經過漫長的登記審批和公開發行手續，買殼後即可在短期內注入資產，實現收購目的。

對於很多渴望上市的中資企業而言，這樣的資本運作手法完全滿足了他們短時間內衝刺上市的需求，而香港證券交易市場上寬鬆的氛圍造就了不少的「殼資源」，為「買殼上市」的手段提供了相對寬鬆的空間。

華潤在香港資本市場上的多次參與都是頗有斬獲的，不僅是獲利，還收穫了寶貴的經驗。資本市場的一次次試水，和試水後那些看得見、看不見的收益，愈發堅定了華潤真正擁有一家自己的上市公司的決心。

朱友藍

　　在 1988 年的年度董事會上，經新任華潤集團董事長朱友藍倡議，華潤集團提出了「創造條件從參股的上市公司中拿出一個公司，上市集資」的設想，「決心利用香港國際金融中心的資源優勢，利用資本助推華潤集團向實業加速轉型」。在投身資本市場的計劃被擱置五年之後，華潤終於邁出了實質性的一步。

　　永達利，是華潤紡織旗下企業參股的一家香港公司，這家 1973 年就實現了上市的公司，業務以紡織品貿易和物業租賃為主。1981 年至 1985 年的香港經濟不景氣，永達利同時面臨貿易不暢和租金萎縮兩方面的壓力。1986 年，因為兩個租戶同時破產無法支付租金，直接引致永達利嚴重虧損，出現資金危局，經營難以為繼。此時，永達利公司的市值不足 4000 萬，而負債則高達 7800 萬港幣，僅餘的資產是一處位於葵涌的舊廠房。大股東出於無奈，於 1986 年向華潤紡織以抵債方式出售轉讓了公司 26.4% 的股權，華潤紡織就這樣成了一家瀕臨死亡的上市公司的股東之一。

　　1989 年 5 月，華潤集團將永達利由華潤紡織移交到集團企業發展部，並派寧高寧加入永達利董事局擔任總經理，負責這家公司的發展和管理。

年輕的寧高寧雖然從兵到了將，卻發現自己幾乎是個「光桿司令」。接過任務的寧高寧仔細研究永達利的情況，所謂的永達利，沒有辦公室，沒有辦公人員，甚至沒有一部聯繫業務的電話，不止是董事局，甚至整個公司，此時都只存活在託管的會計師事務所的文件裏。在香港著名的關黃陳方會計師行裏，寧高寧接過了一部在內地還極為罕見的被稱為「大哥大」的手持移動電話，並被告知，這是外界與永達利董事局聯絡的唯一方式。

　　面對這麼一個爛攤子，寧高寧卻沒有放棄。日後他回憶這段經歷時不無感慨地說道「我當上總經理了，我說了算，我當然要把它搞好。」幸運的是，企發部此時已經培育出了一幫優秀的年輕人團隊，這其中包括日後締造雪花啤酒最初輝煌的黃鐵鷹，以及後來打出華潤萬家一片天地的陳朗等等。由於此時永達利只是屬於華潤的參股公司，華潤股份有限並沒有人事權，於是，一個特殊的場景出現了，很多個日子裏，作為永達利董事局成員的寧高寧一個人拎着巨大的公文包，裝着各種文件，奔走在香港各大律師行和銀行裏，為永達利謀求法律的支持和資金的解決。企發部的年輕人則翻開各種文件，商議解決永達利債務和恢復經營的方案。晚上，一個人和一支團隊再進行會合，就新的情況展開新的討論。日復一日，夜復一夜。

　　整整六個月的時間，寧高寧和企發部的團隊完成了關於如何幫助永達利扭虧的計劃：利用永達利唯一的資產即位於葵涌的廠房物業，籌資改造開發，改變原有的工業廠房規劃為工業辦公樓規劃，原址建造工業辦公樓，然後通過出售實現扭虧。

　　但永達利自己早已沒有錢，沒有資金怎麼辦？受當時政策的限制，華潤集團不能為非中資企業提供擔保，寧高寧和夥伴們設計的解決思路是：發行新股（香港稱公股）集資及向銀行貸款兩種形式結合。

　　1990 年，這一方案正式獲得華潤集團董事會和永達利董事

會批准。

　　寧高寧拎着公文包日日奔走去遊說的銀行，在這個計劃裏起到了關鍵作用，在日本三和銀行的擔保下，虧損多年的永達利於 1990 年發行新股，共募資 1.08 億港元，並取得 4.5 億港幣的無擔保貸款，原本破落不堪的舊廠房開始了全新的改頭換面。

　　葵涌物業工業辦公樓發展計劃的順利實施，工業辦公大樓一天天變樣，未來前景一天天清晰，與此同時，一個新的議題開始在華潤內部出現。據時任華潤集團董事長沈覺人回憶，1991 年 6 月，華潤第九屆董事會在討論永達利改建工業辦公樓之後是否需要繼續發展時，出現了三種意見：一是永達利的物業落成後，收租盈利，維持現狀；二是以高價出售給馬來西亞商人，華潤賺取一筆利潤退出永達利；第三種意見則是借殼上市，永達利發行規模小，市值低，債務關係簡單，符合「殼資源」的一切標準，如今正值重整永達利實現扭虧的契機，是借永達利這個殼實現華潤擁有一家自己的上市公司的機會。

　　第一種方案，華潤可以繼續以股東身份按比例分紅，且不用為這家企業投入大多精力，當然也無法控制這家企業的未來。

沙田冷倉

投資參股分紅賺錢，這是華潤之前、也是大部分企業投資的常見思路。

第二種方案，低位接手，重整完後在高位賣出，從貿易買賣角度來說，這是最省心也最安全的方案，也是長期從事貿易的華潤最熟悉的經營模式。

而第三種方案借殼上市，則意味着華潤需要繼續追加投資，增加持股比例達到 50% 以上，並且未來結果如何，無人知曉。

意見不一，激烈的討論中，此時已經改任華潤集團總經理的朱友藍，這位曾經為華潤選擇實業投資項目一次次奔波在大江南北，為了能推銷華潤三洋生產的壓縮機在空調廠的領導辦公室門口等上幾個小時的女強人，為借殼上市投下了一錘定音堅定的一票，因為一家上市公司對整個華潤集團的發展將發揮特殊的作用，對華潤集團日益多元化、實業化的趨勢與目標意義重大。她用自己的堅持和遊說，最終說服了華潤集團常董會的各位董事，獲得了所有人的支持。

1992 年 9 月，華潤將位於沙田的百適貨倉及沙田冷倉售作價八億港元注入永達利，達到佔股 51%，華潤擁有了這家上市公司的控股權。

一年之後，一座面目一新的工業辦公大樓達利中心在葵涌

1992年，華潤注資上市公司永達利，
更名為「華潤創業」，成為華潤系第一家上市公司

工業區巍然矗立，此時恰好正值香港房地產市場又一個牛市的開端，中英雙方合作推動新機場的啟動更讓所有人對香港的未來充滿信心，樓價日日翻新，這棟趕上好時光的大樓為永達利帶來了 3.6 個億的盈利，這也是時隔近十年之後，這家公司的第一次盈利。

當華潤正式擁有永達利的時刻，在永達利中心大樓即將封頂之前，寧高寧敲開了朱友藍辦公室的門，因為要更換名字，請她為華潤旗下第一家上市公司起一個響噹噹的名字，幾乎沒有任何思索，朱友藍就說出了四個字 —— 華潤創業。近 30 年之後，寧高寧依舊記得當時朱友藍的意氣風發：「當時朱總她就說，你們這個公司甚麼都沒有，主要就是創業型的，你們不用指望集團給你們甚麼支持，你們就創造，就替華潤創業！」

創造、創業，這是華潤人在新時代出發的旗幟，這是一代代華潤人在不同的歷史歲月裏攻堅克難、打拼奮鬥的品質秉性，傳承不斷，在華潤這個嶄新的肌體中，奠基的新內涵。

此後，藉助香港資本市場之力，華潤創業展開了配股、擴股、發行可換股債券、銀行融資等一系列方式籌集資金，華潤集團也先後將物業、倉儲、貨櫃碼頭、油庫等資產注入華潤創業。通過在地產、飲品、銀行、水泥、基建等 14 個領域的一系列收購、注資，華潤創業多元化業務的經營業態得以確立，加上良好的管理運營保證了收購後資產的盈利能力快速提升，保障了華潤由貿易向多元化實業發展過程中所需要的充裕資本。華潤創業成為了整個華潤快速生長的肥沃土地，和孕育新力量的孵化器。

在華創之後，華潤抓住機遇，五豐行、華潤北京置地、勵致洋行、華人銀行等一批企業在短短幾年內先後在香港上市，形成了資本市場的華潤戰隊。

1997 年末，在「97 回歸效應」和中國概念及紅籌企業股熱

潮的推動下，華潤創業由最初的市值不足兩億港元，此時已發展到市值 294 億港元。1997 年，華潤創業被選為香港恆生指數成分股，如果以改名「華潤創業」那一日計算，這是恆生成分股中最為年輕的股票。藍籌股的地位，加上紅籌身份，讓華潤創業收穫了不一樣的稱謂——「紫籌股」。因為藍色加紅色為紫色，香港市場的投資者們便把這類具有較強實力的中資公司股票稱之為「紫籌股」，也有「紅得發紫」的讚許意味，華潤創業一直是其中的代表性股票。

對於從貿易艱難轉身的華潤集團而言，華創的成功，是貿易的思維和發展模式被徹底扭轉的結果。曾經華潤人的生意，是一遍遍奔忙在海關、工廠、車間、銀行，爭取低價貨源，然後高價賣出，即便是一些投資參股的項目，根本上也是同樣的思維；而有了華創這樣一家上市公司後，華潤人終於在資本市場有了抓手，可以以華潤創業為支點，以資本市場之力，以多種方式籌集的資金為利器，撬動華潤版圖中那一個個正亟待資金加速、擴大、提升的成長之星，成就整個香港商界都耳熟能詳的一個個產業故事。

在華潤的產業歷史上，華創和企發部這兩個始終保持旺盛生命力的孵化器，不但孵化了華潤一系列的實業，而且孵化培育

1997 年，華潤創業進入恆生指數成分股

出眾多的人才，在之後的一些歲月裏，成為支撐華潤砥礪前行的中堅力量。從某種意義上，企發部和華創，踐行完成了朱友藍曾經的囑託，用創造和創業共同開拓了華潤徐徐展開的未來。

在此後的歲月裏，面對擁抱世界的中國，和擁抱中國的世界，站在潮頭的一批又一批華潤人，始終以創業者的姿態，迎接着大時代的所有曲折和恢弘。

值得閒筆一提的是，華潤創業在上市前按照成熟資本市場的慣例，給公司的部分管理層配發了期權，但這些創業者們把法律文書裝進信封，轉身就走入了紛繁忙碌的商業競技場。五年之後，當提醒行權的通知放到辦公桌上時，很多人才恍然發現那個信封早已在日復一日的奔波中不見了蹤影。而信封裏文件中關聯着的那隻股票，已經因他們的奮鬥實現近 150 倍的增值。

對於這些和無數人一起推動中國經濟從懵懂走向成熟的創業者們來說，他們並不精通，至少在那個時代並沒上心過資本市場對於個人創富的意義，但他們卻在努力學習中想盡辦法去利用成熟、公正的資本市場，努力尋找對事業對創造對國家更為深遠和廣闊的意義。

在激情四射的時代，所有華潤的創業者都值得受到日後華潤人的景仰，步履匆匆的他們，總有追逐明天的激情，他們投入其中的智慧、辛勞，為華潤書寫下一個個耀眼的傳奇。

第二十四章

闖關大風暴（上）

1997 年 6 月 30 日午夜，在香港會展中心新翼進行的世界矚目的這場交接儀式，是一代中國人的歷史性記憶。

1997 年 7 月 1 日零點，伴隨中華人民共和國國旗準時升起在香港上空，中國正式恢復對香港行使主權。150 餘年的屈辱，就此終結。新的未來，此刻啟航。為了迎接這一刻，無數人付出了汗水、熱血，甚至一生。

身處香港的華潤，提供了這一路走來的堅實依靠，它的貿易和建設，擦亮了東方之珠的光彩奪目；它的眼界和思考，助力着談判桌上的寸土必爭；它的服務和保障，維護着回歸流程的順利順暢。因此華潤人幾乎是帶着獨特的榮耀感迎來了回歸儀式的行進。

但慶典禮花的硝煙還未飄散，華潤人就迎來了現代經濟史上一場影響數年的巨大災難。

香港回歸儀式結束不到 48 小時，風暴眼率先在泰國首先生成，一天之內，泰銖兌換美元匯率暴跌 17%，並在隨後半年內貶值一半。菲律賓比索、印度尼西亞盾、馬來西亞林吉特相繼崩盤，剛剛在國際市場贏得亞洲四小龍美名的新興經濟體集體虎落平陽。

當金融風暴席捲泰國的時候，《紐約時報》的專欄作家託馬斯·弗里德曼正好在泰國旅行。八年後，他在暢銷一時的《世界是平的》一書裏心有餘悸地描述當時的景象：「泰國政府宣佈關閉 58 家主要金融機構，一夜之間，那些私人銀行家傾家盪產。我打車前往曼谷的阿素街參加一個聚會，此處是泰國的華爾街，倒閉的金融機構多數在此。當我的轎車慢慢經過這些破產的銀行時，每過一家，司機就喃喃自語道『垮了……垮了……垮了……垮了……』，這些泰國銀行成了新的全球化時代的第一次全球金融危機中的第一塊多米諾骨牌。」[11]

連鎖反應在亞洲繼續蔓延，從金融層面擴散到實體經濟，從一國擴散至多國。

在韓國，韓幣在兩個多月裏瘋狂貶值，讓國家經濟幾乎到了崩潰的邊緣。一時間韓國民眾紛紛走上街頭，將家中珍藏的金銀首飾捐獻給國家，以換回外匯儲備。曾被中國企業視為多元化標杆的大宇集團在這場風暴過後黯然破產。

在日本，銀根緊縮的動盪效應迅速擴散到所有產業。1997 年 9 月 18 日，中國消費者因電視劇《阿信》而格外熟悉的日本零售業明星八佰伴公司申請破產。在過往幾年裏，八佰伴是日本最具擴張野心的百貨公司，當金融風暴來襲的時候，它在東南亞的多家商場關閉，公司資金鏈迅速斷裂，阿信用一生書寫的傳奇轟然崩塌。

這一年的 10 月，揮舞着大棒的國際炒家站到了香港和香港人的面前。

10 月 20 日，對沖基金開始沽空港幣，恆生指數下跌超過 630 點。第二天，投資公司摩根士丹利採取了雪上加霜的舉措，公開表示要減持亞洲市場的投資比重，恆生指數在之後的兩天，又跌去了 1300 點。擔心資金逃離的香港金融管理局宣佈緊急大幅提高利率，港幣匯率暫時穩定，但市場的信心已經土崩瓦解，10 月 23 日星期四，恆生指數一日之內猛跌 1211 點，同時單日資金流出量創下 340 億港幣的天量，下跌通道對所有人都張開了血盆大口，這一天，日後被標記為香港股市歷史上的「黑色星期四」。

10 月 24 日，《紐約時報》在新聞裏寫道：「由於本地貨幣遭到攻擊，昨天的香港股市急跌。香港的股市失去了 10.4% 的原有價值，這引發了日本和歐洲股市瘋狂的拋售⋯⋯投資者們感到恐慌，於是紛紛賣出香港的股票，他們擔心升高的利率會讓金融和地產公司的盈利萎縮。」

整個香港開始進入到保衞港幣的金融戰爭中。華潤無法逃避地領略了無情國際經濟風波的載沉載浮，財富堆砌的高樓依然矗立着，但財富擁有者的內心開始抽搐和緊縮，炫目的招牌依然高掛着，但報紙上充滿了破產、倒閉的灰暗消息。在這場半是人為半是自然，被稱為亞洲金融風暴的災難中，香港的貨幣財富不到半年就萎縮了 50%。

而正處在市場經濟發展初期，與這場災難隔河相望的中國內地，因為香港，也遭受了驚心動魄的雷電閃擊。

在過去的十多年裏，與華潤來歷相同的，被稱為中資企業的兄弟姐妹家族急速壯大，幾乎每一個省市都拿出了它的家底，來到香港這個面向世界的前沿，構築起耀眼的窗口。就連相對貧瘠的西藏，也想法設法擠出資金，趕來成立貿易公司。

規模最大的、著名的廣東國際信託投資公司，在香港這個世情變幻的沙灘上，築起了它投資高達 300 億港幣的雄心壯志。但是，當這場風暴掃過，美麗的鮮花紛紛雕落，僅廣信一家，就發生 40 億美金的虧損，幾乎達到廣東省當年財政收入的二十分之一；而經營規模一度直追廣信的粵海集團，也同樣陷身於 91 億港幣的巨額欠款中無力為繼；曾經耀眼的紅籌股光芒不再，一路跌落，從天到地。

而此時，總部在香港，身處在風暴中心的華潤集團，卻成為在港中資企業中少有的幸運兒。它同樣受到了衝擊，但並沒有被動搖，整體上始終保持着盈利狀態。

以華潤創業為例，1997 年，華潤創業當年營業額達 59.66 億港元，淨資產 89.47 億港元，負債率僅為 25.6%。

而五豐行在 1998 年手持四億現金，負債率居然為零，這樣的低負債率，為它在亞洲金融風暴中平安過冬奠定了基礎。

與此同時，華潤創業當年的現金和存款高達 24.32 億港元，而在集團層面，據時任華潤集團常務董事的王惠恆回憶，當時集團賬戶中現金儲備高達 200 多億港元。如此良好的現金儲備既是華潤風暴中平穩度過的資本，也成為危機後順勢擴張的基礎。

華人銀行，1997 年時在香港擁有 26 家分行，為了便於開展貿易和非貿易融資業務，華潤用五年時間陸續收購華人銀行 50% 的股份，但一直無法獲得絕對控股權。當亞洲金融風暴無情衝擊香港銀行業之時，華潤創業覓得良機，一舉以 11.7 億港幣再次收購華人銀行 30.3% 股權，成為絕對控股股東，華潤集團至此擁有了第一家銀行。

勵志洋行，是香港黎氏家族經營多年的老牌洋行，以售賣辦公傢具聞名香港業界。認準香港商業前景的華潤，早在 1993 年就開始投入資金參股並助推其上市。金融風暴帶來的商業低迷，使勵志洋行面臨重重債務危機，股東華潤創業不但投入資金緩

解其債務，更派出五名代表加入勵致董事會，接管生產經營管理，後將股票更名為「華潤勵致」，香港聯交所又多了一家以「華潤」命名的股票。

令人驚歎的是，從 1997 年 9 月到 2000 年底，長達三年多的時間裏，無論是經營，還是擴張，華潤集團沒有向銀行借過一分錢。

直至 2000 年底，考慮到需要增加負債，使集團資本結構合理，為集團重組後發展、收購和擴張提供資金準備，華潤向銀行界發出了組織銀團貸款的邀請。亞洲金融風暴中華潤優良的表現隨即吸引 12 家銀行向華潤提供了貸款意向書，原定 20 億港幣的貸款額度，在追捧下被大幅度超額認購，最終三家銀行向華潤集團提供貸款 35 億港元，超出原計劃 50%。貸款簽約儀式上，無論有無參加此次貸款，各大銀行都派出了自己的代表觀禮簽約，閃光燈頻頻閃爍中，近百名銀行業代表見證了華潤在貸款合同上的簽字。

香港媒體紛紛評論：

當年亞洲金融風暴爆發時，大家都很驚，當時每逢有個「中」字，都沒有銀行肯借錢，但到今時今日，要「爆煲」的公司都已爆了出來，到現時仍可屹立不倒的，銀行都對這些公司另眼相看。

不可以將華潤與其他紅籌、國企作直接比較，因為華潤是一間好公司，管理層好，業務也分散，最重要的是華潤是一間受過風浪的老字號，換言之，再出現危機時，該公司也有這樣的經驗去應付。至於那些規模較細的中資機構若想借款時，銀行都會看看該公司是否有還款能力，能否經得起風浪等，或者是否有抵押品或擔保人。

於在亞洲金融風暴中戰戰兢兢前行數年的銀行業對於華潤如此地慷慨，是因為華潤向它們展現了一個中資企業健康茁壯的生長姿態，從另一個角度而言，華潤幫助了世界銀行業重建對中資企業的信心。

這場危機中，華潤是少有的吃到了餡餅的倖存者，但這甜美的餡餅並不是從天上掉下來的。源於這場危機來臨前，這個與大家一起衝進新時代的探索者，自覺而艱難地完成了自己肌體的一場自檢，進行了刮骨療傷、斷臂求生式的重大調整。

追尋二十世紀九十年代末華潤在亞洲金融風暴中表現驚豔的原因，時針必須撥回到九十年代初。

彼時，持續了十多年的改革開放激活了全民對財富的渴望，正當眾多商企在喧囂的市場經濟中縱情奔跑的時候，華潤卻已看到了自己快速奔跑中的危機。

1990 年，從北京航天大學計算機專業碩士畢業的李福祚進入華潤，他接到的第一項工作，就是藉助計算機系統，統計華潤集團和二級公司投資項目，每季度向集團領導彙報。時隔近 30 年，李福祚依舊記得那深深震撼他的場景：「華潤集團下屬 20 幾家二級企業，當時投資統計報表上能夠體現出來的投資大概 300 多項，就是打印紙帶孔的那種，A3 那個紙的呎寸，連起來這麼長摺疊的，一行又一行的。」僅記載目錄的 A3 紙連起來就長達兩米，這是關於華潤各級投資參與項目的龐雜與散亂最真實的觸感。

這份林林總總、蔚為壯觀的企業名錄，從高大上的科技企業，到造紐扣的作坊小廠，從隧道到餐館，從建材廠到卡啦OK，廠企投資名目之多，涉及行業之廣，華潤人自己都為之震驚。從代理貿易逐漸成功轉向自營貿易和多元化發展，充滿新時代激情的華潤人，用十餘年的勤奮營造出了一個無所不包的商品世界，一座面向世界耕耘撒種的萬草園。

當時華潤集團加二級公司在香港、內地、海外投資企業合計已達近 600 家，下面我們詳細列出華潤在經過數年清理整頓之後、截至 1997 年底華潤保留下來的 300 餘個投資項目，既為讀者大致了解在一個重要時期華潤的業務版圖狀況，也為助於後來者能夠直觀地感受下二十世紀九十年代初清理整頓前華潤的可能面貌。[12]

以投資地域分：

一、在香港，公司參與多種領域的中長期投資，如香港國際貨櫃碼頭、大老山隧道、港島香格里拉大酒店、和黃大貨倉等；還投資了許多製造業項目，如印染廠、製衣廠、瓦楞紙廠、容器廠、集成電路廠、塑料機械廠、製革製裘廠、錶廠等，香港地區的投資中，佔投資額 88％ 的項目是億元以上的大型項目。

二、在內地，截至 1992 年，華潤參與投資的工業項目達 200 多項。投資項目廣泛，涉及紡織、化纖、針棉毛織品、印染、醫藥、化工原料、建材、服裝、綢緞、紙張、鐘錶、鞋類、鋼材、水泥、石材等。

三、在海外，華潤在曼谷、溫哥華投資了房地產項目，在印尼合資開發原始森林和航運業。

以投資內容分：

一、工業投資。

1978 年以前，華潤的工業投資為零。1978 年到 1984 年，華潤開始以來料加工形式在內地進行工業投資，投資重點放在技術先進、用錢少、見效快、償還有保證的中小項目上。1984 年以前，華潤以上述形式在內地工業投資 12 項，涉及紡織服裝、輕工和食品等行業。

1984 年，華潤集團成立後，華潤開始了大規模的工業投資，內地投資形式由來料加工方式向補償貿易和合資經營轉變，一方面以此建立穩定的出口商品貨源基地，為自營貿易服務，一方面儘可能擴大利潤來源。

華潤的工業合資項目首先從香港開始。最早的工業項目始於 1978 年五豐行興辦的大牯嶺養雞場。在港工業投資高峯期集中於 1979 年至 1980 年，兩年間投資了五個工業項目。1981 年至 1992 年，華潤在港投資向其他領域發展，工業投資絕大部分以參股方式進行，涉及火腿製造、印刷、包裝容器、混凝土生產、造紙、印染、軸承生產、首飾加工和服裝生產等項目。至 1992 年，華潤已在電子、紡織服裝、印染、包裝印刷、糧油輕工、電器製造、機械及建材等行業興建了一大批企業、

1、在電子電器領域，1997 年底仍保留的屬於 1979 年至 1992 年間投資的項目有七項。投資區域分佈於香港、廣東、北京、上海、四川、浙江和陝西等地，期間重要的投資項目有：

華科電子 —— 生產手錶、玩具、小型電腦用集成電路芯片；

康力投資有限公司 —— 生產彩電、收錄機、線路版、半導體、通訊設備器材；

金風電器製造廠 —— 生產吊扇。

2、在輕紡服裝領域，1997 年底保留下來此期間的投資項目有 33 項，參與投資的公司包括華潤集團、華潤紡織、華紡原料、華絲、萬新、中發、中藝、精藝和德信行等，投資分佈於香港及內地的 10 個省市地

區。較重要的項目有：

華潤紡織品有限公司投資於內地的 20 萬紡織紗錠項目；

華紡原料投資的煙台華潤錦綸有限公司；

華潤參股的香港公明製衣、德富印染和兆輝印染廠；

萬新公司投資的北京華興襯衫廠、大連興華服裝廠、深圳萬利達服裝廠等。

3、在糧油輕工領域，投資項目 25 個，參與投資的公司有五豐行、中藝、合眾、德信行、華潤機械設備和華紡原料等，投資分佈於香港和內地的 11 個省市，投資的項目涉及裘革皮製品、生豬養殖、工藝品、玩具、肉製品、冷食、飼料、塑料製品、玻璃器皿、鐘錶和箱包生產等。有影響的項目有：

五豐行投資的生豬生產基地、生產西式火腿的香港澳成行；

華遠投資的香港利華錶殼製品廠；

德信行投資的精藝皮草廠等。

4、在建材化工領域，投資項目 12 個，參與投資的公司有華潤集團、中藝、華潤五礦、上潤、石化、華潤機械等，投資分佈於香港和內地的六個省市，投資的項目涉及大理石板材、水泥、玻璃、裝飾塗料、化工原料、鐵絲、鋼門窗生產等。有影響的項目有：

華潤集團投資的華潤（山東）石材有限公司；

華潤五礦投資的中港混凝土有限公司等。

5、在包裝、印刷領域，投資項目 10 個，參與投資的公司有合眾、五豐行和中藝等，投資的地區集中於

香港、深圳、福州和貴陽等地，有影響的投資項目有：

合眾投資的順豐瓦通紙品有限公司；

五豐行參股投資的生產各類金屬、注塑容器的企業，美特容器（香港）有限公司；

合眾參與投資的順豐瓦通紙品有限公司、捷眾造紙有限公司、鴻興印刷集團有限公司和昌眾造紙有限公司等。

6、在機械冶金領域，投資項目有四個，主要有香港大同工業設備有限公司、常熟通潤機電有限公司，香港西堤軸承工業有限公司和山東羅德瑪鋼材有限公司。

二、貿易輔助業的投資。

華潤貿易輔助業的投資，涉及運輸倉儲、貿易諮詢、廣告、商場、房產物業和屠房設施等，通過成立相關專業公司，經營和管理上述投資項目。改革開放開始後，華潤開始加強對營銷設施的投資。這些營銷設施包括寫字樓、宿舍、商場、地皮、倉庫、碼頭、船舶、油庫、運輸車輛、加油站和工業大廈等。

1、運輸倉儲業的投資：

1979年華潤購入了中大貨倉；

1983年華潤開始擴建百適乾貨倉和沙田冷倉，1984年底百適第二貨倉落成，1986年沙田第二冷庫建成；

1987年長沙灣潤發倉庫碼頭建成；

1989年9月華潤參股集資和黃集團屬下的和黃大貨倉，1992年年底竣工；

截至1992年，華潤在香港自置鐵路總長度9446米，分別由五豐行和捷勝公司經營，同期還興建了長沙

灣碼頭、火炭貨場等碼頭及貨場五處。

這期間華潤下屬公司組建了三家以貨物運輸為主的公司，分別為隸屬華夏集團的捷勝貨運有限公司，隸屬五豐行的香港新聯汽車有限公司、香港文聯運輸有限公司。

1982 年華潤在香港島開始興建第四座油庫 —— 柴灣油庫，該油庫總投資 2776 萬港元，總儲量 4500 立方米，1984 年柴灣油庫投入使用。

1988 年華潤的青衣油庫又增建兩座石油氣球罐，總儲氣量達 4000 立方米，同時還增建了相應的自動化充氣裝置。

1988 年開始，華潤石化開始在香港興建海上和陸上加油站，當年興建了元朗加油站，1991 年興建了沙田加油站，1992 年興建了粉嶺油站。

1983 年華潤有貨運船舶 62 艘，而到 1992 年各種遠、近洋運輸船隻已增至 119 艘，總載重量 100 萬噸以上，其中華夏擁有 10 萬噸以上貨輪 1 艘，萬噸級以上10 萬噸級以下貨輪 8 艘，萬噸級以下貨輪 21 艘。

2、對商舖的投資：

1982 年中藝購置了星光行商場，面積 4.7 萬呎；

大華國貨購置了旺角中心商場，面積 7.5 萬呎；

1983 年中藝參與發展新港中心，擁有商場面積 6 萬多呎；

1983 年華潤大廈落成，附設灣仔商場，面積 5.4 萬呎；

1983 年中國國貨購置了南豐中心商場，面積 8.2 萬呎；

1989 年華潤採購購置了新蒲崗商舖，1990 年購置了將軍澳商舖，1991 年購置了寶湖商舖，截至 1992 年，華潤百貨擁有自置商場建築面積 3.1 萬平方米，中藝公司擁有自置商場使用面積 1.9 萬平方米，華潤超市有自置商舖建築面積 2.3 萬平方米。

3、房產物業的投資：

1979 年華潤購入了灣景中心大廈 A 座；

1980 年香港華潤大廈動工，1983 年竣工；

1983 年購入了華科大埔工業廠房；

1985 年翻建了香港堡壘街明苑宿舍樓；

1989 年購置了隆地莊士敦道賓館、北京京華公寓和翠微宿舍樓；

1990 年購置了北京安華里宿舍樓；

1991 年購建了中藝嘉力大廈、石化的沙田油站；

1992 年華潤翻建了山頂摘星閣別墅（即原九龍海關關長別墅）、購置了康澤花園住宅樓、在北京購建了崇文門東河沿宿舍樓；

上述物業和營銷設施總投資 37 億港元。

三、新興領域的投資。

在相當長的時期內，華潤的投資被限於經營設施和出口貨源建設方面，目的是為出口服務。當時上級不允許華潤參與期貨、黃金、地產和股票方面的投資，簡稱「四不政策」。改革開放初期，華潤根據自身發展的需要在房地產、期貨、酒店等非貿易領域進行了嘗試性的投資。1987 年「四不政策」撤消，這為華潤將業務與香港經濟特點進一步融合創造了重要條件。這一年，外貿體制改革加速，華潤認識到，參與新興業務領

域，開闢新的業務增長點，對於加速企業轉軌，增強華潤的經濟實力和獨立經營能力、提高抵禦風險的能力已具有越來越重要的意義。1988年起，華潤在港投資的重點開始轉向房地產、上市公司、大型基礎設施等新興領域，中長線投資技資項目逐漸增多。

1、房地產方面：

1979年至1992年，華潤投資了24個項目、投資額34.2億港元。[13] 較有影響的投資項目有：天水圍發展計劃、泰國曼谷地王項目、北京貴友大廈、東涌地產、上海上美置業有限公司、重慶臨江廣場等。

2、公共事業方面：

1985年6月發起成立華能國際電力開發公司，參與內地電力開發；

1988年5月華潤合資興建香港大老山隧道，1991年7月竣工；

1989年3月，華潤入股了長江實業擁有的國際貨櫃碼頭（非和黃大貨倉項目）。

3、酒店業方面：

截至1992年，華潤集團在香港、澳門、北京和海口共興建四座酒店，分別為香港灣仔富麗大廈、澳門假日酒店、北京華潤飯店、海口海潤酒店，總建築面積11.2萬平方米；

在建項目五處，面積68萬平方米。[14]

到1995年底，按營業總額計算，華潤集團自營業務已佔到78%；從利潤結構來看，投資和其他多元化收益已佔毛利總額的51%。這是華潤發展史上兩個重要的數據，它標誌着華潤集團

已完成了業務由貿易為主向多元化發展的轉變，華潤已真正成為多元化的綜合性集團公司。

這宏大的規模、輝煌的數字，是足以令華潤人驕傲的成績。但其背後，華潤人已經敏銳地發覺潛藏其中的危機。

那份長達兩米包含 600 家企業的名錄裏，涉及行業之雜令人咋舌，且項目與項目之間缺乏關聯，投資邏輯的缺失與混亂觸目驚心。此外，很多投資項目實際處於癱瘓或虧損，而更為可怕的是，集團層面能夠統計到的數據還只停留在二級公司彙報的具有一定規模的項目，還有大量零散投資在統計表外飄零。

當時在華潤輕紡集團擔任副總經理的狄慧回憶：「當時很着急的開始做自營，為能抓貨源，非常快地就跟個各個專業公司、各個國企搞合資。那個時候，我們的三級公司和四級公司，都有投資權，投資權非常鬆。」

這種狀況是可以理解的，它也是二十世紀九十年代中國社會的真實寫照之一。在改革開放的初期，激情、熱望將數以億計的中國人變成了擁有機會和尋求機會的奔跑者，每個人的心底似乎都有一個聲音響起 ——「幹點啥」，全民的熱情讓空氣中都瀰漫着躁動。而曾經的貧困、緊缺，讓廣闊的土地裏，只要有了秧苗，就是新生，就能成長。在全社會這種時不我待的催迫下，曾經中國最大的外貿代言人華潤，它的員工是面對過幾乎所有的行業和產品的，他們擁有的經驗和此時釋放出的熱情，在僅僅十年時間裏，就讓多元化路途上的華潤，奔波出了連他們自己都驚訝的企業王國。

而貿易經營者的天性和習慣，決定了華潤涉足的行業類型太過分散，其凌亂程度已無法用多元化來歸納。

時任華潤集團總經理朱友藍在讀到這份統計歸納的華潤集團公司名錄和投資項目後，發表了一句幽默詼諧卻又意味深長的感歎：「我們除了火葬場沒有，派出所沒有，稅務局沒有，你

說我們甚麼沒有？」

但當深入下去，將表面多元化的面紗一層層揭開，「華潤有多大」背後潛藏的「華潤有多亂」，直接讓華潤領導者們的感歎變成了倒吸一口氣的驚歎。

華潤紡織，曾被譽為華潤的半壁江山，是華潤集團八十年代得以迅速發展的巨大助力，創造的價值常年穩居集團整體利潤一半以上。

「留一把掃帚，佔一個磨」，曾是華紡擴張戰略的戲稱，幫助華潤在短短時間內參股了內地 12 家紡織廠，雖然進一步地控制了貨源，但實質上，因為沒有控股權，貿易出身的華潤不願去經營也沒法去參與經營生產企業，這為未來的失控埋下了巨大的伏筆。

九十年代初國際紡織業發生變革，新技術、新的產業經營模式迅速顛覆了業界格局，投入大量資金同質化擴張的中國紡織業在被擠壓縮小的市場份額裏陷入內捲的慘烈競爭。

1995 年下半年，華潤絲綢旗下一家工廠因經營不善，工資未能按時發放，導致工人走上街頭抗議。華潤派駐調查組，發現揭開的傷疤下是已經瀕臨壞死的軀體。「倉庫積壓，財政虛收」的現象，在「出錢的華潤不管，不出錢的大紡織廠不願意管」的合資紡織廠裏以更誇張的方式存在着。在華絲彙報給華潤的資

1998 年 8 月，華潤紡織與濱州錦繡集團投資合作協議簽字儀式

產報告上，華絲每月盈利 30 萬元，但實質上，生產銷售方面隱瞞了巨量虧損，虛假利潤的背後是平均每年實際虧損超過 4000 萬元的現實，而且華絲因為無序借款，肆意擴張，擅自代開信用證，已經欠下了銀行高達三個億的債務，平均每個月光需要支付給銀行的利息就超過 117 萬港幣。

一個香港商人曾向華絲借款 5500 萬，用於炒作香港會展中心附近的房地產，港英政府 1994 年實施的房地產調控政策讓他血本無歸。當華絲找到香港商人時，商人說已經無力還款，名下還有一台勞斯萊斯轎車和一艘遊艇可用於抵債，如果華絲不要，馬上還有其他債權人等着搶這唯一可於變賣的資產，最終華絲無奈只能接受。僅此一例，華絲就損失超過 4000 萬港幣。

多年的瘋狂擴張，留給華潤一張極其龐雜的從屬關係網，孫子公司、重孫子甚至重重孫子公司比比皆是，甚至當債主找上門來，才知曉還有這樣一位與自己有血緣關係的欠債者。有的附屬公司為謀取私底下的利益回饋，在集團不知情的情況下，或擅自投資，或以華潤名義為他人作保，留下一攤攤說不清，理還亂的糊塗賬。

在那張展開長達兩米的家族圖譜上，僅華紡一家，旗下就有 125 家下屬企業，在香港開設了共計 550 個銀行賬戶，幾乎開遍了港島上所有的銀行。1995 年 8 月集團年度總結會上，時任華潤集團總經理朱友藍當眾嚴厲批評：「不少公司是碰上一單做一單，或者只參加幾個業務環節中的某一環，急功近利的傾向處於主導地位，1995 年以來，已經暴露出幾起惡性事故，造成一定的損失。」

信用證，是國際貿易領域最重要最普遍的資金結算憑據，也是華潤在當年移交貿易代理權時，為內地的貿易從業者上的重要培訓課。

當國門漸啟，越來越多的企業獲得與國外做生意的機會，收

取貨款成為他們面臨的現實問題，一些沒有資格開辦信用證的就找到華潤下面某些附屬公司，許以高額回報，以獲得代開信用證的幫助，這種打擦邊球的行為在利益的引誘下漸漸變本加厲，「偽造合同，騙取華潤代開信用證，套取巨量貨款然後消失，而由華潤承擔債務」的事件時有發生。

在華潤當時各級公司投資的家族裏，有為虧損犯愁的，有參股參與不了經營、或不願參與經營導致對企業失控的，卻也有因為經營得好而「失控」的。

中藝作為華潤集團下屬主營工藝品的二級公司，多元化發展也讓它頻頻出擊，從商場、玉器廠、到地毯廠、傢具廠，僅傢具廠就一口氣在內地入股合作了五家公司。合資興辦的淶水古典傢具廠推出的古典皇式傢具在中藝的力推下一炮走紅，暢銷海內外，這時合作方開始使用各種手段，以期達到逼退中藝的目的。時任項目負責人的林振永牢牢記得一遍遍徘徊在傢具廠門口的無奈：「他就減少貨源，然後呢，也不再叫你去廠裏面看甚麼東西了，這樣子慢慢慢慢，我們沒有把它守住。」

長期定位貿易商的華潤，到生產企業投資參股，更多是為了給自營貿易尋找穩定的貨源，對商品的興趣遠大於對商品生產企業的管控力度，導致一些種子播下去缺水少肥長不出來，有的即便開花結果後，果實卻未必最終能進到華潤的筐裏。

那個時期還有一個特殊因素，華潤旗下的各二級公司，事實上並非全由華潤集團掌控，部委下屬的各專業進出口總公司也在同步參與業務管理。兩個家長，兩個婆婆，必然會夾雜一些非市場的因素，包括各自部門的利益，對二級公司的對外投資合作和合作項目的管控，常常無法做到如臂使指。

還有一類出現問題的投資合作項目，是因為市場。

黑龍江松嫩平原，遼闊肥沃的黑土地，豐富的玉米資源也讓這裏成為中國最重要的酒精產地之一。1995 年，華潤曾多次接

受黑龍江省政府的邀請，踏上這片肥沃的土地，考察投資項目，最終華潤在 30 餘個合作項目中，選擇了肇東市金玉公司的玉米加工食用酒精項目，其中的原因簡單而又明顯，中國社會的發展帶來了白酒銷量的激增，而當時白酒中 90% 的產品由食品酒精勾兌而來，從九十年代初開始，中國食用酒精的需求量以每年 7% 以上速度激增，1994 年至 1995 年更是超過 11% 的增速，在當地招商辦工作人員的口中，投資食用酒精產業，就於投資了冉冉升起的朝陽產業。

　　1996 年 4 月 1 日，華潤集團與金玉集團簽訂合同，合資組建了黑龍江華潤金玉實業有限公司，註冊資本一億元人民幣，華潤集團以 5500 萬元人民幣的現金投入，拿下了 55% 股份，這也是華潤在那個年代少有的控股項目。之後為解決合資公司由於註冊資本過小而投資規模過大引起的嚴重資金不足的困難，華潤集團在不到一年時間內先後為合資公司提供 15 筆貸款，共計 50076 萬元人民幣。1996 年 11 月 25 日，華潤金玉公司酒精生產車間 20 噸生產線試車成功，成為當時中國最大的食用酒精生產線。但興致勃勃的華潤，沒有預料到它一頭撞進了長達十年的白酒黑暗時代。1996 年政府宣佈：「因為白酒製造業對糧食消耗甚大，污染嚴重，所以白酒將被列為限制性發展產業。」白酒最大的消費市場瞬間萎縮。到了 1999 年，全中國的酒精總產量已經從 1995 年最高峯時的 370 萬噸滑落至不足 180 萬噸，而中國當時酒精生產的設計總量為 500 萬噸，這意味着當年全國近三分之二的酒精生產線處於閒置狀態。而當華潤想盡辦法，為自己生產的食用酒精找到銷往國外的身份證時，扒開窗口往外看的他們才發現，同樣用玉米生產酒精的美國憑藉着機械化大生產和先進的蒸餾工藝，已經把食用酒精的價格做到了中國的三分之二，而用糖蜜生產酒精的巴西雖然產品雖品質不如美國，但價格更為低廉，國門之外的酒精世界已經是美國和巴西的天

下，中國的酒精產品毫無競爭能力。此時華潤回頭遙望，黯然發現原來他們滿懷豪情出發的 1995 年，已經站到了中國食用酒精行業的山巔。變幻莫測的市場，以這樣的方式給並不懂行就一頭扎進來的華潤上了生動而代價慘痛的一課。

1999 年 3 月，華潤集團不得不再次為等着購買原材料生產酒精的華潤金玉提供二億元貸款，累積投入的資金總額加上無法收回的利息高達 8 億 2000 餘萬。從 1996 年到 1999 年，四年時間裏，華潤金玉完成了 23 億的銷售收入，卻虧損超過 3 億 3000 萬，其中僅有 1996 年盈利 381 萬元。對比如此明顯的投入產出比真實詮釋了何為「高風險、高資金、高投入、低利潤」的「三高一低」投資。

長期的出錢不出人，放任管理，甚至「同為體制內企業，礙於面子，羞於管理」，讓華潤擁有的控股權，在大多數時刻形同虛設。參股而不參與、控股而不控制的情況，在華潤遍佈神州大地的多個投資項目上普遍發生着。

當擺脫了貿易總代理身份的華潤，在徐徐展開的中國市場上狂奔，它所擁有資金、資源和眼界，讓它在春風中得意，也讓它在春風中沉醉，在它的成長史上，狂奔出野蠻擴張生長的一段軌跡。

這是華潤的境遇，這也不止是華潤的境遇。那個時期，所有的先行者都被窮則思變的巨大風潮捲入了尚缺乏完善制度約束和足夠經驗自醒的商業世界中，之後，許多企業在自我創造的彩霧中迷失自己墜入深淵，而那些有能力反省自身的創業者才最終走過這段曲折之徑，登上峯頂。

第二十五章

闖關大風暴（下）

在通往珠穆朗瑪峯海拔 8848 米的崎嶇山路上，倒卧着超過一百具的屍體，他們是近百年來人類攀登這座山峯的失敗者，後來的攀登者習慣以他們為路標，標記修正自己的前進路線，最終完成向世界之巔的衝擊。這是人類用失敗為註腳寫就的成功故事，而正是無數這樣的故事匯聚，最終築成了我們的今天。

上世紀九十年代，當塵封已久的國門緩緩打開，更廣闊的世界裏挾着曾經遙不可及的機遇撲面而來時，選擇站上潮頭的華潤必定要比後來者經歷更多的風浪。

早在 1979 年 8 月，國務院新頒佈的《關於經濟改革的十五項措施》中，就已經把「出國辦企業、發展對外投資」列為了國家政策，在改革開啟的最初時代，這樣的設計不可謂步子不大，但對於中國企業而言，走出去是對勇氣和能力的雙重考驗。

1980 年至 1982 年三年間，整個中國對外投資和引進投資的比例為 0.043:1，改革開放的前五年，中國的年對外直接投資流量均低於一億美元。

為了推動中國企業走出去，外經貿部和外匯管理局接連在 1984 年和 1985 年頒佈《關於在國外和港澳地區舉辦非貿易性合資經營企業審批權限和原則的通知》、《關於在境外開辦非貿易性企業的審批程序和管理辦法的試行規定》，為中國企業走出去確立了較為規範的對外投資審批管理制度，催迫着中國企業加快出海的步伐，在全社會探尋改革之路的浪潮中，「走出國門天地寬」成為了具有時代代表性的口號。

作為曾經駐香港外貿總代理的華潤，跟海外做生意的經驗不可謂不豐富，1950 年寶元通在香港的分公司劃歸華潤，華潤一下子就在埃及、印度、緬甸、巴基斯坦擁有了辦事處，這些散播在亞洲和非洲的海外「根據地」為反禁運期間華潤購買橡膠、紡織原料等禁運物資提供了重要渠道。1975 年，當內地的局勢還處於動盪不安之際，華潤就已經遠赴巴林開設了萬博公司，開展石油貿易，這是華潤在新中國成立後設立的首家海外企業之一。豐富的海外經歷讓華潤必須也必然成為中國企業出海的領頭羊。

1985 年，華潤集團第二屆董事會提出「依靠內地、立足香港、面向世界」的經營方針，國際化經營正式成為華潤業務發展的方向之一，同年 11 月，華潤在新加坡成立了一家合營有限公司。1988 年按外經貿部開展國際大循環的要求，華潤加快了海外佈點，當時的規劃是：美洲地區以華潤國際為中心，歐洲地區以華潤歐洲為中心，海灣六國及中東、北非及西亞地區以華潤中東為中心，以華潤日本為中心向朝鮮半島、遠東方向發展，以華潤越南為中心統籌緬、老、柬等地區，東南亞地區以華潤新加坡為核心，設立華潤南非公司向非洲發展，設立中國華潤澳洲公司統籌澳洲業務。

投入大量人力財力佈局揚帆出海的華潤此時並沒有想到，天天看海，卻從沒有下過海的自己，既往的貿易經驗並不能成為它順利出海遠行的指南針。

1993 年，來自華潤旗下華科電子的考察團連續三次從香港飛抵莫斯科，目的是與俄羅斯第一研究所洽談合作，建立一座集成電路加工工廠，生產當時國際領先的 6 英吋芯片。彼時歐美國家建立這樣一條生產線需要耗費三至五億美金，而俄羅斯則許下了一億美金就能建設一條最先進芯片生產線的承諾，昔日的同志加兄弟表達着極大誠意，合作前景一片大好。

各佔 50% 股權的工廠在伏特加和紅菜湯交織的香味中開始興建，沒人料到，這將會是一場曠日持久的磨難。時任華科總經理的趙隆俊多年之後回憶短時間內被迫增資四次的不愉快經歷：「俄羅斯經濟下滑，物價漲，政策多變。這麼一來以後，原來 1600 萬美金的投資不夠了。設備價格漲了以後，設備推遲交貨，資金不夠導致所有事情都整體推遲了。」

不僅受困於俄羅斯多變的政局環境，雙方的工作習性及思維方式幾乎全無合拍之處。華潤人追求時間效率，希望儘快投產，而俄方的工作效率相對遲緩；華潤人主張某些非關鍵生產模塊可以購買引進，但俄方工程人員堅持全部設備必須由俄羅斯製造；芯片生產的國際通用標準是英尺制，且對精度要求極高，而俄羅斯製造企業的通用標準是俄尺，又缺乏製造英尺制標準設備的經驗，失之毫厘差之千里的情況時有發生。

反反覆覆幾年，等到工廠終於能夠勉強投產時，8 英吋芯片已經成為此時集成電路生產的主流，原本附加值極高的 6 英吋芯片已淪為落伍產品。面對着超過 2000 萬美金的虧損，時任華科電子董事長朱金坤欲哭無淚：「當時華科十年盈利所得的錢基本上就虧到這裏了，這是一個非常沉痛的教訓。我們不能夠去投一個自己沒有影響力，沒有能力去控制的一個項目。」

俄羅斯的魅力是歷史性的，它是中國第一個工業體系的師長，但對俄羅斯的期待，顯然過於急迫或不合時宜了。那個經歷了急劇變故的社會，要提供華潤人希望的節奏和思維方式，還需要更長的時間。

美國紐約曼哈頓，世貿雙子塔。九十年代，華潤國際的辦公室就位於這座曾經的世界第一高樓裏，俯瞰着人類引以為傲的商業文明中心，不遠處的第五大道，華潤國際的門店藝林，驕傲地躋身於全球頂級品牌中間。然而表面輝煌的背後，卻是常年虧損、經營慘淡的現實。

豪邁過後的失望和失敗在美國、在日本接踵而至。華潤人第一次赴日本洽商投資受到了機場紅毯鋪地的高規格禮遇，華潤日本分公司希望經營垃圾發電打入當地環保產業，這樣的雄心卻忽視了關鍵一點，日本垃圾回收處理多由當地黑社會控制，其他機構無法涉足，何況是一家外國企業。三年過後，日本分公司任何業務都未能展開，反而陷入了被日本當地企業騙取擔保信用證的騙局。

沒有強大的核心產品和穩定的客户渠道，對所在國的市場規則缺乏市場認知和成熟分析，以貿易的思維衝殺進去後，華潤發現，手中並沒有利刃，曾經引以為傲的資金優勢、銀行支持，不但沒成為制勝的武器，反而讓自己成為了他人覬覦的目標。

1994 年 8 月的一天，世界著名的石英表機芯生產商法國 EBAUCHES 公司駐香港分公司的總裁，輾轉找到了華潤，他介紹的合作方案好到難以拒絕：「石英表風靡世界，但世界上只有十家公司可以生產石英表的機芯，法國 EBAUCHES 公司規模排名第六，其在法國和瑞士設有控股公司、組裝廠，在毛里求斯設有獨資組裝廠，在中國珠海設有合資的組裝廠，在香港設有獨資公司負責在遠東地區的銷售。目前公司在日本西鐵城公司和精工公司的衝擊下，出現了經營危機，大股東決定退出。考慮到中國

市場潛力巨大，EBAUCHES 急切尋求有實力的中國公司進行合作，華潤就是他們心中最合適的合作夥伴。如果達成合作協議，新公司只需幫助支付 738.7 萬法郎的設備欠債，外加 450 萬法郎的投資，就可以擁有 EBAUCHES 價值 1.06 億法郎的總資產，而且 450 萬法郎投資可以分三年投入，每年只需支付 150 萬法郎。」

以極小的資金投入，就能撬動十倍以上海外資產，連同那些沒有計入資產的技術、市場網絡、品牌等無形價值統統攬入懷中，不但能為華潤集團在歐洲打下一個新據點，還能為華潤集團，乃至中國培養一個可能在國際市場上揚威的新的利潤增長點，何樂而不為？不到兩個月的時間，華潤就辦完了投資海外的流程，與 EBAUCHES 公司簽下了合作成立新公司的條約，新公司總股本為 400 萬法郎，其中華潤集團出資 200 萬法郎，佔 50% 股份；原 EBAUCHES 公司九名核心成員及其他員工出資 200 萬法郎，也佔 50% 股份；另外華潤集團提供 900 萬法郎的免息貸款，為期不少於五年，作為新公司歸還設備欠款使用。

1994 年 10 月 17 日，華潤集團派出的代表遠赴法國，與 EBAUCHES 公司的代表共同簽署了新公司的章程，在這份由當地律師起草的法文章程裏，法方總經理擁有莫大的權力，除非他自己辭職，否則幾乎沒有途徑和方法罷免他，他可以為所欲為，不受任何約束，隨意支付任何金額，隨意訂購任何產品，他甚至可以解僱包括董事副總經理在內的任何僱員。即使是面對這樣一份日後被稱為「完全可以丟進垃圾桶」的公司章程，本着「睦鄰友好，互相信任」原則的華潤還是在上面簽下了自己的名字。

1997 年，全球一共生產了約 12 億支手錶，其中 90% 為石英表，但華潤所期待的輝煌卻沒有伴隨着石英表的大賣而來。新成立的公司在瑞士 ETA 和日本西鐵城、精工的圍追堵截下經營慘淡，當年虧損 327 萬法郎，第二年這一數字擴大到 1128 萬法郎。

無奈的華潤希望通過自己派駐的財務總監，參與管理這家公司的經營，但稍有些動作，財務總監就被法方的總經理直接掃地出門。由於股份比例為 50% 對 50%，加上公司章程賦予法方總經理的特殊權力，華潤只能被動地接受這樣的結果。

　　到了 1999 年，這間成立近 50 年的老牌石英機芯生產公司已經瀕臨破產，華潤只能訴諸法國地方法院，請求撤銷法方總經理的職務，保護自己投資的安全，但法院判決的結果大大出乎華潤的預料，根據法國法律和公司章程的規定，華潤不但不能全額收回投資款項，還需要為辭退法方總經理支付 100 萬法郎的賠償金。

　　這筆剪不斷、理還亂的糊塗賬，在後來華潤人總結自己投資失敗經歷的《華潤（集團）有限公司投資管理經驗和教訓總結報告》中，有一個痛心疾首的標題「不知為何進入了這樣一個行業」。

　　在這個案例的總結部分，華潤人用沉痛的筆觸寫下一篇長長的反思和追問：

　　　　總結投資 EBAUCHES 過去幾年的風風雨雨，我們深有感慨，無論是社會主義還是資本主義，都存在一些體制和機制，如果在管理上、公司的章程上，不規範、不認真，都是要承擔後果的。試想一下如果當初華潤入股前多考慮一下，為甚麼要進入這一行業？進入之後如何發展這一行業，還會不會入股呢？

　　　　如果當初華潤入股前作一些行業調查，作一些市場調查，研究一下行業的特點、對方公司被拍賣的真正原因，還會不會進入一家明知自己幫不上甚麼忙，只能聽命於合作夥伴的公司呢？

　　　　如果當初風險意識強一點、防範意識強一點，還會不會

決定與法方合作呢？

如果當初入股決定已作之後，在股東協議（公司章程）的條款上多些心眼、多採取點措施在法律上保護我們的利益，會不會出現 1999 年的風雨呢？

如果當初在公司章程上有適當的條款規定法方的權利、規定總經理的權力，會出現連一個錯誤累累、極不稱職的總經理都更換不了的尷尬局面？

如果我們像重視財務管理權（財務總監）一樣重視經營管理權（總經理），並時時處處培養自己的管理隊伍、信任和重用自己的管理幹部，情況會怎麼樣呢？

六個如果的連續發問，是痛定思痛的華潤對於自己深切的自責，也是從經驗教訓中生發出的樸素認知。

八九十年代，一個單純的時代，是大部分中國人都願意從單純的經驗出發，看自己看世界的時代。那時的中國企業仍然稚嫩，只有經歷過，學習過，他們才會知道，市場上風險與機遇同在，而文化、歷史、風俗、政治，都將是構成投資安全的要件。

剛果，森林覆蓋率 53%，佔非洲熱帶森林總量的一半，木材品種繁多，儲量充足。

1996 年，應剛果前總統的盛情邀請，華潤集團總經理朱友藍親自率團赴剛果考察。一望無際的熱帶森林征服了考察團一行，陪同的香港商人，隨即邀請華潤共同投資木材生意。

此時剛果出產的 OKOUME（非洲紫檀）和 MOABI（毒籽山欖木）是國際傢具市場上受到狂熱追捧的名貴木材，每立方米售價超過 200 元美金，但砍伐加運輸成本僅為每立方米 60 美元，而邀請華潤共同投資木材生意的香港商人已經提前拿下了每年十萬立方米的砍伐許可。

簡單可算的利潤收益，讓華潤很快和香港商人達成了協議，

華潤文輝泰公司在剛果註冊成立，對方許給華潤的條件極為慷慨：一方面華潤只需投入 5000 萬美金，不需派出任何管理人員，另一方面保證新公司成立後的頭三年內，每年給華潤集團支付不少於 1760 萬美元的利潤，三年共計償付 5300 萬美元，不足部分由合作方補足。

穩賺不賠的生意，讓華潤迅速下定了決心，很快就向香港商人的公司匯去了相當於 5000 萬美金的 3 億 8700 萬港幣，作為新公司參股 50% 的資本金。

剛果森林項目迅速進入熱火朝天的建設階段，修路、圈地、修建伐木場、加工廠……半年後，隆隆的電鋸聲開始在剛果的熱帶森林中響起，一批批優質的木材經過加工，即將裝上貨運卡車送往貨運碼頭。

然而就在此刻，剛果發生政變。民選總統 Lissouba 被軍事強人 Sassou 領導的武裝力量趕下台，忠於前總統的武裝力量與新政府的軍隊展開激烈的戰鬥，內戰全面爆發，駐剛果的使團和企業紛紛撤離。華潤文輝泰剛果分公司勇敢地選擇留下，但他們所在的港口城市黑角已經被槍炮聲包圍，流彈亂飛，水電供應時有時無，砍伐樹木的工作只能被迫中斷。

戰爭斷斷續續打了兩年，伐木工作也停了兩年，當 1999 年和平協議重新簽署時，整個世界的木材市場已經被東南亞各國的出產佔領，努力從亞洲金融風暴中走出來的他們採取廉價多銷的方式，木材的價格已經比兩年前的高點下降了一半，華潤錯過了摘取果實的最好機會。

曾經每年 1760 萬美金的償付合同因為不可抗拒的戰爭原因被終止了，華潤文輝泰公司不但兩年時間毫無收益，還背負了超過 400 餘萬美金的債務，每個月還需要 400 萬港幣來維持基本的運轉。原本慷慨的合作方此時也改變了態度，香港商人提出以不超過 1000 萬美金的價格，收購華潤手頭 50% 的股權，分五

年付清，不計利息，或者華潤也可以用同樣的價格收購他手裏的股權。

協商日久天長地艱難繼續着，調查過程中，華潤邀請的會計室事務所意外發現，當年匯到香港商人的公司、用於華潤文輝泰公司在剛果投資運營生產的 3 億 8700 萬港幣，沒有一分錢匯到剛果，但長達兩年的戰爭已經讓真相消失在熱帶森林蒸騰的霧氣中了。

美麗的寶島台灣，不但經濟發展位列亞洲四小龍之一，電視節目製作也領先於中國內地進入百花齊放的階段。九十年代中期，大量新的傳媒公司在台灣地區誕生，為了爭奪播出機會，他們紛紛投入重金租用衛星服務，開設新的電視頻道。華潤敏銳地洞察到其中的商機。1996 年 11 月，華潤集團通過中間人，以 1100 萬美元收購了台灣高誠公司 100% 的股份，擁有了「亞太一號」通信衛星 5B 轉發器的使用權，開始經營通信衛星轉發器頻道租賃業務。

但砸下重金的華潤很快發現收購來的高誠公司並不像中間人描繪的那般簡單，大量之前未披露的債務一個接一個顯現，緊接着席捲整個亞洲的金融風暴讓台灣地區的電視產業一夜進入寒冬，每個季度高達 40 萬美金的衛星頻道租賃投入，換回不到 25000 美金的銷售收入。

海峽這一邊，華潤雖然焦急卻只能束手無策，因為高誠公司的業務全部位於台灣地區，當時甚至連派個人去那裏進行審查和管理都很困難，這筆完全失控的生意，最終只能以「投資決策性錯誤」草草了結。

美國著名管理學家德魯克對於國際企業的經營管理曾有一段言簡意賅的描述：「國際企業的經營管理基本上是一個把政治、文化上的多樣性結合起來進行統一管理的問題」。但這樣的要求，對於那個年代的中國企業來說，顯然有些勉為其難了。

華潤駐越南胡志明市代表處開業典禮

截至 1996 年，華潤先後在美國、荷蘭、奧地利、南非、日本、新加坡、越南、泰國、沙特、阿聯酋、澳洲、匈牙利、俄羅斯、加拿大、印尼、馬來西亞等地設立了七家直屬海外貿易企業及 15 家分支機構貿易公司或辦事處，從事的行業涵蓋了傳統的貿易、能源經營、房地產開發、高科技生產等多個方面，但「長達十餘年的所有經營，全部以虧損告終，無一倖免」。[15]

華潤集團原副董事長、總經理，時任華潤創業總經理寧高寧，曾對華潤這一時期的出海經歷有過入木三分的剖析：

> 當時華潤的出海，沒有真正的商業邏輯在後邊，沒有一個真正驅動的商業模型在後面，基本上是設了一個辦公室，就是一個分公司，銀行給了一些額度，就在那做貿易，怎麼做？你不是個銷售辦公室，也不是個採購辦公室，你也不是生產，你能幹嘛？為搞一個海外企業而搞一個海外企業是不行的，它必須有一個真正的、可行可實施的商業模式做支撐。

1996 年 4 月，曾擔任恢復中國關貿總協定締約國地位談判首席代表的谷永江接任華潤集團董事長。在他之前，已經有兩任「復關」談判首席代表 —— 佟志廣、沈覺人相繼在華潤發揮了重要引領作用。

谷永江

這是華潤享有的、在中國大型企業中少有甚至是唯一的一種幸運。恢復中國關貿總協定締約國地位談判和接續的中國加入世界貿易組織的多邊談判，是歷史上規模最大、持續時間最久、對人類經濟生活影響極為深遠的一次國際談判。在那個年代，這些參與者必定是對中國和世界經濟具有深刻理解和全局眼光的先行者。

上任伊始，谷永江召開華潤集團管理層會議，在聽取了華潤清理整頓工作的最新情況後，這位見證過無數中國企業出海的老商務外交官，果斷地說出了無數人想說卻又不敢說的那句話：華潤的國際化失敗。後來他回憶作出決斷的一刻說：「乾脆把海外企業都關了，當時大家意見不一致，誰來承擔這個責任，我當時是這樣說的，我說這個讓華潤走出去，是我在部裏邊工作時候提出來的，你現在這種，走向世界的方式不成功，我又提出來，咱把它關閉掉。」

無論是國內的問題，還是國外的失敗，華潤將何以處之？

時任華潤集團總經理朱友藍在 1995 年集團年度總結會上，面對着集團的高層和各個公司的老總們，講了「王佐斷臂」的故事。這是中國的傳統京劇名段《八大錘》中的一幕，王佐自斷一臂，反入金營臥底，立下不世奇功。

作為先後擔任華潤集團董事長，總經理的朱友藍，以非比尋

常的魄力在華潤歷史上留下深刻的印記，這一年，她明確提出大刀闊斧地進行清理整頓，這一步深刻地改變了華潤的命運。

1995年8月的集團年度總結會上，朱友藍鄭重提出：先從華紡入手，對華潤集團執行徹底清查，高風險、高資金、高投入、低利潤——所謂「三高一低」的業務統統拿掉，全盤整頓二級公司財務制度，規範集團管理制度，增強整體抗風險意識。

1996年年初，華潤集團組建清理整頓工作組，一場對華潤集團影響深遠的內部清理整頓拉開帷幕。在當時飛速發展擴張為王的氛圍下，華潤頂着風險與內外各種壓力，率先踩下一腳剎車。

清理整頓工作組的首戰對象，就是欠下三個億債務的華潤絲綢。朱友藍當機立斷，將華潤絲綢劃歸到華潤紡織旗下，從二級企業降為三級企業，從財務和人事上直接防控華絲進一步潰敗，之後她又力主將華潤集團旗下其他12家出現巨額虧損的二級企業一齊併入華紡，如同處理危險爆炸物的流程一樣，這些即將被引爆的「炸彈」被隔離後集中在一起。

華潤設定的清理整頓分為三個步驟：

第一，清理撤銷「三高一低」的分銷公司，也就是之前跟外貿和合資企業成立的企業。

第二，清理退出非主營業務，包括上海香滿樓飯店，哈爾濱的KTV等等。

第三，統一財務，撤銷二三級公司，同類業務合併。

雖然只有寥寥三步，但每一步都與兩個字緊密相關，「財」與「人」。以「財」論，涉及到公司已經付出的資本，稍有不慎就會被扣上國有資產流失的帽子，這頂帽子的殺傷力在那個年代可謂巨大；以「人」論，裁撤一個企業勢必影響到這些企業管理者的工作和位置，在那個打開門是經理人、關上門都是公家單位兄弟姐妹的年代，這意味着大量的手續和難以想像的思想說

服工作。同時，關閉在港企業也會影響到香港員工的生存發展，
一旦處理不當就會引發很敏感的爭端。

　　曾經擁有 38 億資產的華潤紡織堅決服從、率先響應，毅然
決然地砍掉了將近一半的不良產業，完成了自身的瘦身。失意
的香港員工用各種途徑發表控訴，時任華潤紡織總經理傅春意
成為華潤歷史上第一位被傳喚進廉政公署「喝咖啡」的管理者，
而且這樣的傳喚，很短時間內就發生了兩次。但華潤紡織依舊
堅決堅持了下來，一批虧損大戶被清理註銷，剩餘 100 多家重新
整合成一家華潤紡織公司，從各工廠挑選出的相對先進的設備
被合併集中到一間工廠發揮效力。1997 年，華潤先後整合八家
貿易公司，成立華潤輕紡集團。

　　1997 年 12 月 9 日，中央經濟工作會議正式確定「以紡織行
業為突破口，推進國有企業改革」。1998 年，國務院果斷發佈紡
織業改革通知，計劃在 1998 年至 2000 年之間，通過淘汰落後設
備、出口配額分配向紡織自營出口生產企業傾斜等八大政策，
去產能，減少虧損。重新出發的華潤紡織，於 1998 年斥資兩億
港幣收購有價值的紡織公司，將自己打造為擁有 100 萬錠生產能
力的大型紡織集團，一年 2.2 億米布的產量，抵得上紡織業中心
上海市一年的紡織品總產量，輕裝上陣的華紡踏上了新的征途。

　　相比於內部的清理整頓，那些涉及到地方政府、相關部委，

1999 年，華潤輕紡集團舉行內地控股公司工作年會

461

涉及到香港及海外投資人的合資企業的清理整頓更為艱難，華潤人在其中表現出的擔當和犧牲值得銘記與尊敬。

1999 年，以華潤投資高級經理身份出任華潤金玉公司總經理的李福祚，用一次性砍掉九個副總經理編制的大刀闊斧開始了刮骨療毒，之後他又把管理崗位定死在了六個，把那些服務於工人雜務的理髮所、幼兒園、招待所、食堂等等機構統統進行了裁撤，原本定額 480 人卻無序擴張至 3000 人的工人隊伍進行了大幅的精簡。一套嚴格的管理程序開始推行，中層管理採取定崗定編、個人報名、群眾評選、公開答辯考試、最後民主評議，分高者上崗的辦法。

回歸市場規律運行的合資公司，很快煥發了活力，即使身處食用酒精行業的低迷時期，華潤金玉公司依舊憑藉先進的生產技術和穩定的產品質量贏得了市場的青睞。1999 年年底，金玉公司向華潤集團償還了當年兩億元流動資金貸款的利息及過往四年舊有貸款的累計利息 1100 餘萬元。能夠想像那些奔赴白山黑水間那座小城赴任的華潤人們，在大刀闊斧整頓的過程中必定承擔了不少詆毀、責難和壓力。

從非洲最南端的南非撤退前，即將歸來的華潤員工接到了遙遠的瀋陽傳來的需求，新加入到華潤旗下的瀋陽雪花啤酒廠正尋求跟國際知名的啤酒集團進行合作，南非的 SAB 集團是理想的目標之一。曾經和 SAB 合作過飲料食品添加劑生意的華潤南非員工，沒有即將失去這裏工作的怨氣，而是主動出面去一遍遍地與 SAB 集團進行前期磋商，為日後震驚世界的雪花啤酒和 SAB 的合作奠定了早期溝通的基礎。

一輪輪的清理整頓過程中，不良資產隨着清理整頓的深入而日益增加，如何處理它們考驗着華潤的運籌能力，也考驗着華潤人的智慧與擔當。1998 年底，華潤集團常務董事會決定，成立華潤集團不良資產清理領導小組，由何志奇擔任組長，「何不

良」的綽號就此而生。

這個 1985 年從西南財經大學畢業之後就加入華潤的學生兵，歷經十餘年磨礪已經擔任華潤集團財務部的副總經理。但當領導找到何志奇談話時，他立即接受了新的工作崗位。因為財務出身的他深知，不良資產的處置好壞直接影響着華潤清理整頓的成效。不過何志奇也對領導提了一個要求，他建議把「不良資產」改稱為「特殊資產」，這個建議最終獲得了集團認可。一詞之差，卻意味深長。

1999 年 4 月 1 日，集團特殊資產管理部正式掛牌成立，負責集中、統一經營管理集團的特殊資產，簡稱特資部，何志奇成為首任部門總經理，這是華潤有史以來第一次以核心與非核心為標準，梳理自己的資產。值得一提的是，華潤集團特資部的成立比任何一家國有資產管理公司都要早，幾個月後，今天聞名遐邇的四大國有資產管理公司才陸續成立。

擺在何志奇和特資部面前的是一堆沒有經驗可循的難題：他們構想的方案，常常受制於尚未形成的資產交易市場；資產所有者思維方式的更新、資產經營理念的實踐，都在大小環境中逆風逆水⋯⋯前路無師，華潤人必須建立一整套可持續運作的規範。

華潤集團於 1994 年投資興建的東莞水泥廠，成為了特資部的第一仗。在與同事們的反覆研究推敲後，何志奇向集團提出：這是一個可以通過資本結構、商業模式的調整，來改變經營現狀，通過重組後的經營來改善資產質量，進而可以步入可持續經營的項目。

但在當時的環境下，沒有人會站出來拍板向一家已經列入清理整頓名單的企業注入新的資金，沒有資金一切都是空談。看得到前方、卻看不到通往前方的路的何志奇，決定用自己的方法造一條路出來。

不久，一場由特資部提議，以資產管理為主題的現場會，在華潤東莞水泥廠的廠房裏舉行，這是華潤集團常董會第一次全方位地接觸「特殊資產管理」這一企業經營的新課題。在東莞水泥廠管理者細緻而全面的介紹梳理後，在何志奇充滿論據的未來描繪論證後，華潤集團常董會的高層決策者們在現場對這家企業的處置方案作出新的決策。最終，華潤東莞水泥廠保留了下來，日後它將發展成為華南區域最具競爭力的水泥和商品混凝土供應商，成為華潤未來事業版圖中華潤水泥的第一個澆築者。

華潤東莞水泥廠的特殊資產處置，推動了特資部三條鐵律的形成：第一，所有資產的處置，要經得住時間的考驗；第二，必須經得住上級、下級、平級、內部、外部的檢查；第三，必須經得住良心的檢驗。

這三條由何志奇一個字一個字寫就的不良資產處理的鐵律，通俗、質樸、清晰、直接，卻讓人動容，它讓華潤的清理整頓擁有了那個時代難得的、與眾不同的氣質。

通過一筆筆的資產處理過程，華潤的特殊資產管理部也形成了具有華潤特色的不良資產的認識論：不良資產在產業化的實體內，是個時點概念，時空的變化和主動作為的有效管理，是有可能改變資產質量，並通過經營提升價值的，通過重組以改變

1995 年的東莞華潤水泥廠工地舊照

資產質量乃至性質，是可以並能夠實現價值創造的。

四年時間，特資部在華潤集團當時 500 億的體量上，剝離出了將近 100 個億的「特殊資產」，這些資產的清理整頓、優化組合，為日後華潤全面擁抱實業化道路、徹底優化資產質量與結構奠定了扎實的基礎。

2002 年，何志奇獲得了華潤集團對於經理人的最高獎項——總經理特別獎。時任華潤集團總經理寧高寧，在為何志奇頒獎的頒獎詞中感慨道：「華潤集團應該感謝特資部，因為特資部不僅僅是給華潤集團的資產清理工作創造了一個工作方法、一種思維模式，更重要的是他們在處置過程中為華潤集團探索出一條資產管理之路，帶出來一支正在專業化的隊伍。」

從 1996 年到 1998 年，華潤集團海外業務集中清理整頓歷時兩年，但涉及整個肌體的清理整頓工作一直延續到新世紀之後，華紡的清理整頓則一直延續到 2010 年。其實無論海外業務的關閉，還是內地和香港業務的收縮聚焦，都是生長沉澱後的一種自省，都是自我成長中的主動糾錯。

依據截止到 1998 年的數據，持續數年的清理整頓，華潤集團共撤銷附屬公司 236 個，精簡人員近 2000 人。旗下各二級公司，依據業務領域合併精簡為六個，並在國家部委的支持配合下，實現業務與各大進出口公司完全脫鈎。刮骨療毒、斷臂重生的華潤，剔除了不健康的負累，清除了潛伏的隱患危機，輕裝上路，才擁有了進退自如的從容，才能夠在 1997 年亞洲金融風暴出其不意地襲來時，有着穩立潮頭令人艷羨的表現。

1998 年，一場特殊的彙報會在香港的華潤大廈 50 樓召開，集團總經理朱友藍向時任對外貿易經濟合作部部長、黨組書記吳儀，詳細介紹了華潤集團成功避開亞洲金融風暴衝擊的原因和過程。面對着主管華潤的部門領導，面對在場的一位位華潤同仁，朱友藍難掩心中的激動，在彙報結束之後，她特意轉向吳

儀說道:「剛才彙報中,我特意用了大量肯定的詞彙。在這場風暴中,在香港如此糟糕的局面下,華潤確實做得非常好,為了做到這一切,在座和不在座的華潤人都作出一些犧牲。」這位以「鐵腕」著稱的華潤管理者,以少有的輕柔語氣坦露了自己心聲。

很多年後,熟悉這段歷史的華潤人時常會充滿自嘲地笑稱,從八十年代中期開始到九十年代中期清理整頓之間的這段盲目擴張之路,華潤幾乎將一個盲目多元化企業能犯的錯誤,甚至一個企業能犯的錯誤都犯了一遍,乃至幾遍,如果沒有之後「王佐斷臂」式的清理整頓,「華潤」這個名字或許早已成為歷史書中值得緬懷的舊名詞。

也正是從這時開始,華潤真正開始了關於企業經營戰略自覺的探索,面對當時制約華潤發展的三大瓶頸 —— 資產組合質素低、業務增長空間有限、業務競爭力不強。華潤的管理者們清醒地看到,戰略的制定必須能夠明確地回答困擾華潤發展的五大問題:

> 第一,華潤的未來是應該繼續多元化還是逐步收縮?如何清晰主業?
>
> 第二,做哪些行業?哪些行業應確定為主業?做到多大規模、怎麼做?
>
> 第三,內部管理資源如何圍繞主業進行配置、組織管理架構如何進行相應的調整?
>
> 第四,怎樣走出放了就亂、亂了就收、收了就死的管理怪圈,建立起充滿活力的多元化業務管理體制?
>
> 第五,如何建立符合資本市場要求的運作模式和生意模型?

圍繞這五個問題的思考、探索和實踐,一直貫穿着未來華

潤十餘年的拓土開疆。

華潤，包括許許多多與它一樣的中國企業，需要在廣袤的大地上，耐心地塑造自己，迎接真正做大做強的時刻。

2000年，一本名稱為《華潤（集團）有限公司投資管理經驗與教訓總結報告》的書冊在華潤誕生，並下發到全集團。這部俗稱「教訓錄」的報告中將這一時期華潤投資失敗的典型案例篩選出進行整理、分析、解剖，字裏行間客觀全面地記述了華潤投資各個產業的事前事中事後的全過程，沒有避重就輕的隱晦，沒有文過飾非的修辭，只有對自我、對失敗的清醒認知。華潤人將對自己成長中所犯錯誤的冷靜分析和自我反思，匯聚成書，保留至今，留予後來者。

2000年，華潤集團整理出版《華潤（集團）有限公司投資管理經驗和教訓總結報告》
（華潤檔案館提供）

這是一種令人尊敬的理性的成長。

沒有一個偉大的企業不曾經歷過失敗的過往，或者說，正是一次次失敗的錘煉，造就了企業的經驗、膽識和智慧。華潤，自然也無法背離歷史規律的必然，重要的是，有無直面問題的責任

擔當，有無直面自己的反思能力，有無直面錯誤的糾錯能力，這些問題的是與否，決定了那些經歷過的無論挫折還是錯誤，會成為讓它更強大的磨礪還是擊倒它的災難。一個人如此，一個企業如此，一個民族也是如此。

　　華潤的轉型之路究竟怎麼走？實業化怎樣實？多元化怎麼做？即便在野蠻生長的喧囂中，華潤集團的管理者們也從未停止過對腳下方向的追問。

　　1993 年 9 月，華潤創業 35 歲的總經理寧高寧帶着同樣年輕的團隊來到瀋陽，參加與瀋陽市、日本三洋電器三家合作創辦瀋陽華潤空調壓縮機有限公司的簽約儀式。這是華潤集團確定從投資經營性設施轉向投資基礎性生產設施方向後，首次嘗試進軍工業製造領域。

　　從香港來到瀋陽，華潤創業的團隊做好了從天氣差異到股權比例談判各方面的準備，但談判的過程還是大大出乎了他們的意料，原本商定的單台壓縮機成本一夜翻倍，按此收購就意味虧本。那個年代，每一筆收購背後都要經歷地方政府和主管部

門的層層審批，並不只是金錢、權力、義務、管理之間的簡單交易。1993 年 9 月 16 日，華潤最終選擇簽下了這筆合約，擁有了自己的第一家機械製造領域的企業。

簽約前的那個夜晚，在酒店裏一遍遍徘徊的寧高寧，又翻開了隨身攜帶的一份資料。這份一直放在身邊的青島啤酒招股書，他已經翻看了幾個月。

就在寧高寧他們出發前往瀋陽的這一年，中國啤酒行業的知名品牌青島啤酒在香港和內地資本市場上豎起了一面高高飄揚的大旗。1993 年 7 月 15 日，青島啤酒的 H 股在香港聯交所掛牌上市，成為第一支內地註冊、香港上市的中資企業股票。同年 8 月 27 日，青島啤酒在上海證交所上市，成為內地首家在兩地同時上市的股份有限公司。國際國內投資者的共同追捧，為青島啤酒募集資金超過 16 億元。震撼之下，創業者的敏感讓寧高寧開始認真審視，啤酒，這種泛着白色泡沫的黃色液體在神州大地上究竟能釀造出甚麼樣的輝煌？

從 1900 年俄國商人烏盧布列夫斯基在哈爾濱釀出中國的第一樽啤酒，到三年後德國人在青島建起了第一條啤酒生產線，中國人開始接觸並接納了這種除了水和茶之外的世界第三大飲品。改革開放以後，伴隨着人們生活水平的提高，啤酒這種能簡單帶來快樂的酒精飲料漸漸取代白酒、黃酒，成為老百姓餐桌上的佐餐良伴，啤酒產業迎來了前所未有的大發展。到了九十年代早期，超過 800 家啤酒廠在中國廣袤的土地上活躍着，幾乎每個地方都有自己的特色品牌，提着暖水瓶打啤酒成為很多城市的共同記憶。至 1993 年，中國就以 102 億公升的產量，取代了啤酒行業曾經的老師德國，成為世界上第二大啤酒生產國。

這也是這份招股書裏清晰描繪的此時中國啤酒行業發展的狀況：首先，中國眾多的人口和偏低的消費水平，蘊藏着巨大的機遇，一旦中國的消費水平達到美國的三分之一，中國一定會成

為世界上第一大啤酒消費國。其次，中國啤酒行業如此生機勃勃的背後，是啤酒行業普遍利潤超過 15%、黃色的酒體被戲稱為「軟黃金」的現實。

從美國匹茲堡大學畢業，擁有着中國第一代 MBA 頭銜，又經歷香港資本市場歷練的寧高寧，還清晰地看到了招股書裏未曾描繪的真相：啤酒行業在全球產業中不屬於資金密集型行業，而且中國的啤酒行業個體大都弱小，群體極度散亂，缺乏品牌集中度，整個中國啤酒行業排名前十的企業加起來市值都不到 100 億資金，資金雄厚的華潤只要加以併購整合，就極有機會拿下產能第一。

而此時的瀋陽，正有一家本地明星啤酒企業。

脫胎於日本侵華時期建立的偽滿洲日本麒麟啤酒公司和朝日啤酒公司的瀋陽啤酒廠，是中國當時最著名的啤酒廠之一，從建國伊始到 1983 年，啤酒產量一直位居全國第一。拳頭產品 12 度雪花牌啤酒 1964 年為出口創匯而誕生，以「泡沫潔白如雪，口味溢香似花」蜚聲海內外，1979 年在國家輕工業部第三屆全國評酒會上被評為全國優質酒，二十世紀九十年代早期，雪花啤酒已經遠銷美國、澳大利亞、阿根廷、新加坡、朝鮮、俄羅斯、香港、澳門等國家和地區，在瀋陽本地，旺季時雪花啤酒是需要託關係找門路才能弄到的緊俏商品。

被青島啤酒招股書激發出強烈興趣的寧高寧一直在研究啤酒行業，從中國市場的成長性、品牌、競爭狀況等等，他敏銳判斷出「這是個很好的生意，我們可以做」，並注意到青島啤酒排第一，第二就是生產「雪花」的瀋陽啤酒廠。此時的雪花啤酒依舊熱銷依舊受飲者喜愛，但瀋陽啤酒廠正如同那個時代的無數國營老廠一樣，暮氣沉沉地度過一年又一年。

於是，感覺在壓縮機項目上吃了虧的華創團隊，在空調壓縮機項目協議簽署的當天，向瀋陽市提出附帶收購瀋陽啤酒廠的

請求。

計劃經濟還在逐漸鬆綁的年代，自然無法接受這樣的突然變化，華創團隊的請求立刻就被理所當然地拒絕了。無奈之下，簽完約的寧高寧帶着隊伍驅車前往遼寧朝陽，準備考察剛剛嶄露頭角的子午輪胎廠，考察的邏輯非常清晰，經濟正在騰飛的中國，注定也會成為車輪上的國家，輪胎將是下一個有機會爆發的需求風口。

車行至半路，一個電話打到了時任華潤集團企發部經理兼華潤創業高級經理閻飆的「大哥大」上，瀋陽市政府讓他們再回來談談，於是一行人從朝陽又回到瀋陽，最終瀋陽市政府同意了華潤收購瀋陽啤酒廠的請求。

180 度的大轉彎背後，不僅是瀋陽市政府改革的雄心，還有瀋陽啤酒廠本身的渴求。這家瀋陽市的明星企業三年前上馬的六萬噸生產線，並沒有完成預想中的盈利目標，拖欠銀行的 1800 萬美元外匯貸款淤積起巨大的還貸壓力，它也迫切需要引入一個資本雄厚的夥伴紓解危機。

華創團隊在談判中把股權要求提到了佔 50% 以上，必須控股的要求正是出於過往一個個失敗案例得出的經驗教訓，要想真正擁有一個企業和它的前景，華潤必須要控制企業的管理。最終，華潤的要求得到了認可。

1993 年 12 月，華潤創業以 2.6 億元收購瀋陽啤酒廠 55% 股份，瀋陽華潤雪花啤酒有限公司就此成立。協議簽署的當日，遠在香港的華創股票大漲，反應敏銳的資本市場用直白的方式，獎勵了華潤創業團隊的敏銳眼光。

可是，決定控制主導管理的華潤，卻並沒有任何啤酒生產的經驗。在瀋陽啤酒廠廠長辦公室裏，曾經發生過這樣一段意味深長的對話。

廠長問時任華創執行董事的黃鐵鷹：「你知道啤酒是咋造出

1993 年，華潤創業收購瀋陽啤酒廠

1993 年的瀋陽華潤雪花啤酒有限公司舊照

來的嗎？」

黃鐵鷹回答：「我不知道。」

廠長笑了笑：「不知道就敢買啤酒廠？！」

這是大膽的華潤人必須謹慎做答的經營之問。

於是，早習慣了不會就學的華創團隊以一家家發郵件、打電話的方式，向全世界各大啤酒巨頭發出合作的邀約，有雄心的華潤人用這種方式表達着態度：要麼不做，要做就跟最專業的團隊合作，用最專業的方式做。但或許因為瀋陽啤酒廠的體量很小，華潤又是個行業新手，最終給華潤回覆的只有當時世界第四大專業啤酒製造商 —— 南非 SAB 啤酒集團。

此時中國啤酒行業的爆發式增長同樣正吸引着世界啤酒巨頭們的關注，著名的百威英博剛剛以 1600 萬美元的價格，購買了青島啤酒 4.5% 的股份。來自南非的 SAB 集團，這家為金礦工人服務了百餘年，以在新興市場發掘啤酒行業「金礦」而出名的啤酒生產商，把華潤的邀請視作開拓東方市場的最佳跳板，一家只有資本沒有技術、面對着廣闊市場卻沒有經驗的啤酒業新軍，顯然符合 SAB 的合作對象需求。

但出乎南非 SAB 啤酒集團的預料，華潤旗下的啤酒新軍並沒有履歷上寫的那麼簡單，控股權之爭，讓談判整整持續了兩年。

> 因為我們是要建行業的，不控股的話，也可以投，那肯定不是戰略性的東西，它會是戰術性的東西，我可以隨時賣掉，不管怎麼樣處理掉，它不會是一個戰略行業，不會和華潤團隊，和華潤的戰略，和未來公司願景連在一起的，不會的。

時任華潤創業總經理寧高寧日後接受採訪的話語，是當時的華潤啤酒新軍堅持控制權的心聲。認準了啤酒行業未來發展前景的華潤，立下了要真正做好啤酒產業的決心。

在體量、專業能力、經驗都對比鮮明的這場談判中，華潤人堅持了自己的堅持，它已經不再把自己當成逐利的中間商。華潤對產業前景的信心和堅持，最終也贏得 SAB 的尊重和讓步。

1995 年，香港華潤創業有限公司與南非 SAB 釀酒集團達成合作協議，共同組建華潤啤酒（中國）有限公司（簡稱 CRB），其中華潤創業持股 51%。

SAB 啤酒集團的專家們遠渡重洋，帶着先進啤酒工業積澱百餘年的經驗，走進了瀋陽華潤雪花啤酒的廠房裏。在時任副廠長顧延春的腦海裏，有一個場景時隔 20 餘年後仍清晰如新。

一位年近六旬的 SAB 工程師在參觀完瀋陽華潤雪花啤酒工

1994年，華潤創業與南非SAB集團達成合作，圖為1995年雙方舉行祝捷酒會

廠後的第一件事，就是向顧副廠長借雨衣，並建議工廠的消毒車間暫停生產做一下檢查，顧副廠長儘管疑惑但還是答應了他的要求。隨後，這位工程師披着雨衣，頂着還未散完的蒸汽，鑽進了不到一米寬的啤酒殺菌管道裏，而這條管道從當初購買安裝以來，從沒有人進去過。

在啤酒的生產工藝中，殺菌是極其重要的流程。當時的啤酒生產線上，灌裝完的啤酒要經歷一道巴氏殺菌的工序。依據這套由法國微生物學家巴斯德發明的低溫殺菌法，啤酒在長長的軌道中接受一排排噴淋管的洗禮，經歷從室溫到攝氏60度再回到室溫的溫度急劇變化，從而達到既殺滅致病性細菌和絕大多數非致病性細菌，又能保持啤酒的口感的效果。整個消毒流程持續40分鐘，全部在封閉的管道中進行，一旦在終端檢測發現啤酒殺菌不徹底，只能靠猜想揣摩過程中可能發生問題的位置和原因。

SAB啤酒集團的工程師在管道裏面慢慢爬行着，顧副廠長就這麼默默等待着，在他身邊越來越多的工人開始聚集。兩個小時後，當工程師從裏面鑽出來的時候，所有人都被他手裏的記錄本驚呆了，本子上詳細記錄着哪些噴淋管已經堵塞，不能出

水，哪些噴淋管發生了歪斜，噴水不均勻。

這個姓名已經不可考的 SAB 工程師用他的行動讓剛剛擺脫按計劃生產不久、開始學會追求產量、講求效益的中國工人們理解了甚麼叫質量的追求，甚麼是職業的操守。

深刻的改變在這座歷史悠久的啤酒廠裏時刻發生着。面對原本臃腫的廠子，華潤做起了「減法」，一個個機構被精簡，26個機關處室被砍到了八個，一半以上沒有負責具體工作的廠領導失去了自己的位置，一杯茶水一張報紙過一天的工作消失了，拿起生產線上的啤酒一口悶的現象也消失了，啤酒廠恢復了一個生產企業的本來面貌。

工廠外面的市場上，華潤堅決做起了「加法」。瀋陽桃仙機場、瀋陽火車站、沈大高速上、瀋陽電視塔處處豎起了「雪花啤酒」的巨型廣告牌；遼寧電視台、北方電視台黃金時段頻頻播出「雪花啤酒」的廣告；廣播裏有「雪花啤酒天地」和「雪花啤酒之聲」的冠名節目；百貨公司的廣場上「雪花啤酒」飲酒擂台賽一場接一場……從香港走出來的華潤人，讓計劃經濟呵護多年的「寵兒」真真正正地領略了一下市場經濟的立體化營銷。

SAB 的專業保障，讓雪花啤酒工藝品質得以與世界先進水平接軌，華潤團隊的管理和運營，則讓雪花啤酒廠真正擁有了現代化企業的面貌。

1996 年，一款麥芽含量 11.5 度的雪花啤酒成為瀋陽華潤雪花啤酒廠新的拳頭產品，憑藉口感清爽、香氣怡人、泡沫豐富的三大特點，它席捲市場，贏得了「雪花王」的美名，如今在消費者腦海中根深蒂固的雪花啤酒「清爽」口味，就此成形。

同樣在這一年，瀋陽華潤雪花啤酒廠收穫了從未有過的豐收。全年完成啤酒產量 28.39 萬噸，比上一年增長 14.3%；銷售收入實現 56874 萬元，比上年增長 31%；實現利稅總額 16169 萬元，比上年增長 8%。

潘陽啤酒廠的改造成功，讓華潤看到了一個現實：憑藉自身優秀的管理和專業團隊的協助，即便身處啤酒這樣專業程度很高的行業，也能取得成功。

1995 年，華潤收購同在遼寧的大連渤海啤酒廠，開始了潘陽雪花啤酒模式的複製。

1995 年，華創收購了大連渤海啤酒廠，成立大連華潤啤酒公司

在華潤的計劃中，這家新的公司將沿用舊公司的原班管理團隊，除財務總監外，不再委派新人，最大程度地保持生產的穩定。

但接下來發生的一幕幕讓華潤人不得不重新思考自己的決定。大連工廠老廠長在沒有董事會授權的情況下，對外擔保 70 萬元；甚至，就在時任華潤創業執行董事黃鐵鷹親自在工廠巡視時，各種野蠻作業依舊發生着。

強龍難壓地頭蛇，這是企業併購中的一種常態，並不是所有企業都能接受同樣的管理模式，但標準化又是企業提高效率、保障可規模化複製的必由之路，期待打造啤酒集團的華潤，必須給自己加一堂新的管理實踐課。

於是，在那個開除一個工人都要層層上報、層層簽字的年代，華潤創業的董事會頂住各方壓力，一夜間撤掉了整個老工廠的管理班底，只留下了一個釀造專業畢業的大學生。

全程參與收購這間工廠的王群被委任為新任的一把手，這個從未釀過酒也從未管理過工廠，被黃鐵鷹評價「三個人說話時就找不到他」的人民大學高材生，展現了與沉默寡言相伴的倔強執拗，他用整整半年時間扎進市場，一次次拉着酒販子聊天，當四萬公里的行程結束後，昔日的金融學學士已經成為啤酒行業的專家。在他的影響下，一個沒官氣又接地氣的管理團隊誕生了，這是一個每天都往車間跑、往市場跑的團隊，這也是一個遇到每件事都會瞪着眼睛問「為甚麼」的團隊。

一時間，大連工廠的老員工們突然覺得自己「不會玩兒」了——在生產端，釀造啤酒不能按經驗感覺而是得按細緻的流程一步一步進行；投料不能「差不多就行」而是要一克克稱重。很多年後大連工廠的老員工們都記得，執着的王群要求連啤酒瓶的顏色都要做細緻的研究，因為透光度的差異會造成啤酒口感的差異，棕色瓶裝啤酒的口感要比綠色瓶裝更勝一籌。而在經營端，做銷售的不只要賣酒還要看得懂報表；一把手不是啥都說了算，制度不允許照樣不能做……

這些現代企業耳熟能詳的運轉方式，對那個年代的工廠和工人們，是顛覆過往所有習慣的全新塑造。當最初的不適應過去，當效率提高帶來的真金白銀實實在在出現在員工的獎金單上時，所有人都認可了這個凡事較真講理的華潤啤酒新管理團隊。

1999 年之前，大連地區啤酒市場是「棒棰島」啤酒的天下，出產它的工廠，規模是大連渤海啤酒廠的五倍，在時任華潤創業總經理寧高寧的表述裏，「大連人習慣喊棒棰島啤酒為『大棒』、『小棒』，就跟喊兒子一樣」。但 1999 年之後，大連的啤酒市場變天了，大連華潤啤酒公司的市場佔有率從 15% 飆升到超過 70%，成為當時華潤啤酒廠中投資回報率最高的工廠。2001 年 4 月，華潤啤酒全面收購了五年前曾每年盈利幾千萬、但五年後卻無力經營下去的「棒棰島」啤酒，奇跡般地上演了非常經典的

「蛇吞象」。

不是專業，成為專業；不是第一，成為第一。從一間廠、兩間廠，到三間廠、四間廠，增加的不是簡單的數量，華潤的啤酒事業通過一間廠一間廠的嘗試摸索，完成着企業管理從模式到理念的飛躍。

與此同時，中國的啤酒行業正在經歷由「春秋亂世」走向「戰國爭霸」的歷史階段，一方面名牌產品供不應求，一方面是小型啤酒企業紛紛虧損，800多家啤酒企業中90%都處在虧損的境地，它們中的很大一部分將在接下來的幾年中消失或被吞併，這是一個行業市場從懵懂走向成熟的必然。

在資本市場上率先發力風生水起的青島啤酒，正在依託雄厚的資本在華東地區展開快速擴張。1997年開始，青啤公司加快了低成本擴張的步伐，通過破產收購、政策兼併、控股聯合等方式，先後收購兼併了平度、日照、平原、菏澤、薛城、榮成、馬鞍山、黃石、應城、蓬萊、蕪湖、上海等地的近40家啤酒生產企業，企業的生產規模迅速擴大到260萬噸以上，成為中國第一家躋身世界啤酒十強的企業，利稅總額站穩了行業首位。[16]

在青島啤酒不斷壯大的情勢催迫下，稍有實力的中國啤酒企業都憑藉着併購開始擴張，華潤啤酒也必須追上這樣的腳步。曾經「草創階段」憑藉黃鐵鷹一個人「揹着包隨時出差」管理多家工廠的模式，顯然不能適應擴張階段的需求；各個工廠各自為政、自主管理的組織結構顯然也急需改變。

1998年8月25日，華潤啤酒東北集團成立。最初的東北集團只有黃鐵鷹、博魁士、王群、王懿、張量、張書中六個人，王群被任命為總經理，整體負責東北集團的業務。東北集團的成立是華潤啤酒開始規範性、有計劃的管理的第一步。四個專業委員會隨之成立，分別是：技術委員會、質量委員會、採購委員會、工程委員會。四個委員會統籌起了整個華潤啤酒東北

集團的生產管理、質量體系、統一採購和人力資源、市場銜接、策略一致性等問題，日後這套體系逐漸形成了華潤啤酒全國管理的組織架構與管理體系的雛形。

1998 年 9 月 19 日，華潤啤酒東北集團第一次戰略研討會在瀋陽召開

這張圖片上少了一個字的「鴻宇山莊」，和那些質樸的笑容、帶着強烈時代印記的服飾一起，構成了關於華潤啤酒第一代管理團隊的記憶。

1998 年 9 月 19 日，華潤啤酒東北集團第一次戰略研討會在瀋陽輝山召開，初組建的東北集團管理團隊及部分工廠高管 20 餘人參加了會議。在這個人數極少的會議上，除了提出實現啤酒工藝、口味的標準化，探索營銷管理等經營改進措施外，僅僅擁有四家啤酒廠的華潤啤酒團隊，這一刻提出了「做中國第一的啤酒公司」的戰略目標。

因為這個遠遠超越當時企業規模的宏偉目標，這次會議成為了永遠銘刻在華潤啤酒歷史中的「輝山會議」。

從這次會議開始，「究竟如何書寫啤酒版圖」，「下一個工廠

究竟在哪裏」這樣的問題成為了華潤啤酒最先要搞清楚的事。

此時的啤酒，作為講究新鮮度的大眾消費品，長距離運輸既不經濟、又影響新鮮度，因而，結合運力等綜合因素，半徑150公里的範圍被稱為啤酒的「優選經濟效益圈」。圈越多，就意味着佔據的市場範圍越廣。

根據這個「150公里」理論，幾經探究，華潤啤酒萌生了一個相對應的「蘑菇戰略」。在一個區域裏先建立一個工廠，然後依託這個工廠，建立自己在這個區域裏的強勢地位，即佔領當地的大份額；然後再在150公里之外的地方再種一個蘑菇，再做大；當蘑菇化點連成片，就變成了一個大蘑菇。當一個區域種植蘑菇成功後，再向其他區域複製，並且實現各個區域之間的互相支持，在適當的時機連結起來，就形成一個「巨型蘑菇」。

1947年西北野戰軍在打敗胡宗南部隊時創造的「蘑菇戰術」一詞，在二十世紀末華潤啤酒的戰場上，找到了新時代的表述。

按照蘑菇戰略的方法，華潤啤酒開始走出東北，走向廣袤的祖國大地。

當2000年世紀之交的鐘聲敲響，華潤啤酒的雪花，從瀋陽開始，一路飄向大連、綿陽、吉林、鞍山、合肥、蚌埠，和那些

2000年11月23日，安徽華潤啤酒有限公司舉行成立揭牌儀式

具有鮮明特色的山山水水，共同鋪排開一片令人讚歎的壯美風景。初見成效的蘑菇戰略在之後慢慢完善成熟，形成了華潤啤酒初期「小區域、大份額」的獨特發展模式，在之後的十幾年裏，「蘑菇戰略」幾經優化，逐步發展為「沿江沿海」戰略、全國佈局戰略，在不同階段指引了華潤啤酒的擴張步伐。

在華潤啤酒，有一個半玩笑的說法，華潤啤酒是「向人民解放軍學習的戰術打法」。其一，華潤啤酒時先從遼瀋起步，穩住東北後向南發展；其二，就是「蘑菇戰略」；其三，則是在一次次轉戰收購中，一句話開始在華潤啤酒內部流行 —— 打起背包就出發。

這句話，從起初幾個人開玩笑地說，到所有人一本正經地說，道出了華潤啤酒擴張之路背後所有人的犧牲與堅持。

這些創業者，可以在華潤啤酒需要的時候，昨天還在西子湖畔指點江山，第二天就穿着羽絨服奮鬥在白山黑水。「打起背包就出發」是華潤啤酒後來統一人力資源調配的風格，也堪稱華潤啤酒迅速崛起的法寶之一。它能成為一種現實的根本，源自華潤人身上一種近乎使命感的對事業的無比熱愛。在華潤啤酒過去二十餘年的發展歷史中，高層管理者異地率 90% 以上，這是一個令人震驚，又不得不令人唏噓的數字。

20 多年後，華潤人在回憶那些歲月時，並沒有過多地去談論一個外來者把整個行業攪得天翻地覆的縱橫捭闔，也沒有執着於介紹那一個個在外人眼中閃着燦燦金光的「第一」，他們只是欣慰地說道：「我們，讓中國不再有難喝的啤酒」。

回望華潤啤酒的成長史，市場經濟長期薰陶培育的直覺和堅定，讓華潤啤酒的經營者們在進入伊始就直接邀請了世界頂尖啤酒公司的合作，於是，世界領先的技術、超越地域和行業的視角，不僅迅速構建了華潤啤酒的技術領先，也完成了管理理念的重塑。無論是僅有四家酒廠就敢提出統一口味的跨越性思考，

還是要「做中國第一的啤酒公司」的願景追求，無論是精心研究啤酒特點而制定的「蘑菇」戰略，還是事業為重的職業經理人操守，都是在書寫着懵懂時代的中國啤酒業需要不斷學習和理解的「專業」二字。

堅持讓專業的人做專業的事，在人類的現代企業生命史中始終是普通的常識。華潤人值得自豪的是，在來自內部和外部各種溫柔和劇烈的衝撞下，他們依然是這份可貴的常識的信奉者和堅守者。華潤，之所以是華潤，不是他們擁有多少不同凡響的口號和表白，而是他們擁有這樣樸素而踏實的信奉常識的觀念自覺和制度體系。

第二十七章

地產新勢力

　　這是一片面積相當於 11 個天安門廣場的巨型建築集羣，它圍出了今日香港人心目中意象複雜的天水圍，無論是行走其間的居民，還是華潤新晉的員工，並沒有多少人知道這裏曾經是華潤與住宅地產的第一次交集。

　　時光倒回到 1979 年，彼時的元朗天水圍，還是一派遍地魚塘的田園風光。但在港英政府的遠景描繪中，這裏將在不久的將來成為面積達到 5200 萬平方呎的新市鎮。

　　此時的香港，正處在又一個房地產的上升通道。伴隨着五十

年代生育高峯期的成果顯現，大量新家庭湧現，外部進入香港的人口也在膨脹，對住宅的需求旺盛。加上貿易、實業及新興金融業的穩定發展，大量資金湧入樓市，人口和金錢的雙重威力，助推樓市一浪接一浪湧至高潮，今日港人耳熟能詳的香港地產四大家族正大張旗鼓地鋪排開自己的版圖，對未來的期待一如恆基兆業的李兆基在公司內部刊物上寫道的那樣：「香港為世界貿易之樞紐，亦為國際金融中心，地狹人稠，寸土寸金，地產業將必璀璨，樓宇價格，長遠着眼，應予看好。」

但對於天水圍，無論是港英政府，還是被政府力邀而來的長江實業集團，都沒有十足的把握。

按照 1898 年 6 月 9 日的《展拓香港界址專條》，沙頭角海至深圳灣最短距離直線以南、界限街以北廣大地區、附近大小島嶼 235 個以及大鵬灣、深圳灣水域被租予英國，租期 99 年。位於元朗的天水圍就處於這片 99 年租期的土地範圍內，至 1979 年時已經過去了 81 年，1997 年就將迎來租約的到期日。屆時，實行土地全部國有政策的中國政府會如何對待這些售出土地，如何處理購買土地和房產的合約，是直接決定了商人敢不敢投資開發、企業和居民敢不敢購買的決定性因素。

1979 年 3 月，港督麥理浩千里北上抵達北京，正是以新界的土地契約問題作為和鄧小平會面的開場篇，得到了一句很肯定又充滿想像空間的回答：「請香港投資者放心。」[17]

但港英政府和長實集團都還是不夠放心，左右為難之際，他們想到了一個策略，邀請一家根紅苗正有影響力的中資公司合作，如此就可以讓天水圍項目擁有一份可依靠的「保險」。而華潤，就是他們眼中最合適的合作選擇。

出乎邀請者的意料，華潤很快便表示了同意，其間的原因沒有任何當時的可公開資料進行佐證，但這份寫於 1982 年的彙報材料或許可以詮釋華潤的決定。

華潤公司（82）經辦字第88號

日期 1982 年 8 月 16 日

對外經濟貿易部：

關於天水圍土地開發，我方與港英談判為時一年半以上，幾經波折，終於在 7 月 29 日雙方簽署了協議（附協議中譯本）。

⋯⋯

協議着重要華潤公司保證不能動搖，各自盡最佳努力，以持續的和建設性的合作精神，促進發展的完成（見協議第十五段）。港英這樣做，一面有其很大的經濟利益，另一面也希望利用我華潤公司的參加發展，可以起到一定的穩定投資者信心的作用。這與中央提出的「使投資者放心」，「維持香港作為自由港和國際金融、貿易中心的地位」的方針政策是符合的。

特報。

華潤公司

1982 年 8 月 16 日

在那個內地理論界剛剛提出「在社會主義初級階段，土地具有商品性質」探討性觀點的年代，敢於進入自由買賣的房地產市場，而且是土地性質停留在《展拓香港界址專條》的舊時代不平等條約約束下的香港房地產市場，旁人眼中的天作之合、賺錢良機，卻是華潤為「穩定投資者信心」這一重要目標展現出的勇氣和擔當。

1979 年，合力開發天水圍的巍城有限公司成立，其中華潤佔股 51%，香港「的士大王」胡忠之子胡應濱的大寶地產佔股 30%，李嘉誠的長實集團佔股 19%。

不久，信心不足的胡應湘，把他的股份悉數賣給了長實集團。巍城有限公司進行股份重組，新的天水圍發展有限公司成立，華潤佔股 51%，李嘉誠的長實集團佔股 49%。意氣風發的新公司提出一個為期 15 年，分三期完成，預計居住人口達 53.5 萬的新市鎮藍圖。

但隔海相望的一聲開山炮響，打亂了華潤人躊躇滿志的腳步。1979 年 7 月 8 日，日後被稱為「改革開放的第一炮」在蛇口鳴響，隨着這一聲炮響，蛇口的開發全面啟動，隨後主管香港招商局的袁庚，親自向香港工商界發出了投資蛇口的真摯邀請。

面對陌生土地上的巨大誘惑，香港商界猶豫不決，一個聲音在維港邊的寫字樓間若隱若現地迴響着：「華潤去深圳投資了嗎？華潤為甚麼沒有去深圳投資？」

當「零」這個數字，出現在招商局發展部 1981 年年度總結彙報對外招商引資這一欄時，沒能成為港商前往蛇口投資的引路人，卻在資本主義的香港「炒地皮」的華潤，一時間經受着來自內地的巨大壓力。

華潤經理會的會議紀要裏記載了幾幕場景：

> 1980 年 11 月 15 日
>
> 俞敦華發言：「天水圍靠近深圳，所以有人說：你有錢投資天水圍，為甚麼不投資深圳，是不是唱對台戲？我解釋說：我們投資天水圍是為了穩定新界。」
>
> 1980 年 12 月 20 日
>
> 華潤副總姬江會發言：「天水圍的問題報告外貿部和中央了，中央的幾位副主席都過問了。」

但此時華潤資金有限，注定無法兩方面兼顧。投資深圳，是響應改革的號召；投資香港，有助於維護香港的穩定。在無法

稱量孰輕孰重的時候，身處香港的華潤堅持了它的決策和承諾。

1982 年 9 月，當媒體紛紛炒作為香港問題遠道而來的英國首相撒切爾夫人在中國人寸土不讓的態度面前摔了一跤的時候，華潤用 12 年內對天水圍項目投資不少於 14.584 億元的承諾，讓港英政府看到「中央要保持香港的長期穩定和持續發展，不止有信心，而且有行動。」[18]

這是特定歷史時期，華潤完成的又一項特殊的商業任務。

六年之後，華潤因為種種原因中途退出天水圍項目。雖然沒能真正在天水圍書寫下華潤的名字，但 12 億港元的土地轉讓收益，讓華潤切實領略到與人口和發展密切相關的房地產行業的巨大潛力。

1988 年，華潤集團與長江實業簽署天水圍發展合作新協議

天水圍項目籌備的同時，一座完完全全屬於華潤的建築物開始了自己的生長，這就是如今傲立在港灣道的華潤大廈。它的落成圓了幾代華潤人的一個夢。

從踏上香港這片土地開始，華潤的辦公地點幾經變化，從聯和行時期的干諾道中，到華潤公司成立時的畢打行六樓，再到五十年代至七十年代的香港地標中銀大廈，一次次「搬家」的背後是公司規模不斷壯大的現實，和沒有一棟屬於自己的辦公樓

作大本營指揮部的絲絲尷尬。

　　事情在 1979 年的 3 月發生了轉機，港督麥理浩在北京和外貿部部長李強會晤時，對華潤在油荒時期運油濟困的雪中送炭行為大表感謝與讚賞，李強部長順水推舟，請港英政府支持華潤在香港興建大廈。麥理浩回到香港後，大筆一揮親自批給華潤一塊 6600 平方米，足有一個標準足球場大小的地皮，價格僅為市價的一半，但因為屬於特批用地，港英政府規定建成後的大廈只能自用或出租，不能出售。之後的進程迅捷而緊湊，建樓計劃迅速得到外貿部的批准，1979 年 12 月 28 日下午三時半，工程破土動工，此時距離麥理浩訪問北京僅僅過去六個月。剛剛買下旁邊灣景中心裙樓作為辦公室和 A 座住宅作為宿舍的華潤人，可以一邊工作一邊欣賞着他們未來的總部一天天長高。

1979-1983 年，華潤公司辦公地點位於灣仔灣景中心裙樓

　　1982 年 12 月 28 日，這座總投資高達 9.6 億港元的建築物宣告平頂，大樓由一座長方形主樓及一座副樓相連而成 L 型，其中共 50 層、高達 179 米的主樓被命名為華潤大廈，四個大字取自王羲之的碑帖，其中「廈」字由於沒有對應的書法體，是由

「夏」字再找書法大家添筆而成。七層的副樓則命名為香港展覽中心，5500 平方米的展覽面積冠絕香港，此後迅速成為港島最炙手可熱的展覽場地。

這座落成後就與康樂大廈、合和中心、新鴻基中心並列香港四大最高、最先進商業樓宇的宏偉建築，如同一個大大的驚歎號，在維港一側標記了華潤的壯志雄心。而建築過程中成立的部門和公司則為明天的華潤砌下了一塊來自昨天的基石：1980年 1 月 17 日領導層例會上，「華潤公司建築經營部」宣告成立，具體負責建築材料的採購供應。兩年之後，1982 年 4 月 22 日，隆地企業有限公司宣告成立，具體負責即將落成的大樓的物業租賃與管理。建築經營部和隆地的成立，以及之後從隆地中培植出的從事裝修工程的優高雅有限公司，都將為華潤未來殺入房地產市場提供寶貴的人才和經驗。

天水圍的嘗試和華潤大廈的拔地而起，一層層疊高了華潤人對於殺入房地產市場的期盼。為了進一步培養自己的房地產投資開發和樓宇租賃專業隊伍，增加投資房地產業的盈利水平，1986 年華潤集團收購了香港上潤有限公司 51% 的股權，一舉擁有了三家房地產行業的相關公司，它們分別是從事建築的天順有限公司，從事物業租賃的遠威有限公司，從事建築裝飾材料進出口和各類工程建築材料招標及代理業務的遠安有限公司。其中天順公司持有香港建築業最高等級的 C 牌，之後又於 1993 年取得香港品質保證局頒發的 ISO9002 證書，自此可以有資格承接無限額的政府工程。以天順公司為龍頭，華潤漸漸在香港形成了涵蓋建築工程承包、建築裝潢、物業出租及管理、工程管理諮詢和建材貿易的具有一定實力的地產建築類公司集羣，為日後華潤營造的誕生打下了雛形。

建築、裝潢、物業管理等一系列地產產業能力的齊備，讓華潤介入各種基建和地產開發項目的信心與力度大增。寫入榮

譽冊的香港項目有灣仔警察總署大樓、大埔康力工業大廈、上潤中心大廈、華潤山頂摘星閣裝修工程、天水圍嘉湖山莊、長沙灣華創中心、青衣華潤油庫拆遷工程、青衣牙鷹洲灝景灣工程等等。之後他們深入內地，先後在北京、上海、廣東、海南、江蘇等省市開發或承建工程，主要項目包括北京華潤大廈、中山富興新村等等。

不僅如此，華潤從二十世紀八十年代開始便投資了眾多與地產相關的物業項目：1983 年購入華科大埔工業廠房；1985 年翻建香港堡壘街明苑宿舍樓；1989 年購置隆地莊士敦道賓館，同年又遠赴北京，購買京華公寓和翠微宿舍樓，供新招聘的大學生使用；1990 年因為大學生人數增加，再度購置北京安華里宿舍樓；1991 年購建了中藝嘉力大廈、石化的沙田油站，同年，澳門的假日酒店開工興建；1992 年購置了康澤花園住宅樓，在北京購建了崇文門東河沿宿舍樓；1994 年海潤酒店、三亞東方酒店開業……截至 1996 年，華潤集團及各二級公司持有的工商大廈、商場、土地、住宅、倉庫、油站、船舶、賓館及招待所、碼頭等物業共 168 項、原值為 39.9 億港元，扣除折舊後的淨值為 27.7 億港元。

建築、裝潢、物業管理、酒店等等一系列地產產業鏈條上各個環節的錚錚作響，並不能掩蓋核心的寂寂無聲。華潤期待中的地產產業鏈最核心的房地產開發並未順利啟動。

華潤曾一次次地作出過嘗試。

1985 年 6 月，華潤集團投資 2000 萬港元，與新鴻基、中銀、周安橋合資組建天安發展公司，在中國進行地產物業投資，華潤佔股 20%。

1987 年 12 月，華潤集團投資 140 萬美元買下上海上美公司 12.5% 股份，參與上海虹橋區建築面積超過十萬平方米的「美麗華物業」的興建與管理。

但這些小股份的投資並不能讓華潤全身心地深入房地產的開發和運營中進行學習，甚至期待中的財務回報有時也會缺席。

　　1989 年 2 月，華潤購入香港大嶼山東涌地區 56 幅土地，總面積 9365 平方呎，每呎作價 27.5 港元，總投資 277 萬港元，但這塊相當於兩個籃球場般大的土地，地處開闊且邊遠的東涌，實在不具備開發的潛力。1991 年 9 月 3 日，中英兩國政府簽訂《關於香港新機場建設及有關問題的諒解備忘錄》，香港國際機場開建，港英政府向華潤購回 6002 平方呎地皮，華潤以此收回部分投資 248 萬港元。[19]

　　毗鄰的泰國曼谷，1989 年華潤集團投入超過 3000 萬美元，合資成立長春置地，期待打造包含三座寫字樓、一個五星級飯店和一座公寓在內的地標建築羣，但變幻的局勢拖長了預想的工期，這片藍圖上的宏偉建築要到十年之後才能與世人見面。

　　遙遠的加拿大溫哥華，華楓企業於 1988 年 10 月 10 日宣告成立，華潤集團下屬的華遠公司雖然拿下了 55% 的股份，但在加拿大地價高峯期的冒險投入，最終只能換回之後的連年虧損。

　　同樣遙遠的澳大利亞珀斯，1989 年華潤集團投下 100 萬澳元換回了「NORTHLANDS PLAZA SHOPPING CERTRE」20% 的股權，可少量的派息甚至比不過存入銀行的收益。

　　跨越國境、文化、市場帶來的巨大信息差，意味着海外顯然不適合尚未真正摸清房地產開發要領的華潤大展拳腳。

　　1993 年，華潤才真正迎來了進軍香港房地產的又一次機會，港英政府批准了在華潤石化青衣牙鷹州油庫搬遷後的舊址上興建住宅。這一次，自知在房地產開發領域還是學生的華潤，選擇與香港地產業的翹楚新鴻基和長江實業合作，其中華潤創業以地皮作價 35 億港幣佔股 55%，理論上控制了整個項目。

　　四年之後，華潤的試水之作 —— 灝景灣一期即將竣工，外界眼中不懂地產的華潤，在接下來的銷售中，竟開創了香港地產

灝景灣開售儀式

界的兩個先河 —— 樣板間和售樓處。

　　裝修精緻的實景樣房在一片空地上描摹出未來房子的樣態，美好生活彷彿觸手可及；精緻的糕點、貼心的兒童娛樂設備，讓整個購買房產的過程猶如逛街，寫滿了輕鬆愉悅；嘉年華式的售樓儀式上有當紅影星，還有現場抽獎，這些人們如今習以為常的售樓方式，在 1997 年的灝景灣一一呈現。時任華潤創業執行董事劉百成數十年之後，都無法忘懷當年激動人心的火爆場面：「當時有 3 萬 4 千多人來，每個人帶一張支票，35 萬來拿去抽籤，這時大概有 800 個單位去賣。我們賣樓當時這個記錄，現在全世界還沒破的。」事實上，這個紀錄直到 26 年後的 2023 年 8 月 10 日才被打破。

　　但初入房地產市場的華潤仍要為自己的青澀付出代價。由於華潤是地產界的新人，搭檔開發樓盤的反而是香港房地產市場赫赫有名的巨頭，這樣的不對等帶來了信息的誤導。例如「灝景灣」之後的銷售過程由新鴻基主導，以致於數十年後，很多香港人仍習慣性地把灝景灣歸為新鴻基公司的傑作。

　　灝景灣最後一期在 2000 年竣工銷售後，此後差不多 20 年時間，華潤再無在香港投地和開發住宅樓盤的記錄。但在發達

房地產市場的歷練和見聞，讓華潤人擁有了不一樣的經驗與眼界，因此當他們跨過深圳河，為探尋華潤集團新的增長引擎而在內地四處跋涉時，能夠第一時間就捕捉到改革春風裏那不一樣的氣息。

1994 年 7 月 5 日，《中華人民共和國城市房地產管理法》頒佈，對房地產開發用地、房地產開發、房地產交易、房地產權屬登記管理等都做了詳細的規定，為房地產業發展提供了法治基礎。13 天后，國務院正式發佈《進一步深化城鎮住房制度改革的決定》，房地產改革揭開了帷幕。從未有過的新觀念通過官方與坊間的傳播在百姓中間氤氳：一是私房可以上市買賣，以舊換新、以小換大成為百姓獲得更佳住房體驗的可選之路；二是全面建立的住房公積金制度，增強了普通人購房的支付能力和消費信心，攢錢買房、貸款買房觀念漸漸深入人心。曾經的解決住房「靠政府、靠單位」的觀念被「靠市場、靠自己」的理念取代，中國房地產行業真正的春天由此發端。

在政策發佈的時候，時任華潤集團副總經理寧高寧正在為建華潤集團在中國內地的總部，在首都北京四處尋找合適的地塊，但看了幾塊地都不太滿意。有人向寧高寧推薦了在京城地產界很活躍的北京華遠持有的位於阜成門的一塊地，寧高寧對地塊位置大小都滿意，但對那塊地的地上建築設計很不喜歡，可建築設計方案已報規劃部門審批完畢，無法再更改，有些遺憾的寧高寧忽然說出了讓在場所有人驚訝的一句話「算了，要不這樣，不買你的地了，直接把公司買了吧。」

華遠的負責人一下沒反應過來，愣了半許說：「那，也可以，那就談談吧。」

如同一絲禪意從苦苦漸悟終到一念頓悟，無論是華潤啤酒還是華潤置地，這些後來成就了華潤重要利潤來源的支柱產業，它最初的出現或者來臨，在後來者聽來幾乎就像一段相聲的包

上海時代廣場主體結構工程封頂儀式

袱。但就如同相聲中的每一個精彩包袱都包裹着一代乃至幾代名家大師的匠心獨運，看似隨意的一句，決斷背後其實是審時度勢的深思熟慮。

已在香港試水房地產業的華潤，比很多內地同行可能都理解中國實施「住房商品化、社會化」預示的未來。華潤創業提交給集團的報告中，曾對內地房地產市場進行過深入分析和研究。伴隨着改革開放後經濟的高速發展，曾經被壓抑的消費需求必將迎來爆炸式增長。在消費領域，衣食住行四大項中，唯獨「住」無法全國流通，因此城市收入越高，對人口的吸引力就越強，就越會推動房地產的興旺和房價上漲，這是所有發達經濟體包括香港在內都經歷過的必然發展。以此類推，中國內地的房地產必然成長為一個有着廣闊發展空間的大產業，而當這個產業與龐大的人口基數相疊加，會噴薄出無法估量的巨大機遇。

但過往受制於香港獨特的土地政策，和中資公司的獨特身份，僅在香港房地產市場完成試水的華潤，擁有着有想法、敢拼搏、有能力的個體，卻始終沒能淬煉出一支既能征善戰又有一定規模的隊伍。進入九十年代之後參與內地開發的項目，無論是 1993 年合資開發的上海時代廣場、1994 年參與滬寧高速公路及江寧土地開發、同年入股開發的海南扶貧工業園，甚至之

後在 1995 年入股的南京華潤城，無不經歷了因為團隊不成熟導致項目失控帶來的經營損失。如今，當政策鳴響了發令槍，無數公司在身邊爭先恐後時，要想跑得更快，跑得更穩，華潤必然要為自己配備一支已經習慣了奔跑的隊伍，和與之相對應的資源。

已經在北京耕耘打拼了七年的華遠地產，完成了包括西單華威大廈、月壇北小區等一系列項目，從西城區的一家公司，一路成長為北京房地產行業頭企業，有經驗、有隊伍、有資源，無疑是此時華潤眼中理想的收購目標。

而這一年的華遠，正在熱火朝天的市場邊無奈徘徊。伴隨着北京土地價格的快速升溫，華遠發現即使壓上七年奮鬥積累的所有財富，能購買的土地也已經越來越小。這個因政府行政劃撥土地開發權而成長的企業，充分意識到充裕資金對經營房地產行業的重要性。有資本，就意味着更大面積的儲備土地，有資本，就意味着更大規模和更快速度的企業成長。

於是，當華潤人帶着充沛的資金與合作的誠意而來時，雙方一拍即合，心目中認定的天作之合誕生了。

1994 年 11 月，華潤創業連同香港太陽世界、美國國泰財富共同出資，在英屬維爾京羣島註冊堅實發展有限公司（香港華創

北京華遠大廈舊照

為堅實發展公司的最大股東），準備投資入股北京華遠。考慮到北京華遠併購後進一步用資的要求，也方便堅實公司在港上市的需求，華遠集團同意堅實公司佔有北京華遠 52% 的股份。[20] 同月，堅實公司與北京華遠簽訂了認購北京華遠股份、並將公司轉為中外合資公司的合同，並成立了中外合資華遠股份有限公司，其中堅實發展有限公司佔有 52% 股份，原控股股東、華遠集團公司股份份額降到 16.8%，內地股東合計佔有 48% 股權，購併後公司淨資產增至 129000 萬元，公司總資產超過 260000 萬元。

購併後的公司實行董事會領導下的總經理負責制，公司結構完全符合現代企業制度的要求。經過協商，在以穩定華遠經營班子的前提下，設董事會董事 11 名，其中外方六人，中方五人，外方基本不參與公司日常的經營管理，公司董事長總經理仍由購併前的北京華遠董事長總經理繼續擔任，除外方派駐一名財務總監進行財務監督外，公司的管理班子並未發生明顯變化。

在這場聯姻中，華潤創業直接收穫了一家有土地儲備基礎的成長型公司，一支熟悉首都房地產市場，且經過七年磨礪的成熟隊伍，而華遠則獲得了強有力的資金後盾，憑藉持續不斷輸入的資本，華遠開發的樓盤一個個拔地而起。1994 年竣工樓盤面積是 16.5 萬平方米，1995 年這個數字就直接翻了一倍，1996 年再漲 50%，很快奪下了北京房地產市場的銷售王冠。

藉助着華遠的快速發展擴張，華潤創業收穫着投資的盈利，1994 年投下的 4400 萬美金，在接下來的兩年裏，每年為它帶來超過 1400 萬美金的豐厚股息。

1994 年 11 月 14 日，華潤創業在《信報》刊發這樣一份公告：「華潤創業之主要業務為物業投資及投資控股。華潤創業董事會相信華潤創業據以北京華遠控股權益之協議（其條款乃根據公平磋商基準釐定），為華潤創業擴充其在中國之物業投資業務之良機。北京華遠在中國首都北京市擁有大量位置上佳之土地，

而華潤創業董事會認為具有相當發展及獲利潛力，而華潤創業將可行使頗大控制權。彼等預期華潤創業佔北京華遠 29.6% 之股本權益將於日後對華潤創業之綜合溢利作出貢獻，並藉分派現金股息（華潤創業對此將有相當影響力）對華潤創業之流動現金有重大貢獻。」內中描繪的種種期待，日後無不應驗。

華遠不停歇的發展步伐需要越來越多、越來越大的資金支撐，這是日益多元化、需要多頭兼顧的華創也難以承受的資金壓力。而發展迅猛、成績喜人、未來可期的房地產業務，已經具備直接對接資本市場的可行性和必要性。1996 年 7 月，地產業務從華潤創業分拆上市計劃被提上議事日程。

1996 年 9 月，華遠地產註冊資本變更為 10 億元人民幣，堅實發展持股比例上升至 62.5%。隨後，華潤創業以「華潤北京置地」的名義，向香港聯交所提交了上市申請。

這是中國內地公司在香港申請上市，為了保證所有流程都

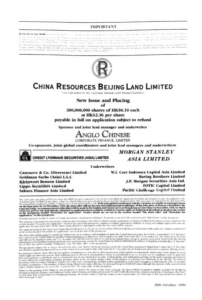

1996 年，北京置地發佈招股說明書（中英文版）

符合香港政策要求，華潤專門聘請了一支國際化的專業團隊提供上市支持。經過幾個月的努力，北京置地上市事宜終於進入香港聯交所委員會聆訊程序。

1996 年 10 月 1 日晚，當內地民眾正歡度國慶時，寧高寧等人卻緊張地守候在電話機旁，等待着港交所的聆訊結果，當聆訊通過的消息傳來時，大家不禁齊聲歡呼。申請獲批意味着華潤北京置地終於突破各種境內外法律障礙，走出了內地房地產公司在香港上市的一條新路，並為內地房企在港上市開創了一套完整的法律框架。

通過港交所聆訊只是上市第一步，只有爭取到更多全球投資者的信任，才能確保募到充足的資金，因此接下來的全球路演也極為關鍵。從北京第一場路演開始，團隊走遍全世界的金融中心，從新加坡、孟買，到蘇伊士、法蘭克福、巴黎、倫敦，又輾轉波士頓、洛杉磯……馬不停蹄的行程雖然疲憊辛苦，但成果更相當喜人——「由於全球配售認購金額超過 30 倍，股價可以定在發行區間的最高價！」

1996 年 10 月 29 日，華潤北京置地在香港發佈招股說明書，引發市場轟動。僅僅兩天時間，華潤北京置地在香港地區總共獲得高達 125.7 倍的超額認購，創下當年的最高紀錄。時任華潤北京置地董事局主席的寧高寧很多年後仍清晰地記得，當完成路演的他走進香港華潤大廈的辦公室，迎面而來的是所有人的起立鼓掌。

但是，隨後的一通電話，幾乎瞬間凍結了華潤人對於華潤北京置地未來的所有美好想像，甚至由雲端墜落谷底。這個從北京打來的電話直接打到了時任華潤集團董事長谷永江的辦公室裏，宣佈了不准華潤北京置地在香港上市的通知。

這樣的通知，如果被執行，不但意味着大量違約金的賠付，一個鮮活的公司可能立刻失血倒下，甚至直接死亡，同時也意味

着華潤集團將遭遇香港資本市場乃至世界資本市場都未曾發生過的醜聞，在香港多年苦心經營的良好商譽，也勢必瞬間破碎難以復原。而且，準備迎接華潤北京置地走上資本市場的香港聯交所也會因為這次事件將被全球資本市場取笑，甚至中國內地的企業都將失去全世界資本的信任，融資發展的機會將會微乎其微。

華潤大廈49層的董事長辦公室裏，討論解決方法的絕密會議最後化成一場悲壯的爭吵。

剛剛抵達華潤集團，僅擔任了五個月董事長的谷永江提出，華潤北京置地一定要如期上市，他是董事長，所有責任就由他來擔。華潤集團總經理朱友藍和華潤創業總經理寧高寧也認同堅持如期上市，但上市這件事情源起於谷永江到任之前，所有責任必須由他們倆來負責。

爭論沒有結果。

上市前的那個夜晚，寧高寧和幾個同事在香港華潤大廈附近的一間小餐廳裏坐了很久，這個34歲帶領華潤創業上市，38歲又將推動華潤北京置地上市，將自己的一切成績都歸功於是華潤優秀的中年人，喝得酩酊大醉。多年後他回憶說，那一晚他和幾位同事講，這可能是我們在華潤的最後一個夜晚，因為如果明天華潤北京置地不能如約上市，大家也就沒有臉留在華潤了，甚至沒有臉面以職業經理人的身份繼續工作，如果上不了，他覺得自己騙了全世界。

11月8日的早晨，幾乎一夜無眠的寧高寧六時半就來到華潤大廈樓下，尚未打開的門前堆着當天新到的報紙，他拿起一看，頭版頭條都是觸目驚心的標題：「華潤北京置地今日或將取消上市」。他坐在報紙堆間，打開報紙翻看着，一份一份，一版一版。突然，他的移動電話響了，是朱友藍打來的，這是他一直在等待的電話。17年後寧高寧接受採訪中百感交集地講到這裏

時，他依舊會長長地鬆上一口氣 —— 電話那頭傳來的內容是：可以上，下不為例。

11 月 8 日上午九時半，華潤北京置地有限公司在香港聯合交易所順利掛牌，股票代碼 1109.HK。上市當天，收盤價為 4.05港幣 / 股，比發行價上漲 60%。

這張在慶祝華潤北京置地上市的照片中，沒有董事長谷永江的身影，他選擇了低調地不出現。17 年後他對着採訪的鏡頭，講述了那些天不為人知的經過。

當由誰來承擔責任的爭論暫時休止時，谷永江和朱友藍在

1996年，時任華潤集團總經理朱友藍（左五）、時任華潤北京置地董事局主席寧高寧（右三）等在香港聯合交易所主板掛牌上市時合影留念

各自的辦公室，先後撥通了時任對外貿易經濟合作部部長吳儀的電話，詳細講述了上市的嚴肅性和必要性，也立下自己承擔所有責任的承諾。

11 月 7 日深夜，一直守在電話機前的谷永江接到吳儀的通知，立刻向時任國務院副總理朱鎔基做簡要彙報。最終得到了

那力重千鈞的四個字「下不為例」。

　　選擇帶着這段秘密保持靜默的谷永江，仍然伴隨華潤北京置地上市引發的爭論，被推上了輿論關注的頂點。世界各地的財經媒體關注的焦點是「香港回歸之後，香港中資企業在內地的分支機構或者控股公司能不能在香港上市」，因為此前已經有位知名中資機構的董事長表達了堅決接受中國證監會的領導，內地分支機構堅決不在香港上市的態度。

　　過往記者的一次次圍追堵截，從沒能獲得過谷永江的隻言片語，香港的媒體已經習慣用「沉默寡言、謹言慎行」這樣的詞彙形容這位華潤集團的掌舵人。但他們沒想到，在香港中國企業協會的一次研討會上，谷永江走向台前，當着所有企業領導人，當着圍觀記者的面，斬釘截鐵地宣告：「香港的中資企業，在香港註冊，受基本法保護，不受中國證監會領導。」這一刻，現場的見證者彷彿夢回中國復關的談判現場，那個如今習慣少言的身影曾經直面尖銳的追問和質疑，用義正辭嚴贏下了無數場唇槍舌劍的交鋒。

　　華潤北京置地上市十幾天後，谷永江和朱友藍都接到了到北京接受處分的通知。但出乎他們意料的是，處分不是在外經貿部宣佈的，吳儀帶着他們走進了朱鎔基的辦公室。

　　一進門，朱鎔基副總理就坦誠相告，中國證監會起草的處分華潤集團、處分谷永江的文件已經準備好了。

　　即使已經過去了 17 年，谷永江依舊清晰地記得自己在副總理面前的難得一見的慷慨激昂：「我說我讓我們的有關部門把所有有關上市的法規全部拿到我這來，我從頭到尾都看了，所有的法規，關於上市的法規我都看了，我們沒有違反任何一條，華潤北京置地在香港上市沒有違反法律，沒有違反規定，也沒有違反證監會所作出的任何規定，憑甚麼處理我？！」有力的質疑的後面，是這位曾經擔任過三年外經貿部副部長，又當過三年世貿談

判首席代表，此時管理着香港最大中資企業的中年男子，願意為華潤的未來、為堅持的商業操守犧牲仕途、地位和名譽的決心。但當他做好準備承受一切的時候，他聽到的，是朱鎔基微笑着的反問：「怎麼着，還要我給你道歉？」

在朱鎔基和吳儀的共同堅持下，谷永江、朱友藍、寧高寧和華潤集團都沒有受到任何的處罰。

在舊制度、舊觀念依然束縛着所有機構、所有人的時候，創新首先是風險，華潤的領導者們每每在關鍵時候展現出的勇氣和擔當是華潤史中重要的篇章，和他們類似的一位位闖關者共同譜寫出中國改革開放史中壯美的樂章。

儘管共同的事業初具規模後，華遠又離開華潤另起爐灶，但七年的合作，卻為後來在中國地產業舉足輕重的華潤置地，開闢出人才和經驗的出發地。

這個當時華潤旗下最年輕的利潤中心，還沒有尋找到屬於它自己的真正的發展模式，只是跟隨着華潤旗下各產業佈局內地的腳步，亦步亦趨。在相當一段時間裏，華潤北京置地主要是用資本參股，支持者着合作方的團隊開疆拓土，然後獲取資本的紅利。

這是特定時代的華潤人對房地產行業的特定認知，他們還需要在時代和事業的雙重錘煉中，耐心地完成自我的全方位塑造。但在一次次的試探和試煉中，華潤人已經堅定了關於自己未來方向的選擇，只要方向對了，路就不怕遠。

第二十八章

一條大河波浪寬

2018 年 10 月 24 日上午九時，港珠澳大橋正式通車，自此珠海、澳門抵達香港的陸路交通時間，由四小時縮短至 30 分鐘。

長達 55 公里，飛跨伶仃洋，連接港珠澳，這座贏得「世界新七大奇跡」之一美譽的大橋從設計伊始，就被認為挑戰數百年來的建築理論，但歷經六年籌劃，九年建設，它終於在讚歎和質疑聲中傲然矗立。奠定這一切的基礎之一，是橋墩能夠在這片自然條件極其複雜、需要重度防腐的海域裏屹立超過 120 年，而構成它超強肌體的根本，就來自華潤水泥製造 —— 潤豐牌高性能矽酸鹽水泥。

這是屬於華潤水泥的榮耀，而類似的超級工程，華潤水泥參與的還有很多。今日讚歎那些恢弘存在的人們不會想到，這位屢屢擔綱起超級工程任務的主角，在很多年前差點夭折、止步

於它的初期。

1986 年的香港，有關香港未來的制度設計日益明晰，隨着各方人士對香港未來擔憂的煙消雲散，長達四年的房地產熊市終於走到盡頭，新一輪的繁榮週期迅速開啟。廣東道上，矗立了 30 年的海運大廈即將開始翻修，建成之後的海港城將在之後創下連續十餘年蟬聯亞洲最大最繁華綜合商場的榮耀；獅子山下，連接九龍和新界的大老山隧道作好了從圖紙走向現實的準備，時至今日這都是香港歷史上規模最大的穿山隧道修建工程；屯門輕便鐵路、葵涌六號碼頭，重點基建項目一個接一個地開工興建，金鐘、中港碼頭，一棟棟如今維港畔的標誌性建築打下了崛起的地基。在如火如荼的基建大潮中，從未缺席香港任何一次發展機遇的華潤該做些甚麼，成為董事會上頻繁討論的話題之一。

百餘年前發生在美國的一個故事給了華潤人啟示。

1848 年，加州發現金礦的消息傳遍了美國，隨後在那場延續數十年的淘金熱中，百萬人千里迢迢，走進了曾經的荒原。但

華潤參與投資建設的大老山隧道

中港混凝土

很多年後，那些埋頭淘金的人們終其一生也沒有改變貧困的命運，而在他們身邊，製作鏟子的工匠已經收穫了期待中的美好生活。

「淘金熱中賣鏟子」的故事早已遠去，但依循這種邏輯運作的商業傳奇時時都在續寫。

於是，1986 年，華潤旗下的華潤五礦與港商合資在香港投資了一個小小的水泥攪拌站，還購買了一部分混凝土車隊，正式成為了香港大基建淘金潮中的「賣鏟人」。

因為公司的資本裏既有中國內地的資金，又有香港的資金，服務的目標是立足香港、遙望內地，於是小小的公司有了一個宏大的名字「中港混凝土」。當時不會有人想到，名字裏潛藏的宏偉願望，多年之後真的澆築成了堅固的現實。

好風憑藉力，隨着香港房地產業滾滾向上的洪流，中港混凝土公司也取得了長足的發展，一舉被送上香港三大混凝土供應商之一的位置，看似不起眼的小產業竟然做成了彼時華潤旗下盈利情況最優秀的企業之一。於是，按照香港企業的習慣，每年吃團年餐時，中港混凝土的管理層基本都能坐在主桌，而在集團年會上，他們可以坐在離集團領導最近的位置。一時間，中港混

凝土風頭無二。

1990 年，因為香港本地供應生產混凝土的砂石原料匱乏，加之香港政府對環境保護的要求日益嚴苛，華潤不得不越過深圳河，前往廣東珠海設立了洪灣石場，作為中港混凝土的砂石原料供給地。

上世紀九十年代，中國內地正在走進一個萬象更新、朝氣蓬勃的春天。鄧小平的南巡講話，為中國經濟的高速發展奠定了寶貴的信心基礎，抑制愈久爆發愈激烈，鐵路、公路、高速路⋯⋯神州大地上到處都在建設，「基建」成為一個時代熱詞，加上城鎮化進程的強大驅動，整個中國幾乎成了一個地球上最熱鬧的大工地。眼望着內地處處拔地而起的腳手架，看着迅速改變面貌的大小城市，華潤集團彷彿看到了自己熟悉的成功路徑。

1995 年，華潤集團決定在廣東東莞籌建東莞華潤水泥廠有限公司（簡稱東莞水泥廠），正式拉開了進軍水泥產業的序幕。

為了造出領先內地的高標號水泥，華潤遠赴水泥產業極度發達的日本，請來了在世界水泥行業都鼎鼎大名的住友商事和宇部興產，作為東莞水泥廠的合作夥伴。新的合資公司股份分為三部分，華潤方佔股 75%，住友商事和宇部興產各佔 12.5%。

1995 年，東莞水泥廠開工典禮

站在花團錦簇的公司成立儀式上，沒有人會去掃興地設想，這樣的股東結構和後面的分工會對東莞水泥廠日後的發展產生怎樣的影響。

時任香港華潤五金礦產有限公司高級經理徐勇明對這家新公司經歷的痛苦磨合期有着深刻地記憶，由於大股東華潤這邊沿襲着舊有的「只投資，不經營」的投資習慣，而具體管理的日方兩個股東又更多考慮自身的利益，於是東莞水泥廠的董事會上，往往會出現這樣一種局面：來自兩個國家、三個公司的股東們就管理體系、投資金額等各方面的各種問題展開激烈且漫長的討論，決策的程序因此變得極其複雜，建設週期也一拖再拖。

開工儀式過去了三年後，東莞水泥廠終於點火投產。但剛剛動起身的他們，發現自己一頭撞進了席捲亞洲的金融風暴。

香港，樓盤價格已經跌去了50%，終於繃不住的各大房地產商無奈地展開激烈的降價促銷戰，青衣島上，新鴻基地產剛剛以4280港幣一呎的特價推出曉峯園，對面的長江實業隨即宣佈以4147港幣一呎出售青衣地鐵上蓋的盈翠半島，新鴻基地產立刻部署反擊，宣佈曉峯園所有單位售價打八三折。對於寸土寸金的香港而言，如此白熱化的地產促銷對戰，不但前無古人，也很難有後來者。

此時的中國內地，由於部分受到波及，銀行業變得警惕謹慎，對資金依賴度極高的基建行業進入了改革開放後不多見的緩慢期。

一時間，東莞水泥廠原本指望的兩大水泥消費市場，同時陷入了低迷。因此，千呼萬喚始出來的東莞水泥廠從正式投產那一刻起，就伴隨着無休止的虧損。整個1998年，東莞水泥廠的銷量僅僅20萬噸，第二年它的虧損額就達到了一個億。這個花費了六個億港幣孕育的寵兒，剛剛誕生就成了不良資產，在華潤集團此時正在進行的清理整頓工作中，曾寄予厚望的東莞水泥

廠被列入清理整頓企業名錄中，為了它的誕生而投下的高額費用，眼看着就要成為固定在特殊資產部賬上的一串悲傷的數字。

1999 年底，一場特殊的現場辦公會，在華潤東莞水泥的現場舉行，提議舉辦這場現場會的特資部擔任主持，參會的包括了華潤集團整個常務董事會，最終拍板，再試一年。

導致東莞水泥廠錯失良機的管理權、決策機制問題必須首要解決，這是東莞水泥整改的第一步。當華潤人和合資者坐到談判桌前時，他們已經作好了背水一戰的心理準備，最終華潤人以當年減虧、第二年盈利的承諾，獲得了東莞水泥廠的管理權。時任華潤機械五礦副總經理周俊卿，臨危受命，告別了從事 20 年的機械進出口貿易，火速趕到東莞，接手主抓這家危機重重的新生企業。

身處其中，直面管理，華潤人很快就發現了一個可怕的現實，虧損不僅僅是金融風暴後香港房地產暴跌市場低迷的連鎖效應，更因為那些高價買來的設備，並不像之前彙報給集團那樣所謂涵蓋了水泥生產的全部環節，實際上那些設備只能處理水泥生產流程的最後一道工序，投資六個億的所謂水泥廠其實只是一個水泥粉磨站。而且，全套從德國和日本進口的先進設備，此時還不能適應內地提供的熟料質量，所有的熟料都必須由合資方宇部水泥負責千里迢迢從日本進口，為此一個萬噸級的大碼頭已經在福祿沙工業區修建完成。這樣一套水土不服、不具備水泥全部生產環節能力的生產流程，不但意味着極高的運行成本，更重要的是，從一開始就從原料上，被日本合資方掐住了咽喉。

雖然了解明白了真實情況，但木已成舟。危難之際領命而來的周俊卿，展現了華潤人身上一貫的使命感和擔當，她拋下一句擲地有聲的話語：「現在只有一條路，就是沒有退路！」轉身就帶着隊伍扎進了東莞水泥廠的生產車間，那是貿易出身的華

潤人曾經有意遠離的生產第一線。

　　命運總是會以看似巧合的方式獎勵那些時時努力的人。
1998 年 4 月 28 日，中國人民銀行以「特急件」的方式將《個人住
房擔保貸款管理試行辦法》發往各商業銀行，宣佈即日起執行：
貸款期限最長可達 20 年，貸款額度最高可達房價的 70%。不到
三個月後，國務院作出重大決定，黨政機關一律停止實行了 40
多年的實物分配福利房的做法，推行住房分配貨幣化，住房市場
化的空間大大拓寬。幾乎於此同時，「關於進一步深化城鎮住房
制度改革」的通知出台，明確要求「加快建立和完善以經濟適用
住房為主的住房供應體系」。

　　這一系列重要政策的出台，特別是允許按揭貸款和取消福
利分房兩大措施，直接刺激了房地產業的攀升，中國開始了長達
十餘年的地產熱。[21] 復旦大學教授張軍日後評論說：「這個政策
是亞洲金融危機之後改善市場需求的轉折點，其效應持續十年。
消費信貸刺激了家庭的住房需求，而大規模的基礎設施建設則
釋放着持續的投資品需求。大量的企業也就是在這之後開始進
入投資擴張時期的。由於投資旺盛，整個經濟對於上游基礎部
門的能源和原材料的需求保持了持續的增長，這為大量地處上
游的國有企業提供了有利的市場環境。」

　　內地的水泥產業被激活了，但這是華潤人尚未熟悉的舞台。

　　周俊卿抽調了全廠最優秀的人才，打造了一支完全屬於華
潤的水泥銷售隊伍。時任東莞水泥廠主任劉貴新多年之後依舊
牢記着艱難歲月裏的奔波：「當時小車上就裝着兩包水泥，拖着
到處跑。經常問朋友說『嗨，你們那邊有沒有熟人，拖兩包過去
看看我們的水泥怎麼樣？』」

　　換了隊伍，換了心氣，也換了打法。憑着這股子永不服輸
的狠勁，差點作為不良資產被關閉的東莞水泥廠又活了過來。
2001 年，虧損多年的東莞水泥廠收穫了第一次盈利 1500 萬元，

但每年年底籌備來年工作的水泥廠董事會上，次次都會上演的無休止的爭論，一次次刺痛了華潤人的內心。

「那個時候，每年一到下半年十一、二月份的時候，我們總經理最操心的事情，就是怎麼樣跟日本談熟料的價格、談海運的價格。海運和熟料的價格，最終直接影響我們的生產成本，也影響我們最後產品在市場上的定價競爭力。但日方只要知道我們的產量提高，就會把熟料漲價，把其他的費用提高，讓我們的盈利變少。」此時已經升為助理總經理的劉貴新清晰地記得會議上那針鋒相對又頗為窩火憋氣的一幕幕。

東莞水泥廠只有粉磨功能，熟料供應卻控制在日本股東手裏，不僅價格高，供應還非常不穩定。被對方掐住喉嚨的經營，怎麼能走得長久？要掌控自己的命運，就要掌控自己的資源，也就是要有自己的熟料、自己的礦山，周俊卿和夥伴們決定向產業鏈的上游進發。

年過半百的周俊卿又一次出發了，她親自帶領一支小分隊，沿着西江逆流而上，一路向上游尋訪探察。之所以選擇沿西江一路向上游走，是因為南方水路船運是最經濟的運輸方式，而西江上游的廣西鄰居各類礦產資源豐富，尤其石灰石資源。周俊卿此次遠行的目的，不僅僅是要解決原料受制於日方的困局，更是在尋找奠定華潤水泥未來的基石。

雖出身貿易但善於學習的華潤人，此時已經是水泥產業的行家，當貿易人的敏感、靈活、從需求端看問題的習慣，與水泥產業的生產、物流、從資源端找方向的思考結合起來，必定產生與眾不同的面貌。

進入廣西深山，行走在華南最大的石灰石資源出產地的周俊卿，越來越堅信她的判斷，這裏不但有豐富的所需資源，還有奔湧的西江水道可供物資運輸，而且有臨近正迅猛發展建設的珠三角地區的獨特優勢，華潤水泥期待的未來就應當選擇在這

片土地上孕育生根。

　　擁有優質礦山資源和完整生產線，卻因體制僵化陷入嚴重
虧損的廣西紅水河水泥廠，進入了華潤人的視野。雙方一拍即
合，2001 年，華潤收購紅水河水泥廠，儲量 8000 萬噸的石灰石
礦山讓東莞水泥廠一舉掙脫了扼住自己喉嚨的那隻手。

　　此時的華潤，已經熟諳於如何激發一家有基礎、有能力、
但體制僵化企業的活力。一年之後，過往虧損 800 萬元的紅水
河水泥廠就實現盈利 1200 萬，並向東莞水泥廠提供符合要求的
熟料。

2001 年 12 月 28 日，廣西華潤紅水河水泥有限公司成立

2002 年 7 月，紅水河水泥日產 2000 噸水泥熟料生產線開工

2003 年，在引進新型生產線擴大產能後，紅河水泥廠盈利增長至 3300 萬，而東莞水泥廠憑藉穩定而堅實的產業夥伴也一路高歌。

2003 年 3 月 13 日，對於華潤水泥產業來說，這是一個具有里程碑意義的日子。根據「集團多元化、利潤中心專業化」的總體戰略，華潤集團決定整合旗下分屬於機械五礦、華潤創業等不同利潤中心的水泥、混凝土及預製件業務，華潤水泥控股有限公司成立。

四個月後的 7 月 29 日，華潤水泥在香港交易所主機板以介紹的形式上市。

2003 年，華潤水泥上市

在華潤水泥闊步走向資本市場的同時，華潤水泥旗下的兩支隊伍分別抵達了廣西的平南和貴港，他們的到來，不僅是為了收購兩家當地的水泥廠，更是要把華潤籌劃已久的一個戰略落地實踐。

這個名為「兩點一線」的戰略，「兩點」指位於廣西的資源分佈點和位於廣東珠三角的目標市場集中點，「一線」則指連接兩點的西江物流通道。這是融合了資源、市場和物流的清晰藍圖。

2004 年 10 月，平南水泥一期工程正式投產

圍繞着「兩點一線」佈局，2004 年 10 月，位於廣西平南的華潤魚峯水泥廠，即日後的華潤水泥（平南）有限公司正式投產，華潤水泥第一次擁有了日產超過 5000 噸的大型工廠。

幾乎與此同時，華潤水泥（貴港）有限公司完成了點火啟動儀式，短短時間內，華潤就有了領先全國的兩條日產 5000 噸的大型生產線。

從紅水河，到平南、貴港，三家華潤水泥廠的矗立，如同一個穩定的三角形，為華潤鎖住了西江沿岸最好的生產基地；從西江，到珠江，再到東南沿海，一條包括了礦山資源、熟料加工、水泥生產、運輸及銷售的水泥全鏈條一路鋪開，這一切為未來

的華潤水泥帝國奠定了扎實的基礎。

這一刻，距離華潤進入這一行業，已經過去了整整 18 年。從一個簡單的盈利點，到一個投資的增長點，再到一個擁有獨特戰略的利潤點，再到華潤版圖的一個戰略支撐點，對於華潤水泥來說，這 18 年是從懵懂走向成熟的 18 年，而對於華潤集團而言，這 18 年，也是打造一個產業從無到有、從弱到強的 18 年。

在成功的節點細數輝煌瞬間和來路上的足印時，史學家們習慣着眼於時代的大勢與驅動，經濟學家總是能觸到理論和規律的脈動，而管理學者則喜歡在細部張揚管理的藝術，而走過這一路的華潤人或許能深刻地理解，真正讓時代大潮、理論規律、管理藝術成為成功佐證的，是人，和人的精神，是生死存亡之際挺身而出的承擔，是艱難困局中拍着胸脯的承諾，是看似絕地時喊出「沒有退路」的勇氣，是踏遍青山找尋出路的足印，是「一身汗水、滿臉淚水」，是一代又一代事業者們的堅持和傳承。

因此，當時間到了 2022 年，水泥行業再次跌至谷底的時候，走進紅水河水泥廠的華潤集團董事長王祥明，沒有過多地談及波峯波谷間該如何閃展騰挪，而是帶領大家重溫「紅水河精神」，用致敬華潤水泥人精神的方式，激盪起所有人的鬥志。因為只有精神和文化的力量，才能跨越週期的顛簸，抵得過歲月的漫長。

這樣的思考和踐行，不止發生在華潤水泥。一個又一個光榮的奮鬥者和奉獻者，他們書寫出屬於華潤的「拼搏精神」，之所以在華潤不同的發展階段中都不乏能人，不是因為一些特殊品格的人特殊地匯聚在了華潤，而是華潤為擁有特殊品格的人們，提供了特殊的維護和應有的人生榮耀，這是一個龐大的企業肌體生命力旺盛的根基所在。

第二十九章

彭城模式

繼續留在體制內的電力系統，享受旱澇保收的事業單位待遇？

去不去華潤新開的電廠？聽說是全新的設備，全新的體制，按勞分配，多勞多得。

1994年，這樣的爭論成為電力系統眾多年輕人私底下討論的秘密話題。導致這樣的議論出現的，是這一年的初春，電力人最熟悉的報紙《中國電力報》上刊登了一則招聘廣告，「華潤電力招人了！」

華潤電力是哪個部門下面的？

華潤電力是甚麼體制啊？

華潤電力能給多少錢？分不分房？

......

華潤電力，這個陌生的名字的第一次出現，就在它身處的行業內掀起了軒然大波，一如它之後數十年裏的每一次創舉，都能震動這個行業的發展軌跡。

電力，是現代文明的血液，是各行各業的原料，是百姓生活的必需品。中國，曾經是世界上最缺電的國家之一，改革開放的最初階段，電力供應的快速發展還沒來得及跟上，日益興起的基礎設施建設和工廠開工卻讓電力供應的缺口日益加大。很多地方，不得不發行「電票」，電力就如同困難時期的糧食一樣需要限量供應。以川西電網為例，1978 年 7 月，平均每天缺電 30% 以上，電力最緊張的時候，整個片區停一半供一半，一條街接一條街地停電，除必須重點保證的企業，主電網內有 1000 多個企業要麼待電投產，要麼缺電停產或半停產。

如今的人們已經很難想像，和天氣預報一起登上報紙的，是每天更新的計劃停電通知。電的匱乏，成為了生產力提高的最大阻礙，曾經的水利電力部副總工程師沈根才在報紙上大聲疾呼：「中國經濟發展最大的短板就是缺電。」

電力工業作為國民經濟的重要基礎性產業，缺電的根本原因是國家財力不足，制約着電的生產。1975 年全國缺電 500 萬千瓦，這個數字五年之後就翻了一倍，到了 1985 年，全國年度缺電 1200 萬千瓦。

1985 年 2 月，國家計委、水電部分別轉發中央和國務院領導對《關於利用外資、加快電力建設問題的會議紀要》的批示。「幾乎每天都擔心電要拖經濟發展的後腿」的中央領導，下定了用多種方式突擊電力建設的決心。三個月後，國務院【國發 (1985) 72 號文】批轉國家經委等四部門《關於集資辦電和實行多種電價的暫行規定》通知，鼓勵地方、部門和企業集資辦電，實行「誰投資、誰用電、誰得利」的政策，並實行多種電價。

中國的電力工業改革就此拉開序幕。

幾個月後，1985 年 6 月，後來成長為中國五大發電公司之一的華能國際電力開發公司成立，以外資身份出現的華潤佔股 10%，成為華能最早的戰略投資者之一，這也是華潤和電力行業的第一次接觸。

鬆動的體制，激活了前所未有的動力，電力裝機容量以每年新增 1000 萬千瓦時的速度激增，但中國的電力改革是一個艱巨曲折的過程，960 萬平方公里的發展體量催迫着中國的電力改革還需要再快一些。

1992 年 12 月 22 日，能源部黨組作出《關於加速發展多種經營的決定》，提出要把多種經營擺到與能源生產、能源建設同等重要的位置上來，超常規加速發展多種經營。

轉過年來，華北、東北、華東、華中、西北五大電力集團公司在北京人民大會堂集會，宣告五大電力集團公司正式成立。這五大公司連同華能集團公司，構成了中國電力工業生產的第一集團。3 月 22 日，八屆全國人大一次會議通過了國務院機構改革方案，決定撤銷能源部，分別組建電力工業部和煤炭工業部。幾個月後，電力部、國家體改委和國家經貿委聯合發出通知，正式頒發《全民所有制電力企業轉換經營機制實施辦法（試行）》，「公司制改組，商業化運營，法制化管理」成為電力體制改革的指導性戰略。

其中「公司制改組」就是依照新頒佈的《公司法》對現有電力企業進行改組，建立現代企業制度。要實行政企分開，建立新型的政企關係；建立明晰的產權制度，確立電力企業出資者的法人地位；改革企業的治理結構，施行新的財會制度；制定新的勞動、人事、分配制度。公司形式以有限責任公司為主，少數有條件的可以改組為股份有限公司。[22]

政策的鼓勵，體制的鬆綁，巨大的市場，讓華潤的決策者們

在思考，把電力行業作為一個「策略性投資」，變成華潤未來發展的重點產業。在日後的採訪中，寧高寧把當年的電力行業概括為「電力行業是一個收入穩定，但回報不低的行業」。這樣的特質恰好可以與華潤其他風險和收益都可能出現巨大波動的產業，例如房地產、零售業、啤酒等互相補充，進而構成一個和諧的投資組合。

依照中國電力工業體制改革的指導性戰略，地方政府紛紛帶着下轄的發電廠開始尋找新的合作夥伴。1994 年，徐州市政府的代表走進了維港畔的華潤大廈，他們帶來的方案，是希望和華潤共同完成一家電廠的建設。正在向內地、向實業化轉向，尋找能支撐集團可持續發展主業的華潤，爽快地同意了這個方案，決定以投資者的身份參與項目建設。

這就是華潤彭城電廠的由來。事實上，徐州市找到華潤的時候，距離彭城電廠這個項目立項已經過去了 20 餘年，幾代人耗盡了職業生涯都沒能把這家電廠從一個方案變成現實。

經過六個多月的洽商談判，華潤集團、國家開發投資公司、江蘇省投資公司、徐州市投資公司四方分別按照 35%、30%、20%、15% 的股權比例，合資成立徐州華潤電力有限公司，簡稱「徐州華潤」，負責彭城電廠的建設。

以外商投資企業身份參與項目的華潤，堅持這家電廠必須以市場化的方式進行運作，於是，在新公司徐州華潤電力的營業執照上，大股東華潤把「建設、管理、經營彭城電廠」這一條堅決地專門寫入了營業執照。中國其他發電企業營業執照上從沒出現過的這一表述，開闢了華潤電力項目「自主建設、自主管理、自主經營」的先河，而這可謂是最終造就了「彭城模式」的初始基因。

董事會是華潤為徐州華潤電力有限公司確立的最高決策機構，多少年來以行政命令為行動方向的電力公司，迎來了市場化

1993年11月，彭城電廠一期工程的開工報告正式得到國家的批准；
1993年12月30日，舉行開工儀式

1994年3月31日，
中外合資徐州華潤電力有限公司合同簽字儀式在北京人民大會堂舉行

的決策管理體制。對於一座要從白紙上一點點建設起來的發電廠而言，這是最重要的第一筆。

1994 年的春節剛過，全國第三大發電廠，徐州茅村電廠車間的鑽工趙後昌接到了去華潤彭城電廠的調令，那時候已經聽聞華潤將至的他們，還習慣性稱呼茅村電廠為「一廠」，而新建的彭城電廠為「二廠」。車間主任特意找到趙後昌，問他能不能自己主動跟大領導提不去「二廠」，趙後昌想了想，拒絕了車間主任的提議。恨鐵不成鋼的車間主任再三向趙後昌強調，留下來就是事業編制，去那裏就是企業工人，但趙後昌還是堅持了自

己的決定。此時他已經在其他小夥伴那裏聽聞了「二廠」將置辦當時中國最先進的發電設備的消息，這個在「一廠」鑽工崗位上一干就是九年的小夥子，就想去「二廠」看一看、摸一摸，這「中國最先進」究竟是個甚麼樣。

懷揣着同樣的想法，60 個「一廠」的工人，放棄了體制內的穩定工作和穩定待遇，選擇進入「二廠」，在那裏，他們將成為華潤彭城電廠的第一批工人。為了能招來他們，華潤以每個人一萬元的價格，付給了「一廠」60 萬元的現金。

吸引趙後昌們到來的，是華潤彭城電廠宏偉的建設計劃。這裏將引進兩台當時內地最先進的 30 萬千瓦機組，而更讓所有人震驚的是，華潤宣佈：「機組要在 1996 年 9 月安裝完成」。一個從沒有實際管理過電力工業生產的香港公司，兩套從沒有在內地安裝過的先進機組，竟然敢在開工之際就提前公佈了完工節點，這是當時內地所有電力項目想都不敢想的「狂妄」之舉。

1996 年 9 月，日後被華潤電力人統稱為「969」，不光前來建設彭城電廠的人震驚，所有的同行也都在質疑這個數字的可能性。因為按照之前全國所有電力行業建設電廠的經驗，建設一個電廠到能正式投產使用，因不可控因素太多，基本都是會超出國家額定的工期，只是超多超少的問題，而華潤電力向社會公佈的這個時間點，建設週期比國家額定工期還要短很多，這基本是不可能完成的任務。

外界議論紛紛，只有華潤人明白，這個數字並不是向上級拍拍胸脯的意氣之舉，這是華潤聘請的各方面專家通過精準的計算，得出的運轉效益最高且可行的數字。而要完成這一切，華潤還需要更多的人才，這就是 1994 年《中國電力報》上那篇招聘啟事的由來。

姜利輝從東北來到了蘇北，這位黑龍江科技大學電氣自動化系畢業的專業人才，成為彭城電廠維修部的新部長。

原本在電業局工作的趙琦來了，他放棄了事業編制人員檔案裏的「幹部」身份，成為了彭城電廠化學分部的一個工人。

即將大學畢業的趙義也來了，他背離了無數師兄前輩們的共同選擇，沒有進入管理部門，而是走進了一家建設中的合資電廠。

……

這些從體制內奔湧而出的專業人才，從高校內選拔出的未來新星，和從「一廠」走出來的趙後昌們，共同組成了徐州華潤電力有限公司彭城電廠最初的建設者，他們的平均年齡還不到28歲，這是全國其他電力公司不敢想像的年輕力量。

李義是在1995年的夏天到華潤電力徐州彭城電廠報到的，走進離徐州市區有20多公里的柳新鎮廠區，他第一眼看到的是一片巨大的工地，這個年輕人有些疑問：「辦公樓究竟在哪兒？」現場的人的回答讓習慣了電力系統高大上辦公場所的他格外震撼：「還在建。」

這是彭城電廠特有的建設場景，年輕的人們擠在大通鋪上，有人醒來，有人才剛剛睡去，一天的24小時都可能是上班時間。

很多年後，已經做到華潤電力高級副總裁的姜利輝，依舊記得當年這些年輕人是如何工作的：「按照生產流程配置人員，將原本工作量不飽和的、專業又能互補的編在一起；汽輪專業的去研究鍋爐，學鍋爐的過來搞計算機。白天汽輪機班作業，晚上鍋爐班作業。考核節點，按天設計工作量，幾天或十幾天一個工作量考核點，完成考核有獎勵，沒有完成就扣工資，獎罰分明，幹勁十足。」

有了可量化的工作和考核目標，有了不同以往大鍋飯的獎懲分明的公平制度，有了激發人潛力的平台，所有人都在拼了命地搶時間做貢獻。「我的價值、我能做得多好？」成為大家不約而同的思考，而「這個廠能發展到多大？」成為所有人共同的期待。

那個時候，電力行業新建項目設備採購絕大多數都是從電力部下屬企業直接訂貨，而彭城電廠的創業團隊始終堅持「貨比三家」，在保證質量的前提下，想盡一切辦法降低造價。

工藝系統優化，本是屬於設計和管理部門的工作，但在彭城電廠，它被按照「工期、造價、質量、安全」四個方面進行分解，所有人俯下身段，對着龐大系統一個細節、一個細節地推敲計算。

所有的一切，都是貫徹一個理念：「建設即是運營」，不是等建成、不是等開機，將建設階段就作為搶時間、爭效益的運營階段來對待，這是強烈市場意識的樸素實踐。

1996 年的 9 月終於到來，6 日，彭城電廠一號機組開始進行 168 小時不停機滿負荷運行考驗，一旦通過，標誌着電廠將正式投入運轉，華潤人許下的「969」才算真正得以實現。

因為開機時出現了多次停機重啟，趙後昌決定守着這台他親手建起來的機組，守滿 168 個小時，定時不定時查看，看着它完成滿負荷運行考驗。而 168 個小時，就是七個晝夜。

當日曆翻到 1996 年 9 月 15 日時，機器依舊發出不停歇的轟鳴，趙後昌終於可以和身邊的夥伴緊緊擁抱在一起，因為他們完成了所有同行都認為不可能完成的任務。他們就這麼緊緊地抱着，任憑淚水沖刷着臉上沒有時間清洗的煤灰。

超長時間的熬夜，超長強度的工作，讓趙後昌患上了嚴重的高血壓，時至今日他仍需要每天吃藥才能讓血壓保持穩定。在那個熱火朝天幹勁十足的歲月裏，他曾經把那時不時襲來的眩暈，當作了成就和壓力共同作用下不停歇的熱血澎湃。

1996 年 9 月 6 日，彭城電廠一號機組開始進行不停機滿負荷運行，經過了 168 小時試運行，於 1996 年 9 月 15 日正式投產，比國家額定工期提前了 105 天，以 28.5 個月的建設工期在華東地區同類機組中名列榜首。

1996 年 9 月 15 日，彭城電廠一號機組建成投產慶典儀式

八個月後，二號機組建成，比原計劃還提前了 144 天，兩台機組都做到了投產即達標。而更為難得的是，國家電力部當時制定的按電廠建設造價和發電能力核算的行業造價參考成本為每千瓦時 5500 元，而彭城電廠每千瓦時造價只有 4500 元。憑藉近 20% 的差額，徐州華潤彭城電廠一舉成為中國火電建設以來唯一未超預算的國家重點電力工程。

「969」的投產目標順利達成、工程造價不超國家預算的精彩表現，讓新生的彭城電廠成了全國電力行業排隊來參觀的樣本。但建造電廠順利開機投產只是第一步，這個初入電力領域的新兵，繼續釋放着自己的獨特風貌，年輕的創業者在廠區醒目的位置，掛出了一條更醒目的標語：「中國最好，世界一流」。

彭城電廠還只是一家剛剛投產的年輕的電廠，華潤電力也還是一個只有一家電廠的電力新兵，就打出來這樣的的口號標語，在參觀者眼中無疑近乎狂妄。

其實，「做就要做最好，做中國最好，世界一流」，這是徐州華潤從成立那天就樹立的遠大目標，正因為弱小，正因為資歷

淺，這個具有強烈危機意識的團隊，為自身在體制外的競爭生存，選出了唯一的路徑。

沒有無關盈虧的旱澇保收，沒有一眼到頭的穩定崗位，更沒有勤惰無別的大鍋飯。於是，這裏不再有傳統的值班，只有對每個工種都精密分析後的時段優化安排；這裏不再是習慣的平均工資，是三天一小考、十天一大考、每一分獎金都要用成績說話的獎懲分明；這裏的挑戰不再是關係和人情，而是學習國際最新技術、用英語交流、用計算機做數據分析的與時俱進……

華潤集團也為創業者們的努力，準備了理所當然的回報。

時任華潤集團企發部總經理陳朗上任後，為彭城電廠項目做的第一件事，就是為項目的管理團隊制定了評價體系。這個決定了集團從甚麼視角管理和評價企業、如何評價經理人的體系，日後逐漸演化為華潤利潤評價體系的雛形。

華潤之外的所有股東都對此表示了不同程度的反對：「沒有這樣的先例，開了這個頭其他項目怎麼辦？」「他們憑甚麼拿我們一輩子都掙不到的錢？」「建成項目是自然而然的事情，為甚麼要獎勵？」

華潤，堅持了自己的堅持。

以 590 人的體量，完成了其他發電企業需要 2000 人編制的工作任務，彭城電廠執行的是這樣一套規則：「員工工資與發電量掛鈎，每度電裏有一分錢計入薪酬總額」。以年利用小時 5000 小時計算，徐州華潤員工的年平均工資總額為 60000 元，而 1997 年江蘇省勞動廳發佈的全省各市、縣（市）職工平均工資統計顯示，徐州市區職工的年平均工資為 7533 元。彭城電廠裏那些忘我的付出，得到了應有的回饋。

彭城電廠投產當年就實現了盈利，之後每年利潤高達一至二億元，而就在彭城電廠投產的 1997 年，華潤花費 15.1 億港元投資的 43 個工業項目，實現的利潤是 1.6 億港元。以一家電廠的收益媲美如此大手筆大範圍的投資回報，不但驗證了寧高寧曾經的「收入穩定，回報不低」的判斷，更讓華潤就此種下了投資電力產業的決心和信心。

對於正在改革道路上艱難曲折地探索行進的中國電力工業而言，這座裝機總容量僅為 60 萬千瓦的中小型火力發電廠，以第一個自主建設、自主管理、自主經營、第一個不超預算、第一個提前工期等等眾多的「第一」，寫就了中國電力史上的「彭城模式」，為期待中的中國電力工業快速發展提供了一個可參考的樣本。

七年後，當華潤電力開始真正發力在全國開疆擴土時，以七年磨一劍的彭城人，連同彭城模式，如一顆顆種子，藉助資本之力播撒向全國，在華潤電力的版圖上開出了一朵朵燦爛的彭城之花。

而對於整個行業而言，華潤的創新與創造，華潤人的奮鬥與智慧，也成為可借鑒可比照的範例。據不完全統計，從彭城電廠走出來的中國電力行業優秀經理人超過 150 人，從這個意義上而言，華潤電力為中國電力事業的發展貢獻了一份獨特的推動力。

很多年後，華潤電力的「彭城模式」依然是行業和學界剖析

總結研究的課題。在漫長的計劃經濟時代，對社會經濟生活的支配，已經深刻地固化為行政權力和行政力量的規則，要從這種頑固的習慣和深刻的利益糾葛中掙脫出來，是嚮往市場的能量、並試圖掌握這種能量的那些人們面對的持續挑戰。可以說，所有的改革者、探索者、先行者都是令人尊重的挑戰者。市場化的企業、市場化的經營理念、市場化的人才標準、市場化的管理制度和戰略方向，無不在這樣的挑戰中紛紛起身，與挑戰者同行，最終走向世人可見的輝煌。

第三十章

思索中前行

我是誰？我將往何處去？

如同有境界的人生一樣，追求境界的華潤，也必然在思考之路上亦步亦趨。

從 1983 年成立集團，到新世紀降臨，歷經 17 年時間的探索與實踐，在香港，華潤初步完成了涵蓋貿易、公共事業、能源、金融等多個板塊的佈局。而在內地，他們回首北望的家園，啤酒、地產、水泥、電力，成為華潤實業化版圖上生長出的全新疆界，這些都和華潤過往的貿易版圖沒有過多的交集，它們的成長卻都有着類似的軌跡 —— 敏銳地從針對某一項「人民日益增長的物質文化需要同落後的社會生產力之間的矛盾」的改革中發現機遇，隨即憑藉「獨特」的資本運營能力率先搶佔陣地，這裏之所以強調獨特性，是因為華潤的資本運營能力，一方面從實力

上不如特大型國有企業，但又超過此時尚沒有外來資本市場助力的民營企業，另一方面在運轉速度上，受香港市場數十年薰陶的華潤總是比同時代的內地企業動得更快一些，因此華潤總能完成外界眼中的「花小錢，辦大事」；而當機遇成為所有人的共同機遇後，充分競爭的市場漸漸形成時，華潤人又依靠着出色的商業智慧和運營管理能力完成破局，最後憑藉不可複製的競爭優勢奠定行業地位。

香港這片自由的商業熱土歷練出的智慧與眼界，紅色企業血脈裏奔湧的奮鬥與堅持，共同築就了華潤人獨特的氣質，也成就了華潤獨特的發展道路。

當新世紀的到來開始倒數計時，這家曾經的「第一總代理」已經徹底擺脫了一個外貿企業的特徵，新的多元化企業集團樣貌初步形成。橫跨 11 個行業，高達 600 億港幣的總資產，接近 500 億港幣的年營業額，共同匯聚成外界眼中華潤面對新世紀的雄厚底氣，但維港旁那座 50 層大樓裏，望慣了浪奔浪流的事業者們並沒有穩坐高台的志得意滿，相反，隨着發展他們越來越多地向自己發問，也越來越深入地在思考一些問題。

一、高達 80% 的業務位於香港這片競爭激烈的彈丸之地的現實，提前標定了華潤的發展高度。廣闊的內地顯然更適合縱情奔跑，但回身向北，華潤要面對政策、資金、人才的多方面壓力。如果把發展重心放到內地，失敗了怎麼辦？有限的資源該如何調配？

二、改革開放吸引着華潤的到來，同樣也意味着將有更多競爭對手紛至沓來，那些遠渡重洋懷揣着巨額資本和先進技術而來的外來勢力，資金雄厚且擁有銀行鼎力支持的國家隊對手，坐擁着強大本地資源的地方豪強，以及從懵懂到漸漸熟悉適應商業法則的草

莽對手，堆叠出「一山過後一山攔」的壓力重重，渡過深圳河的華潤該怎麼對抗？

三、多元化企業樣態的不斷壯大，催迫着需要更進一步的管理能力提升，但這在中國還是個新興領域，西方理論存在一些水土不服，內地理論又近乎空白，華潤必須也必然要探索屬於自己的管理模式，形成帶有華潤特色的管理智慧，這條沒走過的路該怎麼走？

四、時代快速發展，科技日新月異，都載着無法預計的危和機呼嘯而至，擁抱變化、迎接挑戰必然是唯一的應對之道，但如何擁抱，如何迎接，都考驗一個企業的眼光與智慧。華潤該如何自處？又該如何處之？

……

二十世紀末的時候，華潤在它的內聯網上組織了一場面向全集團的大討論，內容涉及「華潤是誰的」、「怎樣善待股東」、「華潤的使命」、「企業價值與員工價值」、「新華潤大華潤」等問題。這些涉及到每個華潤人、涉及到華潤現在與未來的問題，得到了所有人的熱烈響應，所有公司、部門都派出代表參與了討論，討論思辯的結果還刊登在當時的內刊《華潤》雜誌上。這次持續數月的大討論對華潤企業文化和價值觀體系的形成起到了至關重要的推動作用，華潤未來的思考與探索大多都可以從中找到思考脈絡。

討論最熱烈的一個問題是：「華潤是誰的？」所有人都一致認為首先華潤是國家的，這是它的出身也是它的榮光，但只是這樣一層的表達感覺正確卻空泛。一代代華潤人和華潤的關係是甚麼？除了國家，誰能維護華潤的利益？誰的利益與華潤的經營狀況關係更密切？

討論中形成的共識是：華潤是國家的，也是我們每個人的。

關於這一點，善于思考的華潤人貢獻了很多精彩的答案：

企業好的時候，你感覺不到有甚麼問題。你為華潤工作，有一份穩定的差事，拿着一份體面的工資，有福利、有保險、有養老金。但是，如果華潤經營不好了，你失業下崗了，你就會覺得華潤與你有關了，因為你的生計來源成問題了，沒有錢養家糊口了。如果你已在華潤退休，甚至退休金、醫療費都成問題了。這不是不可能的，看看一些國企倒閉、職工下崗失業後的景況，就很說明這個問題。因此，搞好華潤，是華潤每個員工的責任；

搞好華潤，董事長、總經理責任最大。決策發生重大失誤，會毀掉華潤。華潤危機了，十萬員工的生計頓成問題，幾十萬員工家屬的生活就會受到影響；

作為華潤的經理人，僅具備職業經理心態是不夠的，因為這種心態過分強調了「市場交易」和「僱傭軍」色彩，主動性不強。我們提倡做華潤集團「事業」的經理人，要與企業同呼吸、共存亡，把華潤的事業當作自己實現人生目標的一項長期的事業。經理人與華潤的關係應該跳出物質紐帶的常規思路，應該在事業共創、志同道合這種更高的層面上進行定位。

這些具體而微的思考，是歷經風雨的華潤人，對於自身職責的樸素定位。身為由中國共產黨建立的歷史最為悠久的國有企業，身處前所未有的社會主義市場經濟探索的大潮中，如何為國家發展再立新功，如何建立具有中國特色的現代化企業制度，並在競爭激烈的市場中經受歷練取得成功，華潤的進步、改革注定不會有現成的理論和範本指導，一切只能靠自己的摸索總結。

2000 年 6 月，華潤集團在香港華潤大廈的頂層召開新聞發佈會

　　2000 年 6 月，華潤集團在香港華潤大廈的頂層召開新聞發佈會，谷永江董事長和新任集團總經理寧高寧一同向外界公佈，華潤旗下多元化業務被統籌歸納為四大業務板塊 —— 分銷、地產發展、科技、策略性投資。這是歷經清理整頓後的華潤，對於自己體貌的重新認知，也是對於未來的重新規劃。

　　這個以今天目光審視還略顯粗糙的自我描述，努力向社會和公眾、特別是資本市場與投資人、合作夥伴傳遞着如何認知看待華潤，不過，這僅僅是在世紀之交，面對新千年，華潤明確未來路徑的第一步。

　　此時佔據華潤八成業務的香港，在接連遭受 1997 年的亞洲金融風暴和 2000 年高科技泡沫破滅的打擊後，經濟持續低迷。與此同時，《財富》雜誌評選出的世界 500 強企業已經有一半進軍中國內地，全世界的眼睛都在瞄準中國這個擁有十多億人口、又處於高速發展的潛力巨大的市場。習慣帶領團隊進行融資路演的寧高寧，已經很多次被外國投資者要求「Talk China」（談談中國），而在 1992 年他為華潤創業上市路演時，當時的投資者們還在一臉認真地用「Only Hong Kong, Not China」表達對香港的熱衷，和對中國內地的不感興趣。

　　華潤該往何處去？這艘剛剛經歷清理整頓，卸下歷史包袱的巨艦，體量已然足夠巨大，與身量匹配的責任自然也更重，曾

經的教訓和未來的挑戰都亟需它錨定前行的航向。這裏的航向不止於商業的戰場，更是華潤發展的方方面面。

陳新華

2000 年 12 月 28 日，時任外經貿部副部長陳新華被任命為華潤集團董事長，成為華潤這艘巨艦新的掌舵人。臨出發前，中央領導在送別談話中送出祝福，也告知期盼，不僅希望華潤能成為香港最成功的中資企業，也要在內部機制改革上創出一條新路，為國企改革提供經驗。[23]

2001 年 5 月 3 日，當大多數人還在享受旅遊黃金週的休閒快樂時，華潤集團的高層卻集體走進了深圳地王大廈。「遊客們來到這裏，是想站在深圳的最高處鳥瞰深圳、眺望香港。而走進地王大廈的華潤集團高層卻要在這裏接受三天的培訓，從某種意義上講，他們也是在往高處去，培訓所帶來的思想和觀念的提升，或許能使他們站在新的高度去審視自我和思考華潤所面臨的機遇和挑戰。」審視自我，思考未來，當期的《華潤》雜誌用這樣的筆觸記錄了即將在深圳地王大廈 21 層開始的「高層管理人員培訓班」，這次和日後的很多次培訓，將在未來以一個更簡潔有力的專屬名稱 —— 高層培訓 —— 長久留存於華潤的歷史中。

這場培訓加研討的主題就是「新世紀，華潤該往何處去？」

受邀主持培訓的國家行政學院副院長陳偉蘭老師給所有人展示了不同尋常的開場，她抱着厚厚一沓白紙入場，親手把紙和筆分發給每個與會的華潤人。陳偉蘭老師的要求直白又明確：「一張白紙好做文章，每個人都可以隨便寫隨便畫，但大家都要回答一個問題，你認為當前在華潤集團最重要、最緊急、最急需解決的事項是甚麼？」

寫出華潤最急需解決的事情？對於這些整日甚至終身旋轉在具體交易活動中的人們，他們心中華潤最緊迫的事情會是甚麼呢？

會場一片寂靜，每一位華潤高管，都在下筆之前的那一刻，陷入沉沉的回憶和思索中。結果出乎所有人的預料——時任華潤集團助理總經理、華潤石化總經理的喬世波多年之後依舊記得答案展現在所有人面前時給自己帶來的震撼：「寫完以後，最後一看，十之七八都寫的是戰略，這個結果表示一種凝聚的力量，這就是華潤人。」

這是一種思想的凝聚，華潤領導層在這個時刻寫出如此有共識的答卷，意味着他們集體來到了企業經營的新高度、新階段。

站上新高度的華潤，未來究竟將該往何處去？認真的華潤人是用爭論求證答案的。對於這些時刻衝殺在第一線的華潤經理人而言，越貼近市場，答案就會越豐富；思考越深入，表達思考的那一刻必然越堅定。

在時任華科電子董事長朱金坤的記憶裏，激烈的爭論超越了職位、資歷與年齡：「就開始討論，先分組再匯總，我記得谷董（此時谷永江已轉任華潤集團顧問）、寧總（寧高寧）他們那個組，和別的組吵，意見不統一，就一直在吵，真的吵。」

時任華潤創業總經理閻飆回憶：「有人跳出來說，國企搞不好，立刻就有八九個人懟他，國企當然能搞好，不是體制問題，是機制問題。」

在回顧那個時代和那個時刻的時候，當事人總是面帶着微笑回味那血氣方剛的場景和情境，無論年逾花甲、人到中年、還是青春盪漾，都能夠直率、真切的面對面，享受着他們創造的「沒大沒小、沒上沒下」的討論氛圍，享受着思想碰撞的合奏。

在這次高層培訓中，華潤人也第一次接觸到了後來被陳新華譽為「是真正具有華潤特色的組織發展方式，是華潤核心競爭

國家行政學院陳偉蘭副院長介紹行動學習法（華潤檔案館提供）

力的重要組成部分」的學習工具 —— 行動學習。

在第一次高層培訓進行到第三天的時候，陳偉蘭老師拿出了白、紅、黑、黃、綠、藍六頂帽子分給大家，每一頂帽子分別代表「事實和數據」、「預感和直覺」、「認識危險，提出否定」等六種角色，每個人執帽直言，之後互換身份，繼續探討。規則上的平等，更加強了討論的深入，這種別開生面的討論形式，讓所有參與者了解到一種叫做「行動學習」法的方法論。

這套最初在二十世紀七十年代由英國管理思想家雷格・瑞文斯提出的理論，此時在西方企業中已然盛行，時任通用電氣首席執行官傑克・韋爾奇是其忠實的信徒，他全力推行的「成果論培訓計劃」就是行動學習法的「通用版本」。而對於那個年代的中國企業而言，這是一個陌生的詞彙，實質上，要到二十一世紀第一個十年快結束的時候，中國的企業才廣泛接受這套解決問題的方法論，而讓他們欣然接受的「老師」之一，正是中國第一家引入行動學習的企業 —— 華潤。

「行動學習」的精髓就是「幹中學」，簡而言之就是大家帶着問題來，藉助研討工具輸出成果，這些成果就是接下來的工作重點，實踐後再就結果研討、復盤，繼續再將研討成果應用於工作。學習工作化、工作學習化，通過高強度、高密度的培訓讓

團隊迅速達成理念一致、行動一致。其邏輯嚴密、執行力強的特點，讓在就任酒會上以一句「發展就是硬道理」引發港媒評論為實幹家的陳新華，決定選擇將「行動學習」法引入華潤，來為習慣了貿易思維、卻已經從貿易轉向實業的華潤人注入一種更「實」的學習、研討、認知的方法和能力。

為了讓更多人儘快認識理解「行動學習」的方法論，這位集團的董事長甚至選擇了去旗下業務單元的一家分公司蹲點，以案例的實際效果展示「行動學習」的真實力量。

2003 年的華潤置地北京公司，還未從母公司前任董事長攜團隊離開華潤立刻二次創業、公司新任總經理一年後又離職的連續震盪中平復，同時離職衝擊波已經蔓延到業績層面，隨着上一年度純利和營業額分別大幅下滑的消息公佈，華潤置地的股票市價一路下跌，到 4 月份已經創下了 2000 年 6 月以來的新低。

此時的北京房地產市場正在穩步升溫，漸漸富起來的北京百姓對住房提出了更高的要求，而絡繹不絕湧入其中的開發商帶來了激烈的競爭。經過細緻調研，陳新華和華潤置地北京公司的團隊把解決問題的方案聚焦到一個點「如何蓋出北京客戶需要的房子」。

1993 年以「學生兵」身份加入華潤，2002 年 3 月以 32 歲年齡成為華潤置地北京公司董事總經理的陳鷹，此前並沒有大型地產公司管理經驗，因此對當時「行動學習」討論內容的記憶非常深刻：第一個問題是如何加快項目運作效率？之後的問題一個比一個具體，如何把客戶腦子中的房子變成產品？如何提供更好的物業服務？如何避免過往公司產品中偶爾出現的漏水、牆壁裂縫、地板翹裂等質量問題？

於是，「行動學習」特有的一幕在華潤置地北京公司上演了。集團董事長和一線業務主管直接思想碰撞，同樣沒有大型房地產企業經驗的陳新華為了闡明自己的觀點，一遍遍地給一線業

務主管搬數據、講理論，那時的在場者並不知道這位年近六旬、日理萬機的集團領導者已經每晚必須依靠安眠藥才能入睡。

以具體問題為導向的「行動學習」法在一年之後收穫了具體的成果。華潤置地北京公司的項目週期大幅縮短，以拿地到開盤為例，從以往 18 個月縮短到了 11 個月；項目利潤增幅達到了 90%；城市高密度住宅、城市邊緣低密度住宅以及創新商務樓盤三條產品線日益清晰；當年度華潤置地北京公司就獲得了八項市場和業界榮譽。

日後「行動學習」在華潤紡織、在華潤萬家、在華潤微電子、在華潤各業務產線大放異彩，最終逐漸發展為華潤集團推動大型組織變革、實現戰略落地和塑造提升領導力的手段，並內化為華潤人的思維和決策方式。當然這都是後來的故事，在 2001 年的時候，它正在幫助高層培訓中激烈討論的華潤人一項項釐清眼前的迷霧和面對的具體問題。

距離第一次培訓僅僅三個月後的 8 月 2 日，第二次高層培訓繼續在地王大廈舉行，眾人的辯論更加激烈，在互相啟發的思想碰撞中，圍繞行業、地域、組織、人才和財務五大戰略逐漸形成初步共識。

緊接着兩個月後，第三次培訓在白洋淀培訓管理學院舉行。討論的焦點是集團管理架構調整後的 23 家一級利潤中心，華潤

華潤第二次高層培訓

的這些業務大多處於充分競爭的行業,在中國加入世貿組織後難以得到太多庇護,市場機會一旦失去,再想進入必定困難重重、代價高企,因此在這次培訓上,用「現金牛類」、「行業調整類」、「明星類」和「研究發展類」對一級利潤中心進行了分類,在戰略描述的基礎上對每家公司都分別進行了初步定位,並梳理了集團與一級利潤中心的管理關係和職責劃分。

2001 年接連三次的高層培訓,如同一幕接一幕的交響樂,將華潤的思考正推向新的華章。2001 年快結束的時候,華潤集團對外發佈了自己未來數年的發展目標 —— 再造一個新華潤:以 2001 年綜合指標為基數,爭取用五至七年時間,在內地再造一個新華潤,使華潤的總資產達到 1000 億港元左右、營業額達到 800 億、稅前利潤達到約 59 億的規模。「再造一個新華潤!」瞬時成為香港媒體們紛紛通告華潤豪情壯志的報道標題。

2002 年 8 月,華潤的高層們迎來了第四次培訓。華潤集團董事長陳新華曾對華潤的經理人提出過一個嚴格的概括性標準:「主人翁精神加 CEO 的專業素質」。在這次培訓上,日後規範一代又一代華潤經理人的「經理人 12 條標準」經反覆捶打後就此誕生。

12 條標準分為六個無形方面和六個有形方面的標準。[24]

> 無形的標準包括:激情、學習、團隊、誠信、創新和決斷。
>
> 有形的標準包括:學歷、經歷、智力、表達、體質和環境。
>
> 「無形的」六方面:
>
> 1、激情:堅毅,頑強,投入,目標性強;易激發,衝鋒,不計較,犧牲精神,求勝;主動性強,推動性強,

華潤第三次高層培訓（華潤檔案館提供）

華潤第四次高層培訓（華潤檔案館提供）

不推諉；責任心強；坦率，價值觀透明；敢於面對自己、面對困難，自信心強。

2、學習：理性思維，領悟力，觀察力；有意識地學習，適應環境、變通自我，不斷推動進步，與世界同步；行業洞察力；自我完善，總結，回顧，自我反省能力，求甚解；邏輯分析、推理能力；戰略思維，前瞻性。

3、團隊：領導能力，用人、選人、發展人的能力；性格完整健康；領導風格，民主與獨斷，分權能力；團隊威信，團隊互補，團隊一致性，調動人的積極性，團

隊氣氛與文化；評價獎懲的能力，團隊的組成與調整，組織建設；制定目標，率領團隊努力、自己與團隊的關係；團隊的活力、團隊的激情，團隊整體的競爭力；吸引他人的能力，有親和力，包容，襟懷寬廣，提供支持給員工。

4、誠信：言行一致、前後一致、上下一致、情況好時壞時一致；對股東、對員工、對公司、對客戶公開透明、坦誠，講求商業道德、為人原則，不謀私利；對家庭、對朋友忠誠負責；平實，不誇大；處事公正，自律。

5、創新：改變現狀，突破框子，有不斷超越的意識，不墨守成規；對原有業務的改善，業務不同層面創新；敢於冒險，有靈感；對現有事物深刻了解下的求變，以變創新，來帶動發展；智力發展推動，不僅是資產推動。

6、決斷：制定方案，執行能力，實際完成，有真的發展；不找藉口，不退縮，有決斷能力；在大戰略下有果敢的執行力，充分利用各種資源，完成任務，敢承擔，少顧慮，執行方法有力度；重結果，重目標。

「有形的」六方面：

1、學歷：教育背景，系統訓練；專業資格；基本技能；學術研究的興趣，理論功底。

2、經歷：工作經歷，地方、層次、責任難易，個人的成長、成熟；工作中的競爭性，市場環境，礪煉程度；業績的取得，成功與失敗分析；過往經歷有利於專業技巧形成。

3、智力：聰慧，智商，悟性；數字敏感性；判斷

力，反應能力；文字能力，談判能力，分析爭辯能力。

4、表達：溝通能力；表達力，感染力，鼓動性，對團隊的影響力。

5、體質：身體、年齡；心智健康；對生活環境的適應能力，對艱苦工作的承受能力。

6、環境：家庭環境，父母、子女、配偶關係；生活環境的穩定及個人工作動力；成長環境。

由無數的名詞、形容詞構成的細緻描繪，如同工筆書畫般的白描技法，一筆一筆細細描摹出華潤對於一名經理人明確的標準要求，日後制定的華潤薪酬獎勵評估體系均建構其上。華潤這個組織像一個熔爐般淬煉和鍛造着它所需要的、能承受巨大壓力和變化的精鋼，那些在具體細微的 12 條標準下嚴格篩選規範培養、在董事長陳新華「給機會，高標準，常提醒，事不過三」的寬容理念下成長起來的經理人們，在未來的企業管理、收購兼併、市場拓展、企業轉型重組中將表現出令對手令夥伴刮目相看的能力與境界，如同一股新鮮血液強勢注入了中國企業界。

第五次高層培訓於 2003 年 2 月在羅湖木棉花酒店結束後，華潤用一本薄薄的小冊子《華潤觀點》完成了對自己將近兩年的思考的階段性總結和集中發佈。[25]

華潤面臨的形勢：

一、從政策、法律環境上看，政企脫鈎正帶來管理機制上的變化；國家開始西部大開發；中國即將入世，跨國公司全面進入中國，競爭對手日益強大，競爭環境即將發生重大變化；國企改革開始向股份制、年薪制推進；國有資本開始退出競爭性行業；內地證券

市場開始整頓，過熱的股市即將降溫。

二、從經濟環境上看，香港經濟開始結構性調整，高科技泡沫即將破滅；資本市場評價標準發生變化，主業清晰、盈利持續增長的企業受到追捧；中國經濟調整結束，將迎來新一輪發展高潮；境外企業在 A 股上市的政策開始鬆動；內地特大型企業開始在香港上市；利率走低，現金存款回報率下降。

三、社會環境方面，內地下崗、失業現象未得到緩解；人口增多、自然環境日益惡化。

四、科技環境方面，生物科技、網絡科技、通訊技術快速發展並日益普及。

……

華潤面臨的機遇：

一、從政策、法律環境上看，國企深化改革，行業調整，為有選擇進入有關行業並進行行業整合提供了機遇；政企脫鈎後，有利於華潤市場化經營；中國入世緩衝期為華潤在內地零售業的發展提供了機遇。

二、從經濟環境上看，中國經濟良好的發展勢頭和巨大的市場，吸引了全球資金，資本市場認同中國概念，這為華潤向內地發展獲取新的利潤空間創造了條件；內地資本市場逐漸成熟，為華潤利用內地資金發展內地業務提供了機遇。

三、華潤參與國家鼓勵行業的機會增多，例如微電子、醫藥、電力、通訊、基建等等，這為華潤向內地發展帶來了新的商機。

……

華潤面臨的挑戰：

一、競爭對手強大，除個別行業外，華潤已無明顯的優勢；

二、華潤資產偏重香港，香港老的業務提供了比較穩定的現金和盈利，但由於香港經濟持續低迷，市場飽和，這些業務難以增長，甚至出現下降趨勢，華潤在香港的發展空間受到限制；貿易中介角色功能下降，貿易行業競爭加劇；

三、內地市場逐漸成熟，行業壁壘提高，進入成本增大，投資機會減少；內地零售市場競爭激烈；房地產市場趨向成熟和規範，行業利潤平均化；

四、華潤利用香港資本市場的機會受到限制。

......

關於多元化和專業化問題：

華潤必須用符合資本市場要求的方式經營企業，建立符合資本市場需要的運作模式和生意模型。資本市場的要求是主業清晰、戰略清晰、專業化經營；是持續的競爭優勢和提高股東資金回報率；是良好的公司治理結構和企業管治水平；是穩健的經營戰略；是高增長行業和優質資產；是提高透明度。

華潤的定位：集團多元化、利潤中心專業化發展的國有控股集團公司。

作為控股公司，集團今後管理的重點要轉向管理主要資產、主要業務和主要盈利來源上，根據這個目標調整業務重點、人員結構，建立具競爭力的組織和管理架構。

在處理多元化和專業化關係方面，華潤的意圖是，改變資本市場對華潤系上市公司主業不清晰的印象，

通過業務和組織架構調整，建立起具有核心競爭力、業務有機聯繫的生意模型；

對於非上市公司，將通過制度和機制保證其專業化發展方向，以成熟一家、上市一家的方式，向專業化、規模化方向發展；

最終發展成為大部分業務和資產處於高增長環境下的專業化的上市公司。

待條件成熟時，由中國華潤總公司承擔起將華潤集團整體上市的任務，實現構建國有多元化控股企業集團的戰略設想。

……

進入行業的選擇：

哪些行業可以進入？華潤是慎重的，並制訂了七項原則。

1、選擇熟悉的行業。

第一層意思是指，做與以往貿易領域相關的行業……第二層意思是指，具備輸出管理的能力……

2、行業增長性強。

華潤是國有企業，保證資產安全尤為重要。因此，參與的行業不能是投機性或暴利行業，也不能是技術、產品壽命過短的行業。華潤希望以低風險的穩定回報的資產構成華潤的主營行業及核心資產。通過幾年來的尋找，我們發現，與人民生活密切相關的行業正符合這些要求，比如啤酒、紡織、食品、水泥、住宅、電力等等。這些是屬於人口驅動的行業，雖然這些行業隨着經濟週期的變化也有波動，但容易把握。中國人口多，消費水平隨着經濟增長而提高，消費品行業的需

求增長可能要快於高科技行業。因此，在中國做這些行業，市場空間大、競爭性低、容易形成規模效應。

3、進入成本高。

4、有條件成為行業領導者。

5、符合國家產業政策。

6、有能力同國際同行業抗衡。

7、行業協同。

……

走向世界是華潤的抱負：

華潤要有國際視野，站在全球經濟競爭格局上看自己的生意。每一門生意都要成為好生意、好資產，都希望可以沖出中國，走向世界，在國際經濟舞台有華潤集團的身影。這不僅是華潤的歷史使命，而且是中國民族企業的夢想，是強國之夢。華潤堅信，千里之行始於足下。只要沿着專業化的方向堅定不移地走下去，在國際市場上與實力強大的跨國公司合作或抗衡的日子，將為期不遠。

……

從「立足香港，背靠內地、面向世界」轉變為「立足香港，面向內地、走向世界」，從「背靠」到「面向」，一詞之別，是發展重心的巨大變化，華潤將在人類歷史上最龐大的新興市場上，。

廣闊的世界是華潤人心目中的星辰大海，作為中國的優秀企業，它必然要在世界舞台上尋求自己的地位，「走向世界」，贏得世界的尊重，是華潤人心中夢想，也是使命所在。

多元化還是專業化的爭論告一段落，在這裏融為「集團多

元化，利潤中心專業化」的企業發展戰略，華潤將在集團這個多元化的平台上，哺育若干個支撐性的專業化利潤中心，因此華潤將既是多元的，又是專業的。

多元化的華潤究竟該做哪些產業，要進入甚麼樣的行業？華潤已經徹底擺脫了貿易企業以短期利益為目標的商業邏輯，它進入每一個行業都將建立屬於自己的核心競爭力。沒有壟斷性資源的華潤已經堅定了關於未來方向的選擇，那就是做「人」的生意。正在飛速發展的中國，在世界經濟的進程中擁有獨特的一份資源，就是十多億人口，蓬勃發展的這塊土地上將滋養出身量龐大的消費者，「人民日益增長的物質文化需求」意味着人口驅動行業蘊藏的巨大想像空間，而華潤也將為人們創造更美好的生活當作自己的企業追求，將自己定位於「與大眾生活息息相關的多元化企業」。於是，華潤的企業標語定格在簡潔明瞭的八個字 —— 與您攜手、改變生活。而「開放進取，以人為本，攜手共創美好生活」亦成為華潤的企業承諾。

在歷經一場又一場的熱烈碰撞、羣策羣力後，經歷過大時代更迭的華潤人，以他們獨有的大視野，對華潤身處的時代和即將步入的未來作出了細緻入微的剖析，集團的各項戰略發展思路清晰明確，那些指導和支配華潤未來歲月的一個個信條正式確立。

一項項詳盡精確的描述，撥雲見霧，如同看得見的錨點，固定在華潤期待攀登的那座夢想高峯上。

翻閱歷史的一個樂趣，是可以以今日為鏡，來驗證過往思考的對與錯。所有對中國改革開放進程有一定了解的人，都會對華潤在世紀之交作出的形勢和機遇判斷，有着自己的評判。

2002 年國慶節剛過，很多香港市民注意到，多家報紙以全版的形式刊登了一個大大的繁體「華」字。

這是華潤全新的企業標識，繁體的「華」字由唐代書法宗師

2002 年 10 月，華潤集團在香港各大報章刊登華潤新標誌廣告

顏真卿的筆跡組成。組成華字上半部分的四個「人」字，分別代表「一切以人為本、人口驅動增長、尊重人文精神和改善人們生活」的華潤的企業理念；圖形形象上，四個向上的箭頭，寓意着華潤的事業蒸蒸日上，也蘊含了那個昂揚向上的年代裏華潤人對自己、對未來的美好希冀。

在香港扎根已經 60 餘年的華潤，用這樣的莊重和隆重，宣告了自己面向未來的新形象。

從 2001 年之後，高層培訓確定為華潤集團每年定期和不定期進行的固定項目，到 2007 年陸陸續續舉辦了九次，一個強大的學習型組織也在華潤內部形成。

華潤過往發展歷程中積累的問題，鬱積的疑惑，在一次次面對面的集體討論、激烈爭辯中得到了細緻剖析，並以此對未來的行動進行謀劃。一步一個腳印走進新時代的華潤人，用這樣主動而自發的思考，尋找和實踐着中國的企業、中國的國有企

業該往何處去的實質性答案。

在第二次高層培訓中，曾經出現過這樣的一幕。在探討漸入佳境時，總經理寧高寧讓人拿來一塊寫字板，在一羣華潤戰略和理念的奠基者面前，將大家的討論成果莊重寫下：

> 莊嚴的使命 —— 通過堅定不移的改革和發展，把華潤建設成在主營行業有競爭力和領導地位的優秀國有控股企業，並實現股東價值和員工價值最大化。

短短幾十個字，凝結了華潤對國企、改革、多元化、主業、股東及員工價值多個維度的深入思考：

「堅定不移」代表着華潤集團實現使命的決心；

「改革和發展」代表着實現使命的途徑；

「在主營行業有競爭力和領導地位」指出了華潤選擇行業的標準，沒有競爭力和行業領導地位的行業不做；

「優秀國有控股企業」表示華潤集團堅信國有企業能夠搞好，華潤集團決心對國企改革作出貢獻；

「實現股東價值和員工價值最大化」代表了公司的價值取向，也揭示出公司成長和個人成長同步。

一個表達了信心和目標的使命，一個回答了定位與發展的使命，這是華潤人用自己的過往經驗和深度思考鑄就的路標。它奠定了華潤文化觀、價值觀形成和發展的基礎，也為華潤鍛造企業形象、制訂發展戰略、開展經營管理指明了目標和路徑。

那一天，在場所有的人起立，眼含熱淚，一起齊聲朗讀。

華潤和華潤人是值得自豪的，他們在一個特殊階段開始思考並試圖回答這樣的問題：華潤是誰？我們是誰？這注定是一個沒有標準答案的問題，更是每一個華潤人都應該用自己的職業生涯去思考和回答的問題。

華潤和華潤人是應該自豪的，它數以百計的管理層成員中，沒有一人認為這種思考是空的，是虛的，是不切實際的。這種思考和情懷，但能延續，華潤就不會停止成長的腳步。

歷史並不常常在某個特定的時刻讓一切發生改變，只是在人們的心裏，會習慣找一個開始，因為只要一開始，就有了夢想。就如華潤在新世紀的起始那九場高層培訓裏所有的思考和回答。

當舊世紀的悲歡漸遠漸淡，當新世紀的憧憬越行越明，細細追問過「我是誰？我從何處來？該往何處去？」的華潤，如同1934年從江西瑞金出發的那支隊伍一樣不回頭地大踏步向前。在他們的面前，每一刻，都是新一刻；在他們的腳下，每一步，都是新一步……

1　陳慶祝：〈香港中資企業初探〉，《時代經貿》，2015 年第二期。

2　此前澳門南光公司隸屬於華潤公司。1981 年 2 月 21 日賈石副部長來華潤，在講話中說南光可以獨立。南光獨立一段時間，後來又再次合併。

3　寶志銘：〈香港超級市場的發展與經驗借鑒〉，《商場》，2002 年第 12 期。

4　D/A 指承兌交單，承兌交單（Documents against Acceptance），簡寫 D/A，是指出口人的交單以進口人在匯票上承兌為條件。即出口人在裝運貨物後開具遠期匯票，連同商業單據，通過銀行向進口人提示，進口人承兌匯票後，代收銀行即將商業單據交給進口人，在匯票到期時，方履行付款義務。

5　見港英政府《屠房持牌條件》第 19 條。

6　以上為 1997 年統計數據，出自《華潤（集團）有限公司投資管理經驗與教訓總結報告》。

7　吳曉波：《激盪三十年》，浙江人民出版社，2007 年。

8　《國際紡織服裝生產和市場需求及發展趨勢研究》，1996 年 5 月。

9　〈70 年砥礪前行，中國紡織業躍上「世界巔峯」〉，《紡織服裝週刊》，2019 年 10 月刊。

10　吳曉波：《激盪三十年》，浙江人民出版社，2007 年。

11　吳曉波：《激盪三十年》，浙江人民出版社，2007 年。

12　以下資料根據 1997 年底華潤保留下來的投資項目統計。

13　以上資料根據 1997 年底華潤保留下來的投資項目統計。

14　以上統計數據均出自《華潤（集團）有限公司投資管理經驗與教訓總結報告》。

15　出自 1998 年《華潤集團海外貿易企業工作小結》。

16　程國華：〈青島啤酒擴張戰略的五大經驗〉，《當代經濟》2007 年 3 月刊（上），第 17 頁。

17　袁求實：《香港回歸大事記》，三聯書店（香港）有限公司，1997 年。

18　根據巢永森採訪記錄。

19　《華潤（集團）有限公司投資管理經驗與教訓總結報告》，第 188 頁。

20　香港法律規定，母公司若以子公司的業績上市，必須擁有子公司 51% 以上的股份。

21　吳曉波：《激盪三十年》，浙江人民出版社，2007 年。

22　《改革——中國電力工業的發展動力》，電力工業部政策法規司司長邰世偉。

23　出自華潤集團原董事長陳新華告別演講。

24 以下內容出自華潤內部對五次高層培訓的總結文集《華潤觀點》。

25 以下內容出自華潤內部對五次高層培訓的總結文集《華潤觀點》。

下列圖片來自鄭寶鴻先生的照片收藏，承蒙鄭寶鴻先生許可使用：
第 2 頁、第 14 頁、第 28 頁、第 42 頁、第 67 頁、第 82 頁、第 102 頁、第 146 頁、
第 185 頁、第 207 頁、第 255 頁、第 379 頁、第 400 頁、第 430 頁、第 449 頁、第 484 頁。

下列圖片蒙香港特別行政區政府政府新聞處圖片資料室許可使用：
第 416 頁。